面向数字化时代高等学校计算机系列教材

行业智能化架构与实践
城市和公共事业

范科峰　陈金助　孙鹏飞　董建　编著

U0253145

清华大学出版社
北京

内 容 简 介

本书全面地介绍了加速城市和公共事业智能化的参考框架、解决方案、案例探索等,全面地解析了加速城市和公共事业智能化的解决之道,用以指导城市和公共事业智能化转型这个复杂的系统工程实践。本书深入分析了城市和公共事业智能化的背景与趋势、面临的机遇与挑战,以及城市和公共事业智能化转型的参考架构与技术实现,通过引入城市和公共事业领域的实践案例,充分描绘了智能化对提升城市治理和政府效能的作用。

本书适合作为城市智能化从业人员、设计人员和研究人员进行设计和建设的参考书,也可作为高等院校计算机、软件工程等专业本科生、研究生的参考书。

图书在版编目(CIP)数据

行业智能化架构与实践. 城市和公共事业 / 范科峰
等编著. -- 北京:清华大学出版社,2024. 6. --(面
向数字化时代高等学校计算机系列教材). -- ISBN 978
-7-302-66603-5

Ⅰ. TP18

中国国家版本馆 CIP 数据核字第 2024TY6926 号

责任编辑:贾 斌 张爱华
封面设计:刘 键
责任校对:王勤勤
责任印制:杨 艳

出版发行:清华大学出版社
   网   址:https://www.tup.com.cn,https://www.wqxuetang.com
   地   址:北京清华大学学研大厦 A 座   邮   编:100084
   社 总 机:010-83470000   邮   购:010-62786544
   投稿与读者服务:010-62776969,c-service@tup.tsinghua.edu.cn
   质量反馈:010-62772015,zhiliang@tup.tsinghua.edu.cn
   课件下载:https://www.tup.com.cn,010-83470236
印 装 者:涿州汇美亿浓印刷有限公司
经 销:全国新华书店
开 本:186mm×240mm   印 张:25   字 数:560 千字
版 次:2024 年 7 月第 1 版   印 次:2024 年 7 月第 1 次印刷
印 数:1~11000
定 价:89.00 元

产品编号:107074-01

编 委 会

FOREWORD

序　　一

　　在这个数字化、智能化的时代，人工智能（AI）已经逐渐成为推动科技发展的核心驱动力。人工智能技术越来越成为面向未来、开拓创新的重要工具和手段。其中，基于知识驱动的第一代人工智能利用知识、算法和算力3个要素构建AI；基于数据驱动的第二代人工智能利用数据、算法和算力3个要素构建AI。由于第一、二代AI只是从一个侧面模拟人类的智能行为，因此存在各自的局限性，很难触及人类真正的智能。而第三代人工智能，则是对知识驱动和数据驱动人工智能的融合，利用知识、数据、算法和算力4个要素，构建新的可解释和鲁棒的AI理论与方法，发展安全、可信、可靠和可扩展的AI技术。第三代人工智能是发展数字经济的关键，是数字经济未来发展的新灯塔和新航道。

　　知识和数据双轮驱动下的第三代人工智能技术正在催生人工智能产业的迭代升级，以大模型为代表的第三代人工智能技术，基于文本的语义向量表示、神经网络和强化学习等多种人工智能技术，可以处理文本、图像、语音、视频等多种表示形式的内容，这是人工智能的重大突破，已经成为新一轮科技革命和产业变革的核心驱动力，助力中国经济实现高质量发展，深刻影响人民生活和社会进步。本丛书的典型特色就是通过一些具体的场景应用和实践案例，把第三代人工智能技术赋能千行万业的作用进行了具象化，主要体现在以下几方面：

　　一是第三代人工智能技术打破了领域壁垒，可以在零售营销、金融、交通、医疗保健、教育、制造、影视媒体、网络安全等各个领域发挥重要作用，同时也可以帮助企业实现突破性降本增效。例如，OpenAI发布的Sora，基于扩散模型生成完整视频的能力，为媒体、影视、营销等业务领域带来无限可能；中国国家气象中心与华为合作的气象大模型，通过海量数据和算力保障充分发挥大模型算法的作用，使得中长期气象预报精度首次超过传统数值方法，速度提升万倍以上。

　　二是第三代人工智能技术催生了很多新兴产业，这些新兴产业对于国民经济、国防、社会的发展至关重要。例如，在金融行业中，AI Agent可以独立分析海量金融数据和市场信息，识别并预测出潜在的投资机会，并通过学习和实时反馈不断改进决策能力，自主执行交易，提升交易的效率；在城市感知体系中，基于AI技术构建的智能预测模型和智能决策模型等为其建设带来了新的能力。通过视觉大模型能够将之前的单场景感知增强至泛化多场景安全风险识别，面对城市安全等场景提升感知数据的通用分析能力，持续推动城市感知体系的创新和升级，为构建更智慧、更安全的城市环境注入强大的动力。

　　三是第三代人工智能技术积极推动传统产业转型升级，运用大量信息技术和数字化手段，加快推进产业智能化，完善产业链数字形态，极大地提升生产效率和产品质量。例如，本丛书介绍了南方电网的大模型建设和应用实践案例。南方电网创新性研发了电力行业首个电力大模型"大瓦特"，以通用训练语料和电力行业专业知识数据，以及向量对齐、跨模态推理等多种 AI 技术与电网业务深度融合，覆盖智能创作、设备巡检、电力调度等七大应用场景，为能源电力行业智能化、数字化提供可靠支撑。

　　第三代人工智能技术走向通用化的发展道路需要持续探索。我们欣喜地看到，本丛书提出了利用人工智能技术推动行业智能化的一个系统工程的理论架构。丛书中提到"分层开放、体系协同、敏捷高效、安全可信"的行业智能化参考架构，并从多领域、全行业的场景应用着手，系统性描述行业智能化技术与解决方案和行业智能化实践，由此促进产业的有机更新、迭代升级，带动千行万业智能化，从而加快人工智能产业快速发展，对人工智能产业生态的构建起到重要作用。

　　未来，全球经济要实现高质量发展，必须大力推动人工智能持续赋能行业智能化转型。通过本丛书的介绍，我们看到中国的人工智能技术和产业已经取得了长足的发展，在各个领域进行了大量的探索和实践，可以为全球走向智能化提供一些成功的经验和实践范式。让我们期待人工智能技术的持续创新和改善，全球的人工智能产业及应用能在下一个十年蓬勃健康地发展！人工智能正在迅速发展，智能世界加速到来。

　　人工智能的魅力就在于人工智能的研究永远在路上，需要的是坚持不懈与持之以恒。希望全社会、各行业能够抓住机会、掌握主动，更加积极地拥抱人工智能技术，共同开启一个充满智能与创造的新时代。

中国科学院院士

清华大学教授

清华大学人工智能研究院名誉院长

FOREWORD
序　　二

　　人工智能概念的提出已有 60 多年历史，近年生成式 AI 问世初步显示出智能涌现的潜力。 一方面，AI 能力的迸发不是偶然的，集成电路、先进计算、算法软件、通信网络等 ICT 技术的发展为生成式 AI 的出现奠定了基础，ICT 基础设施与 AI 技术相互促进形成闭环；另一方面，经济社会数字化、智能化、绿色化转型方向越来越清晰，数据作为重要生产要素的作用逐步显现，生成式 AI 应运而生。

　　自 2022 年底，以 ChatGPT 为代表的语言大模型在全球掀起热潮，群模并发风起云涌。 2024 年初，以 Sora 为代表的视频大模型又惊艳亮相，AI 的持续创新显示其作为互联网新风口的强劲动能。 AI 技术进步与应用场景拓展正在深刻地改变人机交互方式，从 Web 界面和基于 APP 的 GUI 图形用户界面到 LUI 语音用户界面和 VUI 视像用户界面，人机的交互更自然，5G-A 加持的高带宽低时延更优化了用户的体验。 AIGC（人工智能自动生成内容）作为基于人工智能技术创新内容的方式，将颠覆现有内容生产模式，可以实现以十分之一的成本、成百上千倍的速度，生产出有独特价值和独立视角的内容。 在垂直行业领域，基础大模型通过与行业大模型结合进行开发，有望实现更深度的融合与落地，在数字创意、产品设计、市场分析、材料预测、工程仿真、疾病诊断、药物筛选、金融风控等领域已经体现出与众不同的价值。 更不可低估的是视频大模型将作为迈向物理世界模拟器的第一步，打开迈向多模态大模型、AI 智能体（AI Agent）和具身智能发展之路，AI 成为数据驱动的物理世界引擎将加快到来。

　　随着我国经济发展进入动能转换期，城市和公共事业智能化转型进入议事日程，AIGC 不仅用于内容生成，其新思路和途径也可用在城市和公共事业领域，而且通过城市和公共事业的应用将优化 AIGC 技术，与工业领域的应用相辅相成。 本书通过智能体的架构描绘了城市和公共事业智能化转型发展的路径，给出了构建数字底座、智能平台、智能应用、安全保障等的技术路线；同时，基于华为在智能化领域的丰富实践，列举了具有前瞻性、可复制性的案例，在提升管理效率、降低运营成本、改进市民体验、促进产业发展等方面，有很好的示范效应，也体现了 AI 在城市和公共事业应用中的巨大潜力和广阔空间。

　　加快数字化发展、建设网络强国、数字中国和智能社会是当前的重要战略机遇，也是我国智能化发展攻坚克难、跨越拐点的关键阶段。 AI 加速了新技术革命，大模型以 AI 原生重新定义通信网络，大模型基于 AI 提供的服务将广泛应用于各行各业，激发更高的效能和更多发展机会。 我相信，AI 赋能城市和公共事业的创新应用将不断涌现，我们要善于利用智能化的产业发展机遇，持续优化应用体验，激发平台开发者的创新能力，推动各行各业向数字化、智能化转型迈出更大的步伐。

中国工程院院士

FOREWORD
序 三

在迈向智能社会的征途中，我们有幸见证并参与了一场深刻的科技变革。人工智能作为这场变革中的核心驱动力，取得了前所未有的突破。以 ChatGPT 为代表的现象级产品拉开了通用人工智能的序幕，并持续改变着我们的生活、工作以及社会结构，人工智能再次成为万众瞩目的研究领域。

人工智能已成为国际竞争的新焦点和经济发展的新引擎，世界大国正加快人工智能战略布局与政策部署，世界主要发达国家把发展人工智能视为提升国家竞争力、维护国家安全的重大战略，相继出台人工智能规划和相关政策。发达国家和前沿科创公司，纷纷投入巨资进行布局和展开研发，全力构筑人工智能发展的先发优势。

经过国家以及行业多年的持续研发布局，我国人工智能科技创新体系逐步完善，智能经济和智能社会发展水平不断提高，人工智能与千行万业深度融合取得显著成效。例如智能交通方面，深圳机场采用了人工智能技术实现机位分配，使得靠桥率提升 5%，每年约有 260 万人次的旅客登机可免坐摆渡车，有效提升了机位资源的使用效率，让旅客出行体验更美好。

本丛书深入探讨了人工智能技术在政务、医疗、教育、交通、能源、金融、制造等多个行业的创新应用场景，以及数十个行业智能化的创新实践案例，创造性地提出了行业智能化参考架构，展现出行业智能化转型实践过程中的分析和思考。在智能时代，行业智能化数字化要想继续发展，必须要注重科学研究，注重知识的积累和发现，注重行业间相互借鉴、取长补短。我欣喜地看到本书中各行业各领域已经积极探索出一条创新之路——通过科技引领和应用驱动双向发力，以促进人工智能与经济社会深度融合为主线，以提升原始创新能力和基础研究能力为主攻任务，全面推动人工智能应用发展的新路径。

同时，我们要认识到，人工智能技术与行业的深度融合发展是一个长期性的、循序渐进的过程，国家战略支撑、人才培养、基础建设、立法保障，一个都不能少。要想把"人工智能"发展好，需要我们在很多事情上起好步、布好局。一是要加快人才培养，形成一批人工智能的国家人才高地，进而带动整个人工智能算法和理论研究的发展；二是要加强智能化基础设施建设，推动公开数据的开放、共享，同时完善相关制度，保护数据的安全性；三是加快人工智能相关法律法规和伦理问题的探讨研究，引导人工智能朝着安全可控的方向发展；四是深化国际开放合作，主动参与全球人工智能的治理研究和标准制定，为我国人工智能产业高质量发展"蓄力赋能"。

　　我希望产学研各界能够携起手来，从不同层面完善人工智能产业发展生态，将我国巨大的市场和数据优势转化成人工智能技术产业发展的胜势。 我们要和世界同行与时代同步，去拥抱人工智能第四次工业革命的到来，共同推动人工智能技术发展造福全人类！

中国工程院院士

鹏城实验室主任

北京大学信息与工程科学部主任

FOREWORD
序　四

犹如历史上蒸汽机、电力、计算机和互联网等通用技术一样，近 20 年来，人工智能正以史无前例的速度和深度改变着人类社会和经济，为释放人类创造力和促进经济增长提供了广泛的新机会。 人工智能是驱动新一轮科技和产业变革的重要动力源泉。 人工智能的发展不但已从过去的学术牵引迅速转化为需求牵引，其基础途径和目标也在发生变化。人工智能技术在大数据智能、群体智能、跨媒体智能、人机混合增强智能、自主智能系统5 大发展方向的重要性和影响力已系统展现。 在规划及产业的推动下，从横向而言，这5 个方向和 5G、工业互联网、区块链一起正在形成更广泛的新技术、新产品、新业态、新产业，使得制造过程更智能、供需匹配更优化、专业分工更精准、国际物流更流畅，从而引发经济结构的重大变革，带动社会生产力的整体跃升。 另外，从纵向而言，人工智能也正在形成 AI + X，去赋能电力能源、交通物流、城市发展、制造服务、医疗健康、农业农村、环境保护、科技教育等方向，带动各行各业从传统发展模式向智能化转型。 总之，人工智能正不断重新定义人们生产、生活的方方面面，同时也为我们带来了前所未有的机遇和挑战。

ChatGPT 等大模型的问世使人工智能又前进一大步。 数据、算力、算法曾是人工智能发展的 3 大核心要素，现在开始转向大的数据、模型、知识、用户 4 大要素。 其中，数据是人工智能算法的"燃料"，融入知识的大模型是人工智能的基础设施，大模型的广泛使用则是人工智能系统进化的推动力量。 近年来，深度神经网络快速向数亿乃至千亿参数大模型演进，参数越多，训练的大数据越广泛，通用效果就越明显，越像人脑，但对算力要求也越高，偏差杜绝的难度也越大。 人工智能迭代发展过程中，顶层设计要考虑行业中数据的相容与特色、知识的建构和发展、算力设施的同步演进，形成合力，支撑人工智能产业升级换代。

在这场人工智能的变革浪潮中，如何把握人工智能技术的发展趋势，将其应用于实际行业场景，以实现更高效率、更低成本、更广覆盖面地赋能行业智能化，已经成为社会各界关注的焦点。 行业智能化转型过程中遇到的其中一个关键挑战是在各行业与 AI 之间的知识沟通，培养两栖人才。 本丛书通过一个通用的系统工程架构比较全面地解析了该问题的解决之道，去完成各行业智能化转型这个复杂的系统工程。 通用的智能系统框架像人体一样，有大脑、五官、经脉、血液、手脚等，可感知，能学习，会思考，会进步。 智能系统还要结合行业数据、知识的积累与融合，用户的体验与反馈，才能更好地支撑 AI在行业中的迭代提高发展水平。

人工智能将触发广泛的行业变革。 未来十年，AI 的主战场正是在各行各业。 我们不但要研究语言模型、图像模型、视频模型等基础语言和跨媒体大模型，还要进一步创建行业知识与数据集，训练各行业的垂直模型，推动数据和知识双轮驱动的人工智能。 数据和知识的结合将让人工智能更深入、更专业、更广泛。 另外还需要加强安全可信、政策标准等方面的投入，以更全面、更有效的力度推进行业智能化的发展。

本丛书对行业智能化面临的挑战进行分析，旨在详细剖析行业智能化参考架构、关键要素和设计原则，深入探讨行业智能化技术实现和实践场景，为读者提供一套全面、系统的行业智能化理论与实践参考。 深入展现人工智能技术在各行各业应用中具有巨大的潜力和业务价值。

总的来说，本丛书总结了华为近年来的技术创新用于行业智能化的实际效果，通过独特的视角和深入的思考，考察了人工智能技术在行业智能化中的关键作用，展示了如何将人工智能技术与传统产业深度融合，推动产业升级和转型，为经济智能化转型提供了有益的经验与借鉴。

当前，中国正以"万水千山只等闲"之势，生机勃勃地前进在行业智能化转型的大道上，AI 产业界、学术界和各行业用户正在一起合力构建一个万物互联的智能世界，打造渗透八方的 AI。 智能化的未来，是全人类共同的未来，每个国家都有权利和需求参与到智能化发展的进程中来，共同推动智能化技术的应用和创新，带动全球经济和社会走向一个高质量、高水平的快速演进期，以造福全人类。

中国工程院院士

浙江大学教授

国家新一代人工智能战略咨询委员会主任

中国人工智能产业发展联盟理事长

潘云鹤

FOREWORD
序　五

　　1760 年到 1840 年的第一次工业革命，主要技术手段是煤炭、蒸汽机，将人类带入了以机械化为特征的蒸汽机时代。 19 世纪末到 20 世纪初的第二次工业革命的主要技术手段是电力、石油，将人类带入了电气化时代。 20 世纪 60 年代开始的第三次工业革命主要技术手段是计算机、互联网，将人类带入了自动化或网络化时代。 21 世纪初的第四次工业革命则以大数据和人工智能技术为核心，以互联网承载的新技术融合为典型特征。 相比前三次工业革命为人类社会带来的进步，第四次工业革命将人类带入了更高层次的智能化时代。 人工智能技术不断演进，成为第四次工业革命的关键新兴技术，以及当前最具颠覆性的技术之一，是行业转型升级的重要驱动力量。

　　人工智能作为一项战略性技术，已成为世界多国政府科技投入的聚焦点和产业政策的发力点。 全球 170 多个国家相继出台人工智能相关的国家战略和规划文件，加速全球人工智能产业发展落地。 具体而言，美国将人工智能提到"未来产业"和"未来技术"领域的高度，不断巩固和提升美国在人工智能领域的全球竞争力；欧盟全面重塑数字时代全球影响力，其中将推动人工智能发展列为重要的工作；英国旨在使英国成为人工智能领域的全球超级大国；日本致力于推动人工智能领域的创新创造计划，全面建设数字化政府；新加坡要成为研发和部署有影响力的人工智能解决方案的先行者；基于当前复杂多变的国际形势，中国一方面要加强人工智能基础核心技术创新研究，培育自主创新生态体系，另一方面要推进人工智能与传统产业的融合，赋能我国产业数字化、智能化高质量发展。

　　算力、数据、算法已经构成了目前实现人工智能的三要素，并且缺一不可。 人工智能算力是算力基础设施的重要组成部分，是中国新基建和"东数西算"工程的核心任务抓手。 预计到 2025 年，中国的 AI 算力总量将超过 1800EFLOPS，占总算力的比重将超过85%，2030 年全球 AI 算力将增长 500 倍。 中国已经在 20 多个城市陆续启动了人工智能计算中心的建设，以普惠算力带动当地人工智能产业快速发展。 多年来华为聚焦鲲鹏、昇腾处理器技术，发展欧拉操作系统、高斯数据库、昇思 AI 开发框架等基础软件生态，通过软硬件协同、架构创新、系统性创新，保持算力基础设施的先进性，为行业数字化构筑安全、绿色、可持续发展算力底座。

　　人工智能产业的发展必然带来海量数据安全汇聚和流通的需求，大带宽、低时延的网络能力是发挥算力性能的基础。 网络能力需求体现在数据中心内、数据中心间以及数据中心跟终端用户之间不同层面的需求上。 中国正在启动 400G 全光网和 IPv6＋网络建设以及从 5G 往 5G－A 传输网络的演进工作，旨在通过大带宽、低时延高性能网络，支撑海量数据的实时安全交互。 通过全方位的网络能力建设和升级，为人工智能数据流动保驾护航。

人工智能技术的应用，是发挥基础设施价值的"最后一公里"。 在海量通用数据基础上进行预先训练形成的基础大模型，大幅提升了人工智能的泛化性、通用性、实用性。基础大模型要结合行业数据进行更有针对性的训练和优化，沉淀行业数据、知识、特征形成行业大模型，赋能千行万业智能化转型。

本丛书中华为联合行业全面地总结了人工智能基础设施建设以及行业智能化转型的实践经验，精选了一些 AI 使能企业生产、使能民生、加速行业智能化转型方面的典型案例进行分析，展示了图像检测、视频检索，预测决策类，自然语言处理 3 类应用场景的巨大潜力，为世界各国推动行业智能化转型落地提供了更多的思路、方法和借鉴，为全球人工智能技术发展和进步贡献更多智慧和力量。

人工智能技术将成为行业智能化的主驱动，推动各行各业实现智能化转型和发展。智能化将成为全人类共同的未来，不是个别国家的特权，不仅是因为它能够带来巨大的经济和社会效益，更因为它能够让人类的生活更加便捷、高效和舒适。 全球各国可以结合各自的实际情况，相互学习和借鉴，加快 AI 算力基础设施的构建，并通过培养人工智能领域人才、提供政策保障、制定行业标准，助推 AI 技术高质量发展，共同探索和创造更加美好的未来。

中国工程院院士
清华大学计算机科学与技术系教授

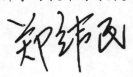

FOREWORD
序　六

　　回望人类社会发展史，过去几千年里，社会生产力基本保持在同一水平线上。然而，自工业革命以来，这条曲线开始缓缓上升，并且变得越来越陡峭。人工智能被誉为21世纪社会生产力最为重要的赋能技术，正以惊人的速度渗透进各行各业，推动一场新的生产力与创造力革命，变革未来的产业模式。凯文·凯利预测，在未来的100年里，人工智能将超越任何一种人工力量。变革已成为一股无法阻挡的力量，将人类引领到了一个前所未有的时代。人工智能带动数字世界和物理世界无缝融合，从生活到生产，从个人到行业，正日益广泛和深刻地影响人类社会，驱动产业转型升级。ChatGPT和大模型的出现使得人工智能发展进一步加速，世界各国正在进入百模千态时代，人工智能与千行万业的深度融合成为热点与焦点，加速行业智能化成为未来人工智能发展的主旋律。

　　古人云：日就月将，学有缉熙于光明。华为始终秉持"把数字世界带入每个人、每个家庭、每个组织，构建万物互联的智能世界"愿景，基于对未来趋势的理解和把握，在ICT（信息和通信技术）领域一直走在前沿，不断引领产业发展。在2005年，华为首先提出网络时代全面向"All IP"发展演进；在2011年，又一次提出数字化时代全面向"All Cloud"发展演进；在2021年，首次发布《智能世界2030》报告，揭示了未来十年ICT技术广泛应用的发展趋势。今天，我们在此提出智能时代全面向"All Intelligence"发展演进，通过人工智能领域的理论创新、架构创新、工程创新、产品创新、组合创新和商业模式创新，华为将使能百模千态、赋能千行万业，加速行业智能化发展，助力行业重塑与产业升级。据预测，2030年全球人工智能市场规模将超过20万亿美元，然而在行业的智能化落地中仍面临以下四个关键挑战：

　　第一，人工智能的算力挑战。大模型应用对算力基础设施的规模提出了更高的要求，企业传统基础设施面临算力资源不足的挑战。大模型需要大算力，其训练时长与模型的参数量、训练数据量成正比。参照业界分析，能达到可接受的训练时长，需要百亿参数百卡规模，千亿参数千卡规模，万亿参数万卡规模，这对算力资源的规模提出了较高的要求。

　　第二，人工智能的数据挑战。每个行业都有各自长期且专业的积累，涉及物理、化学、生物、地质等多维知识表达，为了在不同行业落地应用，大模型必须结合行业知识、专有数据，完成从通用到专业的转变。获取海量高质量专有数据是一项艰巨的任务，如何智能感知、实时上传和高效存取海量生产数据，不仅需要解决设备连接的兼容性问题，还要确保实时性和高可靠性。在数据预处理、训练和推理阶段，同样面临读取性能问题、数据丢失问题以及成本效率问题等一系列挑战。 行业数据是企业的核心知识资产，涉及知识产权等问题。 如何合法地获取和整合数据，并确保端到端的数据安全，满足隐私保护要求也是一项挑战。

第三，人工智能技术开发的挑战。 在行业模型及应用开发的过程中，如何简化开发流程，提高开发效率，变革开发模式，高效打通数据链路，引入自动化机制，加强应用安全性和可靠性，都是大模型应用开发中面临的诸多难题。 要解决这些难题，关键在于打造一个通用可靠的人工智能应用开发平台来赋能行业开发者。

第四，人工智能落地应用的挑战。 由于不同规模、不同能力的企业对大模型的建设需求不尽相同，因此需要构建不同层级的模型并提供相应的资源和部署能力，如总部层面集中建设大规模训练集群，区域层面建设规模训练平台、训推一体平台，边缘侧部署推理能力。 服务于行业，除了技术问题，人工智能还需要解决人才储备、技术生态，以及法规政策等一系列挑战。

过去四年，华为成立行业军团，深入行业和场景，纵向缩短管理链条，更好地响应客户智能化需求；横向快速整合研发资源，全力支持千行万业的智能化转型发展。 行业军团基于华为创新的智能化 ICT 基础设施和云平台，广泛联合业内解决方案伙伴，打造领先的产品和解决方案适配行业智能化场景，为行业智能化实践添砖加瓦、探索前行。 比如，华为云盘古气象大模型，正被天气预报中心用来预测未来 10 天的全球天气。 该模型使用全球 39 年的天气数据进行训练，仅用 1.4 秒就完成了全球 24 小时的天气预测，比传统的天气预报方法快 1 万倍；借助它进行台风路径的预报可以保持极高的精准度。 山东能源集团依托盘古大模型建设人工智能训练中心，构建起全方位人工智能运行体系，探索和发掘煤矿生产领域全场景的人工智能应用，将一套可复用的算法模型流水线应用到各种作业场景，通过人工智能大规模"下矿"实现了矿山作业的本质安全和精简高效。 目前行业军团已经面向金融、制造、电力、矿山、机场轨道、公路水运口岸、城市、教育、医疗等 20 多个行业打造了 200 多个行业智能化解决方案，并在一系列智能化项目中产生了实际效果。

千行万业正在积极拥抱人工智能，把行业知识、创新升级与大模型能力相结合，以此改变传统行业的生产作业、组织方式。 人工智能的发展与使用将成为全球行业转型升级的关键一环，助力各个国家在人工智能时代不断取得发展，华为将聚焦以下 3 方面，持续助力。

第一，创新引领。 持续加强人工智能基础设施的创新投入，提供灵活的智能算力供给模式、高效可信的人工智能开发体系，使各层级大模型更易于部署，应用速度更快，推进人工智能应用走深向实，助力行业、企业实现场景创新。

第二，生态开放。 算力开放，支持百模千态；感知开放，实现万物智联；模型开放，匹配千行万业。 与各行业的合作伙伴共同构建人工智能生态圈，探索更多的人工智能行业场景应用，携手企业、研究机构、学术机构等共筑安全可信的人工智能生态体系。

第三，人才培养。 人才是企业发展的核心力量，支持各个行业、各个企业培养和吸引入工智能人才，打造一支高水平的人工智能研发团队，为人才提供广阔的发展空间。

结合华为行业智能化实践，以及面向智能世界 2030 的展望，我们与业界专家学者进行了万场以上的座谈研讨，凝聚了各方智慧与经验，输出加速行业智能化丛书。 希望能够通过本丛书的论述和案例为行业智能化实施落地提供参考，加速拓展人工智能技术在行业中的应用。

百舸争流，奋楫者先。 智能时代的大潮正奔涌而来，让我们同舟共进，引领时代，使能百模千态、赋能千行万业、加速行业智能化！

华为公司常务董事
ICT 基础设施业务管理委员会主任

PREFACE
前　言

　　时代的进步和行业的发展始终伴随着对智能化的不懈追求，自 1956 年提出人工智能概念以来，人类社会已历经 70 载的技术发展和知识演进。 当今，在人工智能技术的推动下，数字世界和物理世界的边界逐渐消融，人工智能正从感知理解走向认知智能，正深刻地驱动产业转型升级，并从生活到生产、从个人到行业、从 C 端到 B 端等，广泛地渗透人类社会发展的各领域。 据预测，2030 年全球人工智能市场规模将超过 20 万亿美元，中国人工智能核心产业规模将超过 4 万亿美元，有巨大的发展潜力和空间。

　　人工智能技术应用领域广泛，正在飞速融入行业发展进程，逐渐成为国家现代化产业体系建设的核心推动力，也被视为推动数字经济创新发展的重要战略。 目前，政务服务、城市治理、生态环境、产业经济等各领域，正在人工智能的推动下从行业数字化逐步走向行业智能化。 行业智能化转型过程面临多方面的挑战，如数据难采难传难用、算力供需不平衡、技术框架陈旧、场景设计不足、创新生态不完善等，在智能化背景下需要系统性重塑行业智能化架构与路径。 由于行业智能化转型是一个长期的、循序渐进的过程，需要有一个正确的发展方向来引领转型过程、提升转型的效率，在不同的阶段做出合适的匹配选择，避免走弯路、走错路。 如何应对多重挑战、如何选择转型道路、如何分层分级建设智能化 ICT 基础设施，将成为智能化转型的关键。 人工智能在行业智能化中发挥的价值与作用并不是孤立存在的，需要构建出与业务战略相匹配的参考架构，去突破传统框架的限制。 依托强大的算力、算法和数据去整合各方资源，更好地实现多技术融合，实现不同组织、不同系统之间的互联互通、数据共享和业务协同；充分发挥技术的创造性应用，以供需联动为路径，实现新技术迭代升级和产业快速增长。

　　本书在把握行业智能化发展趋势的前提下，围绕城市和公共事业智能化领域，聚焦工程实践和技术创新，深入浅出地将人工智能的技术应用、行业智能化参考架构、解决方案和实践经验介绍给读者。 在编写过程中，华为依托自身在 ICT 领域的深耕细作，以及在推动智能化进程中的能力积累，系统地梳理了加速城市和公共事业智能化的背景、架构、方案与实践等，并提出应结合产学研用的多方参与和协同，共同推进行业智能化能力共建、生态共创，使人工智能应用不断走深向实。 在推进城市和公共事业智能化的进程中，华为作为全球领先的 ICT 基础设施和智能终端提供商，正在引领和联合生态伙伴，不断加深人工智能技术在行业智能化中的利用程度，将技术应用与场景创新整合服务于城市和公共事业的智能化建设与发展。

　　综上，人工智能在城市和公共事业应用中具有巨大潜力与广阔空间，本书得到了院士、专家的推荐，凝聚了来自城市和公共事业行业各方的经验与智慧，涵盖了人工智能在城市和公共事业的发展趋势与最新动态、智能化转型技术实现、多个场景的人工智能应用探索，以期为城市和公共事业智能化转型的实施和落地，提供更具体的帮助和参考。

编　者

2024 年 1 月 25 日

CONTENTS
目　　录

第四篇　智能化支撑体系

第一篇

加速城市和公共事业智能化转型

第 1 章

人类正在进入智能世界

在经历了第一次工业革命的蒸汽时代、第二次工业革命的电气时代和第三次工业革命的信息化时代后,人类社会迎来了第四次工业革命(Industrial Revolution 4.0)。纳米技术、生物技术、新材料和先进数字生产技术在这一时代相互融合与互补。以智能为导向是第四次工业革命时代的重要特征之一。以 5G/6G、物联网、云计算、大数据、人工智能等信息基础设施建设和新兴技术为基础,数据中心全球布局的加速和大模型通用能力的突破,掀起了全球智能化转型的新浪潮。

1.1 第四次工业革命打通向智能世界的通道

在第三次工业革命信息化的基础上,第四次工业革命催生了众多新兴技术。2016 年达沃斯年会上,世界经济论坛创始人从物理、数学、生物领域列举了 6 项核心推动技术,即无人交通工具、增材制造(3D 打印)、高级机器人、新材料、物联网与基因工程。经过近几年的发展,2020 年,联合国工业发展组织认为人工智能、机器学习、机器人、3D 打印、物联网、区块链、量子计算等数字技术以及它们与生物技术、纳米技术、认知科学、社会和人文科学的融合,已成为第四次工业革命时代具有创新性、快速增长、深度互联和相互依存的前沿技术。从应用价值上,全球咨询公司麦肯锡则对 4 个方向的关键技术给予高度关注:一是连接、数据和计算能力方向,包括云技术、互联网、区块链、传感器;二是分析和智能方向,包括高级分析、机器学习、人工智能;三是人机交互方向,包括虚拟现实和增强现实、机器人和自动化、自动驾驶;四是先进工程方向,包括 3D 打印、可再生能源、纳米技术。

第四次工业革命背景下孕育的新兴技术打通了物理空间的连接,提高了生产效率,促进了创新和产业应用,给社会带来日新月异的变化。基于大数据分析,产品和服务的功能性增强、个性化水平提升;3D 打印节约设计成本,提升定制化能力;先进的传感器增强了机器的识别能力,减少了生产错误;机器人在制造、物流、医疗等行业的应用,以及自动化水平的提升,释放了大量人力资源;物联网和人工智能结合,给家居带来人机互动下的便利;自动驾驶技术帮助人类驾驶员对恶劣天气和危险路况进行判断。

面对技术与产业的变革,各国际组织以及北美、西欧、亚洲、拉丁美洲和非洲各国已出台政策对第四次工业革命背景下的技术及其应用给予适当引导。联合国层面,对第四次工业革命相关技术的利弊统筹考虑,从可持续发展目标视角下,建议发达国家和全球价值链领先参与者充分利用资源和技术支援发展中国家建设,技术落后国家和发展中国家积极学习他国经验,并加大对相关领域的投资,国际组织则积极促进知识扩散、技术转移,促进智慧农业食品，促进以人工智能为基础的智慧能源、智能制造、智能循环经济，促进知识创造与商业化，确保发展平衡，建设规则/标准/公约下的体制，平衡多利益主体合作关系。英国认为人工智能和数据革命是第四次工业革命的前沿机遇，2019 年《第四次工业革命监管白皮书》从社会进步、经济发展、技术创新与产业监管角度提出积极的政策要求，以期为创新和投资树立信心。中国、美国、巴西等国家则以先进制造或智能制造实体行业为重点，同时涵盖工业互联网、人工智能、大数据等方向，以技术、人才、投资等生态系统要素为内容制定激励政策，如中国的《工业互联网创新发展行动计划》《"十四五"智能制造发展规划》《新一代人工智能发展规划》，美国的《国家先进制造战略》，巴西的《先进制造业的科学、技术和信息计划》。

总体上，第四次工业革命为全球智能化发展奠定技术与应用基础，打通了人类社会智能化转型的通道，人工智能则是本次社会转型的重要技术领域。

1.2　人工智能技术发展现状与趋势

自 20 世纪 50 年代，"人工智能"概念在美国达特茅斯学院举行的研讨会上提出，至今人工智能已经走过了近 70 载。从 20 世纪基于抽象数据推理的可编程数字计算机技术，到如今 21 世纪 20 年代，人工智能已发展成为一门以计算机科学为基础、吸收各领域知识与技术的综合技术，具有前沿性和交叉性。

1.2.1　人工智能技术发展历程

20 世纪，人工智能的发展主要经历了 5 个阶段。

1. 萌芽期（1956 年到 20 世纪 60 年代初）

在这个阶段，以麦卡锡、明斯基、罗切斯特和香农为代表的科学家团队共同研究了机器模拟智能的相关问题，并于 1956 年达特茅斯会议上正式提出"人工智能"的概念。

2. 启动期（20 世纪 60 年代）

20 世纪 60 年代迎来人工智能的第一个黄金发展期，该阶段的人工智能以语言翻译、证明等研究为主，在这个阶段取得了机器定理证明、跳棋程序等一系列标准性成果。

3. 瓶颈期（20 世纪 70 年代）

20 世纪 70 年代，机器翻译等项目的失败，以及科学家提出的一系列不切合实际的研发目标，尤其是对机器模仿人类思维的错误认识，导致人工智能发展进入低谷期。

4. 突破期（20 世纪 70 年代末到 20 世纪 90 年代中期）

出现了可视化效果的决策树模型、突破早期感知机局限的多层人工神经网络，尤其是 20 世纪 80 年代，具备逻辑规则推演和特定领域回答解决问题的专家系统盛行，推动人工智能向医疗、化学、地质等专业领域应用拓展，同时伴随计算机硬件水平的发展，人工智能技术在商业领域取得一定成果。

5. 平稳期（20 世纪 90 年代）

互联网技术的普及为人工智能技术创新奠定了基础，也促进了人工智能进一步与应用相结合,出现了 1997 年深蓝计算机战胜国际象棋冠军、"智慧地球"提出等一系列标志性事件。

21 世纪,人工智能首先经历了 10 年稳步发展,随后在新一代信息技术的基础设施和数据环境基础上,进入技术爆发期,产业界也不断涌现新的研发成果。2016 年,谷歌 AlphaGo 击败顶级围棋选手,震惊全球,开启了新一轮人工智能热潮。2022 年 11 月 30 日,ChatGPT 横空出世,人工智能的发展进入全新阶段。2023 年 3 月 15 日,OpenAI 又推出多模态大模型 GPT-4,在生成质量、使用性能和模型安全合规等多个领域评分均领先于现有主流模型,被誉为"史上最强"大模型。Meta 公司于 2023 年 2 月和 7 月先后推出开源大模型 LLaMA 和 LLaMA2,LLaMA2 在数据质量、训练技术、能力评估、安全训练和负责任的发布等方面有了显著的进步,并首次放开商业用途许可要求。截至 2023 年 12 月,GitHub 收集统计的中国通用和专用大模型接近 200 个,包括华为"盘古"、讯飞"星火"、智谱华章"清研"、百度"文心一言"、港中文深圳"华佗"、浪潮信息"源"等。

1.2.2　新一代人工智能技术突破

2010 年后,在芯片技术、移动互联网、大数据、超级计算机、传感网、脑科学等新理论、新技术驱动下,在人口结构变化、资源环境与发展矛盾加剧等发展情势变动下,在城市运行、教育、医疗、养老、司法等领域社会需求增加的背景下,人工智能发展进入新的阶段。以机器学习为基础,近年来,计算机视觉、自然语言处理、语音识别、知识图谱、人机交互、生物特征识别、机器人技术等方面取得多项突破。

机器学习方面,2022 年,ChatGPT 的成功全球瞩目,其背后深度学习技术的突破也获得更广泛的关注。2006 年,Geoffrey Hinton 提出深度置信网络后,卷积神经网络得到深入发展,并在图像处理领域取得丰富的研究成果。2017 年,谷歌研究人员提出 Transformer 架构,为大规模预训练模型的发展奠基,成就了当下人工智能的蓬勃发展。《MIT 科技评论》近 3 年发布的 10 大科技重大突破共涉及 5 项人工智能技术,都与深度学习相关。2021 年为 GPT-3 和多任务人工智能,2022 年为 AI 蛋白质折叠和 AI 数据生成,2023 年为强大的创造性与商业化的文生图人工智能模型。

计算机视觉方面,主要研究使用计算机模仿人类视觉系统,计算成像学、图像理解、三维视觉、动态视觉和视频解码是目前 5 大类需要解决的问题。近年来计算机视觉领域的突破主要得益于深度学习的发展,目前准确率已经提高到 99%,在工业领域产品质量检测、医疗保健领域图像扫描病症筛查等获得广泛应用。

自然语言处理技术方面,主要涉及机器翻译、语义理解和问答系统,自 2022 年底至今面世的多个大模型系统,都是这一领域技术突破的重要产物。在深度学习的发展带动下,自然语言处理技术已经能够理解和推理复杂的语义信息、处理全球多语言数据、自动生成高质量文本和摘要,成就了问答系统、翻译软件等日常应用。

语音识别技术方面,随着大规模数据学习与训练、全球语料库的逐步完善,语音识别的准确性和个性化程度取得突破,应该用场景从客服、手机扩展到家居、车载导航,极大地改善了人们的生活和工作体验。

人机交互技术方面，脑机接口超过情感计算成为新突破热点领域。2023年，中国在猴脑内实现了介入式脑机接口脑控机械臂，成为全球首例。随后，《自然》杂志上又披露了脑机接口在瘫痪患者身上应用，将单词错误率降低至25％以下的案例。

近两年，最引人瞩目的各类人工智能大模型，是人工智能技术综合运用的体现。大模型的应用一般分为两个阶段：预训练和微调。大模型预先在海量通用数据上进行训练，数据、知识得到了高效积累和继承，从而大幅提升了人工智能的泛化性、通用性、实用性。在实际处理下游任务时再通过小规模数据进行微调训练，就能达到传统小模型的效果。根据模型处理任务的类型，语音、文本、图像等不同模态的模型可能涉及前述技术的不同组合。

从技术突破角度，先进人工智能技术研发与系统构建越来越需要大量数据、计算能力和资金支持，全球人工智能技术的研究优势正在从学术界向产业界转移。2022年，人工智能技术的产业界发展首次超过学术界，产业界发布了32个重要机器学习模型，而学术界只有3个。据预测，到2030年，人工智能的3大核心要素均将迎来创新突破：在算法方面，大模型将在应用侧持续落地，改变产业发展生态；在数据方面，人类将迎来YB（十万亿亿字节）数据时代，数据量是2020年的23倍，全球联接总数达2000亿；在算力层面，全球通用计算算力将达到3.3ZFLOPS（FP32），人工智能计算算力将超过105ZFLOPS（FP16），比2020年增长500倍。人工智能正在开启继互联网、物联网、大数据之后的第四次科技浪潮。智能化技术和应用需求使显卡和芯片巨头的创新能力被再次激发。英伟达（NVIDIA）、SK海力士（SK Hynix）和联发科（MediaTek）三家公司2022年研发的创新纪录在ICT硬件行业中超过苹果（Apple）等传统创新公司。

1.3　智能社会加速到来

人工智能正从感知理解走向认知智能，带动数字世界和物理世界无缝融合，从生活到生产、从个人到行业、从C（消费者）端到B（商家）端，正日益广泛和深刻地影响人类社会，驱动产业转型升级。

1.3.1　人工智能激发行业智能化潜力

人工智能技术发展降低了使用成本，在全球各国高度关注下，人工智能从实验室加速走向应用场合，推动人工智能技术应用到智能产品的开发、服务模式的创新、产业升级、赋能多行业智能化转型。尽管大模型训练成本仍居高不下，但通用性提升以及接口调用应用方式的成熟与稳定，有助于提升人工智能对接行业应用的速度，降低了人工智能落地应用的门槛，为行业智能化节约了成本。麦肯锡2022年调查中，人力资源、制造、市场与销售、产品与服务研发、风控、服务运营、战略与公司金融、供应链管理等行业，均不同程度受益于人工智能应用，其带来成本下降和收益提升也获得较高共识。

中国人工智能产业蓬勃发展，人工智能技术在基础层、技术层和应用层快速发展。芯片自主研发能力稳步提升,逐渐形成产业生态,数据总量的爆发式增长支持智能化水平提升。截至 2023 年 5 月,核心产业规模达到 5000 亿元,企业数量超过 4300 家。在 ChatGPT 等的激发下,国内大模型开发与应用百花齐放、百家争鸣,华为"盘古"大模型、百度"文心一言"、科大讯飞"星火"大模型等在 2023 年竞相亮相,推动人工智能技术应用到智能产品的开发、服务模式的创新、产业的升级,赋能多行业智能化转型。

参考国际发展趋势和中国人工智能应用特点,与社会公共利益相关的人工智能赋能,本书主要围绕城市统筹管理与公共事业深化服务展开。

围绕城市统筹管理展开的智能化,即本书所述的"城市智能化",是 21 世纪全球各主要国家发展的重要板块。这一概念的渊源是"智慧城市"及其相关概念。在物联网、移动通信、大数据、人工智能、区块链、云计算等技术驱动下,"智慧城市""智能城市""智慧政务""数字政府""数字政务""数字治理"等概念不断涌现。随着城市基础设施建设的推进,这些概念逐渐融合、相互包容,在基建和信息网络建设取得成效后,以技术为中心逐渐转向以人为中心,强调发展包容性和生活质量。世界银行多位专家在 2021 年对"智慧城市"的评价概念已不局限于传统概念中偏向新兴技术与城市规划、建设的结合,而是采取了一种更为宽泛的理解,即总体上智慧城市是利用科技帮助市民更有效参与和满足他们的需求。结合中国政府的城市统筹管理职能,中国"城市智能化"包含了以人工智能技术为基础的政府协同与治理、政务办理与服务、城市运行感知与监测等内容。人工智能赋能激活了这些职能体系的效率和辐射范围,促进城市管理与服务向便民利民发展。

在数字化后,全球公共事业近 3 年也经历了显著的智能化转型发展。教育、医疗、应急、财政、科技、环境、气象、地质等领域成为热点,公共事业服务的智能化转型与应用场景紧密结合。在政策鼓励和社会需求驱动下,人工智能激发公共和私营部门在公共事业上的活力,形成了诸如多方协同的智慧医疗体系、个性化和精准化的智慧教育方式、流程创新的智慧财政系统等典型场景。

1.3.2　智能化悄然改变人类生活与社会运行方式

人工智能已经成为人们生活中不可或缺的一部分,它正在改变着我们的生活方式和工作方式。

日常出行中,人工智能翻译支撑跨语言、跨文化的高效沟通,通过拍照获取景点的历史文化和背景故事。在娱乐中,通过虚拟现实(VR)与增强现实(AR)等人工智能技术,让用户沉浸在虚拟的现实生活中,或者将虚拟元素融入真实环境中,为娱乐带来全新的体验维度。

办公场景中,未来撰文、翻译、制图、代码核查等工作一半以上可由人工智能完成。人工智能可以通过高效运算,接管一些重复性工作,把人类从忙碌而繁重的日常工作中解放出来,让人类节省最宝贵的时间资源,去做更多振奋人心、富有挑战性的工作,如按其所长贡献创造力、策略思维等。

在教育场景中,人工智能的出现和持续演进正在重构传统课堂教学,改变学校形态、教学方式和学习方式。如随着人工智能持续改变教育的方式,越来越多的学生将更愿意参加线上数字课程的学习；借助人工智能技术为学习者推荐个性化的学习资源，实现学习者的个性化学习等。

另外，随着人工智能技术的不断迭代升级，未来人工智能技术将应用于更多领域，如基于多模态大模型的人工智能个人助理将极大地便利人们的生产生活，数字分身成为跨越人工智能、自媒体、科普多个领域的里程碑式数字IP，在越来越多的垂直领域细分赛道的应用场景中出现等。

人工智能也改变了基础的生产力工具。中期来看会改变社会的生产关系，长期来看将促使整个社会生产力发生质的突破。人工智能将对消除社会数字鸿沟、实现全球包容性增长和可持续发展具有重要作用。

在人与自然的可持续方面，人工智能高效支持物种保护。RFCx开发的Arbimon是一个开放和免费的平台，致力于为生物多样性声学监测和洞察，提供端到端的解决方案。该平台目前收集了2000多种鸟类鸣叫样本，占全球鸟种的20%以上。Arbimon团队联合华为和其他合作伙伴，基于不断增长的数据集，为新物种训练新的人工智能模型，并重新训练现有模型以提高性能。分析结果可帮助一线工作人员决策以采取可行的鸟类保护措施或行动。

在社会包容性上，智能化技术发展逐渐缩减着残障人士与社会沟通的障碍。中国目前有2700多万听障人士，其中许多人使用手语作为其主要的交流形式。与其他手语语言一样，中国手语学习面临词汇更新慢、师资短缺、标准难统一等挑战。为此，千博信息基于华为昇思MindSpore和中国科学院自动化研究所紫东太初三模态大模型，带来全新的手语产品，基于1.2万多个词汇、50万多条语法、70万多条语料，形成手语多模态模型，打造手语教考一体机，开创性地实现手语动作与视频、图片示意和文字说明联动，使得手语学习能够快速上手，一定程度上缓解了手语师资短缺问题，也能作为手语翻译机使用，帮助听障人士顺畅沟通、便捷生活。

1.3.3　政策助力智能化转型

关于智能化转型的政策，全球范围主要依托数字经济和数字化框架制定和发布，以人工智能专项和数字化转型中智能应用专题两种方式提出。目前，全球170多个国家相继出台人工智能相关战略和规划文件，各主要国家的人工智能专项政策更是密集发布，将政策重点聚焦在加强技术研发、资金支持和人才培养、促进开放合作以及完善监管和标准建设上。美国将人工智能提到"未来产业"和"未来技术"领域的高度，不断巩固和提升美国在人工智能领域的全球竞争力；欧盟全面重塑数字时代全球影响力，其中将推动人工智能发展列为重要的工作；英国旨在使其成为人工智能领域的全球超级大国；日本致力于推动人工智能领域的创新创造计划，全面建设数字化政府；新加坡要成为研发和部署有影响力的人工智能解决方案的先行者。同时，国际社会也关注智能化对人类社会安全、伦理道德的影响。联合国秘书长古特雷斯在2023年安理会就人工智能举行的公开辩论上强调，人工智能的发展需要以弥合社会、数字与经济鸿沟为目标努力，而不是让人们之间的距离进一步拉大。中国一方面要加强人工智能基础核心技术创新研究,培育创新的生态体系;另一方面要推进人工智能与传统产业的融合,赋能中国产业数字化、智能化高质量发展。

作为引领未来的战略性技术,全球主要国家及地区都把发展人工智能作为提升国家竞争力、推动国家经济增长的重大战略。通过应用牵引推动人工智能技术落地成为各国共识。美国引导人工智能技术在行业领域的创新和融合应用。2021 年 7 月,美国国家科学基金会联合多个部门和知名企业等,新成立 11 个国家人工智能研究机构,涵盖了人机交互、人工智能优化、动态系统、增强学习等方向,研究项目更是涵盖了建筑、医疗、生物、地质、电气、教育、能源等多个领域。中国“十四五”规划纲要明确要大力发展人工智能产业,打造人工智能产业集群以及深入赋能传统行业;英国支持人工智能产业化,启动人工智能办公室和英国研究与创新局联合计划等,确保人工智能惠及所有行业和地区,促进人工智能的广泛应用;日本将基础设施建设和人工智能应用作为重点,重点强调了跨行业的数据传输平台,全面推动人工智能在医疗、农业、交通物流、智慧城市、制造业等各个行业开展应用。

同时世界各国也高度重视人工智能标准化工作,规范人工智能落地应用,出台战略加强标准化布局,支撑产业生态发展。ISO/IEC JTC 1/SC 42 及 IEEE 已成为国际人工智能标准的主要供给方和参考源,影响力正向全球辐射。重点在人工智能基础共性、关键通用技术、可信及伦理方面开展标准研制工作。仅 ISO/IEC JCT 1/SC 42 人工智能分委会下,2023 年 12 月前已发布 20 项国际标准/技术报告/技术规范,涉及人工智能相关基础通用性、大数据及其他数据分析、可信赖、用例与应用、计算方法和系统特征、系统测试、医疗信息等方向,并且有 35 项标准研制计划正在开展。2020 年 3 月 18 日,中国国家标准化管理委员会批复成立全国信标委人工智能分技术委员会(TC 28/SC 42),主要负责人工智能基础、技术、风险管理、可信赖、治理、产品及应用等人工智能领域国家标准的制订及修订工作,对口国际 ISO/IEC JTC 1/SC 42,以标准化手段,分类分级分步骤推动大模型评测、算力、算法、数据和治理等领域的技术和应用,带动和引领人工智能的健康、可持续发展。全国信标委人工智能分技术委员会(TC 28/SC 42)自 2020 年成立以来,已发布国家标准《信息技术 人工智能 术语》《人工智能 知识图谱技术框架》《人工智能 情感计算用户界面 模型》《信息技术 人工智能 平台计算资源规范》《人工智能 面向机器学习的数据标注规程》《信息技术 神经网络表示与模型压缩 第 1 部分:卷积神经网络》,在研国家标准涉及计算设备协同、服务器系统性能测试、人工智能管理体系、可信赖等多方面。国内智能化转型的国家标准涉及人工智能、大数据、智能制造、物联网、智能网联车、信息安全、智慧城市等多个领域。2023 年 11 月底,全国标准信息公共服务平台可查现行“智能”相关国家标准共计 272 项。

1.3.4　智能化的未来

智能化的未来将深度赋能千行百业,改变着社会运行方式,形成了智能产业引领、全社会参与的生态体系。与此同时,也将产生关于智能化的治理和监管的需求。智能化进程未来将受到来自行业、社会、政府的多方监管与规制,产生内生与外化的良性发展驱动力。

智能化的基础设施在未来将逐步得到完善。在芯片性能不断提升的基础上,全球各主要国家和头部企业纷纷布局国内和跨国算力中心、数据中心，同时，5G 技术逐渐成熟、6G 技术快速兴起，为智能化连接的打通、性能提升提供了坚实基础。

智能化将驱动新一轮技术发展。随着智能技术垂直应用场景细化和大模型的发展，将带动传统产业转型、多任务智能系统发展，激发产业活力和新需求，同时生物医药、量子计算等其他信息技术与智能化融合，新的技术创新将应运而生。

因此，以新一代人工智能技术为核心的智能化转型，肩负着带动全球经济增长、激发社会生产活力的重大使命。全球经济在 2020 年经历了以负增长为主的艰难时期。新一代人工智能的应用与发展，促进传统生产方式向数字化、自动化转型，提升了传统工业、服务业的效率。《财富商业洞察》2023 年 4 月发布的人工智能市场调研报告显示，2022 年全球人工智能市场规模约 4.28 亿美元。全球主要国家及地区都把发展人工智能作为提升国家竞争力、推动国家经济增长的重大战略。城市和公共事业的智能化转型成为经济发展的重要支柱之一，亟待在完善配套制度与措施的基础上提速建设。

第 2 章

城市和公共事业智能化机遇与挑战

在城市基础设施建设推进及信息网络建设取得成效后,我国城市和公共事业的数字化达到较高水平。在智能世界的新时代背景下,简单的数字化已不能推动城市和公共事业的发展,其对智能化的需求愈发强烈。随着人工智能技术的创新和新应用形式的探索,城市和公共事业智能化转型已然启航。尽管在该过程中,遇到政策、技术和资金等发展机遇,但也需正确面对智能化建设所遇到的挑战。

2.1 城市和公共事业智能化的发展机遇

2.1.1 发展机遇概述

作为中国重要的发展战略,国家先后出台多项政策,促进各地城市智能化建设。党的二十大报告中提出,加强城市基础设施建设,加快发展数字经济,坚持绿色低碳。2023 年,全国住房和城乡建设工作会议上提出,将以实施城市更新行动为抓手,着力打造宜居、韧性、智慧的城市。

城市和公共事业智能化建设以市民为中心,借助大数据、移动互联网、人工智能、物联网等新兴技术或应用提升市民生活便捷度。例如,城市综合管理平台实现城市功能聚合化,整合城市管理相关应用系统,实现对城市管理的全面感知、多方联动、实时响应。国内城市正处于新旧治理模式交替、城镇人口快速上升、信息技术蓬勃发展的阶段,城市和公共事业智能化建设符合数字中国的建设规划,是城镇信息化进一步发展的需要;随着城镇化率的不断攀升,资源难以匹配,城市智能化能有效解决"城市病",有利于社会可持续发展;城市和公共事业智能化建设能为科技创新向商业应用转化提供理想的试验场。城市智能化应用场景趋于多元化,微场景服务需求和黑科技创新演进态势更加明显,倒逼产业供给能力持续分化,服务链条不断延伸,更加贴近细分领域和特色场景。主要表现在以下两方面:一是以用户切身需要为导向,各类微场景应用服务市场争夺加剧;二是在技术创新东风驱动下,弹性化、定制化服务能力成为企业核心竞争力和突破关键方向。

同时,城市和公共事业的信息化发展速度正日益提升,并对其机构及其组织方式产生了极其深刻的影响:一是组织表现方式呈现扁平化趋势。信息环境对公共管理组织结构的渗透,将会使目前的金字塔型组织结构逐步转换为扁平化组织结构。这一结构的重大转变将进一步实现信息之间的共享,使得部门之间的合作更加紧密。同时也有助于实现民主化决策的进程。扁平化组织管理结构是信息技术发展过程中产生的一项重要理念,更加适应了信息时代组织部门的个性化需求。二是管理结构呈现交互式发展。在信息化技术的支持下，基层管理部门可以利用信息化渠道对上级的公共管理决策进行实时意见反馈，同时各基层管理部门也可以就各自的执行情况进行沟通联络。这样一来，就形成了上级决策部门与基层执行部门、基层执行部门与其他执行部门之间的交互式决策管理模式。

2.1.2　城市智能化发展机遇

在政策支持下，中国智能化城市数量逐渐增多，相关产业规模不断扩大，2020 年投资总规模约 2.4 万亿元，数字孪生城市底座建设吸引了阿里、百度、华为、科大讯飞、腾讯等各大厂商竞争，标准化机构积极推进城市智能化相关标准的制定、发布。城市智能化正在被越来越多的地市选择作为发展战略和工作重点。城市智能化建设为新型基础设施、卫星导航、物联网、智能交通、智能电网、云计算、软件服务等行业发展提供了新的发展契机，正逐渐成为拉动经济增长和高质量发展的一个增长极。随着政策红利的进一步释放、资金的大量投入，围绕城市智能化建设，在国内已经形成了一个庞大的以资本机构、咨询机构、ICT 及互联网企业组成的产业链条，初步形成了"政产研学用"五位一体全面推动的局面。

在城市智能化转型的过程中，一方面，以物联网、云计算、大数据、人工智能、区块链等为代表的新一代信息技术，正逐步从单一的应用转变为集成融合的形式。这种转型加速了这些技术在城市智能化建设中的广泛应用，将催生新的城市运行、城市感知及城市治理模式和理念。随着北斗导航卫星和无人机等新型基础设施的部署，以及人工智能感知技术、物联网和云计算技术的融合应用，一些城市开始探索利用无人机等新型移动终端进行城市治理。例如，深圳市龙岗区大力推广高端无人机查违，通过安装摄像头、传感器和无线通信模块，这些设备能够实现高空的城市影像采集和对楼顶、房屋进行监测，实时对违章建筑进行视频采集取证，并回传到执法人员的手机、计算机端，改变了传统巡查防控方式，实现了"天上看、地上巡、网上查"的目标，从而极大地拓宽了城市治理的可能性和想象空间。另一方面，城市智能化在建设中不断产生新需求，新需求将促使技术突破不断涌现。多方数据可信交换在城市建设中需求广泛，区块链与人工智能技术能有效促进智能化城市信息共享与利用。由于每个区块链应用底层框架共识算法、传输机制和开发工具不同，导致不同框架间难以有效进行跨链数据交换，往往一个新的区块链应用上线，在某种程度上意味着"新数据孤岛"的产生。通过对国内外主流区块链底层框架研究和区块链底层框架适配标准研制，破解了跨链数据共享难题，为中国城市智能化建设提供高质量、定制化的技术平台支撑和可信、可靠、可扩展的基础设施服务载体。多个城市已经开始尝试利用区块链技术来推动城市智能化的建设。雄安、杭州等城市就是其中的佼佼者。雄安新区利用区块链技术实现了项目资金管理、数字身份认证和数据存储等方面的应用，以提高政务服务效率和数据安全性。而杭州则通过采用区块链技术，实现了公共交通补贴的自动发放，同时确保了个人隐私的保护。

2.1.3　公共事业智能化发展机遇

公共事业智能化的发展与城市和政府智能化相辅相成。随着智能化基础设施、生态体系、配套制度的完善,公共事业智能化将向着更高的精细化与网络化、个性化与人性化、多元化与协同化、绿色化与低碳化、精准化与高效化方向发展。

随着物联网技术深度发展和公共事业部门系统性能升级,财政、人力资源和社会保障、税务、应急调度管理等领域的网络化水平将进一步提升,农业和生态环境类的监测将由劳动力支撑转为智能技术和设备支撑,远程监测与分析将逐步升级。在人类面临生态资源短缺、城市化占用耕地、劳动力短缺等问题的情况下,智慧农业已成为 21 世纪解决生存基本条件的必要方式。农业专家系统、农业机器人、精准农业、无人机植物保护、农业生产供应链、养殖监测等解决方案,通过人工智能、物联网、云计算、大数据等智能技术在全球各地逐步实现,带动全球智慧农业市场增长到百亿美元级别。据研究报道,联合学习、病虫害监测和价格预测是农业人工智能的 3 大发展方向,尤其是病虫害方向,全球每年病虫害造成的损失总计 2900 亿美元,全球 40% 的作物产量受到影响,通过智能测算减少农药用量,提高病虫害识别率,减少过度使用化学品对人类健康、土壤、水质以及生物多样性的有害影响,降低耐药性风险。

医疗、教育、人力资源和社会保障(简称人社)等公共事业部门,需要满足不同背景、不同年龄、不同智能技能的各类人群,对个性化和人性化要求非常高。智慧医疗在先进医疗设备和物联网的支持下打下了良好的市场规模和基础。智能技术的发展使生物传感器、智能手表、可穿戴心电图检测仪、活动跟踪器、智能尿布、植入式设备、智能眼镜等先进物联网可穿戴设备成为可能,为远程医疗和保健市场提供了基础。市场调研机构 TechNavio 的报告显示,借助智能移动终端提供信息的移动医疗(mHealth)预计成为全球智慧医疗市场的第二大细分市场,2022—2027 年全球智慧医疗市场规模预计增长 1153.9 亿美元;智慧教育的发展情况同样备受世界关注,是关乎各国人才储备、社会转型的重中之重领域。在生成式人工智能的迅速发展下,智慧教育面临前所未有的发展机遇。

公共事业与资源调度配置息息相关,智能化将进一步推动农业、医疗、教育等的多元化与协同化,将向着全面精准化与高效化发展,尤其是帮助医疗资源获得更合理的分配和管理,帮助财政预算更合理分配,科研联合更顺利。智能化提升,将带动税务更加精准地处理申报、扣款等流程,提升税务数据准确性助力政府分析决策,智慧农业能够为农民提供精准种植与管理方案;准确定位安全隐患,提高应急反应快速性和准确性,提高应急管理效率和水平,实现应急资源高效分配。同时,在可持续发展和全球气候变暖背景下,降低能耗、提高资源转化率、绿色化与低碳化是公共事业智能化发展的必经之路和长远趋势。

2.2　城市和公共事业智能化面临的挑战

2.2.1　问题与挑战概述

1. 传统算力基础设施难以匹配大模型创新需求

人工智能快速发展并在多行业落地,呈现出复杂化、多元化和巨量化的趋势,算力作为人工智能三要素之一，对于人工智能的发展应用及城市和公共服务智能化建设将起到尤为重要的作用。

大模型技术由于其庞大的参数量及训练数据，对于算力提出了更高的要求，传统算力基础设施面临算力资源不足的挑战。AI大模型需要大算力，其训练时长与模型的参数量、训练数据量成正比。根据业界论文的理论推算，端到端大模型的理论训练时间为 $\dfrac{8T \times P}{n \times X}$。其中 T 为训练数据的 token（文本的最小单位）数量，P 为模型参数量，n 为 AI 硬件卡数，X 为每块卡的有效算力。以 ChatGPT 为例，在参数量为 175B（1750 亿）的规模下，在预训练阶段，数据量为 35000 亿，使用 8192 张卡，其训练时长为 49 天。同等条件下参数变多，计算量变大，按照业界的经验，能达到可接受的训练时长，需要百亿参数百卡规模，千亿参数千卡规模，万亿参数万卡规模。这对算力资源的规模提出了极高的要求。算力不足意味着无法处理庞大的模型和数据量，也无法有效支撑高质量的大模型技术创新。

2. 基础大模型难以适应行业智能化需求

基础大模型的构建，需要顶尖人才和巨额资金的持续投入。基础大模型是一个典型的复杂软件平台，其构建是一个复杂的端到端系统工程，技术门槛高，人才需求量巨大。同时，基础大模型资金投入大，GPT-4 训练成本约 6000 万美元，推理成本将至少是训练的 5～10 倍，达到数亿美元每年。

每个行业均有使用大模型的场景，但基础大模型难以满足千行百业的不同业务需求，且行业用户及行业伙伴大多不具备从头开发大模型的能力，为了获得适配本行业的大模型，需要提供行业数据给基础大模型进行微调训练。数据是行业用户的核心资产和竞争优势的源泉，行业用户部分关键敏感数据难以实现共享或者"出厂"，例如政务行业中涉及城市发展、公共安全和个人隐私等方面的数据，金融行业中责权、债务关系相关的数据，制造业的资产明细、生产数据以及明确要求不可以出园区的数据等。目前，业界普遍的解决方案为：行业用户将行业非敏感数据提供给基础大模型供应商，形成行业大模型，再结合场景数据在行业大模型基础上形成场景大模型。

3. 数据供给难以满足大模型训练需求

数据将是构建大模型竞争力的核心要素，行业大模型和场景大模型的训练，特别且必须依赖于丰富且高质量的专有数据集。打造高质量行业数据集成为各企业乃至各国家未来发展的重点。

整体上看，高质量数据由于其来源限制和构建成本而格外稀缺。高质量数据集需要可靠的、具有代表性的来源，并常常需要具有独特特征，而未知来源、不具备独特特征的数据将会对大模型的训练起到负面影响。同时，构建高质量数据集对技术要求和所需劳动力提出了极高的要求，这个过程需要大量专业知识，包括但不限于数据采集、数据清洗、数据标准等环节。

目前，中国数据供给难以满足大模型的训练需求。首先，行业用户虽然重视数据集资产的构建和管理，但采集、存储和管理海量数据，形成优质数据集的能力仍不足。其次，产业缺少统筹共性数据集的建设服务,数据流通与共享机制不成熟,开放数据集"质"与"量"难保证,源头数据的治理不充分,导致数据质量不高、共享不足。最后,数据的实时采集受制于非数字化终端,数据的实时上传受制于低速网络,数据的实时分析受制于数据孤岛,行业数据难采、难传、难用,阻碍了行业智能化的进程。

4. 法规监管难以保障智能化安全可信需求

随着行业智能化的逐步推进,行业信息化对信息系统的依赖加剧,在缺少人工干预的情况下,信息系统被攻击入侵后将造成严重的损失。行业智能化会导致信息系统更加复杂、人工干预更加稀少,对安全可信诉求更加强烈,但其构建难度剧增。

人工智能技术涉及的领域非常广泛,其潜在的风险和危害也不容忽视,例如个人隐私保护、脱敏数据使用、数据泄露等,这些都需要根据合适的法律进行规范和监管。人工智能技术的发展也与社会伦理、安全等问题存在联系,需要明确相关责任与义务等问题。对此,各国纷纷出台相应法律法规,2023 年 7 月,中国出台了《生成式人工智能服务管理暂行办法》,指出以促进生成式人工智能健康发展和规范应用。欧盟出台《人工智能法案》,将人工智能系统按照不可接受的风险、高风险和低风险/最小风险分类。但目前这些法律尚未起到明确作用。

生成式人工智能技术的飞跃发展与快速应用,激化了智能技术的安全与可信问题,但网络安全、数据传输安全、个人隐私保护、模型可解释性、知识产权使用等智能化相关风险,尚缺乏全球化的综合解决方案。

5. 人才储备和生态难以支撑智能化转型需求

人才是人工智能竞争的关键,更是人工智能赋能行业智能化的有效支撑。预计到 2025 年,中国 ICT 人才缺口将超过 2000 万,其中云计算、人工智能、大数据等新兴数字化技术方面的人才尤其稀缺,此外既懂行业又懂技术的复合型人才也异常匮乏,人才储备不足问题成为限制行业智能化转型的瓶颈问题之一。

行业智能化建设人才缺口大,公民数字素养与智能化适应有待提高。国内人工智能人才缺口达 500 万。在斯坦福的报告中,过去 10 年,欧美以及大洋洲国家需要智能技能相关的工作岗位占总体工作岗位的比例,由 0.2%～0.8%上升到 0.45%～2.05%,其中美国对智能技术的需求扩大最为明显。在智能化应用方面,全球公民数字技能对智能化推广和全民的接受是至关重要的。然而,世界银行 2023 年调查发现,全球数字鸿沟仍是亟待解决的问题,全球约 26 亿人缺少网络链接,约 8.5 亿人缺乏任何形式的身份证明,缺乏有效使用互联网技能的人群更是不占少数。

要加速人工智能赋能行业智能化转型,就必须加大人工智能人才储备,进一步完善人工智能产业生态链,把企业的市场优势和数据优势,转化成人工智能的技术创新优势和应用场景优势,加速推动人工智能赋能千行万业智能化转型。

2.2.2　城市智能化问题与挑战

城市的智能化水平发展依靠着物联网、云计算、大数据、人工智能等新兴技术,再加上国家和地方政府的政策和资金支持,已进入新的建设发展阶段。但是,在建设过程中,存在着显而易见的痛点,面临着核心需求未满足、数据共享不足、数据遭受威胁、运营成本较高 4 方面问题的挑战。

1. 核心需求未得到根本解决

从现状来看,尽管中国在城市智能化建设供给方面表现颇为出色,但是在需求侧仍不尽如人意,城市智能化系统建设的供需不匹配现象较为突出。目前,在政府政策的强力主导下,一些城市智能化转型项目纷纷上马,智能化项目建设解决了在线服务"有没有"的问题,但并未实现"好不好"的目标。调研发现,城市智能化系统治理存在"悬空"或"指尖上的负担"现象。地方政府网上服务平台建设以政府发起、企业开发为主,在场景开发、模块设计、系统测试等阶段,往往没有动员民众参与和吸纳社会意见,导致平台服务或用户端不够便捷,造成群众不常用、不愿用,影响了政府事务智能化服务的公众满意度。与此同时,一些地方城市智能化系统建设主要考虑政府管控的需求,忽视社会公众的真正需求。

2. 信息互联互通和城市数据共享不充分

各地区各部门从各自工作需要出发,开发建设了各类业务平台和应用软件,但目前存在信息互联互通难、数据共享和业务协同不充分等问题,大大影响了跨地域跨系统城市服务成效,成为制约城市智能化系统及城市大数据应用发展的关键阻碍。究其原因,一是缺乏标准化引领,由于各地建设的数字化平台在数据接口、共享机制等方面缺乏统一标准,导致与纵向和横向平台之间形成鸿沟;二是不同地区之间城市系统数字化、智能化水平存在差异,信息整合共享能力不尽相同;三是不同部门之间缺乏城市信息整合共享的积极性,不同程度地存在着建设各自为政、管理各行其道的情况。

3. 数字化增加数据安全风险

安全是政府事务不断建设的底线。大量城市数据的上网上云带来了不可忽视的安全风险,是城市智能化系统建设进程中需要持续面对和解决的问题。一方面,数据安全管理权责还不够清晰,相关部门主体责任和监督责任有待落实,同时对参与城市智能化系统建设运营的企业需强化规范管理;另一方面,城市数据涉密传输机制亟须完善,在日益增长的数据共享需求下,跨地区、跨部门、跨层级的数据共享亟须完善涉密传输通道和分类分级管控机制,同时过程中的风险防范机制有待健全,以实现对数据全周期的安全管理和防护。

4. 信息和规则不够透明,造成运营成本较高

城市智能化系统若想要提升协同能力,前提条件是协同方之间相互信任。如果协同合作的前提是信任,那么信任的基础则是透明。当今城市智能化系统建设面临的一大问题是信息和规则不够透明,各方之间无法做到快速简单地相互信任,若想保证双方信用,则必须要经过烦琐冗长的程序,付出很高的人工、时间和金钱等运营成本。以货运物流为例,当今货运物流中的货主、司机、物流、收货方等各个参与方,虽然因为利益大体的一致性,通过签订合同来保证信用,但是,也经常会出现某一方违约的情况,更严重的是违约之后因信息不够透明而无法做到精确问责。例如,当收货方收到一份快递,打开包裹后发现物品丢失,那么货主、司机、物流等各个环节中的人都会有作恶的可能性,但是难以做到精确问责,因为即

便每个环节都有数据登记,但是这个数据很容易被篡改。

2.2.3　公共事业智能化问题与挑战

传统公共事务是指由政府或其他公共机构直接负责提供的基础设施和服务,旨在满足社会公众的基本需求。这些服务通常包括但不限于供水、供电、供气、供热等市政工程项目,公共交通系统如公交车、地铁、轻轨、出租车等,公共道路和桥梁的修建和维护,垃圾处理和环境卫生管理,警察、消防和紧急救援等公共安全服务,以及学校和教育机构的管理和运营,医院、诊所和公共卫生服务等医疗保健服务,图书馆、博物馆、剧院、体育场馆等文化和体育设施等。这些公共事务在人们的日常生活中扮演着重要的角色,为人们提供了必要的基础设施和服务,保障了社会的正常运转。然而,随着社会的发展和变化,公共事务也面临着越来越多的挑战和问题。例如,随着城市化进程的加速,城市交通拥堵问题日益严重,需要加强公共交通系统的建设和优化;随着人口老龄化的加剧,医疗保健服务的需求不断增加,需要加强医疗设施建设和提高医疗服务质量;随着环境问题的日益严重,垃圾处理和环境卫生管理也需要加强,以保障公共卫生和环境保护。

为了解决这些问题,政府和其他公共机构正在不断加强管理和创新,利用日益丰富的智能化手段,提高公共事务的服务质量和效率。但公共事务智能化的发展仍存在一些风险和挑战。

1. 技术成熟度和可扩展性

尽管人工智能技术的发展取得了显著的进步,但在公共事务领域的应用仍处于初级阶段。目前,许多智能化的解决方案需要大量的计算资源和数据来进行训练和推理,这限制了它们的可扩展性和实用性。此外,现有的技术水平还难以应对复杂环境和动态情况,这使得智能化技术在公共事务领域的应用面临挑战。

2. 数据获取和质量

公共事务领域的数据来源广泛、种类繁多,包括政府数据、社会数据、环境数据等。然而,这些数据的获取和质量往往存在诸多问题。首先,数据的格式和标准可能不一致,给数据处理和清洗带来困难。其次,数据可能存在偏差和缺失,这会影响智能化模型的准确性和可靠性。此外,涉及隐私和安全问题的数据更是难以获取和使用。

3. 模型的可解释性和可靠性

在公共事务领域,智能化技术的应用需要具备高度的可解释性和可靠性。然而,现有的许多深度学习模型缺乏可解释性,使得人们难以理解和信任这些模型的决策结果。此外,如何确保模型的可靠性和稳定性也是一个重要的问题。

4. 隐私和安全

公共事务领域涉及大量个人数据的使用和保护。如何在实现智能化服务的同时保护个人隐私和数据安全是一个巨大的挑战。这需要制定严格的隐私保护政策和安全措施,并确保这些政策的有效执行。

5．政策和法规的限制

公共事务领域的智能化应用往往受到政策和法规的限制。例如，政府可能会对智能化系统的使用范围和使用方式进行规定，这可能会影响智能化技术的应用效果。此外，缺乏相关的法规和政策也可能会使得智能化技术的应用缺乏规范和引导。

2.3　城市和公共事业智能化启航

城市和公共事业智能化建设旨在利用智能手段解决城市承载力、城市管理、城市服务等城市发展不同阶段的问题。联合国可持续发展目标第 11 项"建设包容、安全、有风险低于能力和可持续的城市及人类社区"对城市和公共事业智能化具有积极的引导作用，特别是引导人类社会利用智能技术提升城市运行能力，应对城市生态系统淡水、污水、生活环境、能源消耗、住房、交通拥堵、污染、贫困等实际问题，城市智能化不再单纯强调经济或社会效益，将环境保护和全球生态稳定纳入智能化政策中，逐步向低碳、碳中和的智能化发展方式促进城市系统转型，提高城市可持续发展能力。

在技术与信息基础设施建设方面，未来智能化的城市和公共事业将会实现从数字化到智能化的转型，云、大数据、视频解析、物联网技术将与人工智能技术深度融合，向智能感知、智能运行与智能决策方向发展；数据、算力、算法作为 3 大智能化的内在动力也将发生重大转型，数据开放从无序到保护下的有序，数据体量激增、数据和算法结构复杂化、数据传输效率要求提高，算力要求也随之提高。

在建设主体方面，未来智能化建设的参与方也不断扩大。从公共部门主导，到公共部门引导、私营企业积极参与。私营机构的参与提高了智能技术水平和场景问题解决方案的智能化水平，也为城市和政府智能化增加了资金支持。智能化的发展尤其是技术和解决方案的研究，需要资金支持，公共财政力量有限，而私营部门特别是各国龙头企业、跨国公司，拥有雄厚的资金力量，并且因为它们能够成为数字政府行业智能化的最大受益者，如网上行政审批降低企业成本、提高业务效率等，巨头公司们也因此愿意为数字政府行业智能化提供各类支持。

在场景应用方面，智能集约的数字化平台建设越来越重要，一体化智能化将成为未来智能化建设与运营的主旋律，满足智能化系统统一规划、统一调度、统一安全和统一运营的需求，并借助云原生、大数据、人工智能、区块链等技术充分释放数据价值。未来智能化移动服务、智能服务和个性服务不断拓展，更注重需求牵引的业务和运营模式创新。数据共享和资源整合提升，数据赋能驱动政府治理能力提升。

在服务成效方面，未来智能化的城市和公共事业将做到"量体裁衣"，将秉持着"以用户为中心"的理念，以真实的需求和问题为导向，提供更具精准性、个性化和有温度感的服务。同时，将着重注重用户感受和体验，以获取城市居民的认可和支持，并提升居民和企业的满意度和幸福度，建设"合身"的、适宜的、友好的智能化城市；将化零为整，面对城市中种类繁多且相互关联的问题，未来智能化城市将通盘考虑城市问题，注重各方位的系统协调，实现对城市各个组件和要素的精细治理,从而推动实现全场景、全过程、全要素的综合管理和服务;将会补齐现有短板,实现公共事业资源向基层延伸、向农村覆盖、向边远地区和生活困难群众倾斜,消除区域间公共事业水平差距,从而使得我国整体公共事业水平有着大幅提升;将实现全应用场景的智能化,在智慧教育、智慧农业、智慧生态、智慧财政、智慧税务、智慧气象、智慧水利、智慧应急等领域发展出新业态新模式。实现公共服务与互联网产业深度融合发展,培育建成跨行业、跨领域综合性平台和各行业垂直平台。

　　综上,城市和公共事业智能化是一个复杂的、实时的、动态的、高度协同的系统。在这个复杂的协同系统中,物理要素和数字化要素需要协同,这使得人们认识到,城市和公共事业智能化的建设必然不是一个封闭的孤岛建设,而是一个开放的生态系统建设,因此,需要有一个明确的、行业指导性的智能化参考架构,从网络、算力、数据平台、数据治理、AI 大模型等信息技术到城市和公共事业智能化重点业务场景等多方面来引领行业智能化实施路径。一是要有统一的联接基础设施,包括有线网络、移动宽带网络(5G)、物联网感知网络(含 NB-IoT)等;二是要有统一的计算基础设施,主要是为城市和公共事业智能化提供计算服务,包括集中算力(云计算)和分布式算力(边缘计算)等;三是要有统一的数据基础设施,既包括统一的数据管理、治理、运营、处理、分析,又包括建设开放统一的行业数据平台,这种平台具有公共性,是政府授权建设,依托政府资源,需要统一规划、建设和运营,如政务大数据平台、城市运营管理平台、城市感知平台、公共服务平台等;四是要有统一规划的 AI 大模型,包含通用大模型、L0 大模型和 L1 大模型,通用的大模型是行业和场景大模型的基础,行业和场景大模型将实际用于城市和公共事业的智能化建设;五是具备业务与应用指导,构筑用户、业务应用场景之间的逻辑关系。在各部门垂直业务应用基础上,行业智能系统提供对横向融合型场景支撑能力。

第 3 章

行业智能化参考架构

行业智能化转型是一个长期的、循序渐进的过程,如何选择转型道路、如何分层分级建设智能化 ICT 基础设施,将成为智能化转型的关键,需要有一个明确的指导思想来引领转型过程,在不同的阶段做出匹配的选择,避免走弯路、走错路,提升转型的效率。

第一,分层分级的行业智能化转型建设路径是行业智能化参考架构的基础。每个行业都有其独特的业务模式和流程,智能化转型需要针对行业特点制定合适的策略和方案。参考架构为行业提供了一个清晰、有序的转型蓝图,避免盲目投入和资源浪费。

第二,多技术融合是行业智能化的关键。行业智能化涉及算力、存储、网络、大数据、人工智能等多种技术,这些技术相互关联、相互支持。通过参考架构整合这些技术,形成协同效应。同时,参考架构还可以根据行业需求和技术发展趋势,不断优化多种技术组合,推动行业创新。

第三,AI 创新与算法模型行业适配度是行业智能化的核心。智能化转型的关键在于利用 AI 技术提升传统行业业务效率和质量。随着 AI 技术的演进,通过参考架构模型算法层面整合最新的算法模型应用到行业场景中,提高智能化等级。此外,参考架构还需要考虑行业的特殊需求,定制符合行业特点的 AI 解决方案,提高 AI 模型的适配度和准确性。

第四,高质量行业数据集是行业智能化的基石。数据是 AI 技术的驱动力,高质量的数据集对于提升 AI 模型的性能至关重要。参考架构的数据层面关注数据的采集、清洗、标注等环节,确保数据的质量和准确性,还需要考虑数据的共享和流通,促进数据在行业内的有效利用。

第五,高效算力是行业智能化的保障。随着 AI 技术的不断发展,算力需求也在不断增加。参考架构算力层面需要关注算力的优化配置和高效利用,确保行业智能应用能够得到足够的算力支持,还需要关注算力的可持续发展,推动绿色计算和节能减排。

综上所述,基于在城市、金融、交通、制造等 20 多个行业智能化实践过程中的总结,华为提出具备分层开放、体系协同、敏捷高效、安全可信等特征的、全行业通用的行业智能化参考架构,联合行业伙伴共同构筑行业智能化的基础设施,使能百模千态的 AI 大模型,加速千行万业走向智能化,如图 3-1 所示。

行业智能化参考架构是系统化的架构,它包含智能感知、智能联接、智能底座、智能平台、AI 大模型、千行万业共 6 层,这 6 层相互协同、相互促进。行业智能化参考架构是面向全行业的、能够服务不同智能化阶段的参考架构,通过分层分级建设,选取合适的技术和产品,提升行业的智能化水平,具备协同、开放、敏捷、可信的特征。

协同。大模型时代,智能化产业的上下游产业多,产品能力复杂,需要各从业企业基于行业智能化参考架构来构建产品和能力,相互之间协同以形成合力,共同完成智能化体系的

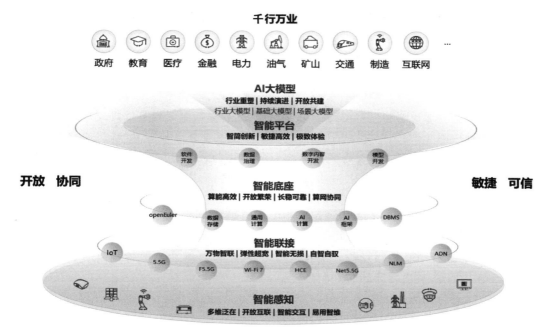

图 3-1　行业智能化参考架构

建设。各个行业的企业之间也需要协同,共同构筑有竞争力的基础大模型、行业大模型,服务于行业的智能化发展。在智能化过程中通过云、管、边、端的协同,业务信息实时同步,提升业务的处理效率,并通过应用、数据、AI 的协同,打通组织鸿沟,使能业务场景全面智能化。

　　开放。行业智能化发展是一个庞大的工程,需要众多的企业共同参与,以开放的架构助力行业智能化发展。通过算力开放,以丰富的框架能力支持各类大模型的开发,形成百模千态;通过感知开放,接入并打通品类丰富的感知设备,实现万物智联;通过模型开放,匹配千行万业的应用场景,实现行业智能。

　　敏捷。在智能化的过程中,可按照业务需要灵活匹配合适的 ICT 资源,并通过丰富、成熟的开发工具和框架构筑智能化业务,让业务人员直接参与智能化业务的开发,快速上线智慧应用。

　　可信。智能化系统必须是可信的,在系统安全性、韧性、隐私性、人身和环境安全性、可靠性、可用性等方面全面构筑可信赖的能力,并从文化、流程、技术 3 个层面确保在各场景中落地;智能化应用的运行过程必须是可信的,可追溯、防篡改,避免受到外部的恶意破坏。

3.1　智能感知

　　智能感知是物理世界与数字世界的纽带,它基于品类丰富、泛在部署的终端设备,对传统的感知能力进行智能化升级,构建一个无处不在的感知体系,具备多维泛在、开放互联、智能交互、易用智维等特点。

多维泛在。智能化时代，需要对事物进行全方位的感知，才能获取到完整、全面的信息，支撑后续的智能化业务处理。通过雷达、视频、温度传感、气压传感、光纤感知等多种类型的感知设备从不同的维度获取数据，进而汇总成为更全面的信息，支撑后续的智能分析和处置；同时，为了保证能够获取到准确且实时的信息，感知设备还需要贴近被感知的对象，并保持实时在线，充分获取感知数据，实时上传至处理节点，形成无处不在的感知。

开放互联。行业里各类感知终端种类繁多，协议七国八制导致数据难互通，难以支撑复杂的业务场景。因此，需要开放终端生态，通过鸿蒙或其他智联操作系统，将协议复杂、系统孤立的终端有机协同起来，实现对同一感知对象的联动感知能力，做到"一碰传、自动报"。开放应用生态，ICT 技术与场景化深度融合，实现精细化治理。

智能交互。随着各类智能终端的广泛应用，人与人之间、人与设备之间的协同也越来越广泛，视频会议、远程协作等交互场景在行业应用中得到了很大的推广。通过云边协同、AI 大模型等技术的应用，极大地提升设备认知与理解能力，实现软件、数据和 AI 算法在云边端自由流动，并通过包含智联操作系统的终端设备，基于对感知数据的处理结果，在物理世界中进行响应处理，实现智能的交互能力。

易用智维。行业的业务场景复杂，对感知的要求也有很大差异，感知设备有相当大的比例安装在不易于部署维护的地点，如荒野、山顶、铁路周界、建筑外围等，其中一部分设备在获取电力、网络资源时也存在一定的困难。因此，需要感知设备具备网算电一体集成、边缘网关融合接入等能力，实现感知设备智简部署、即插即用，智简运维平台和工具数字化、智能化，实现无人化、自动化的可视可管可维。

智能感知层的关键技术和部件包括鸿蒙感知、多维感知、通感一体等。鸿蒙感知是以鸿蒙智联操作系统为核心的智能终端系统，具备接入简单，一插入网、一跳入云，安全性强等特点；多维感知是通过雷视拟合、光视联动等技术融合创新，提高全场景感知精准性；通感一体是通过有线和无线组合，实现无处不在、无时不在的感知。

3.2 智能联接

行业智能化的场景复杂多样，智能联接用于智能终端和数据中心的联接、数据中心之间的联接、数据中心内部的联接等，解决数据上传、数据分发、模型训练等问题。各种场景对联接都有不同的要求。例如某个工业园区场景中智能终端和数据中心的联接，AOI 机器视觉质检要求实时推理交互，软件包下载要求高峰值带宽，视频会议要求稳定带宽，需要借助网络切片保障不同流量的互不干扰。在数据中心中，AI 训练集群网络丢包率会极大影响算力效率，1/10000 的丢包率会导致算力降低 10%，而 1/1000 的丢包率会导致算力降低 30%。因此，行业智能化需要万物智联、弹性超宽、智能无损、自智自驭的智能联接。

万物智联。在行业智能化时代，种类繁多的感知终端（如雷达、行业感知、光纤感知、温度感知、气压感知等）都需要通过网络自动上传感知数据，以支撑各种类型的业务系统。数据上传需要实时、准确，不能有丢失。智能联接综合采用 5G-A、F5G Advanced、Wi-Fi 7、超融合以太(HCE)、IPv6＋等多种网络技术,推进全场景、全触点、无缝覆盖的泛在联接,支撑数据采集汇聚,推进智能应用普及,为智能化参考架构的持续进化构筑万物智联的基础。

弹性超宽。随着行业智能化不断发展、感知能力不断丰富与增强,生成的业务信息量也在极速增长,支撑大模型的训练数据更加丰富完善,训练出的模型更加精准。训练出的模型也要迅速下发,推动业务处理更加智能。面向 PB(Petabyte,拍字节)级样本训练数据上传、TB(Terabyte,太字节)级大模型文件分发的突发性、周期性、超宽带联接需求,需要建设大带宽、低时延、智能调度的网络;基于时延地图和带宽地图动态选择最优路径,实现极速推理和实时交互,为行业智能化参考架构打通"数据上得来、智能下得去"的持续进化循环。

智能无损。面向超大规模 AI 集群互联需求,以 400GE/800GE 超融合以太、网络级负载均衡等技术实现大规模、高吞吐、零丢包、高可靠的智能无损计算互联;智算数据中心网络升级,以网强算,通过算、网、存深度协同优化,支撑万亿级参数的模型训练,让智能化参考架构越来越智能。面向海量智能感知终端连云入算、AI 助理以云助端等场景,基于网络大模型(NLM)实现智能感知应用类型、智能优化联接体验、智能保障网络质量,为极速推理、协同工作、音视频会议等各种应用提供智能无损的高品质联接,让智能持续进化,服务更多的生产、生活场景。

自智自驭。基于网络大模型识别应用与终端类型,准确生成配置与仿真验证,准确预测故障与安全风险,并实现网络零中断(智能预测网络拥塞准确率为 99.9％)、安全零事故(智能预测未知威胁)、体验零卡顿(智能识别应用类型并保障体验),加速网络自动驾驶向 L4 级迈进,实现网络的自智自驭,提升智能化参考架构的整体运转效率。

智能联接主要涉及接入网络、广域网络、数据中心网络。

接入网络。承担着感知设备的接入及汇聚到数据中心网络或广域网络的职责。接入网络通过 5G-A、F5G Advanced、Wi-Fi 7、超融合以太(HCE)、IPv6＋等技术,实现稳定、可靠、低时延的感知设备接入;同时,接入网络还承载着多种业务类型,如实时业务处理、训练数据采集与上传、推理模型下发至边缘计算节点等,需要接入网络能够根据业务类型分别设置网络资源,为不同的业务数据设置不同的资源优先级。

广域网络。具备多分支机构的大型企业存在大量的数据跨分支机构互传的场景,如训练数据上传、算法模型下发、业务应用下发、业务数据传输等,相应地需要在分支机构之间提供稳定、大带宽的广域网络。企业可根据自身的实际情况,选择租用运营商网络或自建广域网络的方式,获取稳定、可靠、高带宽的多分支机构间的网络联接能力。

数据中心网络。随着 AI 大模型的兴起,大模型训练成为数据中心的一个重要职责,其超大规模的数据分析对数据中心的网络也带来了新的挑战,传统的基于计算机总线的数据中心网络技术已无法满足大模型训练的要求。因此,数据中心网络需要新的网络架构,能够打通各协议间的壁垒,"内存访问"直达存储和设备,并统一芯片侧高速接口,打破"带宽墙",使能端口复用。数据中心的业务类型也是多样的,例如在大模型训练时就存在参数面、业务面、存储面等网络平面,需要能够按照业务类型建立网络平面,并相互隔离。

3.3　智能底座

　　智能底座提供大规模 AI 算力、海量存储及并行计算框架,支撑大模型训练,提升训练效率,提供高性能的存算网协同。根据场景需求不同,提供系列化的算力能力。适应不同场景,提供系列化、分层、友好的开放能力。另外,智能底座还包含品类多样的边缘计算设备,支撑边缘推理和数据分析等业务场景。具备算能高效、开放繁荣、长稳可靠、算网协同等特点,以更好地支撑行业智能化。

　　算能高效。随着大模型训练的参数规模不断增长、训练数据集不断增大,大模型训练过程中需要的硬件资源越来越多,时间也越来越长。需要通过硬件调度、软件编译优化等方式,实现最优的能力封装,为大模型的训练加速,提升算能的利用率。同时,针对基础大模型、行业大模型、场景大模型的训练算力需求,以及中心推理、边缘推理的算力需求,提供系列化的训练及推理算力基础设施配置,根据业务场景按需选择,确保资源价值得到最大化的利用。在数据存储方面,闪存技术具备高速读写能力和低延迟特性,并伴随着其堆叠层数与颗粒类型方面的突破,带来成本的持续走低,使其成为处理 AI 大模型的理想选择。通过全局的数据可视、跨域跨系统的数据按需调度,实现业务无感、业务性能无损的数据最优排布,满足来自多个源头的价值数据快速归集和流动,以提升海量复杂数据的管理效率,直接减少 AI 训练端到端周期。

　　开放繁荣。不同场景、不同类型的大模型,根据大模型的参数规模、数据量规模,需要的算力有着很大的差异;在推理场景,中心推理和边缘推理对算力的要求也不一样。行业用户可以根据实际业务场景选择不同的模组、板卡、整机、集群,获取匹配的算力,并可在品类丰富的开源操作系统、数据库、框架、开发工具等软件中进行选择,屏蔽不同硬件体系产品的差异,帮助用户在繁荣的生态中选择合适的产品和能力,共同形成行业智能化的底座。

　　长稳可靠。大模型业务场景下,一次模型训练往往要耗费数天甚至数月的时间,如果中间出现异常,将会有大量的工作成果被浪费,耗费宝贵的时间和计算资源。为减少异常导致的训练中断、资源浪费,要保证训练集群长期稳定,提升集群的稳定性;同时,在出现极端情况时,可以使用过程数据恢复训练,降低因外部因素带来的影响。

　　算网协同。随着大模型的参数数量、训练数据规模的不断增长,模型训练所消耗的时间也不断增加,逐渐变得不可接受。传统的计算机总线＋网络的数据传输方式已成为瓶颈,难以继续提升效率。因此,需要算网协同的传输架构,提升数据的传输效率和模型训练速度。同时,网络需要参与计算,减少计算节点交互次数,提升 AI 训练性能。

　　同样,在大模型训练过程中,数据在存储、内存、CPU(Central Processing Unit,中央处理器)间移动,占用大量的计算和网络资源。为减少资源占用,需要存算协同架构,通过近存计算、以存强算的能力,让数据在存储侧完成部分处理,将算力卸载下沉进存储实现随路计算,减少对 AI 计算能力的占用。智能底座的主要技术特征有:

　　计算能力。计算能力简称算力,实现的核心是 GPU(Graphics Processing Unit,图形处理器)/NPU(Network Process Unit,网络处理器)、CPU、FPGA(Field Programmable Gate Array,现场可编程门阵列)、ASIC(Application-Specific Integrated Circuit,专用集成电路)等各类计算芯片,以及对应的计算架构。AI 算力以 GPU/NPU 服务器为主。算力由计算机、服务器、高性能计算集群和各类智能终端等承载。算力需要支持系列化部署,训练需要支撑不同规格(万卡、千卡、百卡等)的训练集群、边缘训练服务器;推理需要支持云上推理、边缘推理、高性价比板卡、模组和套件。并行计算架构需要北向支持业界主流 AI 框架,南向支持系列化芯片的硬件差异,通过软硬协同,充分释放硬件的澎湃算力。

数据存储。复杂多样的业务场景,带来了复杂多样的数据类型。数据存储需对不同类型的数据,通过全闪存存储、全对称分布式架构等技术手段,为不同的业务场景提供海量、稳定高性能和极低时延的数据存储服务;为特定业务场景提供专属数据访问能力,如直通GPU/NPU 缩短训练数据加载时间至毫秒级;具备数据的备份恢复机制,以及防勒索机制等安全能力,确保数据的安全、可用。

操作系统。操作系统对上层应用,要屏蔽不同硬件的差异,提供统一的接口,完成不同硬件的兼容适配,提供良好的兼容性,为应用软件的部署提供尽可能的便利;针对不同的硬件的特征,操作系统需要针对性的优化,确保能充分发挥硬件的能力;在多 CPU、CPU 和GPU、NPU 协同的情景下,操作系统如何协调调度,也是一个关键的能力。

数据库。海量、格式多样的数据,追求极致的业务性能,对数据库也带来了新的挑战。为了适应业务的变化,数据库需要高性能,海量数据管理,并提供大规模并发访问能力;高可扩展性、高可靠性、高可用性、高安全性、极速备份与恢复能力,都是对数据库的基本要求。

云基础服务。智能底座上运行的各种应用、服务,在不同的时间段对应的业务量是有差异的,为了合理利用智能底座的硬件资源,智能底座通过虚拟化、容器化、弹性伸缩、SDN(软件定义网络)等技术,对外提供云基础服务能力,提升资源的利用效率。

3.4　智能平台

在海量的数据从感知层生成、经过联接层的运输,汇聚到智能平台,通过数据治理与开发、模型开发与训练,积累行业经验,最终服务智能应用的构建。

智能平台理解数据、驱动 AI,支撑基于 AI 大模型的智慧应用的快速开发和部署,使能行业智能化,具备智简创新、敏捷高效、极致体验等特点。

智简创新。围绕软件、数据治理、模型、数字内容等生产线能力,提供一系列的开发使能工具,并通过数据、AI、应用的协同,让智慧应用的构建更高效、更便捷,让行业应用的创新更简单、更智能。

敏捷高效。智能化的开发生产线能力,为业务人员提供了多样化的业务开发方式选项;强大的 DevOps(Development 和 Operations 的组合词,是一组过程、方法与系统的统称)能力让业务迭代开发过程更敏捷,一键发布能力让业务上线速度更快,效率更高。

极致体验。具备简单易用的低代码、零代码业务配置能力,开发门槛低,业务人员可以直接参与到模型开发、数据治理、应用开发中；为不同的用户提供个性化的操作界面，提升使用者的体验。

智能平台层的主要技术特征包括数据治理生产线、AI 开发生产线、软件开发生产线以及数字内容生产线。智能平台支持 AI 模型在不同框架以及不同技术领域的开发和大规模训练。

数据治理生产线。核心是从数据的集成、开发、治理到数据应用消费的全生命周期智能管理。一站式实现从数据入湖、数据准备、数据质量到数据应用等全流程的数据治理，同时融合智能化治理能力，帮助数据开发者大幅提升效率。

AI 开发生产线。它是 AI 开发的一站式平台。提供从算力资源调度、AI 业务编排、AI 资产管理以及 AI 应用部署，提供数据处理、算法开发、模型训练、模型管理、模型部署等 AI 应用开发全流程技术能力。同时，AI 应用开发框架，屏蔽掉底层软硬件差异，实现 AI 应用一次开发、全场景部署，缩短跨平台开发适配周期，并提升推理性能。

软件开发生产线。提供一站式开发运维能力，面向应用全生命周期，打通需求、开发、测试、部署等全流程。提供全代码、低代码和零代码等各种开发模式。面向各类业务场景提供一体化开发体验。

数字内容生产线。提供 2D、3D 数字内容开发，应用开发和实时互动框架。根据用户需求，生成服务，如数字人等。使用者无需专业设备，即可使用的内容生产工具。

3.5   AI 大模型

AI 大模型分为 3 层，即基础大模型、行业大模型、场景模型。基础大模型（L0）提供通用基础能力，主要在海量数据上抽取知识学习通用表达，一般由业界的 L0 大模型供应商提供；行业大模型（L1）是基于 L0 基础大模型，结合行业知识构建，利用特定行业数据，面向具体行业的预训练大模型，无监督自主学习了该行业的海量知识，一般由行业头部企业构建；场景大模型（L2）指面向更加细分场景的推理模型，是实际场景部署模型，是通过 L1 模型生产出来的满足部署的各种模型。

AI 大模型在发展过程中呈现出了行业重塑、持续演进、开放共建等特点。

行业重塑。AI 大模型叠加行业场景，赋予行业场景更智能的处理能力，提升业务效率，降低企业成本，促进行业创新，为行业的发展注入新的生命力，重塑行业的智能化进程。

持续演进。行业场景使用大模型提升业务效率的同时，也会产生大量的业务数据，这些数据再对大模型进行训练，让大模型的能力越来越强大，推理越来越准确，成为行业智能化的有力支撑。

开放共建。行业客户与大模型供应商共同打造多样化多层级的大模型，构筑满足各类场景中需要的大模型，为不同行业场景提供多样化的选择，服务行业智能化发展。

大模型聚焦行业，从 L0、L1 到 L2，遵从由"通"到"专"的分层级模式，可实现从 L0 通用模型到 L1 行业模型再到 L2 专用模型的快速开发流程。

　　在建设大模型体系时,要依照企业的规模、能力、组织结构和需求因地制宜,层层落实,要充分考虑云网边端协同、网算存的协同,让 AI 上行下达。大模型可以分层分级建设,从 L0 到 L1,再到 L2,不断有行业数据加入来提升模型的训练效果,同时也需要模型压缩来节约推理资源。模型压缩是实现大模型小型化的关键技术,大模型通过压缩技术可以达到 10～20 倍参数量级压缩,使千亿模型单卡推理成为可能,节省推理成本;同时,模型压缩降低计算复杂度,提升推理性能。

　　在实际应用中,需要结合业务场景变化,迭代演进 AI 大模型能力,边学边用,越用越好。对于 NLP 大模型,可以结合自监督训练方式,进行二次训练,不断补充行业知识;在具体任务场景下,可以使用有监督训练方法进行微调,快速获得需要达到的效果;进一步地,可以基于自有训练后的模型,进行强化学习,获得更出色的模型。对于 CV 大模型,企业/行业用户可以结合自有行业数据,进行二次训练,迭代获得适配与自身行业的 L1 预训练大模型;同时,在具体细分场景中,可以提供小样本,基于行业预训练的 L1 模型进行微调,快速获得适配自身业务的迭代模型,小样本量,迭代也更快速。

　　大模型的三级模型之间可以交互优化。L0 模型可以为 L1 模型提供初始化加速收敛,L1 可以通过模型抽取蒸馏产生更强的 L2 模型,L2 也能够在实际问题中通过积累案例数据或者行业经验反哺 L1。

3.6　智赋万业

　　千行万业的智慧应用是行业智能化参考架构的价值呈现,每个个体所能感受到的个性化、主动化服务体验都来自应用。智慧应用的发展关键是探索可落地场景,对准其痛点,通过 ICT 和行业/场景 AI 大模型的结合,快速创造价值。所有这些场景汇聚起来,便能涓滴成河,逐步完成全场景智慧的宏伟蓝图。

第二篇

城市智能化转型实践

第 4 章

城市智能化技术需求

基于城市智能化发展趋势，从感知、网络、算力、数据和应用 5 方面分别分析基于 AI 大模型的城市智能化升级对 ICT 基础设施提出的需求。

4.1　全域化感知

城市的高效治理和运行离不开全面的感知能力，但目前的城市感知体系缺乏统一接口协议和统一数据标准，技术七国八制，能力碎片化，集成复杂，可用性低，导致数据无法及时、全量上传，数据采集时间无法对齐，数据无法支撑智能 AI 训练，也无法实时感知到城市脉搏。

因此，我们需要面向城市全域构建立体融合感知，通过智能化终端和智联操作系统，将协议复杂、系统孤立的终端有机协同起来，实现对同一感知对象的联动感知能力，做到"一碰传、自动报"，以满足更加复杂、高精度、高速度、智能化和协同的作业要求。通过视频感知、卫星感知、气体感知、振动感知及物联感知等多种感知手段，汇聚城市海量、实时、动态、鲜活数据，构建"可看，可算，可控"的城市数字孪生平台，端到端打造城市融合感知解决方案，打通全域感知触点，完善城市感知数据，打通城市间的各类数据孤岛和壁垒，形成高效的协同配合，实现前所未有的城市综合感知能力，提升城市的智能化水平，让城市"活"起来。

4.2　高运力通信

随着城市智能化的发展，AI 训练、推理走向"工业化开发、规模化应用"，训练集群内部需要高效数据通信，从市到区、从区到街道边端、海量训练样本数据上传、模型推送与训练迭代、无所不在的推理交互，都需要高质量的广域、城域数据通信网络；训练生成的模型文件下推，需要广覆盖、大带宽、任务式的弹性数据通信网络；各类应用场景的实时推理交互，需要低时延、高可靠、高并发的低时延数据通信网络。为了提升投资效率，需要在一张数据通信网络同时支持多种应用，既要满足传统应用"万物智联"的要求，又要满足 AI 时代"万智互联、万数智算"的要求。为此，需要引入 HCE（Hyper-Converged Ethernet，超融合以太）、IPv6＋、ADN（Autonomous Driving Network，自动驾驶网络）等创新技术，打造新一代数据通信网络，面向行业智能化提供弹性超宽、智能无损、自智自驭的数据通信基础设施。

城市智能化基础设施的可持续发展，还需要考虑数据中心的异地容灾、东数西算、协同计算,需要引入网络切片、OXC(Optical Cross-Connect,光交叉连接)、网络数字地图等技术,打造超大容量、极低时延、应用感知体验保障、算网融合智能无损的 IP 骨干网络、OTN(Optical Transmission Network,光传输网络)等骨干网络,实现跨地域的实时算力调度、极速数据运送、高效协同计算。与此同时,数据通信的安全至关重要,数据流量持续增长,加密威胁持续增加,需要高性能、高弹性、高效拦截加密威胁的网络安全解决方案,为城市智能化保驾护航。

城市智能化时代,新一代高运力数据通信网络从"万物智联"走向"万智互联、万数智算",成为万物智联、弹性超宽、智能无损、自智自驭的关键基础设施。

4.3　集群化算力

算力是新型生产力,是支撑数字经济蓬勃发展的重要"底座",是激活数据要素潜能、驱动经济社会数字化转型、推动城市智能化转型建设的新引擎。大规模参数的训练呼唤大算力,需要集群来保障大规模、长期稳定、高可靠的算力供给。分层分级建设和部署大模型是城市智能化的基本要求,需要算力系列化适配各种业务场景。城市大模型的训练和推理需要高质量的行业数据来支撑,保障 AI 学得好;需要应用快速迭代降低开发门槛,保障 AI 落得实;需要高质量的算力资源保障各场景业务智能化需求,保障 AI 用得好。

因为大模型训练和推理需要大量算力资源,所以提出大规模 AI 算力的建设需求,而单卡性能有限,只有集群的模式才能满足大算力的需求。AI 算力集群是一个系统工程,需要兼顾计算、网络、存储等的跨域协同及优化,并支持弹性扩展,助力构筑高效协同的算力集群。

4.4　高质量数据

数据将是构建城市大模型竞争力的核心要素,高质量的数据尤为稀缺,大模型的训练和推理都需要高质量的行业数据来支撑。高质量的数据需要统筹规划感知、存储、网络、数据治理、数据安全,需要做好整个系统的顶层设计和各个子系统的协同。

首先,各区各部门从各自的工作需要出发,开发建设了各类业务平台和应用软件,但大多存在信息互联互通难、数据共享和业务协同不充分等问题,大大影响了跨地域、跨系统的城市治理与服务成效,成为制约城市智能化应用发展的关键阻碍。需要通过标准化规范各地建设的数字化平台的数据接口、共享机制等,实现跨不同地区、跨不同部门的信息整合共享。

其次,需要大容量、支持访问协议多样化的存储。城市数据量大,文件格式多样,训练前需要从跨域多系统将大量的样本数据上传到模型训练中心,对存储要求高,需要存储提供大容量、支持从跨域多数据源复制 PB(皮字节)级原始数据以及访问协议多样化。

再次,需要有效的数据治理,提供高质量的数据,支撑大模型训练。数据需要从源头治理,制定数据标准,从应用规范、应用产生开始治理,保障数据"优生"。传统数据治理主要用于大数据业务,智能化时代数据治理将为模型的训练和推理服务,因此数据治理需要与 AI 打通。数据还需要进一步外溢和延展,例如从局限于自身内部的数据转变为跨区域跨部门间协同、流通、共享与交易的数据,便于在产业上下游间形成协同,在产业内形成数据交易、数据经济和数据市场。

最后,城市数据大多涉及国计民生,信息比较敏感,数据安全作为数据价值化的基石,对于保障商业秘密、数据所有权,确保数据合规使用至关重要。为此需要构建事前预防、事中预警、事后追溯的全流程数据安全能力,让数据使用更安全。

4.5　迭代化应用

随着 AI 技术的发展、智能化应用的深入,应用场景变得更多元、更复杂。城市的应用场景成百上千,每个子场景对 AI 模型的泛化性要求不同,在特定的场景,需要对 AI 模型进一步优化和重构,以适应生产环境。例如,在政务办公场景下,将生成式人工智能应用到辅助政务智能公文写作上,需要在通用的 AI 模型基础上,收集大量政府公文样本进行预训练,通过模型微调优化形成政务办公大模型,从而提升政府公文写作效率。

大模型为解决上述问题提供了很好的方案。基于预先训练好的大模型,每个场景化 AI 开发都不必再从零开始,而是基于大模型做增强训练,并自动化抽取出适合该场景部署的小模型。开发周期从月级缩短为天级,相对于以前的作坊式开发,AI 工业化开发效率可以提升 10～100 倍,实现了 AI 模型从作坊式开发到工业化开发的转变。但这样的开发效率需要高效的开发工具链支撑,针对不同业务场景需求,需要做到快速响应和动态按需适配,实现从需求到智能化应用的快速迭代与敏捷应用短闭环。具体来说,智能化应用的开发工具链需要满足以下 4 个关键需求。

一是需要大模型增强训练敏捷化,减少开发的中间环节,让应用的使用者参与到模型的构建中来,实现全民参与,贡献行业经验,加速 AI 算法的创新和孵化。模型开发工具链要能够支撑从数据标注、模型选择、模型训练、模型评估、模型部署到结果反馈的全流程高效作业,降低开发门槛。

二是需要应用开发敏捷化,从传统的瀑布式开发走向敏捷式开发,支持低代码、零代码开发,让业务人员可以直接参与开发。打通应用和 AI 开发工具,实现应用对 AI 算法的调用,使智能化应用上线周期从月级缩短到天级,让应用开发更加友好、简单。

三是需要数据与 AI 融合,打通数据库、湖、仓和 AI 开发平台之间的互访,让数据在多个引擎间能够高效流转,实现一站式的 DataOps 与 MLOps,最终通过将数据和 AI 的能力整合,加速模型开发。

四是通过将 AI 引入开发过程,提供代码和测试用例的智能生成、代码解释和代码翻译的智能交互问答,实现需求获取和代码提交的智能协同,大幅提升开发效率。

第 5 章

城市智能体参考架构与技术实现

5.1 城市智能体参考架构

5.1.1 全面发展的城市智能体新理念

现有城市智能中枢以使用者为本,即以城市管理者和市民等用户为中心,注重对用户需求的关注,在业务活动与需求的分析、早期的测试和评估,以及迭代式的设计方面更强调用户体验。技术框架以 IT 应用数据为驱动,强调各类信息的数字化和融通汇总,业务上大多局限于政务活动。从整体思想领导力上看,现有智能中枢更贴近于人的"大脑",汇聚四肢、躯体信息,形成思想决策,但缺乏反向输出,未对四肢、躯体形成有效指挥。

对此,我们提出从局部智能中枢走向全面发展的城市智能体的新理念,如图 5-1 所示。城市智能体将以人为本,在以使用者为本的基础上,不仅关注用户与系统的交互,更加注重系统如何影响人的能力和特征;在技术上,加速鸿蒙感知、算力智能、网络使能、泛在安全等方面的建设,构建智能感知数字底座;在业务上,拓展政务服务、政务办公、城市治理、城市管理、城市实时性问题快速响应和高效处置等业务。城市智能体将从"大脑"扩展到整个"人体",包含中枢"大脑"、感知"五官"、云网"经脉"、数据"血液"和应用"手脚",形成全身联动机制,打造全流程、更智能的城市智能体。

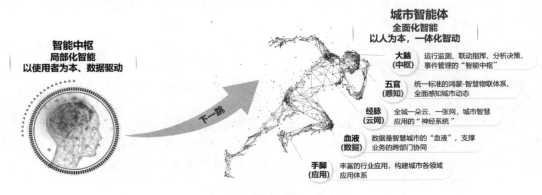

图 5-1　城市智能体理念

智慧的大脑,即会学习、会思考,能判断、能决策的城市和政府运行指挥中枢。旨在形成跨城管、市监、水务、城运中心、环保、应急、人社等部门应用协同联通机制;算随数建,本地政务数据本地用,挖掘数据价值孵化适配本地场景的 AI 算法;训推一体,持续迭代促进自主演进,快速响应业务需求变化及新增场景需求。

灵敏的感官,即全域灵敏感知。利用视频感知、卫星遥感、噪声检测、环境感知、震动感知、水质监测和物联感知等技术,形成地上、地下一体全模态感知;运用鸿蒙操作系统、CIM(City Information Modeling,城市信息模型)、视频分析、人工智能等搭建数字孪生平台,实现全域态势精准感知,为城市和公众安全提供保障。

顺畅的经脉,即城市的云和网。打造连接市、县、乡、村的专网,以网带云,达到市区一朵云,包含政务云、赋能云、产业云、公有云等,以云带网,形成市区一张无损低时延网络。同时,云网协同,打造全域一体化安全。

流动的血液,即鲜活的、实时的数据。"聚"实现包含供水、电力、燃气等公共数据和交易、新闻等社会数据汇聚,达到多源异构亿级数据分钟级入湖;"通"实现数据高效流通,从分钟级跨越到秒级;"享"实现数据可信共享,利用区块链技术,实现数据在各部门之间可用不可见,跨域流通可追溯。

灵活的手脚,即跨领域的应用协同。例如,通过"一网通办",实现一件事一次办、"无感申办"和"一码通办"的"好办",以及零跑腿、"秒批秒办""免审即享"的"智办";通过"一网统管",实现 AI 慧眼识事、智能调度、联动处置和每日效能分析,让政务服务数字化,城市管理精细化。

5.1.2　城市智能体参考架构

城市智能体是运用大数据、云计算、物联网、人工智能、区块链、数字孪生等技术,集数据、智算与业务三位一体的新型信息基础设施。城市智能体通过对城市全域运行数据进行实时汇聚和大数据分析,实现全面感知城市生命体征;通过辅助宏观决策指挥,预测预警重大事件,配置优化公共资源,保障城市安全有序运行。城市智能体在政务服务、政务办公、城市感知、城市运行、城市治理和产业赋能等方面可以提供综合应用能力,实现整体智治、高效协同、科学决策,推进城市智能化和智慧化。

如图 5-2 所示,城市智能体参考架构是系统化的架构,由智能感知、智能联接、智能中枢、智能应用 4 层组成。城市智能体参考架构通过分层分级建设,选取合适的技术和产品,提升城市的智能化水平。

城市智能体参考架构各层之间是相互协同的,形成一个有机整体,就像人体一样,"能感知""会思考""有温度""可进化",共同服务于城市的智能化发展。城市智能体具有以下 4 个特点。

一是能感知。城市智能感知体系是城市的"神经末梢",是城市的"视觉、听觉、嗅觉、触觉"的有机组成,是构建城市全域智能化的数字底版,通过数字孪生技术,将物理世界 1∶1 还原为数字世界,使能城市的精准化感知、精细化治理、科学化决策,不断增强城市的监测预警和风险防范的综合能力。

二是会思考。城市大模型汇聚各种领域的知识、经验,具有跨领域的知识和语言理解能力,能够基于自然对话方式理解与执行任务。城市大模型的泛化能力和"智能涌现"赋能城

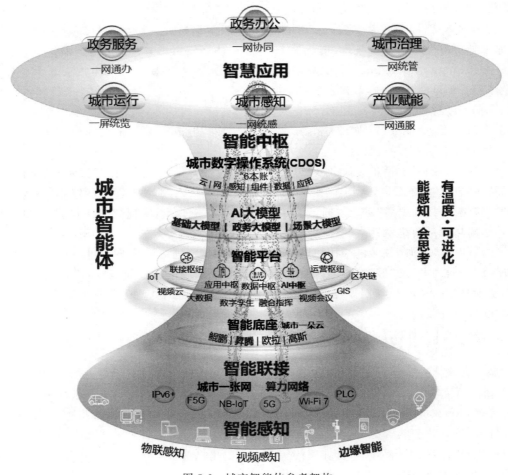

图 5-2　城市智能体参考架构

市大脑智能化升级,使得其会学习、会理解、会思考,实现从"感知智能"到"认知智能",使城市管理逐步摆脱对人工的依赖,提高城市管理水平与服务效能,从而驱动城市激发创新活力。

　　三是有温度。基于 AI 大模型精准的语义理解和分析能力打造 12345 热线助手、政务服务助手等,围绕优政、利民、惠企,为企业和民众提供 7×24 小时全方位服务,保障城市居民的获得感、幸福感、安全感。

　　四是可进化。城市智能体将整个城市比作一台机器,训练其去完成种类繁多的任务。考虑整个城市运转的不可逆、不可停止的特性,自进化成为城市智能体核心且显著的特征。随着大模型自进化技术的发展,城市智能体自进化成为一种可能。在无人监督情况下,以大模型的思维链和自洽性特性,不断完善城市智能体模型,拓展其能力边界,实现面向场景的业务闭环和生态价值闭环,最终实现城市智能体自进化。

1. 智能感知

以城市智能感知体系建设为基础,使能城市万物智能互联、业务智慧联动。通过布设覆盖城市范围的多种类型传感器,建立全域全时段的城市智能感知体系,对城市运行状态进行多维度、多层次精准监测,全面获取影像、视频、各类运行监测指标等海量城市数据,实现对城市环境、设备设施运行、人员流动、交通运输、事件进展等的全方位感知,实时获取城市全域全量运行数据,为城市智能化转型提供数据基础。城市运行时刻处于发展变化中,必须时刻掌握物理城市的全局发展与精细变化,让城市可感知、能执行,实现孪生环境下的数字城市与物理城市同步运行。

通过城市全域的泛感知建设,实现动态的感知、精准的控制,随时随地感知城市运行动态,研判城市运行的趋势和规律,提前发现城市潜在运行风险,精准发出预警信息,为科学决策提供有效的技术支撑保障。万物互联是城市感知体系建设的前提和基础。全场景的智慧化将唤醒和千亿联接的升级,伴随着感知、联接能力全面提升,人与物将在数据构筑的智能城市环境中进行交互,以感知塑造智能、智能提升认知、认知锐化感知,推动城市智能化转型深度融合,实现可持续发展。

2. 智能联接

城市智能联接是城市公共基础设施网络,向上联接政务云,向下联接各委办局、企事业单位、学校、医院、社区等机构,统一承载了城市中千行百业的各类业务,起到了非常关键的作用。万丈高楼平地起,打牢基础是关键,只有建设一张强健可靠的网络,才能更好地支撑城市的智能化转型和高效治理,有效提升百姓的满意度和幸福感。

政务外网。它是政府办公、政务服务和城市治理的重要支撑平台,当前主要覆盖到区县一级,乡村覆盖率不足;同时各委办局专网未整合、业务未打通,数据流转不通畅,老百姓办事往往需跑到多个部门。通过 IPv6+智能网络,实现乡村简单便捷的快速覆盖以及各委办局的专网整合,让数据多跑路、群众少跑腿。

移动政务网。传统移动政务由于数据通过 Internet 公网承载,带宽受限,存在 APP 打开慢,语音/视频会议易卡顿等问题。通过打通政务外网与运营商网络间的壁垒,实现敏感政务数据高质量、高安全承载。以移动优先的理念,将政务应用逐渐转移到"指尖",实现政府部门随时随地办文、办事、办会的需求。

城市物联网。随着城市基础设施建设的加快,物联网正在由万物互联逐步演进到万物智联,对网络提出了更高的要求。基于 OpenHarmony 操作系统构建的智能物联网,统一了各类繁杂的标准协议,实现了千万级物联终端的安全接入。

社会服务网。以城市居民为主要服务对象,面向各类教育机构、医院诊所和社区等,提供统一的公共接入和算力服务,打通各机构间藩篱,实现数据的共治共享,进一步方便人民的工作和生活。

AI 算力直连网。智能无损算力网络,通过 1ms 低时延、零丢包推动算力进一步普及,让城市 AI 算力成为像水电一样唾手可得,随时随地、即取即用。

3．智能中枢

智能中枢是城市智能体参考架构的核心引擎，智能中枢以软硬件基础设施、人工智能基础算力资源为底层支撑，以人工智能平台、AI 大模型和场景化应用算法为核心要素，通过统一的智能调度，高效支撑 AI 与政务办公、政务服务、城市治理等业务深度融合，协助各委办局业务智能化改造，是助力城市高质量发展的核心平台和提升智能化水平的核心抓手。城市智能中枢包括智能底座、智能平台、AI 大模型和城市数字操作系统（City Digital Operating System，CDOS）4 部分。

1）智能底座

智能底座提供大规模 AI 算力、海量存储及并行计算框架，支撑大模型训练，提升训练效率，提供高性能的存、算、网协同。根据不同场景需求提供系列化的算力能力，适应不同场景提供系列化、分层、友好的开放能力。另外，智能底座还包含品类多样的边缘计算设备，支撑边缘推理和数据分析等业务场景。

2）智能平台

海量的数据从智能感知层生成，经过智能联接层传输汇聚到智能平台，通过数据治理与开发、模型开发与训练，积累行业经验，最终构建具备智简创新、敏捷高效、极致体验等特点的智能平台。智能平台理解数据、驱动 AI，支撑基于 AI 大模型的智慧应用的快速开发和部署，使能城市智能化。

3）AI 大模型

AI 大模型分为 3 层，即基础大模型、城市大模型、场景大模型。

（1）基础大模型（L0）：提供通用基础能力，主要在海量数据上抽取知识学习通用表达，一般由业界的 L0 大模型供应商提供。

（2）城市大模型（L1）：基于 L0 基础大模型，利用城市各领域数据和知识构建，面向城市管理与服务的预训练大模型，可以无监督自主学习城市领域的海量知识。城市 AI 大模型有以下 3 个特点。

① 行业重塑：AI 大模型叠加行业场景，赋予行业场景更智能的处理能力，提升业务效率，降低企业成本，促进行业创新，为行业的发展注入新的生命力，重塑行业的智能化进程。

② 持续演进：在城市场景使用大模型提升业务效率的同时，也会产生大量的业务数据，这些数据再对大模型进行训练，让大模型的能力越来越强大，推理越来越准确，成为城市智能化的有力支撑。

③ 统建共享：城市各部门统一规划、统一建设，共同打造多样化多层级的大模型，构筑满足各类场景各种需要的大模型，为不同部门业务场景提供多样化的选择，服务城市智能化发展。

（3）场景大模型（L2）：基于 L1 模型生产出来，面向更加细分场景，满足实际场景部署的模型。场景大模型在发展过程中呈现出了行业重塑、持续演进、开放共建等特点。场景大模型包含以下 4 类。

① 政务办公场景大模型：如辅助公文生成、辅助签批督办等场景。

② 政务服务场景大模型：如政务办事、营商惠企、市民热线等场景。

③ 城市治理场景大模型：如事件感知、事件分拨、智慧调度等场景。

④ 城市安全场景大模型：如城市安全风险感知等场景。

4）CDOS

CDOS 是站在城市 CEO 视角构建的，具有开放、多元、包容特征的城市数字操作系统。CDOS 通过建设 4 大平台能力，即南向资源与连接能力、北向业务数字化使能能力、西向安全可信能力、东向智能与运营能力，打造"应用一本账、组件一本账、数管一本账、云管一本账、网管一本账和感知一本账"6 个一本账，构建全量、全要素的连接和多云融合统一的资源池，为城市智能化升级提供强大的底座，实现各业务场景灵活调用和共享，使能数字城市从"建设态"走向"运行态"。

4. 智慧应用

智慧应用是城市智能体参考架构的价值呈现，通过 ICT 和城市场景 AI 大模型的结合，快速创造价值，逐步实现城市全场景的智慧。

通过整合城市各类信息资源，对 AI 应用能力进行全面升级，调用计算机视觉、语音识别、自然语言处理等能力，实现对城市人、车、物、事、环境的全动态感知，支撑市政管理、交通管理、园林绿化、应急管理、校园管理、特种设备管理、工地管理等各领域的智慧化应用升级。

通过 AI 赋能城市各部门业务应用，升级城市管理模式。一方面，革新城市各类要素全域覆盖、动态感知能力；另一方面，利用大模型对政府业务系统进行改造，提升业务智慧化、人性化水平。借助大模型，切实解决城市治理和政务管理中的堵点，实现城市问题的发现、治理、监督的智能化流程改造，创新城市精准治理模式。

通过建设统一应用使能平台，推动城市智慧应用集约高效建设，普惠政府、社会的业务创新。一方面，为城市各委办局提供共性能力平台，避免各业务重复建设 AI 平台、独立开发 AI 算法造成资金浪费以及部门信息化能力不足造成的业务智能化应用创新受限等问题，根据业务部门需求，快速孵化各类 AI 能力，有效降低 AI 使用难度和建设成本；另一方面，通过城市大模型牵引政务服务伙伴，构建基于大模型的服务生态，聚合行业优秀 AI 创新合作伙伴，构建技术合作平台、行业 AI 创新孵化平台、成果展示平台、人才培养平台，共同做大产业空间。

5.2　智能化技术实现

5.2.1　智能感知

城市智能感知体系建设是以安全可控的 OpenHarmony 操作系统及统一的标准规范为基础，实现感知终端的互认互信，通过构建城市互联互通的感知网络、分层协同的感知平台、统一汇聚的感知大脑、纵深防护的感知安全，以及持续运营的感知中心，解决传统城市感知的底账不清、烟囱林立、数据孤岛、感知盲区等问题，实现城市动态精准感知、终端互联互通、协议标准统一、业务分级协同、场景持续创新、数据持续运营,支撑城市治理精准感知、快速反应、科学决策。

1.城市鸿蒙物联操作系统

1)城市感知体系概述

城市感知体系(见图5-3)是基于 OpenHarmony 操作系统打造城市的全场景、分布式的感知设备操作系统,通过构建统一的城市感知标准规范,保证终端设备联接协议统一、设备标识统一、接口及数据模型标准统一,近端设备互联互通,降低终端设备数字化门槛,加速城市感知终端数字化。

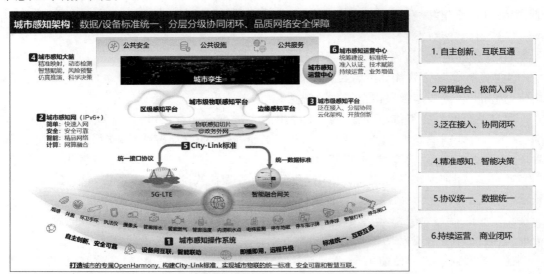

图 5-3　城市感知体系

2)鸿蒙感知终端

针对城市感知设备种类繁多、标准不统一、设备难协同、数据难互通等问题,打造安全可控、可信的全新感知体系,让数据在设备与设备之间、设备与云端之间都能打通并自由流动,实现跨设备、跨系统、跨业务的协同服务。

统一系统。城市感知终端操作系统可以覆盖大大小小的设备设施,并且支持功能解耦,可随产品自由裁剪,支持小到传感器,大到智能控制器、巡检仪器等城市全场景各种不同类型的设备互联互认。基于 OpenHarmony 的城市感知设备操作系统,是实现这一切的最核心技术要素之一。

统一标准。城市感知数据将设备实体抽象化,统一物模型标准、设备接口标准、数据格式标准,构建横向纵向数据互通的基础。以物模型为底座,统一协议,统一管理,统一授信,有效屏蔽不同厂商之间的差异,减少开发适配工作量,降低安全风险,使数据可靠、高效的流动。

设备协同。通过分布式软总线,实现多设备联接、智能判断、自动协同来代替人工操作,使城市感知体系中的感知终端、控制器与手持终端之间可以感知靠近,并自连接、自组网,实现配置的自动同步和传感数据的自动上报,达到节省人力、缩短周期、降低成本的目标。

安全增强。城市多元设备具备自动连接、设备间数据自由流动等特性,终端操作系统构建了一套新的协同安全、数据安全的生态秩序,实现"正确的人,通过正确的设备,正确的访问正确的数据",满足对设备中的数据隐私与网络安全保护要求。

多端部署。城市感知体系中,不仅需要增加设备种类来繁荣产业生态,更需要不断地丰富行业服务,吸引更多合作者投入到行业应用的开发中。利用基于 OpenHarmony 操作系统,为终端提供统一编程框架、自动适配多终端硬件能力的 UI 控件,以及为不同屏幕的终端提供自适应的响应式布局,开发者可以"一次开发,多端部署",保证了完整、多样和便携的分布式体验。

3) 鸿蒙操作系统功能

为了实现城市感知终端在不同的场景下将多种设备自动协同成一个逻辑终端,提供多端协同的使用体验,充分参考现代交互式操作系统的分层架构,终端操作系统架构从下到上依次分为内核层、系统服务层、应用框架层和应用层,如图 5-4 所示。

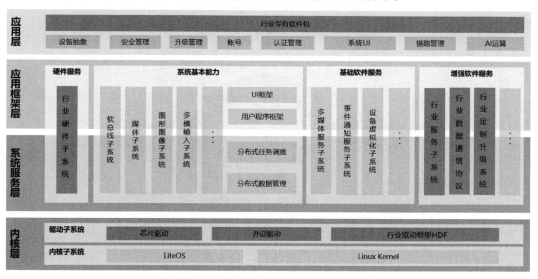

图 5-4 城市感知终端操作系统架构

内核层:主要提供对设备硬件的抽象及管理和控制能力,如进程管理、内存管理、文件系统和外设管理。

系统服务层:行业硬件子系统实现对城市感知设备硬件规格属性信息、配置属性信息的统一采集和一致性描述,全局同步,全局可见,为软件功能实现提供统一的硬件接入、查询和使能等能力;系统基本能力和基础软件服务分别为终端设备提供分布式操作的基础能力和公共、通用的软件服务;行业服务子系统为终端提供针对行业专有设备的差异化服务;行业数据通信协议针对城市感知设备定制专有数据通信协议,包括设备与设备之间、设备与云平台之间的通信协议;行业定制升级系统针对城市感知设备定制专有服务,包含带有行业属性的系统升级包制作、下载、升级，以及针对可靠性和安全性的强化升级。

应用框架层：应用和系统交互的桥梁，为应用开发提供 JavaScript/C/C++等多语言的用户程序开发框架和原子化服务开发框架，能够为系统服务层的软硬件服务提供对外开放的多语言框架 API。

应用层：包括系统应用和行业应用。系统应用作为系统的一部分，向用户和行业应用提供通用的系统服务能力；行业应用是城市感知特定业务功能的各种应用，支持跨设备调度与分发，为用户提供一致、高效的应用体验。

4）城市鸿蒙关键技术

全场景，统一内核：终端变得多样化、碎片化，操作系统如何解决终端割裂，达成跨平台、跨终端协作变得尤为关键。鸿蒙作为面向全场景的统一型操作系统，都采用了微内核架构，微内核拥有可扩展性强和安全性高的优点，可适配不同的硬件终端，如图 5-5 所示，灵活性和安全性更高，能更好地适应物联网时代的需求，有效解决物联网时代终端碎片化、安全性低的痛点。

图 5-5　城市鸿蒙操作系统设备分类

分布式软总线：实现不同领域感知设备之间近场感知、自发现、自组网，完成无感连接，多个感知设备自动协同宛如一个物理设备，可以提供任务在多个感知设备上的一致体验感，如图 5-6 所示。为了提供感知设备间协同的良好体验，分布式软总线突破了高带宽、低时延、高可靠的技术难点，在各种复杂环境里，最大限度地提升空口利用率，减少网络包头开销，优化网络包确认流程，智能感知网络变化，自适应流量控制和拥塞控制。

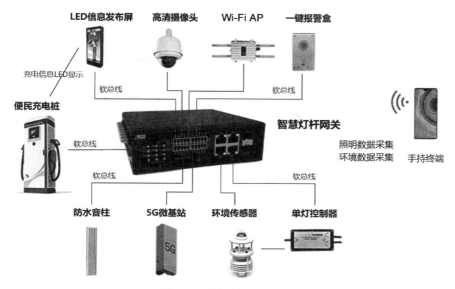

图 5-6　分布式软总线示例

得益于分布式软总线技术的加持,鸿蒙网关与鸿蒙感知设备的自组网,可以实现感知设备快速上线、统一管理,具备以下关键能力。

(1)"发现",自动搜索周围是否有相关设备。

(2)"连接",自动与所发现的设备建立连接。

(3)"组网/拓扑管理",对所有发现的设备进行网络拓扑管理,例如组成星状网络拓扑、网状网络拓扑等。

原子化服务:终端设备除了支持需要安装的应用,也需要支持免安装的应用,即原子化服务。在城市感知体系中,设备和场景都具备多样性,应用开发就变得更加复杂,原子化服务方式使开发更简单,服务更便捷。

一次开发,多端部署:原子化服务只需要开发一次,便可以部署在多种终端设备上,极大降低了开发成本。仅需为不同形态的设备配置不同参数,IDE 就能够自动生成支持多设备分发的 APP 包。APP 包上架应用市场后,应用市场会自动按照设备类型进行 APP 包的拆分、组装和分发,实现一次开发,多端部署,如图 5-7 所示。

免安装,秒级打开:使用者不感知应用安装和卸载过程,体验全新升级。原子化服务提供了全新的服务和交互方式。传统的应用需要使用者跳转到应用市场,搜索下载目标应用,而原子化服务可通过意图识别(例如扫一扫、碰一碰、语音等)、事件触发免安装能力完成应用的部署和运行,实现服务直达的业务体验,减少安装过程对用户的干扰。

多设备协同:原子化服务提供应用程序跨多个设备运行的能力,使得城市感知体系提供的运行环境不再受单一设备的能力局限,多端设备可协同。

分布式安全框架:全新分布式安全框架构建系统完整性保护、隔离和访问控制的分布式安全基础平台,如图 5-8 所示。其中包括分布式设备互信认证,支撑软总线可信连接与安

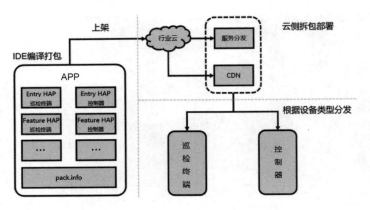

图 5-7　一次开发多次部署示例

全通信，确保设备连接可信，数据传输不泄露，防止恶意偷听；分布式用户身份认证，构建了统一的用户身份认证框架；跨设备数据安全，通过设备安全等级管理和数据分级保护能力，实现数据处理、流转时的安全管控；程序访问控制，为基于 Access Token（访问令牌）的权限管理、隔离与访问控制架构；可信安全环境（TEE-client），支撑 TEE（Trusted Execution Environment，可信执行环境）操作系统南向跨芯片平台快速部署和北向开发。

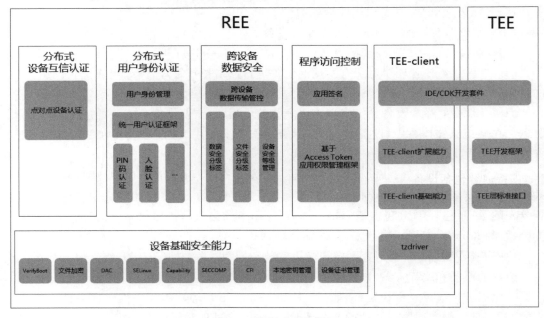

图 5-8　分布式安全框架

2. 感知终端

1）多协议支持

感知终端分布在社会内的多个领域，有各自的归属单位、实现技术、部署时期，未来保障感知设备的长期可使用、可管理、可演进,需要支持多种物联感知协议进行北向联接,如图 5-9 所示,最大范围地保证感知设备的信息上报。

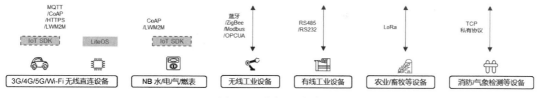

图 5-9　多协议支持

支持内容包括:

(1) 支持通用原生协议接入:MQTT(S)、CoAP、LWM2M、HTTP/2、HTTPS 等。

(2) 支持行业协议接入:OPC-UA、Modbus、JT808、BACnet、ONVIF 等。

(3) 支持私有协议:通过协议插件方式实现基于 TCP 的私有协议接入。

2) 多接入模式支持

感知终端根据自身的设备硬件特点、部署位置特点、应用领域特点会有不同的接入场景,需要对多种接入模式进行支持,如图 5-10 所示。

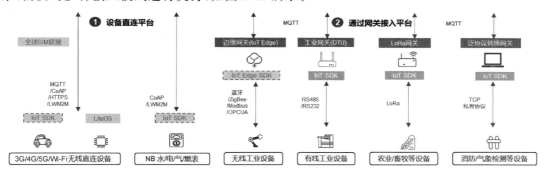

图 5-10　多接入模式支持

支持内容包括设备直连平台、通过网关接入平台。

3) 智能运维支持

随着社会的发展,感知覆盖范围越来越广、设备部署数量越来越大,传统的专用系统专人现场维护已经在经济上、效率上不具备可行性,无法保障感知设备的长期稳定运行,感知终端需要支持远程设备运维。

支持内容包括远程参数配置、远程设备诊断、远程软固件升级。

5.2.2　智能联接

1. 城市光网

城市光网是全市的数字化传输高速公路,其具备基础性、专用性、高品质 3 大特征,如图 5-11 所示。作为基础传输层网络,城市光网具备架构的稳定性,业务接入的多样性,承载能力的统一性,可统一承载敏感、非敏感的各类智慧城市业务,带宽具备无限扩展能力。同时，不同于城市公共通信网及各类专线网络，城市光网是一张智慧城市专网，服务于泛政府各类传输需求，包括委办局政务办公上传下达、城市各类感知数据的无损回传、城市管廊生命线信息的实时获取、医疗影像的快速调阅、教育考试信息的安全传递、企业服务信息的有效获取等，该类数据的传输事关国计民生，需要一张高安全的传输专网来承载。城市光网还具备高品质的运力能力，可对如城市公共安全视频等大流量业务提供端到端的直达硬管道，对视频会议等重保业务真正实现"零丢包、零卡顿"。

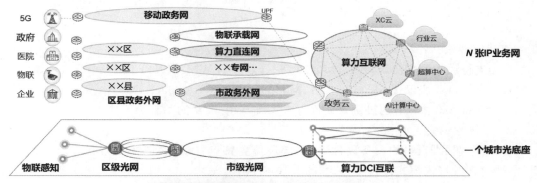

城市光网将是城市数字化基础设施的关键底座

图 5-11　城市光网示意图

根据智慧城市网络的发展趋势，也对其传输网提出了明确的需求。其一是统筹集约，需要光传输网支撑多网合一，带宽随需扩展，节省财政支出。其二具备安全隔离能力，需要一张高可靠、强隔离的统一专网，独立于公用网络。其三是具备品质运力服务的能力，具备极致低时延，可自动驾驶，底层带宽可视可管。

而城市光网作为城市的基础光传输骨干网，架构稳定，具备多网合一、随需扩容的能力。基于物理隔离的硬管道技术，具备高安全的特点。同样利用刚性管道技术实现了无损传输、超低时延的运力品质。利用其打造一张百吉带宽、无限扩展的网络底座，实现全城 1ms 时延圈，成为智慧城市传输网的建设方向。

2．政务外网

城市业务内容呈现爆炸式增长，如数字孪生 CIM（City Information Modeling，城市信息建模）、视频会议、专网整合、一网通办、一网统管、市区协同等，对政务外网的诉求多样化、定制化，网络不仅统管集约化建设实现建好网，更需要通过服务化运营用好网，让政务外网从可用能用到好用爱用；服务化运营需要显性化网络服务，明确运营主体，提升网络价值。

随着政府关键业务上云，业务内容出现了爆炸式增长，复杂的业务对网络提出多样化和定制化的诉求，包括业务体验相关的，业务相互隔离互不影响的，还有网络能够横向和纵向全覆盖，全域随时随地灵活实时接入的，这些诉求导致网络成本指数级上升。要建好网络，需要从以前的离散化烟囱式建设转向集约化建设，从顶层统一规划，实现资源共享；除了要建好网，为了满足差异化的业务体验，还要以用户/业务为中心考虑如何用好网，通过提供更多更好地网络服务和体验来不断提升网络价值，保障网络可用能用及好用爱用，更好地发挥政务外网作为基础设施的乘数效应,并从政务外网走向政务一张网,使其具备以下特性。

架构灵活:网络基础设施和业务进行分层解耦,IP 和光网络分层,满足短期和长期业务目标,电子政务外网、视频大联网、物联承载网实现物理和逻辑分层,专网业务隔离;网络模块化和标准化,通过乐高式拼接,设备分档,网络设备新增和扩容不影响现有业务。

网络智能化:高质量满足上层服务的 SLA 和体验,实时进行流量、质量、中断的秒级感知,针对拥塞、质量劣化进行智能调优,实现 1min 发现、3min 定位、5min 恢复,同时进行 AI 主动性预测故障,保障业务无感调优恢复。

网络开放:通过存量、告警、性能、发放、测试、优化 6 大类接口能力开放,满足上层服务快速全方位感知,通过敏捷开放可编程,自定义应用实现生态开放,保障上层服务随意编排,满足不同用户业务诉求,并且做到新服务快速上线,网络即插即用,对不同服务进行 SLA 承诺。

3. 算力网络

算力网络主要解决的是低碳排放、多部门重复建设、资源利用率不高的问题,形成城市算力一张网。首先,要将政务算力、产学研算力和边缘算力等通过高速、安全、弹性的网络连接起来,形成一个城市的算力资源池;其次,提供用户接入 POP 节点,用户可以更方便地接入算力资源池,由于用户存在差异化需求,因此对于特别重要和重度算力用户,建议光纤直达,对于政务用户,可以通过政务外网接入算力资源池,对于工业用户,可以考虑通过工业互联网接入算力资源池等。算力一张网最终将使算力成为与水电一样,"一点接入、即取即用"。

1) 算力网络的边界

算力一张网既要负责算力资源的互联互通,又要完成算据的上传和结果的下载,如图 5-12 所示。因此,它包含数据中心互联(Data Center Interconnect,DCI)和用户接入数据中心(Data Center Access,DCA)。算力资源包括核心算力和边缘算力等;用户接入包括政务、科研、企业、个人等用户;对于政务业务来说,算力中心主要包括市级和区级政务云,以及城市级的智算中心和超算中心,以深圳为例,包括鹏城实验室以及国家超算深圳中心等。通过算力一张网把这些算力连接起来,形成算力资源池,供政府各委办局需求方调用;各委

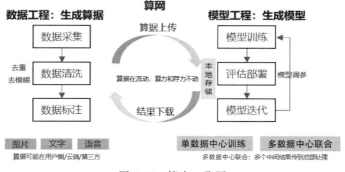

图 5-12　算力一张网

办局的用户直接通过政务外网即可接入城市所有的政务算力和 AI/HPC（High-Performance Computing，高性能计算）算力资源池。

2）算力网络的特征

当前政务和科研单位已经在使用超算中心或智算中心的算力，但是由于经费有限，带宽很低，100Mb/s 带宽传输 30TB 的数据需要 1 个月时间，而如果用 100Gb/s，1 小时内就可以完成。然而，弹性大带宽至今无人可以提供，虽然有科研单位使用硬盘快递方式传输数据，但会面临硬盘丢失、被复制等信息安全风险，而且硬盘数据需要在算力中心进行杀毒、复制等也要消耗大量人力，因此亟须一张支持弹性大带宽的专网，既能快速传输数据又能确保数据安全。

首先，网络是安全的，数据传输过程中，业务是隔离的，不与互联网联通；数据是加密的，即便被看到也是密文；数据的密钥尽可能是动态的，而且无法被窃听，量子加密可以满足这一点，一旦被窃听，量子态就会发生变化，传输可以中断并查找到窃听者。

其次，网络带宽是弹性的，因为并不是所有用户都需要 7×24 小时使用网络，大部分用户都只在算据上传及结果下载时需要申请带宽资源，因此，带宽必须是弹性的，对于算据比较大的用户，需要申请弹性大带宽。

再次，网络是敏捷拆建的，可以分钟级建立一个连接，使用完后也可以分钟级拆除一个连接。

最后，网络作为一个整体对外提供服务，服务 SLA（服务等级协议）可承诺，用户体验可改进，真正做到网络易用好用。

4．物联承载网

随着智慧城市建设进入深水区，物联感知体系相关的行业千差万别，业务需求多种多样，这就导致了各行业、单位的物联感知都是分散性建设，物联承载网也采用了不同的方式，如 NB-IoT/4G/5G 无线方式、自建专网、租用运营商专线等，分散的数据承载方式在初期可以满足城市发展的需求，但是随着各行业物联业务的增加，物联感知终端越来越多，也逐渐暴露出了资源浪费、成本高、数据共享难、安全问题频发、缺乏统一责任主体等问题，这些问题都影响了智慧城市的进一步深化和演进。

统筹规划建设的物联承载一张网是深化智慧城市建设发展的重要基础设施。城市物联承载网业务单位涉及交通、城管、燃气、水务、气象等多个部门领域，物联感知终端也包括各类摄像头、气体传感器、温湿度传感器、应力传感器、控制设备、红外雷达等多种类型的终端，呈现泛在部署、多终端、多业务承载的特点，感知终端的数据在边缘汇聚后，通过物联承载网上传到云平台或者业务平台，物联承载网除了在满足基本的时延和带宽的基础上，还需要重点考虑布局规划、多业务承载能力、成本、可靠性、可扩展性、可维护性等维度。

布局规划：根据各个城市物联感知对象、业务功能、接入用户数、数据量和网络流量等特征规划"数字网格"，将城市各区县划分成城市、小镇、社区、水域、森林等不同类型、不同层次、不同疏密度的数字网格（如覆盖 2～3km^2、3～5km^2、5～10km^2），在每个网格内，设置 POP 节点，为网格内的物联、视频等业务提供接入服务和安全防护服务，物联承载网边缘即是每个网格内的 POP 节点。多个(10~15 个)网格对应规划一个汇聚节点,多个汇聚节点对应规划一个核心节点,整体形成三层的网络架构模式。各层设备尽量利用当地已有的机房资源,以减少网络建设部署难度。

多业务承载能力:物联承载网需要满足多终端、多业务接入承载隔离的需求,尤其是当终端属于不同的政府、企业单位时,客户会要求网络运营方提供终端业务隔离方案,包括基于 VLAN(Virtual Local Area Network,虚拟局域网)、VPN(Virtual Private Network,虚拟专用网)技术的软隔离方案和基于网络切片技术的硬隔离方案。

成本:物联承载网要在集约化的原则规划建设,避免建设多张物联网络产生投资浪费的问题,且可以根据城市的实际需要按业务需求分阶段建设,如优先针对重点场所、重点单位的物联需求进行建设,或者针对重点业务场景(如综合管廊、城市内涝监测、燃气监测等生命线类)进行覆盖建设,并逐渐扩展到全市其他业务场景。

可靠性:物联承载网作为智慧城市感知底座和基础设施,同时提供数据上传、信息发布、紧急求助、公共 WLAN(Wireless Local Area Network,无线局域网)等服务,要实现感知数据的可靠传输、管理平台和终端的可靠通信,需要从网络传输、部署环境、设备功能等多方面考虑可靠性问题。技术上需要提供网络冗余保护方案,具备故障倒换时间在 50ms 以内的能力,确保业务无损。

可维护性:网络建成后,设备部署调整、业务配置、日常监测、排障等工作量很大,需要具备可视化、自动化、智能化的维护方案,包括新设备节点即插即用、网络状态感知、故障诊断等关键能力。

可维护性:物联承载网接入多种业务,不同的终端容易出现仿冒等问题,针对物联承载网要具备安全接入认证及安全态势感知能力。

5.2.3　智能底座

1. 高性能计算

计算能力简称算力,实现的核心是 GPU/NPU、CPU、FPGA、ASIC 等各类计算芯片,以及对应的计算架构。AI 算力以 GPU/NPU 服务器为主。算力由计算机、服务器、高性能计算集群和各类智能终端等承载。算力需要支持系列化部署,训练需要支撑不同规格(万卡、千卡、百卡等)的训练集群和边缘训练服务器;推理需要支持云上推理、边缘推理、高性价比板卡、模组和套件。并行计算架构需要北向支持业界主流 AI 框架,南向支持系列化芯片的硬件差异,通过软硬协同,充分释放硬件的澎湃算力。

2. 大规模数据存储

随着 AI 技术的兴起,尤其是大模型时代的到来,大模型驱动了大算力、大数据(训练数据、推理数据)需求的同步剧增,为数据存储带来了存算协同、存内计算、异构存储、多模态存储、海量存储、小文件存储、高性能存储、多格式存储、增量存储、指纹存储、向量存储等存储的全系列新问题,需要考虑多模态、高可扩展的、AI 原生的大规模数据存储,以应对和引领未来 AI 技术日新月异的发展。

而传统的存储容器，例如 DAS(Direct Attached Storage，直连式存储)、SAN(Storage Area Network，存储区域网络)和 NAS(Network Attached Storage，网络附加存储)，存在一些缺陷：它是静态的，其设计不具备可扩展性。

(1) DAS 不能提供数据共享能力，如果多个应用需要共用同一份数据，往往需要花费大量的时间进行数据迁移，导致环境中存在多份相同的数据，并且多份数据之间同步困难，而且 DAS 不易扩展。

(2) SAN 相比 DAS 更具灵活性和可扩展性，但是 SAN 也不具备数据共享能力。

(3) NAS 系统能够给应用服务器提供统一的文件系统空间，满足多台应用服务器之间共享数据的需求。非分布式集群的 NAS 设备一般使用双控制器节点提供服务，每个节点支持特定的业务负载，当容量不够时通过扩展硬盘框的方式增加存储容量。这种方式并不完美：首先业务和节点的绑定，意味着一个业务及其关联的文件系统只在一个节点上工作，容易造成系统整体的负载不均；其次，这种系统本质上是 Scale-up(纵向扩展)的扩容方式，追求单机性能，无法做到系统性能随容量增加而线性增加。

为了解决传统存储体系结构存在的容量不易扩展、性能不易扩展的难题，智能化大数据文件存储子系统将 3 个传统的存储体系结构层组合为一个统一的软件层，创建一个跨越存储系统中所有节点的单一智能文件系统。采用全 Active(主动)的 Share Nothing 方式，系统的数据和管理数据(元数据)分布在各个节点上，避免了系统资源争用，消除了系统瓶颈；即使出现整节点故障，系统也能够自动识别故障节点，自动恢复故障节点涉及的数据和元数据，使故障对业务透明，完全不影响业务连续性。整系统采用全互联全冗余的组网机制，全对称分布式集群设计，实现存储系统节点的全局统一命名空间，从而允许系统中任何节点并发访问整系统的任何文件；并且支持文件内的细粒度的全局锁，提供从多个节点并发访问相同文件的不同区域，实现高并发高性能读写。对外提供标准的 NFS(Network File System，网络文件系统)/CIFS(Common Internet File System，通用 Internet 文件系统)接口。另外，针对大规模数据存储的冷热访问规律，提供灵活策略的数据透明迁移，自动将冷数据迁移到大容量节点，当数据访问时，自动回迁到高性能节点。

因此，智能化大数据文件存储系统在适应各种形态数据内容、大规模数据存储上，具有更强的适应性、性能和扩展性，成为智能化大数据存储的首选。

3．操作系统和数据库

1) 操作系统

操作系统对上层应用，要屏蔽不同硬件的差异，提供统一的接口，要完成不同硬件的兼容适配，提供良好的兼容性，为应用软件的部署提供尽可能的便利；针对不同的硬件特征，操作系统进行针对性的优化，确保能充分发挥硬件的能力。通过集群通信库和作业调度平台，整合 PCIe 4.0、100G RoCE 等多种高速接口，实现多 CPU、CPU 和 GPU、NPU 的协同调度，充分释放训练处理器的强大性能，支持更快地进行图像、语音、文本等场景的 AI 模型训练。

2）数据库

海量、格式多样的数据，追求极致的业务性能，对数据库也带来了新的挑战。为了适应业务的变化，数据库需要高性能、海量数据管理，并提供大规模并发访问能力；同时具备高可扩展性、高可靠性、高可用性、高安全性、极速备份与恢复能力。

4. 云服务

在 AI 大模型智能化时代，云与 AI 紧密结合，AI 对云原生的需求包括 IaaS 服务及相关 PaaS 等云服务，以更好地支撑智能平台的快速构建。

1）IaaS 服务

为了合理利用智能底座的硬件资源，智能底座通过虚拟化、容器化、弹性伸缩、SDN（Software-Defined Networking，软件定义网络）等技术，对外提供计算算力、数据存储、网络、安全等云基础服务能力，提升资源的利用效率。

AI 计算服务支持多个开源框架，包括 PyTorch、TensorFlow、MindSpore 等；支持 1400 多算子、900 多主流模型，方便用户快速迁移使用原有 GPU 模型；提供完整的端到端完整迁移工具链，以及支撑用户迁移过程中在语法开发、调试、训练等各阶段所需的工具。

智能底座提供多种数据存储服务，包括块存储服务、文件存储服务和对象存储服务。

智能底座提供云原生网络服务，面向多元、复杂的业务，一方面提供与物理网络无差别的网络性能与体验；另一方面提供安全、隔离的网络环境，具备与传统网络无差别的虚拟网络服务。典型网络服务包括虚拟私有网络 VPC（Virtual Private Cloud，虚拟私有云）服务、EIP（Elastic IP，弹性 IP）服务、VFW（Virtual Firewall，虚拟防火墙）服务、ELB（Elastic Load Balance，弹性负载均衡）服务和 VPN（Virtual Private Network，虚拟专用网）服务。

智能底座提供云平台＋租户安全服务能力，平台安全满足等保三级认证，自身安全防护措施包括网络、边界区域、云平台自身、主机、应用层等的安全防护，主要包括防火墙、堡垒机、日志审计等安全防护措施。租户安全用于保证人工智能创新应用环境的日常运行安全，满足创新应用的安全等保要求，提供业务所需的相关安全资源的快速调度能力和安全防护体系支撑。

2）PaaS 服务

PaaS 服务为人工智能应用提供容器、微服务开发框架与微服务、中间件、数据库及大数据服务等云原生应用服务，满足人工智能创新应用快速迭代和能力构建。云平台安全服务提供平台安全和租户安全。

5. 算力开放

城市智能体致力于打造领先的、坚实的 AI 算力底座，提供多种算力供给模式来满足行业客户的差异化需求，使能"百模千态"，加速千行万业走向智能化。

采用多种算力开放模式，如图 5-13 所示。

（1）裸算力模式：提供算力底座，包括智能感知、智能联接和智能底座。通过直接提供领先的昇腾 AI 算力，使能客户和伙伴灵活打造差异化的算力平台和 AI 服务。

（2）多租户模式：提供智能感知、智能联接、智能底座和基础云平台，通过基础算力＋

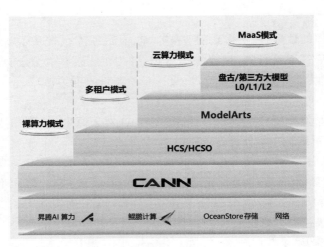

图 5-13　算力开放模式

HCS/HCSO 基础云平台能力，方便客户面向多租户提供 AI 算力。

（3）云算力模式：为不同租户提供叠加的 DataArts 数据治理平台、ModelArts 一站式 AI 开发平台，使能客户快速进行大模型开发。

（4）MaaS（Model as a Service，模型即服务）模式：面向行业提供开箱即用的模型即服务，即 MaaS 模式，加速业务应用上线。

5.2.4　智能平台

智能平台提供数据治理与开发、模型开发与训练等城市级 AI 平台能力，服务行业应用构建，是海量数据的汇聚点，是城市智能体大脑和决策系统的基础。智能平台对各式各样的数据（数字、文字、图像、符号等）进行筛选、梳理、分析，并加入基于常识、行业知识及上下文所做的判断，形成支撑大模型智能分析、决策和辅助行动，助力大模型实现各行业的全场景智慧。智能平台对下发挥智能底座的能力，对上服务行业应用构建，起到承上启下的中枢作用，按技术领域和作用域进一步细分可以分为应用中枢、数据中枢和 AI 中枢。

1．应用中枢

应用中枢是一种高效、灵活、可扩展的业务平台，能够满足对于快速创新和应对不确定性的需求，对城市实现智能化转型和提升运营效率起到重大的作用。在智能化大模型加持下，重塑应用中枢的体验，包括在数字孪生城市、CIM 等。

1）大模型＋数字孪生城市

通过数字孪生技术，将城市实体与数字模型进行紧密结合，实现城市状态的实时监测、预测和优化。大模型＋数字孪生城市提供新的应用中枢，提供的能力包括：

（1）城市数据采集与处理。通过采集城市的各种数据，如交通流量、空气质量、建筑信息等，并通过大模型处理和分析，提取出有价值的信息，用于支持城市决策和管理。

（2）城市状态监测与预测。大模型可以对城市状态进行实时监测，及时发现异常情况，同时还可以利用历史数据和实时数据，对城市未来状态进行预测，为城市管理提供科学依据。

（3）城市规划和设计。大模型可以用于城市规划和设计，通过对城市数据的分析和模拟，可以对城市规划方案进行评估和优化，提高城市规划和设计的科学性和准确性。

（4）城市能源管理和优化。大模型可以用于城市能源管理和优化，通过对能源数据的分析和模拟，可以对能源消耗进行预测和优化，提高能源利用效率和管理水平。

（5）城市交通管理和优化。大模型可以用于城市交通管理和优化，通过对交通数据的分析和模拟，可以对交通拥堵进行预测和优化，提高城市交通运行效率和管理水平。

2）大模型＋CIM

首先，大模型具备强大的数据处理能力，能够处理海量的城市数据。通过对这些数据的处理和分析，可以提取出有价值的信息，用于支持城市决策和管理。

其次，大模型还具备强大的预测和模拟能力。通过对历史数据和实时数据的分析，可以预测城市未来的状态，从而为城市管理提供科学依据。同时，大模型还可以用于模拟城市规划和设计的效果，评估不同方案的科学性和可行性。

此外，大模型还具备强大的空间分析和可视化能力。通过将城市数据与地理信息系统（GIS）相结合，可以生成三维的城市模型，为城市管理和规划提供更加直观和科学的数据支持。

大模型＋CIM 提供能力包括：

（1）城市交通规划。大模型可以通过分析历史交通数据和实时交通数据，预测交通流量和交通拥堵情况，为城市交通规划提供科学依据。

（2）城市环境监测。大模型可以通过分析空气质量、噪声等环境数据，预测城市环境状况，为城市环境监测和管理提供科学支持。

（3）城市灾害防控。大模型可以通过分析历史灾害数据和实时灾害数据，预测城市灾害风险和防控重点，为城市灾害防控提供科学指导。

（4）城市能源管理。大模型可以通过分析能源消耗数据，预测城市能源需求和供应情况，为城市能源管理提供科学依据。

2．数据中枢

数据中枢收集、清洗、整合和管理来自不同来源的数据，包括但不限于政务数据、公共数据、互联网数据等。这些数据在大模型的训练过程中被用作输入，因此数据中枢的有效管理和预处理对于提高模型训练的效率和准确性至关重要。其中，数据汇集、数据治理、数据预处理在大模型的训练之前是必要的过程。

1）数据汇聚

实现政务数据、公共数据和社会数据的汇聚，在大数据中心汇聚和落地，建立大数据信息资源池，提高数据资源集中化程度和有序化水平，实现多源异构海量数据的全承载，为充分发挥大数据价值创造条件。构建"物理集中为主、逻辑集中为辅"的数据中枢。

数据来源主要包括政务数据资源、公共数据资源和社会数据资源。大数据中心的建设将汇聚并融合来自政府、公共服务管理单位与互联网等异构多源、分散多样的数据，服务于上层的大数据应用与智能化应用。

（1）政务数据。充分利用全国一体化大数据体系的政务数据共享交换的机制，广泛汇集政务生产数据，为智能化 AI 大模型的训练提供高价值的政务数据。

（2）公共数据。公共数据是指国家机关、法律法规规章授权的具有管理公共事务职能的组织以及供水、供电、供气、公共交通等公共服务运营单位（统称公共管理和服务机构）在依法履行职责或者提供公共服务过程中收集、产生的数据。这些数据具有海量、高价值，但这类数据往往涉及个人、企业敏感的隐私，宜采用脱敏、隐私计算等处理后进行归集。

（3）互联网数据。中国互联网、移动互联网用户规模居全球第一，拥有丰富的数据资源和应用市场优势，大数据部分关键技术研发取得突破，涌现出一批互联网创新企业和创新应用。政府加快大数据部署，深化大数据应用，已成为稳增长、促改革、调结构、惠民生和推动政府治理能力现代化的内在需要和必然选择，但互联网数据庞大、复杂、涉及社会各个领域，不宜全面归集，建议根据业务发展需要，针对业务场景进行数据归集。

2）数据治理

数据来自各个领域，归集的数据很难直接用于智能化的模型训练，如何使平台持续有效地运作起来，确保数据可信赖（准确、完整、一致）、可共享（方便、及时）、可应用（内容为用户所需），就必须要有科学的数据管理规范和机制。通过政策规范、组织、流程等手段，规范人和系统在数据产生、使用、质量等方面的管理行为，促进数据共享、提高数据质量、保证数据安全、实现数据价值。

数据中枢提供数据治理生产线，核心是从数据的集成、开发、治理到数据应用消费的全生命周期智能管理。一站式实现从数据入湖、数据准备、数据质量到数据应用等全流程的数据治理，同时融合智能化治理能力，帮助数据开发者大幅提升效率。

3）数据预处理

大模型训练需要进行数据预处理，以提高数据的质量和可靠性、帮助模型更好地理解和处理数据、提升模型的泛化能力、减少模型的计算量和训练时间等。数据预处理提供可视化预处理工具平台，使能大模型的训练。数据预处理方法包括数据分组和标注、特征选择、特征转换、数据关联等。

（1）数据分组和标签标注。根据项目需求将数据进行分组和标签标注，以便于模型训练和评估。

（2）特征选择。根据项目需求选择相关的特征，提取出对模型训练有帮助的特征。

（3）特征转换。将数据转换为适合模型训练的格式，如将文本数据转换为数值型数据、将图像数据转换为向量形式等。

（4）数据关联。数据关联是连接不同数据集或不同特征之间关系的过程，它有助于增强模型的理解能力和预测能力。通过关联分析，可以发现数据之间的相关性、因果关系或其他隐藏的关系模式。

3. AI 中枢

AI 中枢作为 AI 能力的生产和集中化管理平台,沉淀 AI 资产和能力,实现数据、算法、模型等要素的复用和流程化管理。通过这种方式,实现多层次可复用,算法、模型的标准化管理,以及可复用服务封装能力,提高开发效率,避免重复开发,同时保证数据和模型的质量。

AI 中枢实现资源管控,包括计算资源、存储资源等,支持资源弹性调度;实现数据统一管理,并支持版本管理和一键部署上线,加快应用上线周期;AI 中枢提供 AI 算法训练、推理的必要基础平台支撑。

1）AI 训练平台

随着城市治理、政务服务以及各委办局传统业务的提质增效,AI 融入传统业务的场景越来越多,开启普惠 AI 的应用,但是 AI 需要在不同的应用场景下,通过场景化数据训练、开发才能比较好适应对应场景的应用,具有开发成本高,开发门槛高等难点,作为城市智能中枢的人工智能开发平台,需要进一步降低人工智能应用的开发门槛。AI 训练平台包括 AI 计算框架、数据管理、模型训练、训练可视化等核心能力。

（1）AI 计算框架。AI 计算框架使用算力,利用数据集进行算法模型的开发和训练。AI 计算框架的主要目的是把程序员从烦琐细致的具体编程工作中解放出来,从而可以将主要精力集中在人工智能算法的调优和改进上。在深度学习的发展过程中,涌现出了形形色色的 AI 框架,MindSpore、PyTorch、TensorFlow 就是其中的代表,并且各自在短时间内拥有了一批簇拥者,呈现出百花齐放、百家争鸣的局面。AI 计算框架是 AI 的根技术,当前市场上除国外主流的 PyTorch、TensorFlow 等开源框架外,国内自研的 AI 计算框架的能力和生态已快速发展,例如华为自主研发的全场景 AI 计算框架 MindSpore、百度的计算框架 PaddlePaddle 在市场知名度较高,并已成熟商用。

（2）数据管理。AI 开发过程中经常需要处理海量数据,数据准备与标注往往耗费整体开发一半以上时间。数据管理提供了一套高效便捷的管理和标注数据框架,支持数据集版本的可视化管理,提供创建、删除、修改、发布数据集功能;在线标注支持图片、文本、语音、视频等多种数据类型,涵盖图像分类、目标检测、音频分割、文本分类等多个标注场景;团队标注可提供专业的团队管理、人员管理、数据管理,实现从项目创建、分配、管理、标注、验收全流程可视化管理。

（3）模型训练。模型训练包括开发环境和训练管理两部分。开发环境部分通过集成开源的 Jupter Notebook,提供在线的交互式的 AI 开发环境。一方面可以对数据处理、传统机器学习、深度学习算法进行 AI 代码研发;另一方面可以对整个 AI 研发流程进行管理和定制,使用数据处理环节产生的训练数据集、测试集,进行训练,产出模型。训练管理部分提供清晰的向导式训练过程管理,支持训练作业管理、作业参数管理和算法管理等功能,支持主流 AI 计算框架,同时支持高阶深度学习框架,具备高性能分布式、自动超参选择、自动模型架构设计的特点,能够提供更加高效、易用的 AI 开发能力。

（4）训练可视化。为了更好地支持用户优化模型，观察 AI 训练的运行过程，需要提供对应的可视化工具，通过解析训练运行过程中产生的模型指标数据，生成对应的图表，展示作业在运行过程中的计算图、各种指标随着时间的变化趋势以及训练中使用到的数据信息。同时，提供训练日志可视化、整体资源可视化以及相应的可视化学习，支持训练状态、模型结构可视化。

2）AI 推理平台

AI 推理主要原理是基于训练好的算法模型，输入需要 AI 识别的数据流（视频、图像、语音、文本等数据），通过对应算法模型的 AI 分析、处理，给出识别的结果的过程。AI 推理平台实现对推理资源的统一管理，通过部署调用已经训练好的模型，基于输入数据实现模型结果的输出。如图 5-14 所示，AI 推理平台包括模型管理、模型部署和资源管理 3 个模块，可满足多样化、多场景的 AI 模型管理和推理需求。

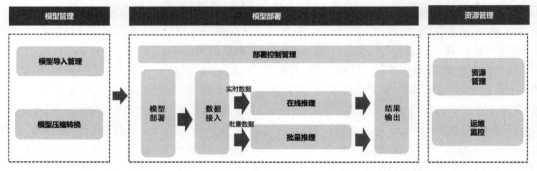

图 5-14　AI 推理平台

（1）模型管理。AI 模型的开发和调优往往需要大量的迭代和调试，数据集、训练代码或参数的变化都可能会影响模型的质量，如果不能统一管理开发流程元数据，可能会出现无法重现最优模型的现象。模型管理可导入所有训练版本生成的模型、查询模型信息和状态、管理模型的版本等。

（2）模型部署。在完成训练作业并生成模型，可在"部署上线"页面对模型进行部署，也可以将从 OBS 导入的模型进行部署，推理平台支持在线推理，在线推理将模型部署为一个 Web Service，并且提供在线的测试 UI 与监测能力，算法模型部署完毕后即可进行数据源的接入（如视频图像），并进行 AI 推理服务。

（3）资源管理。智能底座的云服务为 AI 推理平台提供 GPU、NPU、CPU 等算力资源的支撑，AI 推理平台匹配 AI 用户使用的模型进行精细化的资源管理和分配。AI 推理平台提供如下几类资源模式。

① 专属资源池：提供独享的计算资源。专属资源池为某个租户独占，不与其他用户共享。

② 共享资源池：提供共享的计算资源。共享资源池提供多用户的 AI 推理作业共享运行环境，按用户 AI 推理作业创建的顺序，先到先分配资源，资源释放后重新在共享资源池

中再分配。

③边缘资源池。AI 推理需要部署到业务的边缘,但需要考虑对前端边缘算力资源各种异常复杂管理、AI 算法能力不断更新迭代,而边缘的位置决定了其 AI 规模不可能做得很大很复杂,因此,部署边缘设备,通过中心云的接入管理形成边缘资源池,相对地,AI 平台可以创建边缘的资源池并分配给用户,把算法从中心通过云边协同下发到边缘部署。

5.2.5　AI 大模型

模型的本质是对现实世界中数据和规律的一种抽象和描述。模型的目的是从数据中找出一些规律和模式,并用这些规律和模式来预测未来的结果。在机器学习中,模型是用来进行学习和预测的核心部分,通常使用训练数据来不断优化和调整模型的参数,使得模型的预测结果尽可能接近实际结果。

模型的本质可以理解为是对数据的一个函数映射,将输入数据映射到输出数据。这个函数映射可以是线性的、非线性的、复杂的或简单的。模型的本质就是对这个函数映射的描述和抽象,通过对模型进行训练和优化,可以得到更加准确和有效的函数映射。

在机器学习中,模型的本质还包括模型的复杂度和泛化能力。模型的复杂度可以理解为模型所包含的参数数量和复杂度,复杂度越高,模型越容易过拟合,即在训练数据上表现很好,但在新数据上表现很差。泛化能力是指模型在新数据上的表现能力,泛化能力越强,模型对未知数据的预测能力越好。

大模型指网络规模巨大的深度学习模型,具体表现为模型的参数量规模较大,其规模通常在百亿以上级别。研究发现,模型的性能(指精度)通常与模型的参数规模息息相关。模型参数规模越大,模型的学习能力越强,最终的精度也将更高。

盘古 AI 大模型是一个完全面向行业的大模型系列,围绕"行业重塑,技术扎根,开放同飞"3 大方向,持续打造核心竞争力,包括 5+N+X 的 3 层架构,如图 5-15 所示。

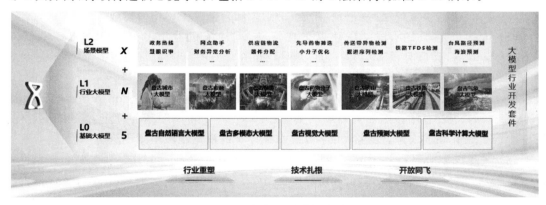

图 5-15　盘古 AI 大模型框架

(1) L0 层是 5 个基础大模型,包括盘古自然语言大模型、盘古多模态大模型、盘古视觉大模型、盘古预测大模型、盘古科学计算大模型,它们提供满足行业场景的多种技能。

（2）L1 层是 N 个行业大模型，既可以提供使用行业公开数据训练的行业通用大模型，包括政务、金融、制造、矿山、气象等；也可以基于行业客户的自有数据，在盘古 AI 大模型的 L0 和 L1 上，为客户训练自己的专有大模型。

（3）L2 层是为客户提供更多细化场景的模型，它更加专注于某个具体的应用场景或特定业务，为客户提供开箱即用的模型服务。

大模型是迈向 AGI（Artificial General Intelligence，人工通用智能）的关键，每个行业、应用需要围绕大模型的能力进行重构。未来大模型演进主要有以下几点趋势。

（1）模型参数将覆盖从十亿级至千亿级各个规模级别。未来对大模型能力的需求将越来越高，如对图片、视频，多算法统一需求、多模态问题处理能力等，千亿级参数规模大模型将会是主流。

（2）多模态多能力大模型是未来。研究发现多模态多任务训练的大模型在各项任务中表现均比单模态单任务独立训练大模型更优，未来单个大模型会逐步统一图片、文本、视频、音频等模态，支撑更多技能，以满足生产环境中各种复杂的需求。

（3）大模型系统的重要性越来越突出。千亿级大模型是世界上最复杂的系统，大模型构建需要依赖大量高质量数据、数千块训练芯片、人工反馈强化学习训练、数据回流等，是一个高度复杂的系统工程。未来随着模型规模及能力的不断增加，对大模型系统要求会不断提升。

1. 盘古基础大模型

1）盘古视觉大模型

盘古视觉大模型是指使用深度学习技术训练的大型神经网络模型，用于解决计算机视觉领域的各种问题。这些模型通常由数百万个参数组成，可以对图像、视频等视觉数据进行高级别的理解和分析，例如图像分类、目标检测、语义分割等任务。

计算机视觉从传统机器学习发展到大模型阶段的历程分为 5 个阶段：传统机器学习阶段、深度学习阶段、手工模型阶段、预训练模型阶段和自监督大模型阶段。

（1）传统机器学习阶段。在计算机视觉领域，传统机器学习算法如 SVM（Support Vector Machine，支持向量机）、决策树等被广泛应用。这些算法需要手工提取特征，因此在处理复杂的视觉任务时效果不佳。

（2）深度学习阶段。随着深度学习技术的发展，卷积神经网络（Convolutional Neural Network，CNN）成为计算机视觉领域的主流模型。2012 年，AlexNet 模型在 ImageNet 比赛中取得了突破性的成果，使得深度学习技术在计算机视觉领域得到广泛应用。

（3）手工模型阶段。为了进一步提高模型的性能，研究人员开始构建更大的神经网络模型。2014 年，Google 提出了 Inception 模型，该模型在 ImageNet 比赛中取得了优异的成绩。此后，研究人员不断提出更大、更复杂的模型，如 ResNet、DenseNet 等。

（4）预训练模型阶段。为了解决数据不足的问题，研究人员开始使用预训练模型。预训练模型是指在大规模数据集上训练好的模型，可以用于解决各种计算机视觉任务。2018 年，Google 提出了 BERT 模型，该模型在自然语言处理领域取得了突破性的成果，也被应用于计算机视觉领域。

（5）自监督大模型阶段。自监督学习是指利用无标注数据进行训练的一种方法。在计算机视觉领域，自监督学习可以用于解决数据不足的问题。2020 年，Facebook 提出了 DINO 模型，该模型使用自监督学习方法，在 ImageNet 比赛中取得了优异的成绩。

盘古视觉大模型整体架构如图 5-16 所示。盘古视觉大模型是从 2018 年开始研发的全球最大视觉预训练模型，预训练大模型是解决 AI 应用开发定制化和碎片化的重要方法，从一个场景、一个模型的"作坊式"开发走向大模型＋开发工作流的"生产线"式开发模式。

盘古视觉大模型中针对政务、工业等场景使用 Transform＋CNN 架构开发了通用视觉模型，包括 L0 预训练大模型、万物检测模型、万物分割模型等，并提供 L2 场景模型功能包，具体细分领域有独有的工作流，可以在此基础上根据行业场景构建相应的 L1/L2 行业场景模型。

对于常见的视觉处理任务，例如图像分类、物体检测等场景，基于盘古视觉大模型通过自动化模型抽取、参数自动化调优等模块实现视觉大模型的训练和部署。

（1）物体检测：基于盘古视觉大模型的物体检测工作流，实现模型自动化抽取和调参，适合任意物体检测场景。

（2）姿态估计：基于盘古视觉大模型的姿态估计工作流，实现对人体关键点检测和姿态的估计。

（3）视频分类：基于盘古视觉大模型的视频分类工作流，实现视频分类场景的高精度模型构建和发布。

（4）图像分类：基于盘古视觉大模型的图像分类工作流，实现常见分类场景的高精度模型构建和发布。

（5）异常检测：基于盘古视觉大模型的异常检测工作流，非正常即异常。

（6）目标跟踪：基于盘古视觉大模型的目标跟踪工作流，实现对物体的位置进行检测以及跟踪。

（7）语义分割：基于盘古视觉大模型的语义分割工作流，根据图像语义将不同区域分割成不同类别。

（8）实例分割：基于盘古视觉大模型的实例分割工作流，对物体的位置进行检测并且识别出物体的轮廓信息。

（9）万物分割：在大量的视觉任务中，需要对物体进行分割任务的标注，传统标注方法耗费大量的人力。此外，在图像修复、AIGC（Artificial Intelligence Generated Content，AI 生成内容）等领域需要对特定的物体进行擦除和生成，因此首先需要对特定的物体进行分割，用于下游的任务。采用分割大模型可以对任意感兴趣的物体进行分割，支持自动和交互的方式对图片进行分割。

（10）万物检测：相比于传统的目标检测，扩展了目标检测的检测类别，针对未标注训练的目标实现检测。OVD（Open-Vocabulary Object Detection，开放目标检测）包含基于标签的检测和基于复杂语义推理的目标检测。基于标签的目标检测，用户输入待检测物体的

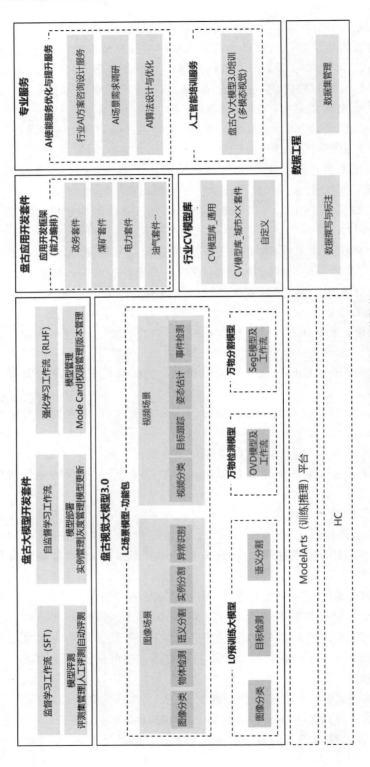

图 5-16　盘古视觉大模型整体架构

标签,算法根据标签内容自动识别图中所有待检测的物体,标签可以具有属性信息,例如方位、颜色等信息。基于复杂语义推理的目标检测,用户输入问题或者描述,算法对问题进行推理,根据推理的结果检测图中的物体。

此外还提供盘古视觉大模型开发套件、盘古应用开发套件、行业计算机视觉模型库、数据工程以及专业服务等。

2)盘古自然语言大模型

人类语言具有无处不在的歧义性、高度的抽象性、近乎无穷的语义组合性和持续的进化性,理解语言往往需要具有一定的知识和推理等认知能力,这些都为计算机处理自然语言带来了巨大的挑战,使其长期以来都是机器难以逾越的鸿沟。因此,自然语言处理被认为是目前制约人工智能取得更大突破和更广泛应用的瓶颈之一,又被誉为"人工智能皇冠上的明珠"。

自然语言处理(Natural Language Processing,NLP)大模型通常用于解决复杂的自然语言处理任务,这些任务通常需要处理大量的输入数据,并从中提取复杂的特征和模式。通过使用大模型,深度学习算法可以更好地处理这些任务,提高模型的准确性和性能。

自然语言处理发展到大型语言模型(Large Language Model,LLM)的历程分为 5 个阶段:规则、统计机器学习、深度学习、预训练、大型语言模型。

(1)规则阶段。大致从 1956 年到 1992 年,基于规则的机器翻译系统是在内部把各种功能的模块串到一起,由人先从数据中获取知识,归纳出规则,写出来教给机器,然后机器来执行这套规则,从而完成特定任务。

(2)统计机器学习阶段。大致从 1993 年到 2012 年,机器翻译系统可拆成语言模型和翻译模型,这里的语言模型与现在的 GPT-3/3.5 的技术手段一模一样。该阶段相比上一阶段突变性较高,由人转述知识变成机器自动从数据中学习知识,主流技术包括 SVM、HMM(Hidden Markov Model,隐马尔可夫模型)、最大熵模型(Maximum Entropy Model,MaxEnt)、条件随机场(Conditional Random Field,CRF)、LM(Levenberg-Marquardt,莱文伯格-马夸特)算法等,当时人工标注数据量在百万级左右。

(3)深度学习阶段。大致从 2013 年到 2018 年,相对上一阶段突变性较低,从离散匹配发展到 Embedding 连续匹配,模型变得更大。该阶段典型技术栈包括 Encoder-Decoder(编码器-译码器)、LSTM(长短期存储)、Attention、Embedding 等,标注数据量提升到千万级。

(4)预训练阶段。从 2018 年到 2022 年,相比之前的最大变化是加入自监督学习,张俊林认为这是 NLP 领域最杰出的贡献,将可利用数据从标注数据拓展到非标注数据。该阶段系统可分为预训练和微调两个阶段,将预训练数据量扩大 3～5 倍,典型技术栈包括 Encoder-Decoder、Transformer、Attention 等。

(5)大型语言模型阶段。从 2023 年起,目的是让机器能听懂人的命令,遵循人的价值观。其特性是在第一个阶段把过去的两个阶段缩成一个预训练阶段,第二阶段转换为与人的价值观对齐,而不是向领域迁移。这个阶段的突变性是很高的,已经从专用任务转向通用任务,或是以自然语言人机接口的方式呈现。

盘古自然语言大模型整体架构如图 5-17 所示,是 2021 年研发的千亿参数、40TB 训练

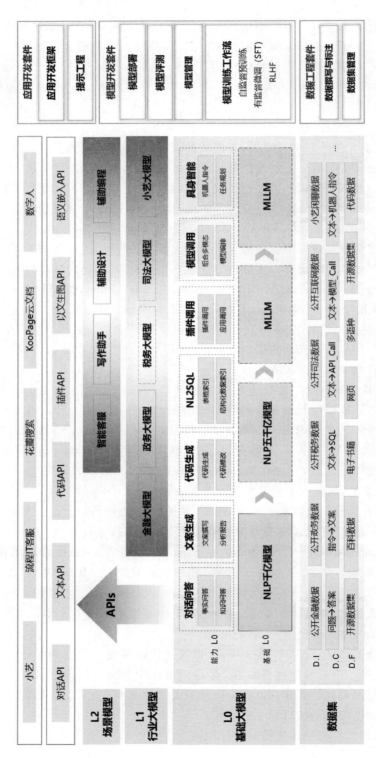

图 5-17　盘古自然语言大模型整体架构

数据的 AI 生成式自然语言大模型,也是全球最大中文语言预训练模型,支持自然语言内容的理解和生成。盘古自然语言大模型提供一整套的平台能力,支持用户开发行业大模型和场景化大模型的工具链以及配套的专业支持服务,能够帮助用户使用自己的数据高效开发,适用于本行业场景的自然语言大模型。依托于大数据和人工智能,大模型在专业行业领域的应用,除了利用文本问答、文案生成、理解生成、代码生成、插件对接等通用能力辅助办公,同时还结合行业业务特点在客服、营销、代码、应用等领域提供更专业的辅助能力。

　　盘古自然语言大模型主要包含如下能力:盘古自然语言大模型、模型开发套件、应用开发套件、数据工程。

　　盘古自然语言大模型具备的主要特性如表 5-1 所示。

表 5-1　盘古自然语言大模型具备的主要特性

能力项	场　　景		场　景　描　述
内容生成	文案生成	通用文案生成	针对一些通用场景,根据具体需求生成一篇文章。如具体主题、文字数量要求等
		公关稿件生成	面对相关部门、个人的负面舆论,生成公关稿件的草稿文案
		政府公文生成	根据具体事项,生成政府公文的草稿文案
		写作提纲生成	根据一个主题,生成写作提纲
		邮件撰写	根据办公事项场景,写一封邮件
		邮件回复生成	根据邮件上文,生成邮件回复
	建议生成	会议讨论点生成	针对会议议题,生成会议的重点讨论点建议
	表格生成	通用能力	根据一系列字段内容,生成表格
	实体识别/信息抽取	通用实体识别/信息抽取	基于一篇文章,根据需要,可以对文章中的关键信息如时间、地点、人物、国家、组织机构等进行抽取和罗列
问答能力	单轮闭卷问答	通用单轮闭卷问答	根据一些具体的通用常识问题,给出具体的一次性回答
	一定的拒绝能力	通用能力	对于包含敏感信息的问题拒绝回答
	数学能力	通用数据能力	具备基础的四则运算能力,提供常规计算问答
	多轮闲聊	通用能力	对于普通对话场景,提供多轮闲聊问答能力
	多轮知识问答	通用能力	提供多轮常识类问答以及对问答中意图和对上文问题的修改能力
	带人设的多轮问答	以职位为基础的问答	以具体角色如客服人员的口吻对问题进行回答

能力项	场　　景	场　景　描　述	
归纳总结	阅读理解	通用阅读理解	基于输入的文字内容,对该段内容进行针对性问题的回答
		政策、发文阅读理解与问答	基于政府官方网站的发文,进行阅读理解和针对性问题的回答
		法律法规阅读理解与问答	基于法律法规,进行阅读理解和针对性问题的回答
		案件卷宗阅读理解与问答	基于案卷卷宗,进行阅读理解和针对性问题的回答
		会议内容问答	基于会议内容(语音识别转文字后的口水稿),进行针对性问题的回答
	文本理解	通用文本摘要	基于一篇文章,输出一两句话的摘要
		新闻快讯摘要	基于一篇新闻,输出一两句话的摘要
		会议纪要生成	基于会议内容(语音识别转文字后的口水稿)生成摘要
代码生成	单轮代码生成	通用单轮代码生成	给定题目生成代码(C、C++、Java、Python、JavaScript、Go)
	代码补全	代码补全	给定目标及一段代码,往下继续写作(C、C++、Java、Python、JavaScript、Go)
	NL2SQL	通用 NL2SQL	通过大模型生成具体场景指令,自动调用相关数据库进行数据计算、统计等操作,例如经济数据的分析等

3）多模态大模型

多模态大模型是指模型中涉及两种及其以上的模态信息。目前,大多数的多模态模型只涉及文本和图像两种模态。根据两种模态在模型上的位置可以将这些多模态模型分为文生图大模型、图生文大模型以及图文大模型。

对于文生图大模型,即模型根据用户提供的文本生成对应的图像。在扩散模型(Diffusion Model)被提出来之前,GAN-Based 模型一直是图像生成的主要模型。由于扩散模型在图像生成方面的优秀表现,已经成为目前主流的图像生成框架。

对于图生文大模型,与文生图相反,即模型根据用户提供的图像生成对应的文本,其广泛应用在 OCR(Optical Character Recognition,光学字符识别)领域。除了简单地从图像中提取文字,更具有挑战的是理解输入的图片,并提供相对应的文本解释。

对于图文大模型,一般是指将图像和文本一起输入模型中,其广泛应用于视觉-语言预训练任务中。与单一的语言、视觉预训练不同,多模态联合的预训练可以为模型提供更加丰富的信息,从而提升模型的学习能力。

多模态大模型技术发展主要分为以下几个阶段。

（1）视觉特征提取阶段。在 2018—2019 年,多模态预训练开始成为最重要的一个研究方向时,大家主要是基于目标检测的视觉特征抽取,做单/双流的图文特征融合,其中代表性工作包括单流 UNITER 和双流 LXMERT。

(2)端到端方法阶段。进入 2020 年,开始尝试端到端的方法,因为之前的两阶段方法存在效率不高的问题,以及领域迁移的问题,其中代表性工作包括基于 ResNet 的 Pixel-BERT、E2E-VLP,以及 Transformer 的 VILT。

(3)Scaling-up 方法阶段。2021 年,开始了数据以及模型规模的 Scaling-up 方法,其中代表性工作包括 ALBEF、SimVLM、mPLUG。

(4)大一统方法阶段。2022 年之后,大家开始基于大一统的方法,可以做单/多模态,其中代表性工作包括 Coca、Flamingo 以及 mPLUG-2。

盘古多模态大模型整体架构如图 5-18 所示。盘古多模态大模型是融合语言和视觉跨模态信息,实现图像生成、图像理解、3D生成和视频生成等应用,面向产业智能化转型提供跨模态能力底座。具备原生支持中文,通过亿级中文图文对训、百万中文关键词训练,拥有更佳中文理解能力。具备精准语义理解精准图文描述,对齐语义理解,智能语境识别,更具自然美感。多模态多尺度训练,逼近自然美感生成内容。具备更强泛化性,强大泛化能力,适应各种复杂的应用场景和用户需求。支持行业客户二次训练专属模型,打造大模型体验。

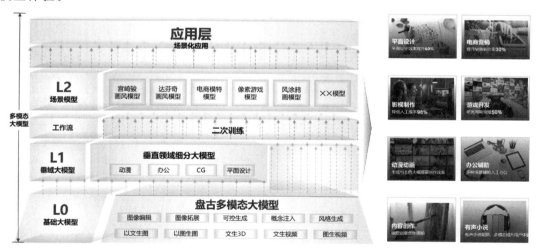

图 5-18　盘古多模态大模型整体架构

盘古多模态大模型在 L0 层提供以文生图、以图生图、图像编辑、可控生成等能力,客户可以基于 L0 的以文生图和可控生成能力(Capabilities),以及 ModelArts 内置的便捷微调工作流,直接构建像素风格的游戏原画场景的生成模型,并部署为 AI 应用。

此外,在 L0 和 L1 大模型的基础上,提供了大模型行业开发套件,通过对客户自有数据的二次训练,客户就可以拥有自己的专属场景模型,如宫崎骏画风模型等。

盘古多模态大模型关键价值特性如表 5-2 所示。

表 5-2　盘古多模态大模型关键价值特性

关键价值特性	子　特　性	说　　明
图像生成	以图生图	自动理解输入图像的语义、构图和风格与文本输入的图像属性要求,进行图像重构
	以文生图	超 5 亿高质量中文图文训练数据。通过自然语言生成对应语义的图像。支持泛化的语言概念和丰富的风格
	可控生图	根据线稿、深度图、人物姿态等控制信号生成相对于原图的图像
	概念植入	根据少量图像的快速训练,复制相关视觉概念并根据指定概念生图
	图像编辑	可对图像进展拓展、空洞补全、根据姿态或者线稿等信号进行图像生成
图像理解	图像描述	秒级识别,精准输出图像主题,支持情景、行为等深层次语义理解。给出短语描述或者一句话描述
	图像问答	基于给定的图像进行内容和人物识别、情景和行为理解,结合问题给出精准答复
3D 生成	3D 生成-3D 空间新视角生成	根据原始视频＋雷达点云(可选),基于 NeRF 生成大空间新视角视频,比传统 3D 重建＋人工修模＋渲染,效率提高 2 倍多,视觉真实度大于传统渲染方案;可同时生成视频、点云以及对应的标签信息
	3D 编辑-3D 空间内容增删	根据原始视频＋雷达点云(可选),基于 NeRF 删除、增加物体,物体支持静态、动态物体,如静态障碍物和移动的车辆,比传统 3D 重建＋专业 3D 软件人工设计＋渲染,效率提高 2 倍多,视觉真实度大于传统 3D 软件方案;可同时生成视频、点云以及对应的标签信息
	3D 可控生成-设计图对齐的 3D 漫游生成	基于轻量化全景相机,在建筑项目采集视频,云端自动对全景视频进行 3D 建模、语义对齐,生成和设计图对齐的 3D 全景漫游,跨日期对比 3D 全景漫游
	3D 动作生成	根据自然语言描述,自动生成人物模型的运动序列,用于驱动 3D 数字人

说明:盘古科学计算大模型、盘古预测大模型在政务场景中应用不多,本书不作为重点说明。

2. 盘古城市大模型

城市的数字化正在经历从数治到智治的转变,由传统的统计、归纳技术向理解、预测技术演进;由传统的数据、信息向未来的知识和经验升级;由机器辅助人向机器替代人,甚至超越人进化。盘古基础大模型提供了包括盘古视觉大模型、盘古自然语言大模型和盘古多模态大模型的基础能力,在此基础上,针对城市领域,我们为每个城市构建了专属大模型,提供政务服务、政务办公、城市治理和城市安全感知的业务智能化能力,让每个城市拥有自己的智慧源泉。盘古城市大模型的架构是开放的,支持伙伴开发丰富智慧助手,使能客户业务创新。我们在城市治理的 4 大核心业务领域,联合生态伙伴,构建了政务服务大模型、政务办公大模型、城市治理大模型和城市安全感知大模型,通过大模型赋能,让城市更温暖、更安全、更智能。

1) 政务服务大模型

随着公众对政务服务需求的日益多样化,个性化服务的提供变得尤为重要,需要业务系统能帮助业务部门理解其背后的真实需求,从而为公众提供更加贴心、更加个性化的服务,增强公众对政府的满意度和信任感。另外,政务服务往往涉及复杂的社会问题,这些问题通常没有简单的答案,需要综合考虑各种因素,对这些问题进行多维度、深层次的分析,从而形成准确有效的闭环。

(1) 政务热线服务差。传统热线电话端主要依靠转人工与公众进行沟通,群众诉求密集时,座席负荷高,效率低,每天人均 100 多通电话,接线负荷较高,工单填写烦琐,咨询事项(4000 多项)涉及面广,全凭经验。

(2) 群众办事咨询难。面向个人和企业的办事咨询了解,常常出现相应事项办事入口找不到、办事指南看不懂、在线客服回答不准确等问题。在线引导差,耗时长,单事项平均在线交互达 10 次,机器人机械应答,交互体验差。

(3) 惠企政策落地难。企业在面对政府发布的大量惠企政策时,经常会发生政策"找不到""看不懂""申报难",政府为了评估惠企成效,往往需要企业填写大量问卷调查和企业数据,耗时长,操作烦琐,成效低。

政务服务大模型以 NLP 技术为基础,面向这些挑战在多方面构筑能力,成为推动政务服务数字化、智能化的关键力量。

(1) 深化语义理解与文本生成。传统的文本处理方法往往基于规则或简单的统计模型,难以对复杂的自然语言文本进行深层次的语义理解。NLP 大模型技术通过深度学习的方法,可以自动学习到自然语言的语法和语义结构,实现对文本更深层次的理解和分析。这一技术在政策文本分析、公众意见挖掘等方面发挥着重要作用。

(2) 提高智能问答系统的性能。智能问答系统是政务服务中的重要组成部分,能够自动回答公众的问题和疑惑。基于 NLP 大模型技术的智能问答系统不仅能够理解和分析问题的语义,还能从海量的信息中检索出相关的答案,并以自然语言的方式呈现给公众,大大提高了问答的准确性和效率,为公众提供了更好的服务体验。

(3) 实现文本信息的自动摘要和推荐。政务服务中经常需要处理大量的文本信息,如政策文件、公众反馈等。大模型技术可以实现对这些文本信息的自动摘要和推荐,帮助工作人员快速了解重要内容和关键观点。不仅可以提高工作效率,还能确保工作人员对信息的全面和准确掌握。

（4）强化多模态数据处理能力。随着多媒体技术的发展，政务服务中涉及的数据类型也越来越丰富，包括文字、图像、语音等。大模型技术结合计算机视觉、语音识别等技术，可以实现多模态数据的联合处理和分析，为政务服务提供更全面的数据支持。

基于政务服务大模型在这些方面构筑的能力，面向政务服务场景打造了 12345 热线智能助手、政务服务智能助手和营商惠企智能助手。

（1）12345 热线智能助手。针对政务热线的咨询应答、受理填单、派发处置、回访办结、质检归档、数据治理 6 个业务场景构建了智能客服、智能座席助手、智能回访、智能质检、智能数据分析 5 项关键智能化应用。

（2）政务服务智能助手。针对政务办事过程的咨询、申报、受理、审批 4 个业务场景构建了智能引导、智能辅助申报、智能辅助审批 3 项关键智能化应用。

（3）营商惠企智能助手。针对惠企政策"找不到""看不懂""申报难"，构建了政策智答、政策精准匹配、惠企成效分析，以及惠企政策推演的 4 个关键场景应用。

随着智能化技术在政务服务应用场景的不断应用，政务服务大模型将在政务服务中发挥更大的作用，推动政府数字化转型和服务质量的持续提升，具体业务价值体现在以下 3 方面。

（1）优政。热线服务更有"效率"，咨询问答准确率提升到 95%，工单整理时间缩短 80%（平均填单时长降低 2min）。

（2）利民。群众服务更有"温度"，咨询交互次数从 10 次降到 2 次，首办成功率为 85%。

（3）惠企。政策服务更有"成效"，政策解读从月级缩短到 1～2 周，单篇平均耗时 5min 以内，精准匹配企业，政策主动推送，政策、企业匹配准确率达 99%。

2）政务办公大模型

当前，虽然很多政府办公流程都已通过数字化进行管理，但因智能化的缺失，各类政务办公业务依然面临着很多痛点和难点，政务办事效率低，低端重复劳动高，系统难熟练应用与掌握，办公体验差，主要体现在：

（1）办文过程中。传统公文人工拟稿耗时 1～2 周，耗时长，周期长，重复劳动多，公文量大，阅读、处理时间长。

（2）办会过程中。传统政府部门办公会前准备时间长，会后需要大量的时间整理领导发言、会议要点、待办任务等，人工纪要效率低。

（3）办事过程中。传统公文任务靠人摘录和督办跟踪，效率低，易遗漏，体验差。

在人工智能蓬勃发展的浪潮中，通过人工智能实现政务办公智能化。政务办公大模型是为政务办公场景设计的大型人工智能模型，具备处理和分析大量政务数据的能力，从多方面优化办公流程、提高办公效率并提供更智能化的决策支持。通过大规模的海量数据进行预训练后，大模型可以按需产生原创内容，不仅可以分析或分类现有数据，还能创建全新内容；在进一步提供政府行业领域专业数据的训练和调优后，可让大模型技术快速适应或微调以贴合政府办公领域的应用场景。目前已经结合政府行业文事会办公特点构建政务办公智能助手，基于大模型实现"一句话办文""一句话办会""一句话办事"等智能化应用，加速政府行业的智能化升级。

（1）一句话办文。借助大模型的信息精准检索、文稿自动生成、内容智能抽取能力，实现全流程的辅助办文，根据关键词一键生成完整公文草稿，同时对政府公文格式、文本、敏感词等常见错误进行快速校对，还可以从公文阅读、摘要提取、资料推荐到草拟意见等审批流程中辅助领导批示。

（2）一句话办会。借助语音自动识别并转写文字的能力及语义上下文内容的理解能力，可自动生成会议符合公文范式纪要或摘要，并自动识别会中提及的待办任务等，极大提高会议效率。

（3）一句话办事。大模型支持文件到事项的辅助分解和分拨，智能抽取事务流程并生成应用，从而提升机关办事数字化水平，为政府办公带来了极大的便利和效益。

具体业务价值体现在以下 3 方面。

（1）辅助快速拟文。拟文周期可由原来的 1～2 周缩短为 1～2 天，5000 多字的公文 1min 内生成，极大提升拟文效率。

（2）提升会议效率。语音转写与自动纪要助力会议效率提升，要点秒级提取，纪要自动生成，会议纪要撰写时间由原来 1～2 天，降低至分钟级，极大提升办会效率。

（3）提升办事效率。对话式办公及智能生成应用重构办公模式，公文任务自动提取，并一键式导入督办系统，方便后续事项跟进，缩短事项处理时间，提升事项跟踪效率，避免遗漏，提升办事体验。

3）城市治理大模型

城市治理面向区域内的问题和事件，对于采集、分拨、处置、结案各环节通常采用人工经验判断的方式进行处理，往往被动响应，处置力量到达现场时间较长，事件处置效率低，群众满意度差，主要体现以下方面。

一是人工巡查时效差、强度高。城市事件发现依靠人工巡查，工作强度大。固定点位摄像机无法覆盖城市全场景。

二是工单分拨效率低、易出错。城市治理工单量大，月均数万件。工单分拨工作繁重，易出错，效率低。

三是疲于处置，被动治理。民意信息杂，人工统计难，原因分析难。群众"急难愁盼"问题处置效率低。

城市治理大模型的关键技术主要包括深度学习、自然语言处理、计算机视觉、多源数据融合等技术，这些技术在城市治理大模型中发挥着重要作用。通过使用人工智能大模型技术，促进城市治理业务与人工智能的不断融合，实现域内事件处理全流程智能化，包括事件智能发现、城运工单自动分拨、事件问题智能分类，充分提升事件的处置效率，提升城市治理智能化水平。

从事前、事中、事后 3 个阶段分别构建事件智能感知助手、工单智能分拨助手、效能智能分析助手和智能问数助手，赋能和改善传统治理模式，强化事件及时发现、问题及时处置、事后科学评价的闭环管理。

（1）事件发现阶段，事件智能发现（事件智能感知助手）。利用视频 AI 技术自动发现事件，不仅能够帮助基层工作人员实现市政、环卫、违停等多个场景事件的识别，还能够自动上报至事件中心完成派遣，从而有效提高事件的处置效率，减轻基层工作人员的工作压力。

（2）事件处置阶段，工单智能分拨（工单智能分拨助手）。运用 AI 技术赋能工单自动分拨，能够快速将事件与权责部门进行匹配，同时为复杂事件提供相似事件的解决建议，大幅缩短人工派单时间，提升事件处置精确度和处置效率。

（3）事件处置完成，效能智能分析（效能智能分析助手 & 智能问数助手）。运用 AI 技术对处置效果进行跟踪、挖掘热点问题、挖掘责任主体和问题根因，持续提升政府服务效率，增强人民群众的获得感和满意度。

具体业务价值体现在以下方面。

一是巡查永久在线，问题一网打尽。视觉大模型盘活城市视频资源，一图多识，7×24 小时在线巡查。无人机巡查，及时发现楼顶、工地等盲区的问题，覆盖率超 90%。

二是工单自动分拨，问题快速处置。工单秒级分拨，自动分拨率、分拨准确率均达 91%。民意速办，紧急工单 24 小时内闭环。

三是效能分析，支撑城市精细化治理。大模型工单分析，自动生成日报、周报、专报，辅助决策。大模型问数，识别管理者查询意图，数据、图表"一呼即出"。

4）城市安全感知大模型

随着城市的不断发展、城市治理的复杂度也在不断增加，近年来，城市安全事件的频繁发生也说明了传统治理模式面临着越来越大的困难和挑战，主要体现在：

一是城市安全疲于事后应急，缺乏事前预警。传统城市安全事故感知能力弱，成本高，往往亡羊补牢、事后应急，造成损失大。

二是安全专项检查全靠"人拉肩扛"。执行城市安全专项任务，依靠人工巡查，工作量大，难以全面覆盖。

城市安全感知大模型是专为解决城市安全领域的问题而设计构建的一种大型人工智能模型，结合自然语言处理、计算机视觉、多源数据融合等多种先进技术，打造城市安全感知智能助手，为城市安全提供全方位的解决方案，确保城市居民的生活安全和城市的稳定发展。

从数字化、智能化角度来看，需要从安全风险预防、应急响应、安全数据分析等多个维度为城市安全构筑智能底座。

（1）安全风险预防。如何预测和识别城市中的潜在安全风险，如交通事故、火灾、犯罪活动等。

（2）应急响应。在突发事件发生时，如何快速响应并进行有效的资源调配。

（3）安全数据分析。如何从海量的数据中分析出与安全事件相关的关键信息。

具体业务价值体现在以下两方面。

（1）盘活视频资产，打造安全卫士。视觉大模型智能泛化分析，安全事件一图多识，泛化识别算法支持 100+安全事件，实现城市安全事件"弱信号"识别，负一秒预警，极大减少城市安全隐患。

（2）安全专项任务，AI减负提效。安全巡查任务自动执行，减少人工投入，周期由原来1周缩短到几分钟，实现安全隐患精准秒级检索，极大地提升了安全巡查效率。

5.2.6　城市数字操作系统

1. 概述

1）建设背景

当前，数字化改革逐步进入深水区，统筹集约化成为趋势，为进一步助力政府、企业、产业数字化转型，加快构建数字城市新发展格局，推动高质量发展，从国家到地方做出了一系列战略部署、总体要求和相关规划。

（1）国家战略部署：《国务院关于加强数字政府建设的指导意见》（国办发〔2022〕14号）提出构建结构合理、智能集约的平台支撑体系，构建开放共享的数据资源体系，构建协同高效的政府数字化履职能力体系；《全国一体化政务大数据体系建设指南》（国办发〔2022〕102号）提出数据资源一盘棋、一体化融合、一体化共享和开发利用趋势。

（2）广东省总体要求：《广东省数字政府"十四五"发展规划》提出建立全省统一政务应用超市，建立全省业务中台服务"一张清单"；《广东省人民政府关于进一步深化数字政府改革建设的实施意见》要求构建政务信息化项目一体化管理工作机制。

（3）深圳市总体规划：《深圳市数字政府和智慧城市"十四五"发展规划》围绕打造数据驱动、一体协同、智能高效、安全可控的鹏城自进化智能体，构建标准统一的数字底座、集约高效的智能中枢和泛在连接的统一门户，高效赋能全场景智慧应用，实现全域感知、全网协同、全业务融合、全场景智慧，全面支撑"四位一体"的数字深圳建设。

2）现状与挑战

随着数字化平台的逐渐成熟，千行百业的数字化转型逐步进入深水区。政府、企业、园区等部门和组织都认识到平台和技术能力要扎扎实实地落在应用场景中才能发挥最大的价值，因而推动数字技术与业务场景的融合变得尤为重要。

智慧城市的建设主体负责构建一体化数字平台和统一技术底座，为进一步发挥城市数字底座在赋能场景应用创新方面的作用，要持续开放数字平台，沉淀共性能力，并通过数字资源运营满足持续变化的业务需求，赋能基层治理效能，打造高价值的场景化应用解决方案，但由于资源底数不清、技术能力碎片化调用难、共性能力沉淀不足，导致在数字资源赋能应用创新方面存在诸多挑战，如：

（1）资源治理，家底不清晰。数字资源分部门、分层级多头管理，缺乏整合，缺少数字资源管理及申请平台，难以做到数字资源"可看、可用"，数字资源家底不清晰。

（2）资源共享，配置调度难。市区两级平台一体化程度不够，资源配置不均衡，跨区共享不畅通，配置效率不高，难以统筹调度；资源共享交换平台不完善，数据资源缺少深度分析，资源价值未充分释放。

（3）应用敏捷，分散构建周期长。应用低水平重复开发，各地各部门独自建设、分散管理，共性轻应用缺乏共享，难以全市统筹协调，业务应用智能化程度不高，缺乏通用服务沉淀，场景化应用全码开发构建周期长。

（4）业务提效，效果评价难。业务应用建设效果评价难量化，数字化项目建设、管理存在"黑匣子"，建设效果评估缺乏客观数据支撑。

（5）持续运营，重建设轻运营。缺乏运营，成效难以保障，建设周期长，成效显露慢，且难以持续。

（6）机制保障，创新不足。机制保守，支撑保障不足，难以支撑业务优化、整合和创新；组织保障不足，难以快速协调解决分歧与争议。

3）业务全景

CDOS 主要有两条业务主线：一条是传统的信息化项目建设业务线；另一条是数字化供给侧结构改革带来的数字资源供给业务线。两条业务主线相互作用，形成正向循环相互促进，保障城市数字化建设运营效果。CDOS 业务全景如图 5-19 所示。

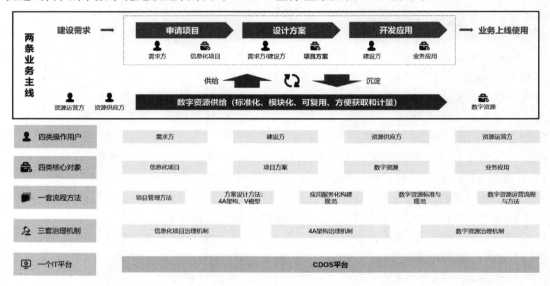

图 5-19　CDOS 业务全景

业务围绕四类操作用户和四类核心对象展开。

（1）四类操作用户：需求方、建设方、资源供应方、资源运营方。

（2）四类核心对象：信息化项目、项目方案、数字资源、业务应用。

构建一套流程方法来端到端的指导作业过程。

（1）项目管理方法。

（2）方案设计方法：4A 架构、V 模型。

（3）应用服务化构建规范。

（4）数字资源标准与规范。

（5）数字资源运营流程与方法。

建立三套治理机制来消除运作过程中出现的分歧和风险，有效保障业务顺利流转。

（1）信息化项目治理机制。

（2）4A 架构治理机制。

（3）数字资源治理机制。

所有城市数字操作业务承载在一个 IT 平台，即 CDOS 上，保障业务可落地。

4）定位及愿景目标

CDOS 以赋能城市数字化转型为愿景，以数字资源共建、共治、共享为目标，以持续运营为手段，以专业方法为指导，以组织机制为保障，以 IT 平台为承载的数字化业务治理框架。CDOS 定位及愿景如图 5-20 所示。

图 5-20　CDOS 定位及愿景

2. CDOS 方案架构

CDOS 方案以"共建共享，创新赋能"为核心理念，链接政数局、委办街镇用户及开发伙伴，通过数字化赋能推动数字及技术开放共享，创新应用敏捷构建，实现技术与业务的融合，提升多跨融合场景协同管理与服务，让智慧城市建设运营成果真正发挥价值。

如图 5-21 所示，CDOS 总体架构包括三部分：变革咨询/方法导入、平台建设及持续运营。

1）变革咨询/方法导入

数字化转型要想成功实现，前期变革咨询和方法导入尤为重要，这是帮助和客户统一思想，转变观念，改变和再造组织形态、业务模式，优化业务战略和运作机制的前提，也是后续变革顺利实施的基础，变革咨询/方法导入包含 CDOS 落地组织阵型及运作模式、方法论咨询和导入，CDOS 集约化管控治理体系。

一是 CDOS 落地组织阵型及运作模式：设计和构建数字化变革相适应的组织阵型和运作模式，包含业务应用的规划、设计、开发、运营和运维，数字资源的规划、设计、开发、运营和运维，核心是打破业务提需求，IT 负责实现的传统模式，实现业务和 IT 一体化运作。

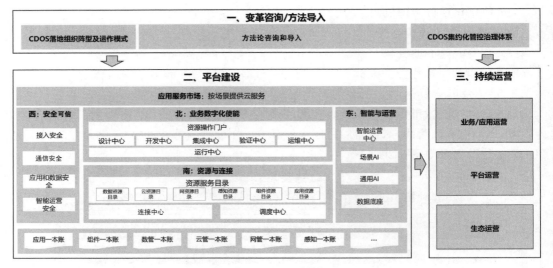

图 5-21　CDOS 总体架构

二是方法论咨询和导入，包括以下内容：

（1）4A 架构设计方法论：从价值流到 BA、IA、AA、TA。

（2）V 模型服务化设计方法论：业务能力化、能力场景化、场景活动化、活动对象化、对象服务化、服务系统化。

（3）服务化交付方法论：应用服务化构建规范、DevOps。

（4）资源运营方法论：数字资源标准与规范，数字资源统一注册、上架、申请、开通、计量、运营、运维。

（5）生态运营方法论：生态分类与认证标准，生态准入、注册、培训、结算、评价、退出。

三是 CDOS 集约化管控治理体系，包括以下内容。

（1）信息化项目治理体系：数字化转型/智慧城市专班、信息化项目管理委员会。

（2）4A 架构治理体系：智慧城市专班、架构管理委员会、BA/IA/AA/TA 架构分委会。

（3）平台治理体系：CDOS 委员会。

2）平台建设

CDOS 为城市数字化转型提供强大的底座，实现各业务场景灵活调用和共享，使能数字城市从"建设态"走向"运行态"。CDOS 包含四大平台能力，即南向资源与连接能力、北向业务数字化使能能力、西向安全可信能力、东向智能与运营能力以及应用服务市场，实现应用一本账、组件一本账、数管一本账、云管一本账、网管一本账和感知一本账的全量全要素的连接和多云融合统一的资源池。

CDOS 的特点如下。

（1）开箱即用的 IT SaaS 服务，预集成的可 IT（认证、办公、客服等）服务，可 SaaS 服务。

（2）降低复杂基础设施的使用难度，联接多云、IoT 等，存量应用整体上云，资源弹性高效使用，全球等距体验一张网。

（3）稳定、可靠、安全的运行服务，高可用、高可靠的韧性服务，分级、分域弹性安全防护体系和智能安全运营。

（4）复用数字化实践资源，应用/数据/AI/资源开发流水线，IT 中央集权和 ITGC/AC 200＋治理规则。

（5）企业价值场景的用数和赋智能力，企业数据资源共享、治理和开发的平台，AI 场景化资源和算法模型。

（6）可分可合，异构可信的架构和能力，灵活编排适配不同场景。

（7）使能构建开放数字化生态，开发者的生态，价值链生态。

3）持续运营

（1）业务/应用运营：围绕应用规划、设计、开发、上线、运维、运营等全生命周期的运营服务，支撑应用业务目标达成。

（2）平台运营：围绕做厚 CDOS 平台，提供数字资源规划、管理、效能分析等运营服务，持续沉淀数字资源。

（3）生态运营：为入驻平台的厂商提供准入资质评估、培训认证、服务结算、退出等运营服务，建立良性的生态圈，激发市场活力，激励厂商贡献能力和服务。

3．CDOS 平台能力

1）南向资源与连接平台

南向资源与连接平台是数字资源治理和运营的统一平台，实现城市数字资源全生命周期可视、可溯、可管、可用、可评，并对外提供一致性的 IT 服务体验（一键申请、一键订阅、一键开通、一键部署），如图 5-22 所示。

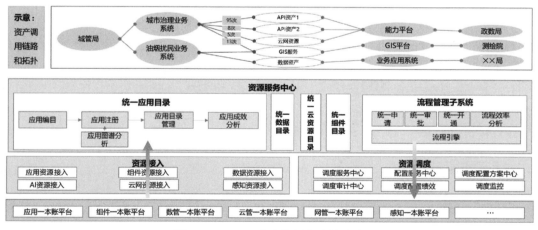

图 5-22　CDOS 南向资源与连接平台

资源与连接平台包括资源接入、资源调度和资源服务中心 3 部分。

（1）资源接入：实现应用资源、组件资源、数据资源、AI 资源、云网资源、感知资源等各类资源的接入，并与 CDOS 可以进行无缝连接和互操作。

（2）资源调度：实现的资源服务的统一调度和配置，包含调度服务中心、配置服务中心、调度配置方案中心、调度审计中心、调度配置绩效、调度监控等。

（3）资源服务中心：实现各类资源从编目、注册、管理等统一服务，包括统一应用目录、统一数据目录、统一云资源目录、统一组件目录以及流程管理子系统。

2）北向业务数字化使能平台

业务数字化使能平台是一站式、集成式的应用开发平台，使能业务重构和应用现代化，如图 5-23 所示。

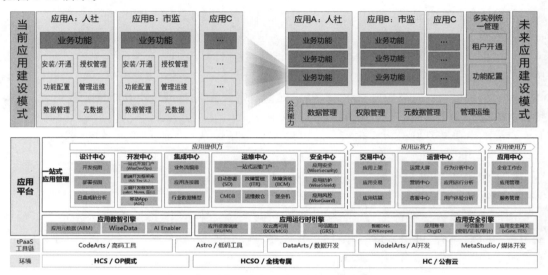

图 5-23　CDOS北向业务数字化使能平台

传统应用建设模式从各业务部门应用独立建设，从业务功能安装、开通、配置、管理、授权、运维等都单独开发建设，既造成重复的投入和资源浪费，又不利于资源的共享和业务协同，而基于一站式应用开发平台，打通应用提供方、应用运营方、应用使用方全链条，通过打造相应的能力中心，沉淀共性的需求、服务和能力，使能业务应用敏捷开发，实现集约化的应用开发和部署，节省资源投入，缩短了开发周期，加快了业务系统上线效率。

3）西向安全可信平台

安全可信平台构建零信任环境下安全可信，守护云、网、应用和数据安全底线。平台提供 9 大安全可信"盔甲"：可信用户管理、可信应用构建、可信生产环境、可信运维、可信联接与通信、可信数据所有权、可信安全防护、可信安全作战、可信智能大脑，如图 5-24 所示。

4）东向智能与运营平台

智能与运营平台提供全局运营、业务应用运营、CDOS 平台运营、IT 运维服务/IT 安全运营、空间运营等，打造实时、可视、可管、可控的运营/运维指挥中心，如图 5-25 所示。

5）云管一本账

基于统一多云管理平台，打造"管理一朵云、运营一朵云"的体验，打造全市一朵云，

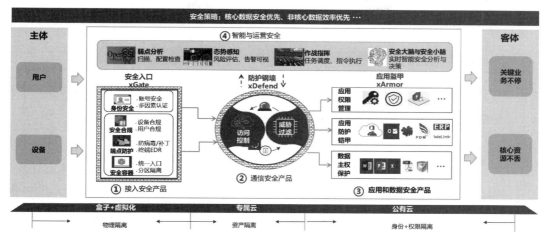

图 5-24　CDOS 西向安全可信平台

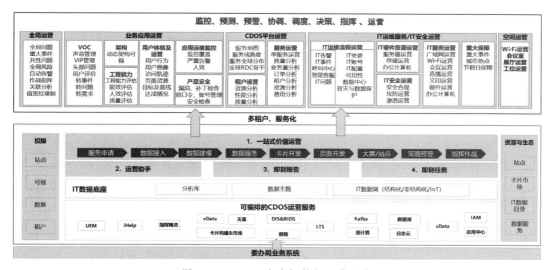

图 5-25　CDOS 东向智能与运营平台

如图 5-26 所示。

建设统一云管平台,将市级、区级及委办局自建云统一管理,实现市区两级有效管理与协同。

（1）资源协同、共建共享:实现云资源、灾备资源、运维专家、管理方法、知识经验等能力全市共享。

（2）一级运营、两级运维,统一监测:云服务在统一云管平台上完成申请、审批、发放、销毁,分级运维,重要指标实时汇聚至统一运营中心,实现全市政务云安全运行。

（3）数据协同:基于市统一大数据平台,实现多维数据融合共享,助力城市精准治理。

（4）应用协同:基于市统一 PaaS 平台,实现应用灵活组合创新,市区按需要部署。

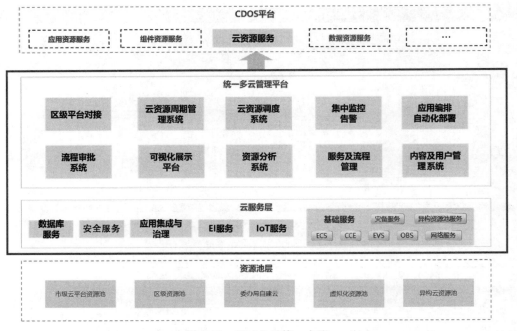

图 5-26　CDOS 云管一本账

6）网管一本账

传统城市网络分建分管，网络缺乏统筹，可视化和管理能力弱，业务端到端保障难。

（1）没有端到端的业务可视能力：网络分建分管，纵向业务没有端到端网络质量可视化能力，出现问题缺少定界手段。

（2）级联协同端到端会议保障：会议系统在市里，区县会议体验差，难以界定区县网络还是市级网络问题。

《国家电子政务外网运维管理系统对接规范》要求完成部省（强制）及省市（建议）运维系统对接，提升管理工作水平和运维效率。

网管一本账通过业务应用牵引，按需配置，构建可信安全的全市一张网管理机制，实现全市各类网络跨域管理、统一运维运营，如图 5-27 所示。

方案价值：

（1）网络一本账提供场景化网络服务能力，全网可视，网络家底一览无余。

（2）结合网络服务化，提升业务端到端开通速度，重保业务有效保障业务质量，SLA 可承诺。

（3）统一网管平台提供跨域模块，同时完成 IP ＋光管理，质差级联协同 IFIT 实现故障快速定位。

7）数管一本账

数管一本账通过构建一体化大数据治理体系，赋能城市治理与数据要素流通，如图 5-28 所示。

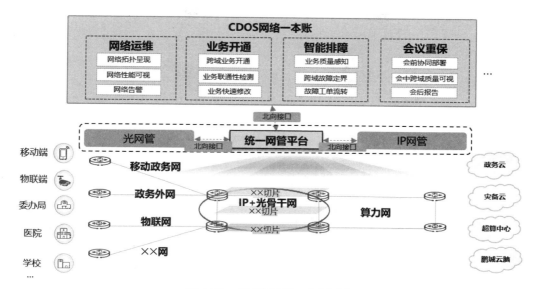

图 5-27　CDOS 网络一本账平台

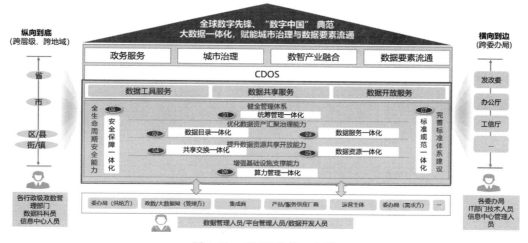

图 5-28　CDOS 数管一本账

4. CDOS 持续运营

1）管理流程及治理体系

政府数字化转型是多维度、全方位的系统工程，路阻且长，难以一蹴而就，需要构建配套的管理流程及治理体系，如图 5-29 所示，以保障其转型过程得以稳步推进。

数字化转型运行模式（建议）：

（1）数字化转型顶层规划和设计，识别愿景、目标、关键举措及路标等。

（2）不涉及业务模式变化，仅对原业务流程进行优化（如各委办局自身业务流程简化）。

（3）业务模式发生变化，涉及政府跨部门间流程、IT、组织等全方位改革，通过信息化项

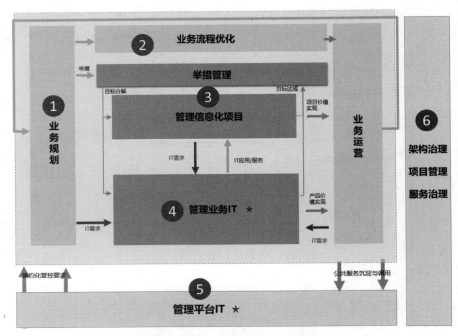

图 5-29　CDOS 管理流程及治理体系

目建设，达成规划目标的落地。

（4）业务流程优化、项目建设方案及业务运营过程产生的 IT 需求，由各委办/运营公司基于统一的方法和 CDOS 平台进行构建（业务 IT 与平台 IT 的建设，建议统一在运营公司收口，依托 CDOS 平台汇聚各生态 ISV（独立软件开发商），遵循统一的流程和方法，调用平台公共服务，集约化方式构建应用）。

（5）政数局/运营公司负责基础设施的统筹规划以及 CDOS 平台的建设，并落实集约化管控要求。

（6）政府治理体系建设，成立政府数字化转型推进专班，牵头抓总、统一协调、集约化管控和治理。

2）信息化项目规划和设计流程机制

信息化项目规划和设计阶段，核心是责权利归位，做实审核/审批和协调机制，规范化运作，流程职责和机制如图 5-30 所示。

项目申报，业务与 IT 一体化运作：

（1）委办＋运营公司联合输出项目方案。

（2）项目建设方案充分复用平台（CDOS）数字能力。

（3）依托 CDOS 汇聚生态 ISVs，建设方案需遵循统一流程和方法。

项目审核：

（1）信息化项目管理：项目建设必要性、价值收益预估、投资预算、项目计划。

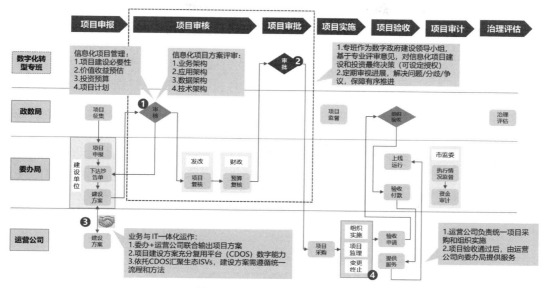

图 5-30　项目流程职责和机制

（2）信息化项目方案评审：业务架构、应用架构、数据架构、技术架构。

项目审批：

（1）专班作为数字政府建设领导小组，基于专业评审意见，对信息化项目建设和投资最终决策（可设定授权）。

（2）定期审视进展，解决问题/分歧/争议，保障有序推进。

项目实施和验收：

（1）运营公司负责统一项目采购和组织实施。

（2）项目验收通过后，由运营公司向委办局提供服务。

3）信息化项目建设和运营协同机制

信息化项目建设和运营阶段，核心是在统一的治理框架下，分层有序运作并有效协同，如图 5-31 所示。

业务流程优化、项目建设方案及业务运营过程产生的业务应用需求，由业务委办/运营公司/ISV 基于统一的方法和 CDOS 平台进行构建。

政数局/运营公司负责云、网、感知、数据、组件服务等平台 IT 的统筹规划以及 CDOS 平台的建设和运营。

（1）规划建设：规划服务地图及路标，逐步构建

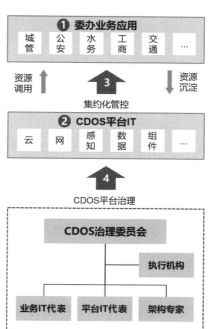

图 5-31　建设和运营协同机制

公共应用服务、平台服务、基础设施服务、安全服务、数据服务等 IT 能力。

（2）提供服务：把 IT 的能力形成平台标准服务、组合服务、场景服务等，发布服务标准，明确服务所有者，承诺 SLA，保障稳定运行。

（3）共建生态：引进 ISV 优秀能力，构建开放的平台生态，建立良性竞争机制，支持共建，形成统一的平台服务能力。

政数局/运营公司负责在业务应用建设过程中落实集约化管控要求，从软件架构治理到数据治理，再到业务治理。

CDOS 委员会履行 CDOS 平台治理职责，对 CDOS 平台架构、平台需求、资源规划、资源地图、资源所有者、实施主体、资源冲突、生态引入等重大事项进行管理和决策，确保服务的有序建设及争议的有效解决。

4）持续运营

充分发挥平台价值，聚合生态优势能力，打通资源供给端和应用场景端的生态共创通道，全面赋能，加速政府数字化转型，如图 5-32 所示。

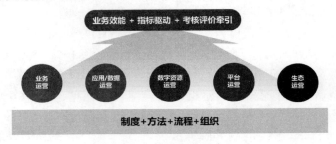

图 5-32　持续运营平台

基于制度、方法、流程和组织的建设，在业务效能、指标驱动、考核评价的牵引下，通过业务运营、应用/数据运营、数字资源运营、平台运营、生态运营，实现信息化项目建设标准化、规范化，实现运营组织高效有序运作。

业务运营：

（1）通过业务流程分析、度量指标定义、指标可视与监测、问题分析与改进，实现业务效率与结果的不断提升。

（2）针对识别到的低效，使用 4A 方法，进行业务及流程方案设计。

应用/数据运营：

（1）应用规划、设计、开发、上线、运维、运营等全生命周期的管理。

（2）IT 应用方案设计。

（3）应用/数据服务化设计。

数字资源运营：

（1）通过对数字资源规划和管理等，使能数字资源全生命周期的可视、可管、可用、可控、可溯，实现数字资源的高效运转。

（2）持续沉淀数字资源。

平台运营：

（1）运营流程适配，包含对数字资源服务的注册、上架、订阅、开通、计量、计费、运营、运维等进行全生命周期管理。

（2）运营指标设计、运行和监测。

生态运营：为入驻平台的厂商提供准入资质评估、培训认证、技术支持、服务结算、退出等运营服务，建立良性的生态圈，激发市场活力，激励厂商贡献。

5.2.7　智能应用

基于在城市智能化转型的实践总结，目前城市智能体主要在面向政务业务、城市业务和产业经济三大方面构建了六大业务应用。

1. 智能化使能政务业务

1）政务服务"一网通办"

构建全流程一体化在线政务服务平台，推动群众和企业办事线上一个总门户、一次登录、全网通办，线下只进一扇门、最多跑一次。

2）政务办公"一网协同"

面向政府一体化协同的办文、办事、办会场景，依托数字底座，使能多端联动，打造跨层级、跨地域、跨系统、跨部门、跨业务的"协同办公平台"。

2. 智能化使能城市业务

1）城市感知"一网统感"

围绕城市融合感知系统建设行动计划的总体规划，逐步建成统筹规范、泛在有序的新型智慧城市运行感知体系。

2）城市运行"一屏统览"

通过对城市全域数据进行实时汇聚、监测、治理和分析，全面感知城市生命体征，辅助宏观决策，预测预警重大事件，配置优化公共资源，处置指挥重大事件，保障城市有序运行。

3）城市治理"一网统管"

围绕"高效处置一件事"构建高效管理、协调、拉通的治理体系。

3. 智能化使能产业经济

产业赋能"一网通服"：助力政府精准服务中小企业实现数字化转型升级，促进企业场景创新及专业化水平提升，不断推进产业集群高质量发展。

第6章

智能化使能政务服务"一网通办"

6.1 概述

　　"一网通办"指依托全流程一体化在线政务服务平台和线下办事窗口,通过规范政务办事标准、优化政务服务流程,整合政府服务数据资源、加强业务协同办理,完善配套制度等措施,推动群众和企业办事"线上一个总门户、一次登录、全网通办""线下只进一扇门、最多跑一次"。智能化应用场景包括"一件事一次办""无感申办""一码通办""互联网＋监管""零跑腿""秒批秒办""免申即享""政务服务热线"等。

6.2 "互联网＋监管"

6.2.1 业务发展趋势

1. "互联网＋监管"向综合监管转变

　　以新时代中国特色社会主义思想为指导,深入贯彻"二十大"精神,围绕企业和人民群众反映强烈、涉及多个部门、管理难度大、风险隐患突出的监管事项,贯彻落实《国务院办公厅关于深入推进跨部门综合监管的指导意见》(国办发〔2023〕1号),建立健全条块结合、区域联动的综合监管制度,加快构建全方位、多层次、立体化监管体系,促进跨部门、跨区域、跨层级业务协同,推进"互联网＋监管"向"综合监管"转变,坚持创新驱动、数字赋能,对涉及多个部门、管理难度大、风险隐患突出的监管事项,建立健全跨部门综合监管制度,强化条块结合、区域联动,完善协同监管机制,提升监管的精准性和有效性。

2. 加快新技术应用,提升综合监管的智能化

　　"互联网＋监管"以监管数据共享为核心,通过归集共享各领域的相关数据,依托互联网、大数据技术,构建监管基础平台,同时加快人工智能、物联感知、区块链等技术应用,积极开展以部门协同远程监管、移动监管、预警防控等为特征的非现场监管,通过多维数据关联分析,快速有效协同处置问题,提升跨部门综合监管智能化水平。

6.2.2 业务场景与需求

1. 监管风险预测

　　"互联网＋监管"系统主要依赖于历史数据和预先设定的预警阈值进行风险识别和预

警,对于一些新的、复杂的或未知的风险类型,可能无法及时发现和预警。同时缺乏实时监测和预警能力,无法对潜在的风险和隐患及时发现和预警。

监管的风险预测利用各类监管大数据资源,在监管法律法规、风险特征等知识库基础上建立业务模型,通过对数据的分类、聚类、关联、比对等处理方法与工具,运用成熟的大数据分析手段,围绕涉及国计民生的重点领域、重点企业、重点产品以及特定行为等及早发现防范苗头性和跨行业跨区域风险,形成对不同等级风险研判,对高风险等级的事项进行深入分析,形成风险报告,为辅助领导决策,支撑地方和业务部门开展重点监管、联合监管提供数据服务支撑。

2. 非现场监管

传统的监管方式比较落后,智能化水平较低,监管工作完全依赖人力,执法人员可能需要前往现场 3～4 次取证,才能形成完整的证据链,导致人力成本过高、监管盲点多、效率低、服务质量差。建立基于大数据分析、视频分析、在线分析等多种非现场监测手段,构建"非现场监管"体系,通过调取在线监管系统,对监管对象的视频及监管数据进行分析研判,形成监管线索,推送给执法人员;监管平台也借助大数据将需要的线索、证据一次性收集,经审核后交办给执法人员,执法人员最多只需前往现场一次进行核实、查漏补缺即可,实现了精准执法和"不打扰执法"。打破传统的实地监管单一模式,进一步提高监管效能。

3. 综合监管一件事

企业运营过程中刚结束食品安全检查,又迎来安全生产检查,还有消防、环保、卫生、税务等部门的检查也接踵而至。这种多头、多次、无休止的单部门执法检查,让很多企业疲于应付。监管存在领域监管责任不明确、协同机制不完善及重复检查、多头执法等问题。建立科学有效的全行业、全要素、全过程、全方位的行业综合监管制度,以"一件事"业务场景为切入点,动态掌握监管对象生产经营情况及其规律特征,进行预警监测,有效防范系统性、区域性风险;以跨部门联合检查、联动服务为切入点,将各执法部门与食品生产企业相关联的监管事项整合为"一件事",最终实现"进一次门、查多项事""一次全办完"的目标,有效减少企业的负担,降低企业的运营成本,全面优化营商环境。

6.2.3　解决方案

1. 总体架构

"互联网＋监管"解决方案的总体架构,如图 6-1 所示,以数据共享为核心,升级完善风险预警系统,为重点领域、重点对象,加强风险研判和预测预警;聚焦涉及多个部门、管理难度大、风险隐患突出的行业领域,确定一批综合监管重点事项,开展"综合监管一件事"改革,打造跨部门、跨区域、跨层级协同监管模式;强化监管智能化技术应用,构建非现场监管的智慧监管,逐步实现对监管对象的全覆盖、监管过程的全记录,推动提升给监管工作的标准化、规范化、精准化、智慧化水平。

基础设施包括网络、服务器、安全等硬件基础设施。基于本区域电子政务外网和互联网,充分利用本区域基础环境和各项支撑能力,依托云平台进行集约化部署建设,为本区域

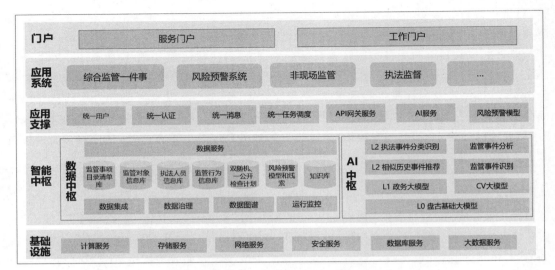

图 6-1   "互联网＋监管"解决方案的总体架构

"互联网＋监管"系统提供网络传输、安全防护、存储、计算等软硬件基础设施。

智能中枢层通过数据中枢满足监管数据采集、数据治理、数据管理、应用服务、实时分析、算法服务等建设要求。将对分散在全省/市各部门、各区域、各行业的执法信息、监管信息等进行全面归集，形成监管事项目录清单库、监管对象信息库、监管行为库等基础数据库或专题数据库，同时为监管的风险预警及应用，提供数据服务。AI 中枢基于 CV 大模型的视频分析远程取证等能力，及时发现异常行为和监管的风险，结合监管信息审核与研判，为监管部门提供预警提示；通过政务大模型结合监管数据和监管信息，自动提取监管数据中的关键信息，与监管信息进行关联和整合，实现对重点监管对象实时全时段动态监管，为监管部门提供智能化、精准化、动态化的监管和分析。

应用支撑层包括统一用户、统一认证、统一消息、统一任务调度、API 网关服务等各种通用组件支撑系统，以及 EI 智能、数据模型等服务。

应用系统层依托"互联网＋监管"的需求，通过投诉举报系统、综合监管一件事、风险预警系统、非现场监管等行业系统，智能调度、联动处置、效能分析等行业应用，逐步实现监管事项全覆盖、监管过程全记录以及监管数据可共享、可分析、可预警，推动事中事后监管的规范化、精准化、智能化。

2. 监管风险预警

风险预警场景利用各类监管大数据资源，在监管法律法规、风险特征等知识库基础上建立风险预警模型，如图 6-2 所示，通过对数据的分类、聚类、关联、比对等处理方法与工具，运用成熟的大数据分析手段，围绕涉及国计民生的重点领域、重点企业、重点产品以及特定行为构建风险预警模型，通过模型及时发现防范苗头性和跨行业跨区域风险，及时形成监管风险线索，强化风险研判和预测预警。

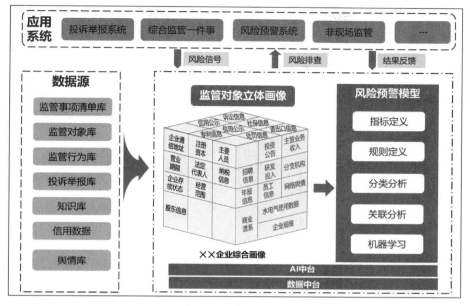

图 6-2　风险预警模型

3. 非现场监管

非现场监管场景通过远程视频、视频智能分析、物联感知和 AI 等技术,对重点的企业和单位进行远程智能监管,如图 6-3 所示。通过 AI 分析,对视频中人、物、设备、环境等核心元素进行行为和状态实时分析,及时了解现场情况,自动识别监管对象是否存在违规行为,借助技术手段可以实现违法线索自动发现,远程取证固定证据,从而进一步落实企业主体责任和提升监管效率。

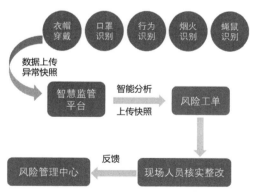

图 6-3　非现场监管

4. 综合监管一件事

围绕"高效管好一件事"为切入点,在智慧养老、气瓶综合监管等重点民生等重点领域,做好一件事监管,通过数据中枢对分散在全省/市各部门、各区域、各行业的执法信息、监管信息等进行全面归集,打破"信息孤岛"和"信息时差",通过多维数据关联分析及 AI 模型数据分析，赋能监管一件事，打造跨部门、跨区域、跨层级协同监管模式，如图 6-4 所示。

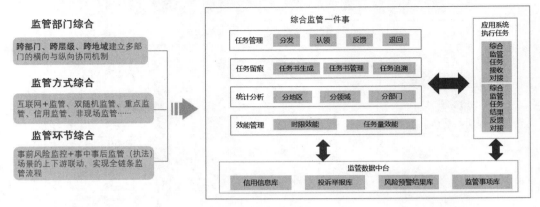

图 6-4   综合监管一件事

方案价值：基于"互联网＋监管"的业务需求，不断深挖大数据和 AI 技术在"互联网＋监管"的方面的价值，充分应用非现场、物联感知、掌上移动、穿透式等新型监管手段，提升监管的精准性和有效性。

（1）强化风险预警和预测能力：通过大数据分析技术和 AI 技术，实现各类监管数据可比对，监管对象实时分析，可以及时发现潜在风险，对监管风险进行预警和预测，为监管决策提供更加科学、准确的数据支持。

（2）综合监管一件事：围绕一件事重要业务场景，按需汇聚各区、各部门审批监管数据，实现数据和信息的共享，通过多维度数据关联分析，动态掌握监管对象生产经营情况及其规律特征，进行预警监测，有效防范系统性、区域性风险。

（3）智慧化监管模式：充分利用大数据、人工智能和大模型等技术，实现非现场监管和监管风险预警，实现"机器换人"，让监管更加智能化、自动化，提高整体监管水平。

6.3   政务服务业务平台

6.3.1   业务发展趋势

1．政务信息化发展迈入数字化、智能化新阶段

近年来，随着政务服务国家政策的不断推进，政务服务行业正在朝着"好办""智办"的方向不断发展。《"十四五"推进国家政务信息化规划》提出，到 2025 年，政务信息化建设总体迈入以数据赋能、协同治理、智慧决策、优质服务为主要特征的融慧治理新阶段。政务信息化发展迈入数字化、智能化新阶段。

2．政务服务理念积极转变，全面深化"一网通办"

各省市为落实政府关于优化营商环境和推进治理数字化转型工作要求，深入践行"人民城市"重要理念，在更高起点上推动"一网通办"改革向纵深发展，着力提升政务服务标准化、

规范化、便利化、智慧化水平。构建线上线下泛在可及的全方位服务体系,推进线上线下政务服务全流程智能化、集成化办理,推行惠企利民政策"免申即享"主动服务,做优做强企业和个人掌上办事服务,拓展数字化应用,夯实"好/差评"和帮办服务,深入推进综合窗口工作人员职业化发展。

(1) 政务服务供给与用户需求之间存在数字鸿沟,需提升政务服务线上线下全过程智能化水平、优化拓展帮办服务。优化法人和个人"双 100"(法人和个人政务事项各 100 项)高频申请政务服务事项智能引导、智能申报、智能预审、智能审批等服务,实现线上线下申请材料结构化、业务流程标准化、审查规则指标化、数据比对自动化。智能预填比例不低于70%,智能预审比例不低于 90%,企业群众首办成功率不低于 90%,人工帮办解决率不低于90%,12345 热线三方通话接通率 90%,其中 50 项实现人工智能自动审批,具备条件的事项100% 入驻自助终端办理。探索运用自然语言大模型等新技术,不断优化智能客服智能检索、用户意图识别、多轮会话和答案精准推送能力。

(2) 从企业服务和发展痛点难点出发,全面深化惠企政策和服务"免申即享"。面对传统企业服务、惠企政策缺乏统筹整合,融资服务较为分散,政企沟通渠道不通畅等问题,探索运用自然语言大模型等新技术,不断推进条件成熟的行政给付、资金补贴扶持、税收优惠等惠企利民政策和服务"免申即享""政策体检"全覆盖。加强数据和算法支撑,依托"个人和企业画像"实现个性、精准、主动和智能服务水平。聚焦不同行业,提供行业政策、政策解读、精准推送、政策体检、政策申报、政策咨询、政策评价全流程政策服务。持续优化主动智能化提醒服务。

3. 技术赋能步伐加快,大模型助力"一网通办"走向"一网智办"

随着人工智能技术不断演进,更高效、更"聪明"的大模型已经渗透到政务领域,为政务行业注入新的发展动能。

(1) 从改善群众的政务服务体验上,利用语音识别、语义分析、信息检索、自动问答对话等能力,面向政务热线 12345 的智能客服、政务办事咨询导办、企业政策智答等场景提供对话式交互能力支撑。

(2) 从减轻政务工作压力上,在对话式交互能力基础上,利用信息提取、文本生成、自动文摘、情感计算等能力,面向政府工作人员提供虚拟专家服务、辅助热线座席、受理审批等场景服务,帮助政府应对服务需求增长与资源有限的挑战。

(3) 从政府内部管理方面,结合大模型与数据算法的支撑提升政府内部管理,流程优化,促进更多个人、企业全生命周期一件事优化,改善政府部门的运行和管理效率。

(4) 从政府智能决策方面,利用大模型自学习可成长的统一知识应用,实现数据收集、分析,帮助政府提高数据治理和决策能力。

最后,大模型从"问政""减负""提效""谋策"4 个角度重塑政务服务体验,打造能理解、会思考、有温度的政务服务,推动"一网通办"走向"一网智办"。

6.3.2　业务场景与需求

政务服务业务平台应用场景,从政务服务总客服——12345 政务热线,到全流程深化政务办事"一件事一次办"，再到营商环境优化、惠企助企政策服务 3 大场景，打造全流程政务大模型应用服务。

1. 12345 政务热线

政务热线整个业务流分为咨询应答、受理填单、派发处置、回访办结、质检归档、数据治理 6 个流程，如图 6-5 所示。

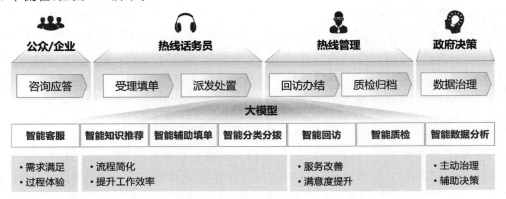

图 6-5　政务热线业务流程示意

1）咨询应答

传统热线电话主要依靠转人工与公众进行沟通，当出现等诉求密集时期，话务压力明显增加，群众转接等待时间长，导致服务满意度不佳。而热线互联网渠道整体应用水平不足，服务效率和效果不佳，无法有效分流服务端的压力。

基于话务接听服务的最终目的和热线渠道接入的业务流程，智能客服应用包括诉求识别、人工转接两个功能模块。其中，诉求识别强调由人工智能替代人工解决群众部分较为简单或重复性较高的诉求问题；人工转接主要通过人机协同合作，由人工介入帮助群众顺利解决诉求。最后，通过热线智能化接听和线上人机交互应用，能够有效分流话务接听的压力，提升热线服务能力，增强群众体验感。

2）受理填单

当投诉求助类热线接入人工座席时，话务座席需要边沟通、边思考、边查询、边填单，高峰时期诉求数量的增加以及诉求问题复杂度加大了话务员的接诉压力，话务员面临着庞杂的业务知识和冗杂的工单填写等流程，影响话务服务的效率和质量。

基于热线话务员在接听过程中的工作需求，座席助手应用包括从知识/话术推荐功能、工单辅助填写两个功能模块。其中，知识/话术推荐强调在话务员与公众对话时进行指导和监督；工单辅助填写是将对话沟通的关键信息进行提取，并辅助话务员完成工单填写。在整个过程中，实时对话务员进行业务监督，提高话务员业务水平和规范性。

3）派发处置

工单的派发处置由于行政区划调整、承办单位职能交叉、工单较为复杂等多种因素影响，传统人工派单存在大量的错误派单情况，导致工单频繁被退回并需重新指派，影响工单流转和处理效率。

基于热线话务员派发工单及跟单的流程需求,智能应用包括工单识别、智能分析两个功能模块。工单识别通过对历史工单的派单数据进行自动分析学习,根据工单特点识别推荐派单部门,为话务员派单选择提供参考。智能分析是热线对工单派发情况的总结,包含疑难工单对派发错误的工单的内容统计分析和派发情况的工单完结率、派发准确率等指标进行统计分析,并生成相关报告。两项功能的结合进一步提高派单准确率,提升效率的关键手段。

4）回访办结

热线回访环节当前面临效率低、沟通不畅、公众反馈内容受限等问题,使回访工作无法真实有效地反馈政务热线的办理质量。

目前智能回访各地已通过人工智能外呼机器人实现简单诉求通过固定回访问题进行机访,接下来可以进一步利用语音或文本识别,结合历史大数据进行算法处理,自动形成一系列个性化的回访步骤和话术,当系统无法继续回应来电人的反馈时,触发人工回访机制,以构建更为科学合理的办理工作评价机制。

5）质检归档

传统的话务质检方式主要通过人工抽样对热线诉求进行分析。一是质检人员依据个人经验进行评估,不仅难以避免人工偏误,同时无法避免对中低风险违规进行包庇;二是难以对热线服务整体服务情况进行全量质检评估,不足以对热线话务系统进行全景式评估和及时发现运营问题,不利于促进提升热线运行效率和优化接诉服务。

质检的智能化转型在技术选择上,通常采用 ASR 转写技术＋策略辅助来实现通话录音全量质检,包含关键字识别、语速或静音识别等技术,提高质检的整体智能化水平。

6）数据治理

目前大多数城市仅仅将热线作为倾听群众声音、派员处理居民难事的渠道,很少对政务热线数据进行挖掘。从全国范围看,政务热线数据汇集度低,数据质量不高,数据挖掘能力有限,从而制约了数据价值的充分发挥。同时,大多数城市在深度运用热线数据辅助决策方面正处于探索阶段,面临着多维度研判能力缺乏、多元知识整合程度不足、潜在风险预警功能不完善等问题。

基于热线数据分析板块的工作内容,智能数据分析包含常规性分析、专题性分析两个功能。其中,常规性分析是对热线数据的基础性分析,包括接通率等话务服务质量分析、满意度等话务情况分析和用户分析 3 部分,帮助上级部门实时了解热线运作动态;专题性分析是对热线数据更宽范围、更深层次的分析,通过对热线数据进行科学管理、深度挖掘,辅助热线工作的调整优化和地方政府的科学决策与应急管理,包括时间维度、空间维度和事件关联分析 3 项具体功能支撑,让政务数据更形象化、具体化,便于上级部门针对社会民生问题等进行指挥调度。

2. "一件事一次办"

"一件事一次办"业务流分为咨询、申报、受理、审批、办结 5 个流程,如图 6-6 所示。

1）咨询

面向个人和企业的办事咨询了解,常常出现事项办事入口找不到、办事指南看不懂、在

图 6-6 "一件事一次办"业务流程示意

线客服回答不准确等问题。政务大厅配置人工导办台,面对办事复杂多样的咨询需求,办事人员不能准确表达政务服务办理事项的术语,只能依靠导办人员的历史经验去引导事项办理,对导办业务专业水平要求高,且流动性大,培训成本高。线上导办采用现有知识库的预设式答复,办事群众学习成本高,知识库覆盖范围有限,不能实现精准化个性化的引导。

基于政务办事引导的需求,借助智慧化手段,将高频事项纳入"问诊式"服务,并将过于"官方"的事项名称、专业术语及复杂业务点,统一整合成通俗易懂的大白话、家常话,在线"问答式"智能引导,帮助群众厘清所办事项整套流程,根据个人情形生成标准化的材料清单,精准高效服务群众。

2）申报

符合受理条件的申请人可直接进行事项的在线申报,在线申报时企业/群众独立完成表单填写、材料提交等流程,面临界面操作复杂、数据重复填写、表单填报无引导、提交失败无提示等问题,整个过程耗时、耗力,增加了办事人员的自助申报门槛。

通过建设网上申报智能辅助功能,提升申请人申报服务体验。通过文字、音视频服务对申办人进行在线"问答式"人机引导,帮助其厘清所办事项整套流程及材料清单,对话式辅助办事表格填报、材料上传、材料自动审查等,帮助申报人简单快速完成事项申报过程,降低办事门槛,进一步提升办事服务满意度。

3）受理

传统受理环节通过人工检查材料要素,对综合窗口工作人员要求高、耗时费力导致预审效率低。

基于受理环节业务需求,线上材料智能预审可以利用 OCR 技术,通过智能要素核验,自动识别生成核验信息提示,帮助企业/群众根据线上预审结果,对申请材料进行查漏补缺,有效解决在业务申报时因材料错误来回跑动的办事难点,实现足不出户"线上预审"通过、现场办理一次办好,大大提高了窗口审批效率。

4）审批

审批环节业务审批条件环节多、周期长,审批材料核验需要翻看大量附件。政府工作人员可以通过辅助审批,实现线上线下审批办件数据的智能校验,校验材料的正确性、准确性、完整性,辅助窗口审批人员,减轻审批人员工作量。当申请人依托于线上渠道进行业务申报提交后,辅助审批会对审查结果进行展示,辅助窗口人员完成具体办件的复核工作。当申请人通过线下窗口进行业务申报,辅助审批通过后台进行审查结果反馈。

5) 办结

办结指办理的事项已经结束。当企业或群众到政府部门办事时,如果符合法律、法规及有关规定,并且手续齐全,应当根据政务服务承诺,在承诺期限内完成当事人提出的有关事务。办结的结果可能是通过,也可能是不通过,具体要看办结的具体情况。在办结过程中,可以对办理过程进行评估,发现优缺点及不足之处,以便对工作进行适当的完善。

3. 惠企助企政策服务

长期以来,企业在面对政府发布的大量惠企政策时,经常会发生政策"找不到""看不懂""申报难"等难题。

(1) 找不到。政策信息分散于各个业务部门,缺乏统一平台,信息发布多且杂。政府出台的一些惠企政策,宣传途径与渠道相对单一,一些单位仅在网站上对政策进行转载,没有及时梳理、归类、宣传、解读。企业获取政策信息滞后,新的政策"淹没"在海量信息里难以寻觅,存在"不知晓、找不到"问题,企业无法快捷匹配到自己公司适用的政策,导致部分惠企政策落实大打折扣。

(2) 看不懂。政策条文措辞往往追求正式严谨,使用大量的行政术语和复杂的句式,导致内容比较晦涩难懂,企业在解读过程中无法准确把握惠企政策受理条件条款、内容定义等情况,存在"看不懂"问题。

(3) 申报难。政企双方信息不对称、互动性差,存在"申报难、落实难"问题。政策服务申报、兑现仍然存在申请材料繁多、手续复杂等问题,快速兑现机制尚不健全,各系统各自为政、标准不一,在落实方面存在诸多制约。例如,企业申报时往往需要提交大量资质及证明材料,在准备申报材料的过程中需要与市、县(区)等各级市场监管部门打交道,材料收集慢、准备时间长。部分企业反映,基层一些项目审批流程长,没有形成一体化、联动式服务体系,企业存在多次跑、重复填、申报难、兑现难等问题。

与此同时,政府为了评估惠企成效,往往需要企业填写大量问卷调查和企业数据,耗时长,操作烦琐,成效低。

6.3.3　解决方案

1. 总体架构

为了解决人工智能算法落地碎片化困境,利用大模型分层式的大模型预训练架构,如图 6-7 所示,将模型根据场景和应用的范畴和颗粒度分为 L0(基础大模型层)、L1(行业大模型层)及 L2(场景模型层)。

L0 层:大模型通过海量大数据,训练出通用 NLP 大模型,作为整个大模型架构的底座。

L1 层:收集、汇聚和分析政务行业相关数据,进行政务行业模型的训练、微调,构筑 L1 行业大模型。

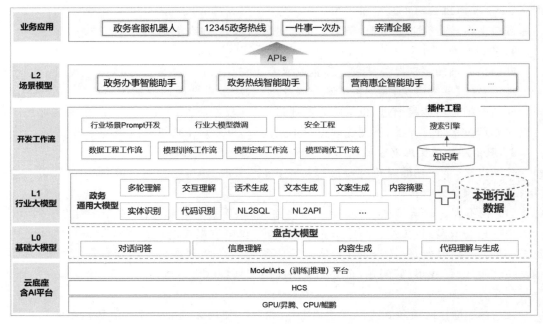

图 6-7　大模型分层总体架构

　　L2 层：大模型深入 12345 政务热线、政务服务、惠企助企等具体业务场景,结合场景数据进行微调、Prompt 开发,打造 3 个 L2 场景模型:政务热线智能助手、政务办事智能助手和营商惠企智能助手。

　　行业/场景模型训练需要构建行业数据与通用数据融合进行增量二次预训练,再结合场景数据进行精准微调。大模型数据工程从数据准备、数据标注、模型训练、模型部署、模型推理等全流程持续训练及微调,如图 6-8 所示。

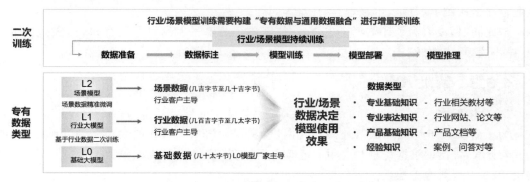

图 6-8　行业/场景模型训练全流程示意

　　基础数据(几太字节至几十太字节):L0 基础模型预训练,时间以月为单位。

　　行业数据(几百吉字节至几太字节):L1 行业大模型二次训练,时间以天为单位。

　　场景数据(几吉字节至几十吉字节):L2 场景模型微调,时间以小时为单位。

2．政务热线智能助手

政务热线智能化建设中，选取了政务热线的 6 个关键场景，具体包括咨询应答、受理填单、派发处置、回访办结、质检归档、数据治理，针对这 6 个业务场景构建了如下 5 项关键智能化应用，其中包括智能客服、智能座席助手、智能回访、智能质检、智能数据分析。

1）智能客服

当群众接入时，智能客服通过文字或语音进行识别（语音需转文字），通过语义理解，分析群众意图；然后通过搜索知识库匹配内容与群众进行引导式多轮对话。当遇到智能客服未能解决的问题时，根据诉求的业务类型，自动分配转接人工座席。

2）智能座席助手

（1）智能知识推荐。

在热线电话端通过人工与群众沟通时，知识推荐功能会实时识别话务对话内容，提取关键信息，自动匹配知识库中相关知识点，并对群众所需的关键信息进行高亮显示，推荐给话务人员；同时根据当前话务流程节点所需引导的步骤、工单所需填写的信息，生成相关话术推荐模板，提供给话务人员进行参考。

（2）智能辅助填单。

当群众来电人工接听后，实时语音识别将区分对话者（话务员或群众），并将对话语音识别为文字，当话务员填写工单时，大模型从对话文本中自动提取关键信息，自动总结事件详情，自动填入工单，辅助话务员完成工单填写。

（3）智能分类分拨。

智能分类分拨先基于历史工单派单数据，通过工单学习，自动分析和提炼工单分配规则；在话务员进行工单派发时，派单推荐功能可以根据学习内容和规则设定去填工单关键信息，将信息和历史工单类别进行匹配，根据工单特点识别推荐派单部门，为话务员提供参考。

3）智能回访

智能回访服务主要通过智能外呼机器人语音对话对公众进行回访。具体而言，首先需要通过语音识别将说话人的语音进行转写识别，将语音生成对应文字信息；转写后需要进行语义理解，分析语义内容，对公众回答内容的意图进行理解判断；在理解的基础之上，通过语音合成匹配机器人语料库相关知识信息，将知识信息文本合成为语音，与公众进行沟通；同时在沟通过程中，为了保证对话的连续性和流畅性，需要多轮对话沟通的支持，以理解对话文本意图，判断应答处理的后续流程节点，进行引导式连续对话。

4）智能质检

服务质检作为智能质检工作的主体部分，主要对话务服务质量进行抽检。具体来说，在话务人员的服务对话过程进行语音分析，对其情绪、口音、语速等进行统计分析，同时将语音对话转换为可处理的文字，分析话务人员的话术规范、内容回复准确性等内容。

5）智能数据分析

（1）常规性分析。常规性分析作为对热线数据的基础性分析，其背后包括话务服务质量分析、话务情况分析和用户分析 3 项具体功能的支撑。具体来说，常规性分析首先针对话务服务质量,统计通话时长、接通率、工单完结率等相关指标数据,自动分析评估话务质量,生成相关报告,并提供相关建议。其次针对一定阶段时期内的话务情况,自动提取相关数据内容,周期性分析该阶段话务所涉及的问题内容、业务范围、涉及部门、满意度等数据,生成相关报告和优化建议。最后针对热线服务对象,根据话务数据,自动提取相关内容,生成用户分析报告,为热线服务的优化升级提供信息支撑。

(2)专题性分析。专题性分析作为对热线数据更宽范围、更深层次的分析,其通过对热线数据进行科学管理、深度挖掘,辅助热线工作的调整优化和地方政府的科学决策与应急管理。其包括时间维度分析、空间维度分析和事件关联分析3项具体功能的支撑。具体来说,专题性分析首先从时间、空间两个维度入手,在时间维度分析上,智能数据分析应用对某一特殊时间段内公众咨询、投诉的话务数据,自动提取高频关键词进行统计分析,生成热点和问题分析报告,并提供相关建议。在空间维度分析上,智能数据分析应用对某一特定地区内公众咨询、投诉的话务数据所涉及的特定地点进行空间维度上的统计,分析问题分布重点地点和趋势,生成相关报告和建议。时间维度和空间维度相结合,挖掘民生诉求的发展趋势和空间差异。同时,基于事件关联分析功能,对咨询投诉的话务内容进行文本挖掘,分析事件之间的关联性,生成相关报告和建议,更好地识别民生诉求和重点问题。

3．政务办事智能助手

政务服务智能化建设中,选取了政务办事过程的4个关键场景,具体包括咨询、申报、受理、审批,针对这4个业务场景构建了如下3项关键智能化应用,其中包括智能引导、智能辅助申报、智能辅助审批。

1）智能引导

以政务大厅智能引导和线上智能导办为背景,结合盘古NLP大模型打造政务服务智能导办助手,并配置数字人形象,通过对申办人进行在线多轮"问答式"人机引导,帮助其厘清所办事项情形业务部门、受理标准、流程及材料清单,方便申办人准确识别部门事项入口进行业务咨询或办理。

(1)智能办事问答：利用生动、逼真的数字人IP形象与企业群众进行互动,通过大模型意图识别和智能搜索插件检索知识库,基于知识搜索和自身理解回答常见问题,如事项的办事时间地点、预约入口、办事情形的流程及材料清单等进行拟人化的精准答复;当问题不在知识范围内时,能灵活应对提供兜底答复。

(2)智能情形引导：通过多轮交互对话,上下文意图关联,根据办事指南和办理条件,结合企业群众自身实际情况进行个性化办事引导,引导以问答形式由申请人根据自身情况进行判断选择,在问答选择完成后,系统自动汇总申请人情况,并匹配对应的申请表单和申请材料,进行统一展示,继而在申报环节,申请人可按照个性化办事指南开展申报工作。

智能引导示意如图6-9所示。

2）智能辅助申报

利用盘古自然语言大模型打造政务服务智能申报助手,建设网上申报智能辅助功能,提升申请人申报服务体验。通过文字、音视频服务对申办人进行在线"问答式"人机引导,帮助

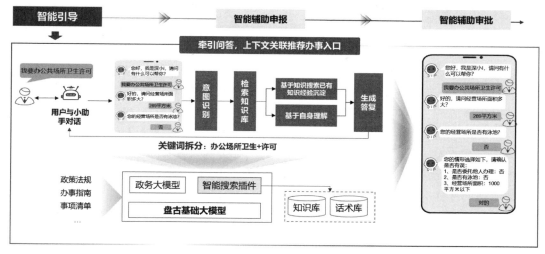

图 6-9　智能引导示意

其厘清所办事项整套流程及材料清单,对话式辅助办事表格填报、材料上传、材料自动审查等,帮助申报人简单快速完成事项申报过程,降低办事门槛,进一步提升办事服务满意度。

智能辅助申报:对话式辅助办事填报,生成样例参考,通过对话、证照信息、历史提交表单等提取关键信息自动填入表单;对不会填报的群众可通过对话交互快速生成填报表单。

智能自检:材料自动审查,提示生成补齐补正等自检意见。

智能辅助申报示意如图 6-10 所示。

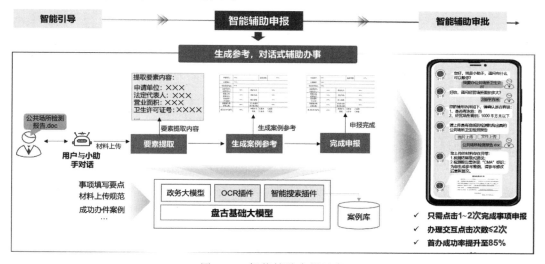

图 6-10　智能辅助申报示意

3)智能辅助审批

当前窗口工作人员在审批一件事等高频事项材料比较多时,对人工的审核工作量很大,可以通过 OCR 先把材料内容转换为文字,再结合大模型的语义理解和关键信息提取能力,把审批关键要素提取出来,再结合审批规则进行推理判断(材料一致性、材料有效期内、材料完整性、材料合法性),可以辅助工作人员进行审批。

自动审批与审核:通过大模型对用户提交的申请材料进行分析,判断其是否符合审批条件。对于符合条件且无异常情况的申请,系统可以自动进行审批;对于不符合条件或有异常情况的申请,系统可以自动进行审核,并将审核结果反馈给用户。

人工干预与辅助:在自动审批与审核的过程中,如果遇到复杂或不确定的情况,系统可以将问题转交给人工处理。同时,系统可以为人工处理提供辅助信息,如相关法律法规、历史审批案例等,帮助人工处理人员更快地做出决策。

智能辅助审批示意如图 6-11 所示。

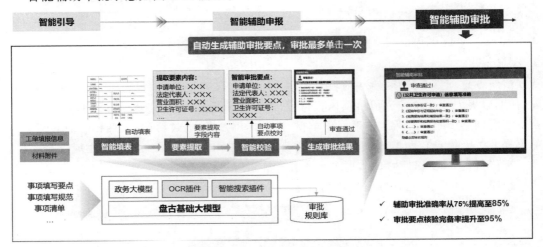

图 6-11　智能辅助审批示意

4. 营商惠企智能助手

企业营商智能助理对准惠企政策"找不到""看不懂""申报难"3 大难题,通过政策智答、政策精准匹配、惠企成效分析以及惠企政策推演的 4 个关键场景,以"数智化"赋能营商环境优化提升。

1)政策智答

梳理最新 N 个涉企政策文件和政策解读,结合搜索＋大模型技术,构建一站式政策咨询问答服务,如图 6-12 所示。基于盘古大模型,通过对政策的深入理解和语义分析,面向企业以问答的形式提供支持,能够理解并回答用户的问题和疑虑,提供准确、可控、全面的政策咨询服务。同时,政策问答系统可以通过对政策的深入理解和语义分析,基于大模型的文本匹配与推荐、上下文的语义理解、知识库的智能问答等能力,为企业提供更精细的政策解读和问答服务。企业可根据自身情况在线咨询的方式,快速了解自己是否符合政策要求,以及初步可享受的政策。

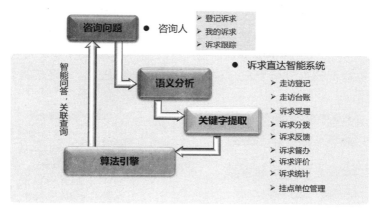

图 6-12　政策智答示意

2）政策精准匹配

利用盘古自然语言大模型强大的语义理解、要素识别和分类能力提取政策文本中的关键词和特征,自动将政策文件划分为不同的类别,并为每类政策文件打上相应的标签。按照政策文件的属性及企业用户的特征,在海量数据中,通过标签关联匹配,将符合企业的政策信息主动推送至企业用户,提高政策的知晓率,有助于推动政策的发展和落地实施,如图 6-13 所示。

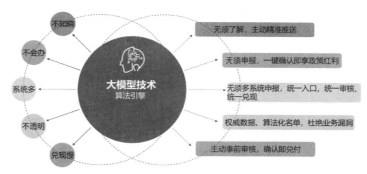

图 6-13　大模型助力政策精准匹配示意

大模型构建政策精确推送解决方案,采用该方案可以有效解决以下问题。

(1) 政策多,人工解读政策文本需要花费较长时间和精力,效率低。

(2) 很多企业对政策信息的获取不够及时、全面和准确,导致无法充分利用政策红利或错过重要政策优惠。

(3) 由于政策文本往往具有较高的专业性和复杂性,人工解读可能会出现偏差或误读,面对大量的政策信息,企业往往难以筛选出与自身相关的信息,信息筛选难度大。

3）惠企成效分析

目前,惠企政策实施后,针对助企纾困、政策评估、免申即享、秒批秒办等政策执行力度分析复杂,通常需要对企业、政策、企业登记、税收、房屋租赁、用工、社保、公积金、用水、用电等进行多方数据收集,分析时间长达几个月甚至半年,惠企成效分析难。

利用大模型的数据计算和逻辑推理能力,汇聚整合过程数据,结合企业经营情况,对政策触达效果、实施时效、申报评价等类别数据进行智能分析,自动生成政策实施成效报告,判断企业健康度,根据健康度分析生成建议和对策方案,为优化营销环境提供有力的决策支撑,如图 6-14 所示。

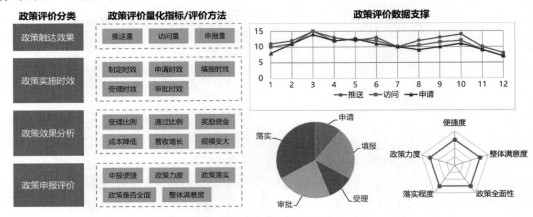

图 6-14　惠企成效分析示意

4)惠企政策推演

政府在政策制定前、中、后都能显性化地看到惠企政策覆盖的范围、资助企业数量、金额以及事后的成效,并基于整个过程的数据决策是否需要进行新一轮的优惠政策投放。在政策制定前,通过引入大模型对现有政府侧企业画像数据进行设置申请条件的事前模拟,对比是否满足预期效果。根据企业基本信息、历史扶持记录等信息,系统自动计算出该企业可享受的扶持金额。基于申报或发放的企业及资金记录,分析兑付后的结果,解决政策制定拿不准、政策服务不精准、政策效果不清楚等问题,如图 6-15 所示。

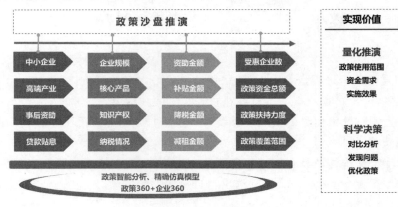

图 6-15　惠企政策推演示意

（1）政策正式发布前,通过平台预演政策从执行到落地全过程,预判政策落地成效,包括拟获益企业名单、拟拨付资金额度、获益企业分布情况等,为政策制定部门的政策制定和调整提供参考。

（2）政策落地的过程中,政策沙盘为政策落地过程中提供一定的现状分析能力,提供政策预演企业获益名单与实际申报企业名单智能对比以及一键推送功能,方便政策制定部门跟踪访问未申报企业原因,对应调整措施,提高政策兑现率。

（3）通过政策推演得出的兑付资金和企业名单,与实际兑付的资金与企业名单比较分析,分析兑付后的结果是否符合预期值,为下一次政策制定、优化提供辅助。

6.4　一体化政务/城市大数据

6.4.1　业务发展趋势

1. 已取得的成效

自 2016 年以来,国务院出台《政务信息资源共享管理暂行办法》(国发〔2016〕51 号)、《国务院办公厅关于建立健全政务数据共享协调机制加快推进数据有序共享的意见》等一系列政策文件,加强顶层设计,统筹推进政务数据共享和应用工作。目前已取得初步成效,体现在以下 3 方面。

一是政务数据管理职能基本明确。目前,全国 31 个省(自治区、直辖市)均已结合政务数据管理和发展要求明确政务数据主管部门,负责制定大数据发展规划和政策措施,组织实施政务数据采集、归集、治理、共享、开放和安全保护等工作,统筹推进数据资源开发利用。

二是政务数据资源体系基本形成。目前,覆盖国家、省、市、县等层级的政务数据目录体系初步形成,各地区各部门依托全国一体化政务服务平台汇聚编制政务数据目录超过 300 万条,信息项超过 2000 万个。人口、法人、自然资源、经济等基础库初步建成,在优化政务服务、改善营商环境方面发挥重要支撑作用。

三是政务数据基础设施基本建成。依托全国一体化政务服务平台和国家数据共享交换平台,构建起覆盖国务院部门、31 个省(自治区、直辖市)等区域的数据共享交换体系,初步实现政务数据目录统一管理、数据资源统一发布、共享需求统一受理、数据供需统一对接、数据异议统一处理、数据应用和服务统一推广。

2. 新的政策导向

（1）指引构建一体化政务大数据体系。2022 年 10 月,《全国一体化政务大数据体系建设指南》出台,指出整合构建全国一体化政务大数据体系,推进政务数据开放共享、有效利用,构建完善数据全生命周期质量管理体系,加强数据资源整合和安全保护,促进数据高效流通使用,充分释放政务数据资源价值。提出了 8 个一体化、数据资源一盘棋的思路,为政务大数据体系建设提供了指引。

（2）"数据二十条"构建了数据基础制度体系。2022 年 12 月,《关于构建数据基础制度更好发挥数据要素作用的意见》对外发布，从数据产权、流通交易、收益分配、安全治理等方面构建数据基础制度，提出 20 条政策举措。"数据二十条"的出台，为充分发挥中国海量数据规模和丰富应用场景优势、激活数据要素潜能、做强做优做大数字经济、增强经济发展新动能，奠定了基础。

（3）提出畅通数据资源体系大循环。2023 年 2 月，《数字中国建设整体布局规划》中明确指出，数据资源体系与数字基础设施是两大基础之一。到 2025 年，基本形成横向打通、纵向贯通、协调有力的一体化推进格局，数字中国建设取得重要进展。数字基础设施高效联通，数据资源规模和质量加快提升，数据要素价值有效释放。

（4）强化数字化统筹力度。2023 年 3 月，中国共产党第二十届中央委员会第二次全体会议通过组建国家数据局，将数字化统筹的职责归口，作为高权限、专业化部门，负责协调推进数据基础制度建设，统筹数据资源整合共享和开发利用，统筹推进数字中国、数字经济、数字社会规划和建设。

3. 各地探索实践

随着国家一系列政策的发布，各地纷纷发布相应行动计划，开启了地方一体化大数据体系建设的热潮，主要面向 3 个方向：一是国—省—市—区多级数据互联互通，上通下达；二是大数据体系从政务大数据向城市大数据底座演进；三是从政府数据内循环扩展到面向数据要素市场的公共数据开发利用。

例如在安徽，发布了《"数字安徽"建设总体方案》《加快发展数字经济行动方案（2022—2024 年）》等，提出加快全省一体化数据基础平台建设，并通过政务数据之道顶层设计，以"数据工程"推动省域数据治理的建设，形成省市一体化标准向地市复制延伸，实现国—省—市的一体化数据互通。

在深圳，发布了《深圳市数字孪生先锋城市建设行动计划（2023）》，提出分步有序建设数字孪生城市和鹏城自进化智能体。一体化大数据平台与 CIM 平台、物联感知平台协同建设，探索构建数字孪生城市；建设 AI 应用创新实验室（公共数据开放创新实验室），促进公共数据开放利用以及公共数据与 AI 融合。

在上海，发布了《上海市数据管理条例》，成立了上海数据集团，启动基于隐私计算的智能化数据开发与运营平台（天机平台）规划建设，并明确依托公共数据运营平台进行公共数据的开发利用；同时探索两网融合，以企业信用为抓手，通过构建"办管执信"业务体系促进数据融合。

4. 业务需求变化

从新的政策导向以及各地的探索实践来看，政府的业务场景在发生变化，从原来的政务服务场景，如政务信息化、电子政务、基础库/主题库/专题库的建设，逐步发展到应急管理、一网协同等城市治理类场景。随着数据要素市场的逐步深入，公共数据的开放、公共数据的授权运营等交易流通场景也应运而生。

随着政务数字化与城市数字化的发展，业务场景越来越复杂，业务参与的组织也是从政府内独立的委办局参与，发展为多委办局、跨区域、跨层级融跨协同，而公共数据的开放、公共数据的资产化开放与授权运营更是需要政府外部的企业参与。

数据类型也随着业务场景的复杂变得多样化,面向政务服务场景,政府履职中产生的人口、法人、房屋、证照等数据以结构化为主;面向城市治理场景,城市运行产生的设备监测、时空、视频等数据则是半结构化和非结构化的;而面向数据交易流通场景,对象变成了数据模型、数据组件与数据产品。

5. 新技术驱动

新的技术也随着新场景需求的不断出现,政务服务场景实时性要求越来越高,将促进湖仓一体、批流一体等关键技术的出现。城市治理场景不仅需要大量动态鲜活的感知数据,而且需要基础数据与时空数据的融合,也将驱动多模数据融合存储、融合分析等关键技术的发展。随着公共数据从共享走向开放与流通交易,隐私计算、区块链等技术将成为保障数据流通安全可信的基石。

AI 步入大模型时代,传统的分析型 AI 向生成式 AI 演进。大模型的出现为数据价值的挖掘提供了新的方向,也就是数智融合。数智融合包含两方面:一方面是 DataforAI,通过数据质量标准与特征管理为大模型的训练、迭代优化提供高质量的语料,从而形成数据和 AI 的正循环;另一方面是 AIforData,通过 AI 实现自动化数据质量检查、数据模型管理、主数据管理、元数据管理,以及对话式的数据分析,从而达到降本增效的效果。

6. 存在的主要问题

从各地一体化大数据体系的现状来看,要满足新的政策要求、业务场景的需求,以及符合技术发展的趋势,尚存在几点不足。

一是政务数据资源一体化有待提升。现有基础设施、系统平台与《全国一体化政务大数据体系建设指南》要求的算力支撑、共享交换、数据资源、数据目录、数据服务几个一体化要求还有差距。算力支撑方面需要探索存算分离、隐私计算、图计算等创新的数据管理技术;共享交换方面要考虑通道统一与实时共享;数据资源方面要考虑源头治理与系统治理,以及一数一源、多源校核、一人一档、一企一档等;数据目录方面要考虑目录的分级分类与更新时效;数据服务方面要考虑"一本账"展示、"一站式"申请、"一平台"调度。

二是政务数据资源一本账尚未形成。目前,大部分省-市-区县的目录体系各自闭环,目录系统并未真正打通,数据的上通下达多数靠重复编目、挂载、搬迁,上级掌握的下级的资源目录并不完整。各地视频类数据资源由视频共享平台管理,物联感知类数据资源由物联感知平台管理,时空类数据资源由 GIS/BIM/CIM 平台管理,都自成体系,分散管理。公共管理和服务机构贡献公共数据资源的积极性尚未调动起来,用于开放以及授权运营的公共数据资源目录并不完整,公共数据开放门户网站上的开放的数据价值不明显。

三是政务数据治理与应用效率有待提升。政务数据的治理仍然靠人拉肩扛,数据的编目、归集、治理、共享、应用及开放,沿用传统的靠任务驱动的被动模式,数据治理的环节前后关联,相互影响,人力技能门槛要求高,人力投入也居高不下。在供给侧,数据未经治理就共享,或者不及时更新,难以匹配对数据的需求,导致数据的使用率不高。数据的分析使用需要进行需求分析、数据处理、报表开发等多个环节,需要多种不同的角色参与,过程复杂,导致数据应用的效率不高。

6.4.2　业务场景与需求

目前，一体化大数据平台面向的用户主要包括 3 类：政数局或大数据局、政府委办局以及数字政府的运营公司。政数局或大数据局的核心需求是政府数据的统筹管理；政府委办局的核心需求包括数据的供给、数据的需求与应用的支撑；而运营公司的核心需求在于通过端到端的数据服务进行数据价值的持续挖掘。

1. 政数局/大数据局

作为政府数据的统筹管理部门，首先要解决数据一本账的问题，这是《全国一体化政务大数据体系建设指南》里面的关键要求。要实现数据一本账，一方面，要求各区各部门按照"三定"规定梳理权责清单和核心业务清单，建立"目录—数据"和"数据—系统"的关联关系，明确政务数据共享开放等属性，摸清政务数据家底，做好存量目录的对应和衔接，规范全量编制目录并实现目录数据动态管理、同步更新和同源发布。构建形成覆盖国家、省、市、县各层级的一体化政务数据目录体系，实现上下衔接、全量覆盖，由统一平台申请调度。另一方面，目前，视频类资源由视频共享平台管理，物联感知类资源由物联感知平台管理，时空类资源由 GIS/BIM/CIM 平台管理，都自成体系，分散管理，作为数据统筹管理方，需要将这些资源统一管理。另外，作为政务数据统筹管理部门，还应负责涉及跨部门数据的融合治理，因此需要建设并持续完善人口、法人、自然资源、经济、电子证照等国家级基础库，完善"一人一档""一企一档"等数据资源库。要求细化数据治理规则，探索建立"一数一源、多源校核"机制，对采集和产生的数据加强质量管理，做好数据日常更新维护。

《中华人民共和国数据安全法》《中华人民共和国个人信息保护法》《关键信息基础设施安全保护条例》等法律法规对数据安全提出了严格要求。政数局或大数据局需建立、完善与政务数据安全配套的制度，健全数据全生命周期的安全管理机制，构建分类分级、访问控制、数据加密、数据脱敏、数据水印、数据沙箱、隐私计算、防拖库、零信任网关等数据安全技术防护能力，建立政务数据安全态势感知及运行平台，建设一站式政务数据应用安全开发技术环境，面向数据全生命周期做好政务数据安全技术防护。在制度规范、技术防护、运行管理3 个层面形成数据安全保障的有机整体。

公共数据是指公共管理和服务机构，也就是国家机关、事业单位和其他依法管理公共事务的组织，以及提供教育、卫生健康、社会福利、供水、供电、供气、环境保护、公共交通和其他公共服务的组织，在依法履行公共管理职责或者提供公共服务过程中产生、处理的数据。作为公共数据的统筹管理与开发利用推进方，需按需考虑水、电、气、公共交通等公共数据接入，以及公共数据资源在政务数据目录中的挂接。另外，公共数据开放管理首要的就是安全，从个人和企业隐私保护的角度，特别是水、电、气这类公共管理和服务机构数据涉及隐私基本不可能靠共享来开放的情况下，在平台能力上，需要针对数据"可用不可见"的场景，增加新的技术能力要求，如数据沙箱、多方安全计算、可信数据空间、联邦学习等，增加政府侧和公共服务机构以及企业侧公共数据开发利用的技术途径。针对公共数据资产化开发与授权管理场景,需要对数据授权记录存证,确保可溯源。

2．政府委办局

政府委办局要开展应用创新,就需要其他多个委办局的数据与自己的数据融合,要进行专题库的构建。专题库的建设不仅需要通过共享交换体系从其他委办局获取数据,还需要数据治理工具、数据湖、数据仓库等基础平台的支撑,在平台统筹建设的情况下,通用工具与基础平台不允许重复建设,因此要求工具与平台具备多租户的能力,能提供租户空间给委办局。

政府委办局不能只向其他委办局获取数据,还需要根据业务职能以及 IT 系统管理的业务对象,向其他委办局供给数据,否则整个政府内部的数据资源体系就很难建立。供给方的数据如果不经治理就共享,需求方不清楚数据的生产规则,无法拿来即用。即使需求方弄清楚生产规则进行数据治理,治理后的数据需求方也因为数据所有权的问题无法共享。其他委办局有相同的需求时,需要进行重复治理。这样无法做到一次治理,多方复用,最好的办法就是源头治理,提供方先识别业务对象与主数据再共享。

政府委办局在打造应急、预警类场景时,不只是需要其他委办局的数据,更需要的是数据的高实时性。传统共享交换以数据的批量处理为主,数据的更新频率最高只能达到小时级,而且数据处理的节点多,需反复搬迁影响数据共享效率与存储成本。因此,需要构建实时共享能力来保障应急、预警类场景的及时性与有效性。

3．运营公司

运营公司的数据团队需要针对上级领导或业主方要求,进行数据需求分析、数据处理、数据分析报表、数据 KPI 考核任务。但面临的现状是,数据集成、治理、服务、目录、共享、分析的工具,建设阶段不同,厂商不一,用户体系不一,运营人员面对日常的工作,需要在多个系统间反复切换,工具学习成本高,工作效率低,因此运营公司需要的是一套完整有序的工具系统,而不是多个工具烟囱。

运营公司提供的主要是人力服务,除了对运营工具的要求,另一个是对运营人员能力的要求。一方面,数据集成、治理、服务、目录、共享、分析等不同的环节对运营人员的能力要求不一样,另外,运营团队同时负责感知、时空、视频等平台的运营,因此要求运营人员不仅能使用工具端到端完成数据处理各环节,还应具备不同类型(结构化、半结构化、非结构化等)数据的处理能力。

6.4.3 解决方案

1．总体架构

依托自身 30 多年的政府服务先进技术和数据业务能力,华为与深圳、上海、安徽等地共同建设数字政府的实践中,与各地政府合作打造了一体化政务/城市大数据"1+2+1"架构体系,如图 6-16 所示。

一体化政务/城市大数据的"1+2+1"体系总体架构由下至上的包含 1 个集约化数据基础设施、2 条产线(包括一体化大数据产线和一站式 AI 产线)以及 1 个数字资源服务门户。

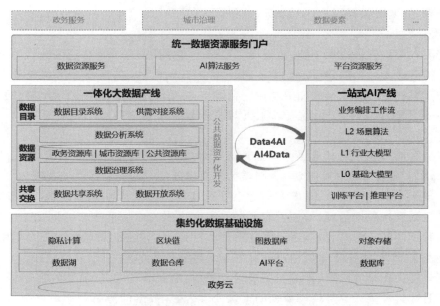

图 6-16　一体化政务/城市大数据"1＋2＋1"架构体系示意

2. 集约化数据基础设施

集约化数据基础设施为城市智能化转型提供坚实的数据底座基础能力，为政务服务、城市治理与数据要素场景提供统一的数据底座，主要提供全栈自主的 8 大核心能力：数据湖、数据仓库、数据库、AI 平台、隐私计算、区块链、图数据库、对象存储。

数据湖与数据仓库属于大数据基础平台，提供分布式存储、计算以及关系数据库能力，主要用于支撑政务数据、城市数据、公共数据和社会数据资源的统筹建设，如 6 大基础信息资源库(人口、法人单位、房屋、自然资源和空间地理、社会信用、电子证照)和城市相关主题库的建设。数据湖包含批处理引擎与实时处理引擎(流批一体)，用于数据治理过程数据的存储与实时处理，而数据仓库用于数据治理成果数据的存储与处理。

数据库与数据仓库不同，数据仓库用于数据分析决策(OLAP)场景，数据库则是以面向事务驱动、日常操作场景(OLTP)为主。数据共享交换平台的前置数据库、工具体系的元数据库均使用的是 OLTP 数据库。

AI 平台是一站式 AI 产线的底座，提供训练平台、推理平台、工作流编排引擎，实现 AI 应用开发态与运行态全生命周期管理，是基础大模型、行业大模型与场景算法的基础支撑。

隐私计算面向数据流通场景，数据提供方担心数据安全和隐私泄露的问题，希望原始数据不出域，或者只能存放于特定的空间。隐私计算就是在多方不可信时，通过多方安全计算、联邦学习、数据沙箱等技术，实现"数据可用不可得"或"数据可用不可见"。

区块链同样面向数据流通场景，如公共数据开放、授权运营等，开放数据资源目录链上共享、数据资源链上确权，数据申请记录、数据审批记录、数据使用记录等链上存证，实现数据来源可溯、去向可查、行为留痕、责任可究。

图数据库用于将实体抽象成点,将实体之间的关系抽象成边,则客观的世界可以抽象成由点和边组成的图谱存储分析。专注于以"关系"为基础的"图"结构数据,进行查询、分析服务,内置图分析算法零代码完成图的构建和分析,提供图模板零门槛使用图。

对象存储用于非结构化数据存储与提取,如文档、图片、视频等。可以消除非结构化数据多层存储结构,简化管理并降低成本。

3. 一体化大数据产线

按照《全国一体化政务大数据体系建设指南》文件要求,一体化大数据产线包含 6 大系统,实现端到端数据目录、归集、治理、共享、应用与开放。

数据目录系统包括数据资产盘点、数据地图、资产可视化等功能,以数据目录的形式提供了数据展示的窗口,实现数据资产的盘点与评估,实现数据资产集中管理、资产分类检索,为数据管理者和使用者理解数据、增强共享和使用数据提供帮助。

供需对接系统提供需求申请管理,当找不到需要的数据资源时,由需求部门按照数据应用场景,梳理需求申请清单,然后在系统中填写数据需求申请并提交;数据部门对于收到的数据需求进行确认,从而形成本部门的数据责任。确认完成后,部门根据数据责任完成相应的目录注册、资源归集、目录挂接等工作。

数据治理系统实现对数据资源的规范治理,构建数据资产清单。基于统一对数据标准的定义,规范化数据,面向数据主题进行数据建模,建立关系建模和维度建模,结合数据中枢建模方法论,定义业务指标,通过数据任务计算指标数据,最终将数据提供给上层业务应用,沉淀数据资产,使数据治理更加便捷和高效。

数据共享系统以电子政务各业务系统为数据来源,梳理各部门信息资源目录,厘清政府信息资产家底,汇聚各部门的业务管理数据,打破信息孤岛,支撑跨部门、跨地域、跨系统的业务协同应用,简化优化群众办事流程,最大程度利企便民,打造公共服务和社会治理的新模式,为政府数据共享、开放、大数据产业发展打造良好的信息化基础。

数据开放系统面向社会提供开放数据,促进公共服务领域提供更好的服务,通过政府数据的免费使用来带动创新,创造出一些有助于大众更好地适应现代生活的实用工具和产品。通过搭建政务大数据安全管理体系实现数据开放,确保数据和信息资产在使用时通过恰当的认证、授权、访问和审计等机制实现数据安全的治理目标。

数据分析系统提供大数据分析、数据可视化和大数据展示能力,基于多维数据分析、数据挖掘等大数据技术,基于共享交换平台汇聚的数据,展示各领域宏观运行态势。同时提供自助式报表能力,非技术的政务相关人员通过简单学习,也能够进行数据分析并形成报表,降低数据使用门槛真正让数据用起来。

4. 一站式 AI 产线

一站式 AI 产线由训练平台、推理平台、业务编排流水线、L0 基础大模型、L1 行业大模型、L2 场景算法 6 部分构成。

训练平台提供云原生开发调试环境,给用户提供了一个进行机器学习、深度学习算法的线下 SDK、PyCharm 插件的能力,用户可以通过 SDK 可以调用模型训练的能力,完成 AI 开发全流程的操作。

推理平台主要包括 AI 应用管理和部署两部分。AI 应用管理用于对 AI 应用（模型）进行多版本管理，在将 AI 应用部署为可推理预测的模型服务之前需要将模型纳入 AI 应用管理；部署上线则用于对 AI 应用管理中的 AI 应用进行各种形态的部署，包括在线部署和批量部署。

业务编排流水线是对一个有向无环图（Directed Acyclic Graph，DAG）的描述，一个 DAG 是由一些系列 AI 原子能力节点（简称节点）和节点之间的关系描述组成的。整个 DAG 的执行其实就是有序的任务执行模板。基于流水线，可实现数据标注→数据处理→模型训练→模型评估→应用生成→应用评估→推理部署→服务监测的循环迭代。

基础大模型包括 NLP 大模型，实现对话问答、文案生成、阅读理解等基础功能，同时具备代码生成、插件调用、模型调用等高阶特性；视觉大模型，以海量图片（超过 10 亿）、视频信号（超过 100TB）为输入，利用无监督训练策略对海量知识进行归纳抽取训练得到的模型，在分类、分割、检测方面，具备强大视觉表征能力。多模态大模型，自动学习跨模态数据之间的关系，通过自监督来解决小数据泛化问题和语义理解问题，除了 NLP 大模型、视觉大模型及多模态大模型之外，还提供 NL2SQL、代码生成等高阶能力。

行业大模型提供语义理解、对话问答、逻辑推理、文案生成基础能力。在政务服务办公场景中，如：报告自动生成，极速生成总结报告；自动生成公文草稿，全流程辅助办文；自动提取摘要，辅助阅读和批示。在政务服务智能导办场景中，提供专业、精准交互式导办服务，提升办事服务便利度。

L2 场景算法是基于大模型能力，对算法进行内部改造调优形成的算法，如人群聚集检测、户外人数估计、厂区人数超限、高空摄像头行人计数、暴露垃圾、积存垃圾渣土、道路不洁、绿地脏乱、河滩不洁、占道经营、火灾识别、烟雾检测、工地扬尘、消防通道堆物占用检测等，通过调优提升算法识别准确率。

5. 数字资源服务门户

数字资源服务门户提供"中央厨房"式服务能力，形成数据资源"总账本"，实现数据"一本账"展示与申请调度；数据工具和存算资源"一站式"申请面向行业部门提供服务化的大数据平台与工具能力，多部门间租户隔离管理，门户提供工具申请入口与流程配置；数据应用和算法模型"一平台"共享，面向行业部门提供数据应用及算法模型目录注册、订阅、审批服务，门户提供服务入口与流程闭环。

6. 场景赋能

一体化大数据平台一方面用于政府内部的数据循环，面向政务服务、城市治理场景赋能，另一方面用于将政府内部的数据开放或授权到政府外部企业进行价值挖掘。

在政务服务场景，基于一体化大数据平台，实现政务数据统一编目和规范目录管理，实现数据资源一本账管理，提升数据共享应用效率。通过数据治理，构建事项库、法律法规库、办事库、材料库等政务主题库，以及免申即享、一件事一次办等专题库，让"数据多跑路、群众少跑腿"，数据赋能让群众少填少报，提升办事效率。

　　在城市治理场景,基于一体化大数据平台,提供湖仓一体、多模数据存储分析引擎。基于统一数据底座,人、房、法等基础数据与统一地址关联,落图形成块数据底版,感知时空数据入湖,提供服务化的数据共享,数据直达基层,赋能基层治理,如辅助巡查、以核代采、重点人房企的管理等。

　　数据要素场景除了公共数据开放(无偿使用),还包括公共数据授权运营(资产化开发与有偿授权使用),需要对公共数据实现资源化、资产化与商品化。基于一体化大数据平台,形成公共数据资源目录,实现数据资源化,为公共数据无偿开放,以及公共数据有偿授权运营提供资源输入。

7. Data for AI

　　在部署 AI 应用时,数据资源的优劣极大程度上决定了 AI 应用的落地效果。因此,为推进 AI 应用的高质量落地,开展针对性的数据治理工作为首要且必要的环节。而对于已搭建的传统数据治理体系,目前多停留在对于结构性数据的治理优化,在数据质量、数据字段丰富度、数据分布和数据实时性等维度尚难满足 AI 应用对数据的高质量要求。为保证 AI 应用的高质量落地,仍需进行面向人工智能应用的二次数据治理工作。

　　Data for AI 指的是搭建面向人工智能的数据治理体系,可将面向 AI 应用的数据治理环节流程化、标准化和体系化,降低数据反复准备、特征筛选、模型调优迭代的成本,缩短 AI 模型的开发构建全流程周期,最终显著提升 AI 应用的规模化落地效率。

8. AI for Data

　　AI for Data 指的是 AI 智能反哺大数据,强调的是在数据治理的过程中,包括数据质量、数据建模、数据安全、数据分析等多个场景中如何利用人工智能做决策,基于半监督或无监督的学习,自动发现数据管理中的规则,配置自动化与智能化工作流。

　　例如,在数据质量检查方面,基于机器学习,确定数据阈值;对完整性、规范性、一致性、准确性、唯一性、时效性进行检查;脏数据自动识别订正。在数据模型管理方面,利用聚类和知识图谱确定实体间关系;利用知识图谱等进行数据血缘分析。在主数据管理方面,人工智能帮助识别主数据;帮助定义和维护数据匹配规则。在元数据管理方面,人工智能实现对非结构化数据的采集和关键信息的提取;帮助维护元数据;人工智能帮助实现元数据的整合。在数据安全方面,隐私级自动标注。在数据分析方面,通过大模型实现对话式 BI,降低数据分析使用门槛。

6.5　场景案例：大模型＋政务问答,让服务更有"温度"

6.5.1　案例概述

　　政务服务咨询场景存在业务人员不足、业务咨询量大、重复问题多等问题,部分地区政务服务管理机构推出政务服务智能咨询机器人,为市场主体和办事群众提供咨询、引导、预约等服务,政务服务咨询开始从过去的人工模式转向"机器为主、人工为辅"的模式,有效提高了政务服务效率,降低了政务服务成本。

但从"人工"转向"机器人咨询"的过程中,在效率提升、成本降低的同时,办事群众的咨询体验和满意度并未得到同步提升。"机器人咨询"在实际运行中,仍然存在"答案不准确、知识不全面、回复不自然"等问题,并不能有效地理解办事群众的意图和解决个性化问题,无法对咨询业务进行有效闭环,往往需转向人工进行二次处理,问答覆盖率低,闭环率低,服务体验差,最终造成"人工智能"像"人工智障"的糟糕体验。究其原因,这是由于"机器人咨询"缺乏有效的语言意图理解能力和自主学习能力。

在大模型的驱动赋能下,某些先进地区已开始探索推出"政务服务＋大模型",实现政务服务智能问答咨询,并取得初步成效。政务服务大模型把政务服务的相关政策文件和专业术语融会贯通,对企业群众的办事诉求进行语义和上下文的理解,颠覆传统线上机器问答,实现了信息服务由被动式的人工查找向主动、双向、实时的智能全程引导转变,在解决咨询问答"不解人意""答非所问"等方面让市民获得有如专业人员"在场"解答的优质体验。

6.5.2　解决方案及价值

1.解决方案

基于盘古大模型的能力,构建政务大模型。能够通过大模型意图识别,精准识别用户意图,结合智能搜索插件检索知识库,基于知识搜索和大模型自身理解回答问题,对如事项的办理流程及材料清单等问题进行拟人化的精准答复;当问题不在知识范围内时,能灵活应对提供兜底答复。支持通过多轮情形问答的形式,精准牵引用户答复,让用户"问得准"、系统"答得准",提升政务服务咨询体验。

如图 6-17 所示,大模型＋智能问答咨询场景方案在"机器人咨询"上赋能大模型的语义

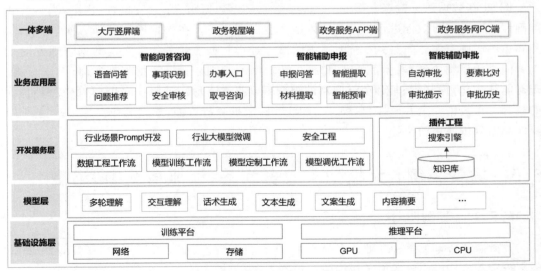

图 6-17　政务服务咨询场景总体架构

理解意图能力、自主学习能力、人机交互能力,逐步搭建、完善政务服务智能问答咨询的知识库,并从海量的知识文本和交互对话中提炼有效的信息和答案,实现 Q&A 匹配,解决依赖大量人工知识维护量大、成本高等问题。

事项识别＋网办办事入口。政务服务大模型通过学习 1000 多办事事项、办事指南、知识库等数据,可以快速、精准识别群众核心意图,在消化、理解政务知识内容的基础上,提炼、总结关键信息,以精准回答群众关心的问题,如图 6-18 所示。

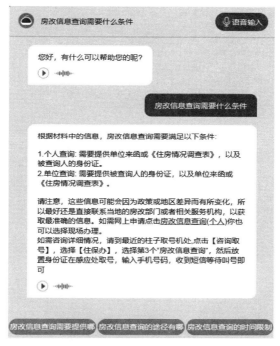

图 6-18　政务服务事项识别示意

自动关联上下文,开展多轮对话。群众进一步询问办理材料,大模型通过结合上次提问拥有短期记忆,简化提问的方式,回复准确答案。政务大模型通过丰富的政务语料数据库,在识别问题后,无须重复事项基本信息,可以根据上文提到的房改信息查询事项进行关联回答,如图 6-19 所示。

复杂情形下识别核心意图。除了简单提问,针对一些群众的复杂情形提问,大模型根据政务知识的学习训练可以识别复杂问题的核心意图,准确回答群众问题,如图 6-20 所示。

知识库挂载提供多种便利信息。在群众问事项在哪里办理时,大模型检索知识库,自动生成办理的楼层信息,帮群众快速找到大厅办理地址,提高群众办事的效率,如图 6-21 所示。

政务高频事项通用问答场景。当群众想了解更多关心的政务知识时,也可对相关政策进行提问,大模型对政务业务知识进行了广泛的学习训练,能覆盖一些高频的业务场景知识问答。如果在问答过程中出现超出政务范畴的问题也能进行兜底回复并且严格把控安全审

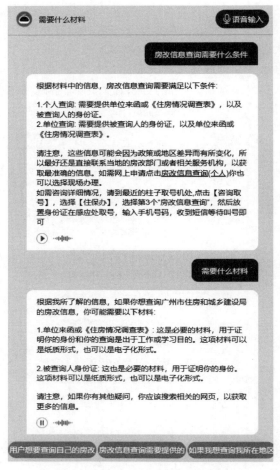

图 6-19　政务服务多轮对话示意

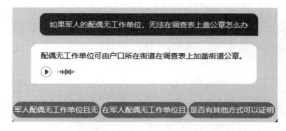

图 6-20　复杂情形下识别核心意图

图 6-21　知识库挂载提供多种便利信息

核，如图 6-22 所示。

2．业务价值

采用政务大模型＋搜索技术，政务服务智能问答准确率可提升 30％以上，效率提升 20％以上。政务大模型能力加持的应用，相比传统的机器人问答模式，能够更好地理解用户

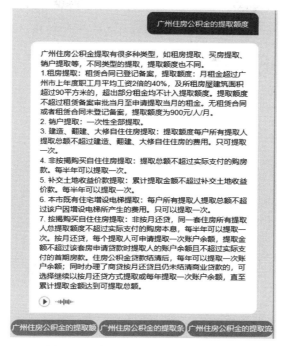

图 6-22　政务高频事项通用问答场景

意图,提升政务服务咨询类应答效率,建立 7×24 小时全天候服务,对话实时质检减少市民情绪波动风险带来的投诉风险,回复更人性化,让政务服务更有效率,更有"温度"。

6.5.3　总结与展望

人工智能的发展给政务服务与管理带来了新机遇。随着政府公共管理服务分工日趋细化复杂,将人工智能技术应用于政务工作中,能有效提升政务服务的便利化能力,提升政务服务质量。

大模型政务问答,实现了政务信息系统与人类进行"有温度"的对话沟通。结合大模型深度学习与意图识别,政务办事智能助手可以在对话过程中记忆上下文语境,并通过多轮对话,引导民众完成复杂的业务咨询、办理与引导。结合政务服务的知识库,实现对政务服务复杂问题的解答。未来将构建统一的政务引导与咨询服务平台,通过打通政务内部不同层级、部门和渠道的完整数据,在政务服务数据整合的基础上,实现政务流程的优化简化、业务引流的精细化和政务服务的个性化,构建一个高效、便利、人性化的全新政务服务体验。

下一步智能化转型的目标,归根结底是要让群众更有获得感、幸福感、安全感,要让生活更美好,让营商环境更优化,让市民的服务更便利,让政务服务更高效。大模型将持续迭代,让政务服务变得更有智慧、更有温度。

第 7 章

智能化使能政务办公"一网协同"

7.1 概述

一网协同是对准政府一体化协同的办文、办事、办会场景,依托数字底座,使能多端联动,打造跨层级、跨地域、跨系统、跨部门、跨业务的"协同办公平台",构建安全、绿色、节能的政府园区空间。智能化应用场景包括"办文"场景,如公文起草拟文、审稿校对、审核批示等;"办会"场景,如会前准备、会议预定、会后纪要、待办任务跟踪等;"办事"场景,如差旅申请、报销、事项管理、任务督办等。

7.2 大模型赋智,打造公务员个人专属办公助手

7.2.1 业务发展趋势

政府办公数字化、智能化不仅有助于提高工作效率,也能促进政务公开、透明,提升政府治理水平和社会信任度,对优化资源配置、提升服务质量具有重要意义,是助力国家治理体系和治理能力现代化的重要环节。

如图 7-1 所示,从演进阶段来看,当前政府办公的发展经历了办公信息化、一体化协同阶段,正加速迈向智能化辅助阶段。在"十五"到"十二五"期间,政府部门逐步实现了办公过程的数字化,将纸质文件和人工操作转换为电子文件和计算机操作,办公信息化提高了政府工作效率,降低了运行成本,为后续的一体化协同和智能化辅助奠定了基础。到"十三五"期间,通过加强信息系统之间的互联互通,实现了政务数据的共享和交换,进一步提高了政府办公跨部门协同工作的效率,优化了政府资源的配置,并保障了政策的有效执行。自"十四五"以来,政府部门进一步引入人工智能、大数据和云计算等先进技术。随着大模型技术为代表的生成式人工智能的发展及广泛应用,推动政府办公迈向智能化辅助阶段。2023 年7 月 15 日,《促进生成式人工智能健康发展和规范应用》指出,鼓励生成式人工智能技术在各行业、各领域的创新应用,同时,北京、深圳等地也陆续发文,促进生成式 AI 等通用人工智能技术的应用落地和产业发展,并推动在政府办公领域场景落地及应用。根据大模型技术在深圳等地在办公领域的试点表明,大模型正在将 IT 从支撑办公的"基础设施"升级为辅助办公的"办公助理"。这使得为每位公务员配置个人办公助手成为可能,从而全面提高政府办公效率,改变办公体验。同时,大模型还能提升政府办公过程中的智能分析与决策效

能。政府办公迫切需要新的 AI 开发和应用模式,以支持智能化应用。

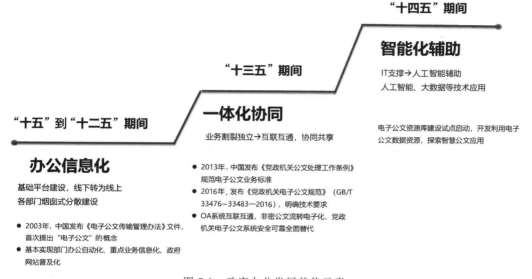

图 7-1　政府办公发展趋势示意

7.2.2　业务场景与需求

政府办公具有纵向跨层级,横向跨部门、跨地域协同的业务特点,不仅需要在各级政府部门之间进行信息的纵向传递和共享,还需要在不同部门、不同地域之间进行横向的信息协同和协作。当前,虽然很多政府办公流程都已通过数字化进行管理,但因智能化的缺失,各类业务应用代码开发量大、上线慢,依然面临着各类办事痛点和难点,政务办事效率低,低端重复劳动高,系统难熟练应用与掌握,办公体验差等,如图 7-2 所示。

图 7-2　政府办公智能化缺失面临的业务痛点

在"办文"过程中,涉及公文起草拟文、核稿校对、审核批示等过程,首先,在拟文过程中,公务员需要掌握多达诸如决议、通知、报告等 15 种公文的撰写规范及要求,由于公务员很难对所有公文撰写所需的相关背景及对应业务领域知识完全了解,导致公文拟稿困难,甚至无从下笔，而通过大量手工翻阅纸质、电子资料来查找相关信息，信息获取效率低且容易出错。其次，在核稿校对过程中，涉及文种选用、格式书写、内容逻辑、文本错误等多方面的校对，审阅过程烦琐且容易遗漏，审核质量依赖个人经验而缺乏沉淀。最后，在审核批示过程中，需要通篇阅读才能找到岗位职责的关键信息，批示效率低；人工查找相关政策法规的效率低下，由于缺乏历史相似文件审批意见的借鉴，类似公文批示意见难保持一致。这不仅增加了工作的难度，也可能导致决策的不准确性和风险的增加。

在"办会"过程中，会前预约表单填写烦琐，会前准备时间长，对于时间长、与会人员多的会议，会后需要大量的时间整理领导发言、会议要点、待办任务等，会议过程中记录不充分则易出错和遗漏，给后续会议事项跟进与督办等工作的开展带来不便。

在"办事"过程中，政府内部跨部门事项办理主要依靠事务公文驱动，而当前公文系统和督办系统相互孤立，需人工对公文内涉及的事项逐个识别、分解与处理，并录入各自的督办系统，跨部门事项办理信息及跟踪反馈依赖人工记录，导致办事效率低，易遗漏，体验差。

7.2.3　解决方案

大模型生成式人工智能是一种创造性人工智能，通过大规模的海量数据进行预训练后，大模型可以按需产生原创内容，不仅可以分析或分类现有数据，还能创建全新内容；进一步提供政府行业领域专业数据的训练和调优后，可让大模型技术快速适应或微调以贴合政府办公领域的应用场景。目前已经结合政府行业"文事会"办公特点基于大模型实现"一句话办文""一句话办会""一句话办事"等智能化应用，加速政府行业的智能化升级。同时通过对政府行业数据的预训练及全国各地政府公文和办事流程的学习调优，支持大模型技术在全国各地的快速部署和落地应用。

在"办文"方面，借助大模型的信息精准检索、文稿自动生成、内容智能抽取能力，实现全流程的辅助办文，根据关键词一键生成完整公文草稿，同时对政府公文格式、文本、敏感词等常见错误进行快速校对，还可以从公文阅读、摘要提取、资料推荐到草拟意见等审批流程环节中辅助领导批示。在"办会"方面，借助语音自动识别并转写文字的能力及语义上下文内容的理解能力，可自动生成符合公文范式的会议纪要或摘要，并自动识别会中提及的待办任务等，极大提高会议效率。在"办事"方面，大模型支持文件到事项的辅助分解和分拨，智能抽取事务流程并生成应用，从而提升机关办事智能化水平，为政府办公带来了极大的便利和效益，如图7-3所示。

1. 一句话办文：大模型助力文稿自动生成、语义检索、全流程辅助办文

针对办文拟稿过程中的资料查找效率低、拟稿难等办文痛点，利用大模型学习与微调特性和强大的内容生成能力，公务员只需一句话说出拟文主题，即可根据其岗位职责快速生成个性化要求的公文草稿，支持15种公文类型的公文一键生成。利用大模型和搜索技术相结合，相关资料精准搜索并智能推荐，辅助快速拟文，拟文周期可由原来的1～2周缩短为1～2天；基于大量本地公文资料库数据的学习和训练，生成的公文满足政府公文行文格式和规范，极大提升公务员拟文效率。

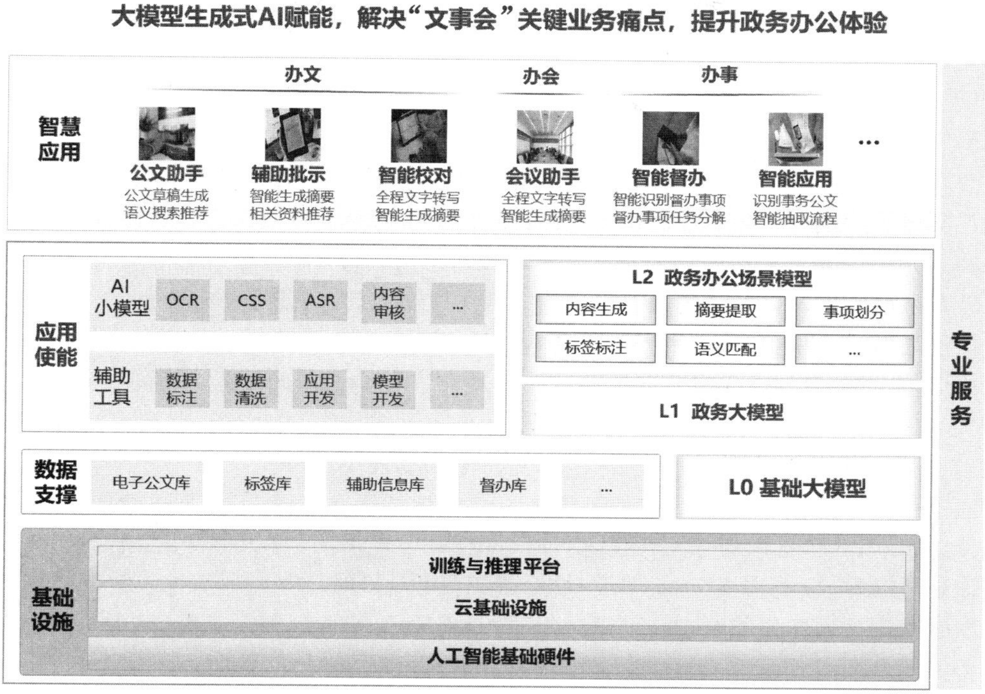

大模型生成式AI赋能，解决"文事会"关键业务痛点，提升政务办公体验

图 7-3　大模型能力打造智能化的政务办公助手

　　针对校对耗时长、易遗漏，校对质量严重依赖个人经验的痛点，依托大模型的技术，不仅能够校对文本的拼写错误，而且能校对其他各种错误类型，包括对公文错别字、标点符号、日期版式等常规错误进行纠错，同时还能对敏感词句、专门用语（如部门名称、固有短语、公务员名称及职位）等表述进行内容校验，以及公文引用及其来源准确性校验，确保公文严肃性。

　　针对审批环节周期长、长篇公文批阅时间长、历史批示难查找等痛点，在批示过程中，结合大模型内容提取、搜索及其智能推荐能力，可快速生成公文全文摘要，并根据阅读领导职能分工，生成与其职责匹配的内容摘要及其原文标识，同时根据公文类型和历史审批数据，返回相似公文历史批示意见，辅助领导决策；通过集成 ASR 服务、大模型支持语音批示转文稿的功能，可将领导语音转写为书面文本，对语气助词、语音重复、结巴断片进行有效规整，并可根据领导操作关联具体公文段落。

　　2．一句话办会：语音转写与自动纪要助力会议效率提升

　　针对会议预约烦琐、纪要整理耗时长等办会痛点，结合大模型人工智能的语音识别和语义理解能力，会前相关工作人员可通过语音或文本对话方式下达订会指令，AI 可自动识别会议主题、时间、地点、与会人员等会议信息，自动发起会议邀约，实现智能订会。

　　在会议过程中，可利用人工智能的语音识别和大模型语意理解能力，实现会议全程语音转写文字，并对发言的语气助词、语音重复、结巴断片等无序口头语言有效规整，转写为简洁、可阅读、可理解的书面文稿；同时，可通过声纹识别发言人，进一步整理并提取发言人及会议讨论的核心观点、关键字词等，依托大模型语义理解及内容智能提取的能力，自动生成会议摘要，让数小时的会议内容分钟级即可快速了解。通过向大模型提供历史纪要等数据学习，进一步训练与微调，可让其生成符合公文范式的会议纪要文稿，让会议纪要撰写时间由原来 1～2 天降低至分钟级，极大提升办会效率。

会后，支持会议全程回顾，实现会议全程发言人、字、音对应，通过关键词即可对领导发言视频画面、语音、速记文本进行秒级定位，快速检索，助力高效掌握会议精神。

3．一句话办事：对话式办公及智能生成应用重构办公模式

针对事项办理表单填写多、系统多、人工跟踪效率低、易遗漏等业务痛点，结合大模型的语义识别能力，可快速准确识别语音或文本对话、公文、会议提及的待办事项，实现一句话办事。如出差申请，申请人只需要在即时沟通工具或政务 OA 系统通过语音或文本输入出差信息，以自然语言对话的方式提交行程安排，大模型即可识别并分解事项要求，智能提取出差地点、日期等行程并自动提交 OA 系统，免去烦琐的表单填写。

通过将大模型与电子公文库系统、政务 OA 系统的深度集成，大模型可智能识别分解的文件待办事项，并依据政府三定职责，自动匹配任务办理部门，自动完成督办任务分解，识别并提取任务名称、事项详情、牵头单位、配合部门等事项信息，将其一键导入督办系统，方便后续事项跟进。这样便缩短事项处理时间，提升事项跟踪效率，避免遗漏，提升办事体验。

为方便事项跟进办理，通过对大模型的训练与微调，根据机关事务办事指南，调用低码平台能力，大模型可生成具体事项的办理应用，实现"一事一应用"，让事务在线办理更方便，提升办事效率。

7.3　场景案例：大模型辅助公文处理，助力政务高效办公

7.3.1　案例概述

在公文办理过程中，某地公务员面临着信息获取困难、核稿校对烦琐易漏、审核质量依赖个人经验以及批示效率低下等问题。拟文阶段的信息获取困难导致公文拟稿困难，核稿校对过程中的审阅烦琐和容易遗漏增加了工作的难度，审核质量依赖个人经验缺乏沉淀。同时，审核批示过程中需要通篇阅读公文，导致批示效率低下，并且人工查找相关政策法规的效率也很低。这些问题不仅增加了工作的难度，还可能导致决策的不准确性和风险的增加。

7.3.2　解决方案及价值

1．解决方案

通过海量数据进行预训练后，大模型能够分类和分析现有数据，并创建全新内容，进一步提供政府行业领域专业数据的训练和调优后，大模型可以快速适应或微调以贴合政府办公领域的应用场景。借助大模型的信息精准检索、文稿自动生成、内容智能抽取能力，可以

实现全流程的辅助办文。根据关键词一键生成完整公文草稿,同时对政府公文格式、文本、敏感词等常见错误进行快速校对。此外,还可以从公文阅读、摘要提取、资料推荐到草拟意见等审批流程中辅助领导批示,如图 7-4 所示。

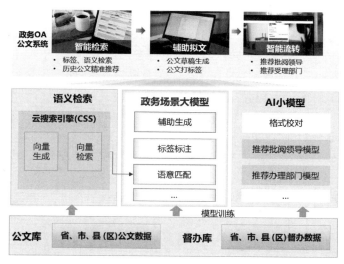

图 7-4　大模型辅助办公方案架构

(1)拟文助手。如图 7-5 所示,利用大模型学习与微调特性和强大的内容生成能力,公务员可以通过对话方式快速生成个性化要求的公文草稿。结合搜索技术,大模型能够理解拟文主题语义,并智能推荐相关资料,从而加快拟文速度。通过学习和训练大量本地公文资

图 7-5　公文生成示例

料库数据,生成的公文符合政府公文行文格式和规范,极大提升公务员拟文效率。拟文周期由原来的 1～2 周缩短为 1～2 天;基于大量本地公文资料库数据的学习和训练,生成的公文满足政府公文行文格式和规范。

（2）智能校对。大模型不仅仅能够校对文本的拼写错误,还能对 15 种公文类型各种错误类型进行校对,包括公文错别字、标点符号、日期版式等常规错误进行纠错,同时还能对敏感词句,部门名称、固有短语、公务员名称与职位等专门用语,以及公文引用及来源准确性进行校验,如图 7-6 所示。公文校对时间由 1～2 天缩短为秒级,同时确保公文严肃性。

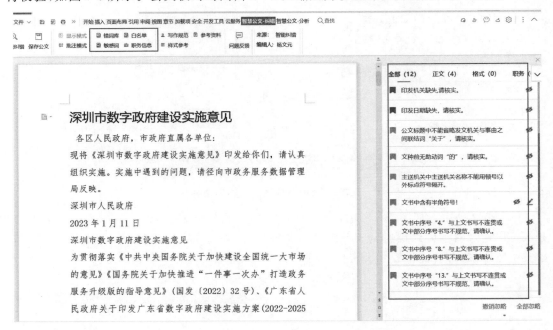

图 7-6　公文校对示例

（3）辅助批示。结合大模型内容提取、搜索及其智能推荐能力,可根据阅读领导职能分工生成与其职责匹配的内容摘要,同时根据公文类型和历史审批数据,返回相似公文历史批示意见,辅助领导决策;通过集成 ASR 服务,大模型支持语音批示转文稿的功能,可将领导语音转写为书面文本,同时可根据领导操作关联具体公文段落,帮助领导快速获取公文内容信息,提高批示效率;支持查看历史同类公文批示数据,保障审批合规;语音草拟批示,辅助领导快速审批,如图 7-7 所示。

2．业务价值

政务办公大模型是基于盘古大模型能力推出的智能政务办公解决方案,旨在为公务员提供个人专属的办文助手。该方案已经完成了 20 多个重点省市数十万篇公开的政务公文数据积累与学习,使大模型更贴合政府办文场景。同时,将大模型的能力深度融合到现有政务办事系统中,大小模型结合,助力政务办公全场景智能化。

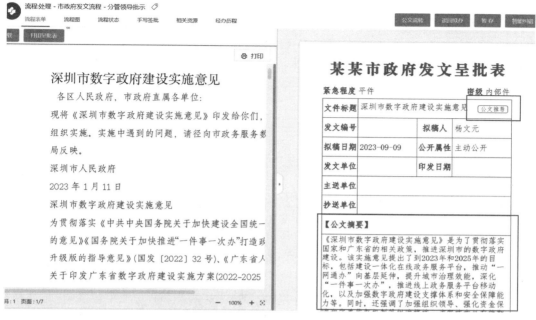

图 7-7　辅助批示示例

7.3.3　总结与展望

　　政务办公大模型通过预训练和调优,为公务员提供了强大的辅助工具。该模型能够分析数据、创造内容,并在拟文助手中提供个性化的公文草稿生成服务。智能校对功能提高了校对效率和准确性,而辅助批示功能根据历史审批数据提供相似公文的历史批示意见,帮助领导快速决策。这一解决方案提高了公务员在公文办理过程中的效率和质量,缩短了办文周期,同时减少了人为错误,并为每一个公务员提供了个性化的服务支持。

　　展望未来,随着人工智能技术的不断发展,可以进一步优化大模型的语义理解和知识图谱能力,使其更好地理解政府办文、办事、办会等场景的需求。同时,结合其他技术如自然语言处理和机器学习,可以进一步提升大模型的智能化水平。此外,还可以将大模型应用于更多的政务办公场景,如会议纪要生成、政策解读等,实现更全面的智能化支持。

第 8 章

智能化使能城市感知"一网统感"

8.1 概述

    "一网统感"围绕城市融合感知系统建设行动计划的总体规划,逐步建成统筹规范、泛在有序的新型智慧城市运行感知体系,主要包括:部署城市鸿蒙操作系统,实现感知终端的统筹管理和规范建设,促进城市感知终端的共建共享;优化城市感知网络,实现终端快速、极简、安全的互联互通,打通感知数据的毛细血管;落地分层分级的城市感知管理平台的建设,实现终端的泛在感知、业务的协同闭环;推动感知数据标准体系建设,实现感知数据汇集汇通和共享应用;强化感知数据的人工智能分析,实现感知数据的智慧应用,赋能城市运行状态从感知到认知、从预测到决策的完整闭环,使能城市精准化感知、精细化治理、科学化决策;探索城市感知数据的产品化再生产,推动数据要素市场化配置、数据交易工作试点。智能化应用场景包括针对城市感知数字底座进行孪生、物联感知、视频感知、人工智能相关平台能力建设;针对城市安全、城市出行服务等场景提供从传感端(传感器、摄像头),到边缘智能计算系统,再到中心管理平台的端到端场景方案。

8.2 城市安全感知

8.2.1 城市生命线安全监测

1. 业务发展趋势

    2021 年 6 月 13 日,湖北省十堰市突发燃气管道泄漏及爆炸事件,事发地处小区内菜市场,事故已经造成 25 人死亡 138 人受伤(其中 37 人重伤)。2021 年 6 月 14 日,国务院安全委员会办公室、应急管理部召开全国安全防范工作视频会议,对当前安全防范工作进行再部署。在 2021 年 6 月 16 日住房和城乡建设部召开的住房和城乡建设领域安全生产视频会议上提出:要摸清底数,建立平台;加快运用新技术对城市水、电、气、热等基础设施进行升级改造,建立基于各种传感器和物联网的智能化管理平台,对设施进行实时监测。在 2021 年 6 月 17 日召开的全国安全生产电视电话会议上,强调深入开展化工和矿山、燃气管道、工业园区、危化品运输、道路交通安全等领域安全整治,全面排查治理各类重大风险隐患。

2. 业务场景与需求

城市生命线是指城市范围内供水、排水、燃气、热力、电力、通信、桥梁等保障城市运行的重要基础设施。城市生命线解决方案围绕城市生命线安全监测和智慧管廊子场景,打造全面感知监测、应急处置迅速、研判科学精准的端到端解决方案,全面提升城市防御灾害和抵御风险能力,主动式守卫城市安全。

通过搭建城市生命线安全监测预警整体框架,汇聚燃气管网安全、供水管网安全、供热管网安全和隧道安全、桥梁安全等城市安全信息,实现城市各有关部门信息的互联互通,初步形成覆盖全市的城市安全平台,建设燃气专项应用系统、供水专项应用系统、供热专项应用系统、桥梁工程专项应用系统、隧道工程专项应用系统,通过灾害耦合分析模型,实现耦合风险分析与耦合隐患点辨识,进而实现风险点提前感知研判,通过接入现有报警信息和建设报警感知网,突发事件提前感知,结合平台丰富数据资源和分析能力,提供报警处置建议。提升高危和人口密集区域内城市单元的运行安全性,为全面推进城市安全发展建设奠定基础和提供经验。

3. 解决方案

城市生命线解决方案整体架构如图 8-1 所示。

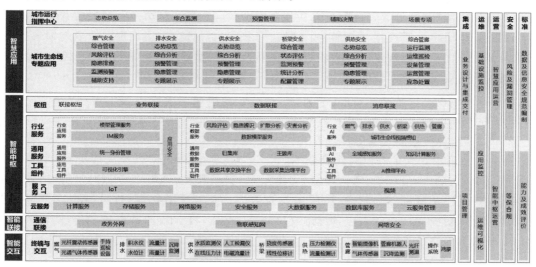

图 8-1　城市生命线解决方案整体架构

智能交互:面向不同场景,提供震动监测、气体监测、水位监测、沉降监测、压力监测、光纤测温以及智能摄像机等端侧感知设备。

智能联接:适配多种城市网络,保障安全便捷的城市生命线信息交换。

智能中枢:基于统一云底座,提供物联设备、视频设备的接入管理能力,基于 GIS 和 BIM 实现管网三维可视化模型;通过汇聚企业及局办数据实现各类风险分析模型,为领导提供科学风险分析和辅助决策支撑。

智慧应用:提供燃气、排水、桥梁、桥梁、供热、管廊专题应用。

8.2.2　城市公共安全监测

1．业务发展趋势

随着城市突发公共安全事件的频繁发生，国家及各地政府对城市应急能力的需求日益增长。完善城市安全产业的数字化、智能化、综合化、多元化已成为保障城市公共安全的必然选择。

2018年出台的《关于推进城市安全发展的意见》指出，到2020年，城市安全发展取得明显进展，建成一批与全面建成小康社会目标相适应的安全发展示范城市；在深入推进示范创建的基础上，到2035年，城市安全发展体系更加完善，安全文明程度显著提升，建成与基本实现社会主义现代化相适应的安全发展城市。持续推进形成系统性、现代化的城市安全保障体系，加快建成以中心城区为基础，带动周边、辐射县乡、惠及民生的安全发展型城市，为把中国建成富强民主文明和谐美丽的社会主义现代化强国提供坚实稳固的安全保障。

2019年，应急管理部关于学习贯彻十九届四中全会精神、探索城市公共安全治理新模式中指出，中国仍处于经济、社会、文化全面转型之中，社会治理的复杂性不断攀升，公共安全形势依然严峻，安全事故和风险正在从生产安全单一领域向社会全领域的公共安全转变，各类风险隐患增多且呈现相互叠加、相互耦合态势，各类风险、灾害类事件造成的损失严重。公共安全理念已从快速响应向风险预防转变，从传统的救灾减灾向韧性提升、风险治理、协同应对的可持续发展方向转变。

《上海市城市总体规划（2017—2035年）》强调，高度重视城市公共安全，加强城市安全风险防控，增强抵御灾害事故、处置突发事件、危机管理能力，提高城市韧性，让人民群众生活得更安全、更放心。

2023年，湖南省安全委员会办公室聚焦7大风险加强城市公共安全防范，要求聚焦高空坠物、燃气安全、人员踩踏、老旧建筑、消防安全、食品安全、城市内涝7大风险，加强城市公共安全防范。从制度、规划、管理、隐患排查等方面建立长效机制，提升城市安全保障水平。要抓好人员密集场所等重点领域的安全防范，从根本上消除事故隐患，有效防范和坚决遏制重特大安全事故发生。

2．业务场景与需求

本节描述的城市公共安全主要为城市安全治理中的社会秩序安全，涉及管理和规范城市公共空间的行为，如公共场所秩序中人群密集场所安全场景、交通秩序中消防通道占用的消防安全场景等。

2023年1月，国务院安全委员会办公室印发的《关于进一步加强公共场所人员聚集安全管理的通知》指出，公共场所具有人群高度聚集、流动性强、突发性高、偶然性因素多等特点。因此，研究和探讨公众聚集场所安全防范的对策与措施，避免发生群死群伤的恶性安全事故，具有重要的现实意义。

3. 解决方案

解决方案整体架构如图 8-2 所示。

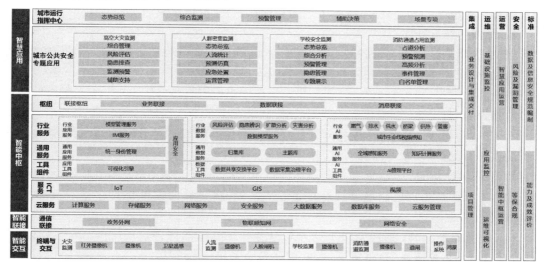

图 8-2　城市公共安全解决方案整体架构

智能交互：以维护公共安全为目的，利用物联感知、视频感知等前端感知技术，面向公共安全监测预警应用需求，秉承充分利旧、必要增补的原则，对涉及公共安全的场所和区域实现 7×24 小时风险隐患的实时监测、实时分析、实时预警、实时处置。

智能联接：由连接枢纽、行业和通用服务及组件、ICT 服务、云服务共同组成。

智能中枢：基于电子政务外网、互联网、物联网等为公共安全监测预警提供基础网络资源支撑和网络安全保障。积极探索人工智能、互联网、大数据、物联网、城市鸿蒙等多技术融合，提升公共安全智能管理水平，强化前沿基础研究成果在技术系统构建中的应用，不断增强监测预警和风险防范的综合能力。

智慧应用：通过智能算法识别与研判、综合风险识别与评估、综合研判与应急决策、大数据挖掘分析等技术，实现从发现—分析—预警—处置—结案—跟踪问效的业务流程闭环。以数据分析与挖掘、风险预测仿真与评估、风险隐患评估与管理等技术手段，分析挖掘风险隐患，实现公共安全理念从快速响应向风险预警预防转变，在问题呈现叠加、耦合态势前降低风险隐患。

8.2.3　企业生产安全监测

1. 业务发展趋势

（1）风险管理的全面化。随着在社会经济的不断发展，安全生产面临的风险越来越多元化和复杂化。因此，安全生产的发展趋势之一就是对风险进行全面化的管理，包括对技术、人员、环境等方面的风险进行全面的评估和管理，采取预防、控制和应急等多种手段，确保安全生产的全面可靠性。

（2）信息化与智能化。随着科技的不断发展，信息化和智能化已经成为安全生产的主要方向。通过应用现代信息技术，如人工智能识别，可以实现对生产过程中的设备、人、操作程序进行实时监测和预警，提高安全管理的精细化水平，提高事故防控的效率。

2．业务场景与需求

以"整合可用数据资源，提升快速处置能力，构建企业安全生产智能管理系统，破解管理体制机制难题"为总体目标，充分利用各部门已有的数据成果，汇聚接入全量生产经营单位生产安全相关数据，打通数据纵向回流、横向汇聚通道，搭建生产经营单位基础数据库，整合监测信息，利用自动化、智能化手段提升企业本质安全水平。面向各级行业主管部门（市、县、乡、园区）和生产经营单位，按照分级、分层、分类处理的原则，协同各方力量快速处置生产安全事件，同时实现跟踪监督问效。

1）事前监测预警

企业安全生产事前监测预警业务重点在于企业生产关键设备和重点区域或部位的一体化监测。

（1）物联感知监测：实时监测企业关键设备和重点区域或部位的温度、湿度、液位、压力、流量、位移、气体浓度、粉尘浓度、设备状态等环境和工艺信息。

（2）视频感知监测：对企业生产重点区域进行实时监测。通过部署边缘计算设备或智能摄像机，一旦在摄像机有效发现范围内发生不安全行为或状态，即产生 AI 告警事件，行业监管部门能够在第一时间掌握企业现场情况。

一体化监测通过接入各类安全生产数据，结合企业风险评估模型，生成企业生产安全风险预警和风险等级信息，为隐患排查、风险防控等灾害预防管理和事故救援工作提供数据支撑。

2）事中应急指挥调度

企业生产事故发生后，系统能够提供各类型数据支撑，包括各类企业监测数据、实时视频监测数据、AI 告警数据、卫星遥感数据和周边救援队伍、应急物资、应急预案等专题数据，能够实现对事故救援过程中重点数据和指挥调度动态的重点展示，帮助相关领导直观、快速、全面掌握事故动态和影响范围，辅助领导快速做出决策。

3）事后评估分析

通过制定基于安全生产在线监测、风险预警的评估模型建立安全生产处置措施全面评估标准，为查找漏洞、解决问题提供保障，帮助快速追溯和认定安全事故的损失、缘由和责任主体，进一步推动安全生产智能安全管理新型能力迭代优化，实现对企业、区域和行业安全生产的系统评估。

4）日常综合监管

明确责任边界、监管对象、长效机制、安全检查、量化任务、责任追究等"六张清单"，摸清企业安全生产运行底数，落实分级分类监管、一岗双责，进行隐患排查治理、政企互联互通、隐患闭环管理，强化企业自身安全管理意识和能力，切实提高监管执法工作科学化、专业化、智能化、精细化水平。

日常综合监管业务还包括文献、历史事故统计、应急机构、应急预案等的日常管理,企业标准库、应急救援队伍信息等的信息管理以及学习培训、考核评价管理。

3. 解决方案

解决方案整体架构如图 8-3 所示。

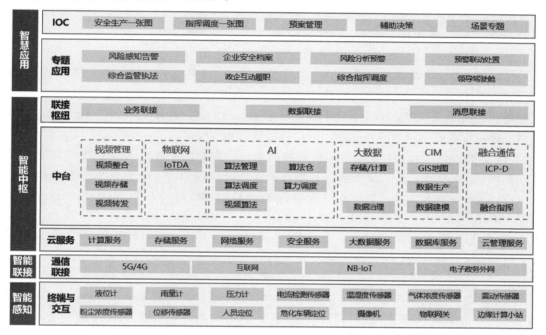

图 8-3　企业安全生产解决方案整体架构

1)智能感知

基于物联感知、视频感知等前端感知技术,面向安全生产监测预警应用需求,充分利用现有建设成果,由企业按照相关标准建设前端感知设备,构建全域覆盖的城市安全生产管理感知体系,为安全生产业务应用和大数据分析提供数据来源。

2)智能联接

依托政务云、计算资源和存储资源,按需采购需补充的安全生产算法模型,结合电子政务外网、互联网、物联网等网络资源为全市安全生产监测预警提供基础支撑。

3)智能中枢

(1)视频管理平台:合理有效地整合、接入、汇聚企业各类视频资源,实现视频联网汇聚、视频共享、视频治理、视频运营及运维管理等应用,为指挥判断提供迅速直观的信息,从而对各类问题做出准确判断并及时响应。

(2)物联网平台:可实现企业海量协议、多样化的传感器设备统一接入,提供统一物联网数据标准、设备统一资产管理、设备远程运维、数据汇聚与共享等多样化的管理能力。

(3)人工智能平台:提供对 AI 算力和多厂家 AI 模型的统筹管理,提供运营管理、算法仓库、模型管理、在线推理、接口管理、日志和管理、资源组管理等平台能力,实现对 AI 能力统一管理和运营及应用效果的可视可管、持续改进。为企业侧边缘计算设备提供安全生产场景 AI 算法支撑,提供算力算法调度能力。

（4）大数据平台：对采集接入的企业监测数据、AI 告警数据、多维感知设备数据、信息共享平台数据等企业安全生产全域数据,对数据进行清洗、融合、标准化后,形成具有高可用价值的中心库、主题库及专题库,全面提升数据质量及权威性,充分发挥数据价值,为企业安全生产业务应用、政府监管及决策分析等提供支撑。

（5）CIM 平台：提供基础地理信息基础图层、数据、服务、场景资源,为上层应用提供地图、查询、三维、空间分析、网络分析等服务能力,对外提供接口和 SDK,赋能生产安全全要素数据的多端呈现,支撑 IOC(Intelligent Operation Center,智能运营中心)基于时空信息的城市管理服务的监测与感知、决策分析、事件管理和协同联动等业务建设。

（6）融合通信平台：实现城市范围的跨层级、跨部门、跨系统的可视化指挥调度,实现多语音网络、多终端的语音、多视频系统的全联接,实现固定电话、移动电话、各种集群终端、视频会议等不同通信设备之间的互联互通,通过多种融合的通信手段,实现对城市重大事件的统一指挥调度。

4）智慧应用

（1）风险感知告警：构建企业生产安全风险感知立体网络,对生产安全风险进行全方位、立体化感知。实现高危行业企业关键安全监测数据汇聚至安全生产智能管理系统。

（2）企业安全档案：建立精细化、数字化、动态化"安全档案",形成"一企一档""一源一档",对企业的实力、规模、经营管理情况、安全管理情况、风险管控能力、应急储备能力、保障能力实现多维度量化展现。

（3）风险分析预警：在对生产安全各类风险实时监测的基础上,对运行状态信息和工业设施故障状态信息进行集成处理,科学设置报警阈值,一旦大于设定阈值,将会自动启动报警。同时建立行业企业安全生产风险评估模型,动态评估行业企业安全生产风险状况,对高风险事项进行分析预警。

（4）预警联动处置：根据预警信息的处置流程,规范预警信息的全过程联动处置。作为事件追溯分析和大数据统计分析的依据,同时要求定期开展预警信息处置演练,提高应急能力。

（5）综合监管执法：以"三管三必须"为原则,落实分级分类监管、一岗双责,进行隐患排查治理,构建起完整的标准规范和运行保障体系,政企"互联互通",隐患"闭环管理",实施企业安全风险分级分类监管,切实提高监管执法工作科学化、专业化、智能化、精细化水平,推动形成长效安全管理机制,切实筑牢安全底线。

（6）政企互动履职：建立统一智能的安全生产要素核查功能,支持企业自主核查上报、企业在线监测风险预警信息的核查处置、应急管理部门监管执法相关文书的线上送达、隐患问题的整改情况上报,通过综合监管执法专业的监测预警、安全治理、专项整治自查清单精准推送,强化企业自身安全管理意识和能力,提升企业安全保障能力,实现精准监管、精准施策,走出保姆式服务的怪圈,让企业真正落实安全生产主体责任。

(7) 综合指挥调度:企业生产事故发生后,系统提供各类型数据支撑,包括各类企业监测数据、实时视频数据、AI 告警数据、卫星遥感数据和周边救援队伍、应急力量等应急专题数据,实现对事故救援过程中重点数据和指挥调度动态的重点展示,帮助领导能够直观、快速、全面地掌握相关事故动态,辅助领导快速做出决策。

(8) 领导驾驶舱:以移动端形式,按企业类型、预警类型、设备类型分级分类展示安全生产领域的基础信息、安全生产统计信息等,实现全方位安全生产风险态势呈现。

(9) IOC:全面汇聚安全生产企业基础台账数据、感知数据、监管数据和相关共享数据等,基于大数据、知识图谱、机器学习等技术,实现安全生产风险预警、效能评估和专题展示等功能。实现定期对区域、行业和重点生产经营单位进行更加精准的风险预警提醒。通过各类数据比对分析对监管和服务措施进行效能评估,提出合理改进建议。基于城市 CIM/GIS 底图,对各类监管数据进行关联展示,实现安全生产形势分析可视化。

8.3　城市智能出行(城市网联)

8.3.1　业务发展趋势

国家大力发展智能网联汽车产业,2019 年 9 月,《交通强国建设纲要》指出,要有效提升智能交通的建设水平;推广应用基于车路协同的路侧边缘智能检测、监测和运维技术;大力发展基于车路协同的共享出行服务;国内智能网联自动驾驶应用的规模效应渐显。

8.3.2　业务场景与需求

当前自动驾驶汽车步入量产阶段,路上行驶车辆中智能汽车比重在迅速增加,但是由于汽车是一个长周期替换的商品,在很长一段时间内,路上行驶的车辆必然包含普通汽车、辅助驾驶汽车、自动驾驶汽车。本节定义的 3 类车分别为:普通汽车,指未安装车载通信模组 OBU(On Board Unit,车载单元)的车辆,此类车也不具备自动驾驶能力,路侧信息无法通过 PC5 口交互上车;辅助驾驶汽车,指安装了车载通信模组 OBU 的车辆,具备一定的车载感知能力,但是不具备完善的自动驾驶能力,有一定的辅助驾驶能力,如自动巡航、车道保持等,路侧信息可以通过 PC5 口上车;自动驾驶汽车,不但安装车载通信模组 OBU,且具备完善的车辆自身感知系统,单车智能,可以进行按照车载 MDC(Mobile Data Center,移动数据中心)控制进行自动驾驶。

服务场景主要为普通车辆、辅助驾驶汽车、自动驾驶汽车提供信息服务。

针对普通车辆,通过路侧大屏、手机屏展示 V2X 预警事件,由于此时无车载处理单元,可以展示的 V2X 预警事件有限,现阶段仅支持阶段一 4 个场景(道路危险状况提示、限速预警、车内标牌、前方拥堵提醒）。

针对 L1、L2 级辅助驾驶汽车：通过 PC5 口无线下发信息到车载 OBU 展示 V2X 预警事件，支持阶段一 16 种场景＋阶段二 8 种场景。

针对自动驾驶汽车：通过 PC5 口无线下发信息到车载 OBU 展示 V2X 预警事件，支持阶段一 16 种场景＋阶段二 8 种场景，车辆可以根据自身需求，将路侧相关告警和感知信息融合进车载自动驾驶决策链，达成真正融合路侧和单车感知进行自动驾驶应用。

协作式智慧公交：该行业应用充分考虑如何以技术手段解决行业运营痛点，瞄准"提高民众公交出行体验、提升公交营运效率、优化城市公交服务水平和行业结构"等多个维度进行设计，同时也推进道路数字化、智能化进程，推动交管、车联网运营和行业平台的跨域打通，为城市道路车路协同行业应用的规模商用起到模范作用。

协作式智慧公交主要实现功能场景如下。

（1）机动车、非机动车、人上车，支持 ADAS 车速控制。

（2）绿波引导，使能公交安全快速地通过路口。

（3）公交站点自动精准停靠。

（4）公交到站时间精准可控，使能公交公司均衡运营。

（5）乘客出行、换乘时间可控。

协作式智慧泊车：2015 年，我国出台了《关于加强城市停车设施建设的指导意见》引导城市停车设施发展、加强城市停车管理。此外，多部门发布了相关政策，多项政策把智慧停车建设作为智能交通的战略重点之一。

协作式智慧泊车解决方案应用于封闭停车场的智能化升级，主要包含 AVP（Auto Valet Parking，自主泊车又称一键泊车）及车主移动端服务两大功能。

为了解决用户在停车场停车过程中找车位停车时间长的痛点问题，引入自动代客泊车系统解决方案。方案提供如下功能。

场景一：面向传统车，提供高精度停车导航和 AR 反向寻车功能。

大型商场的地下停车场等场景，无 GPS 信号，没有室内定位，有定位也无法到达人。利用室内感知定位技术，可实现车位预约、路径导航等功能。

图 8-4 所示为反向寻车，车找位示意。

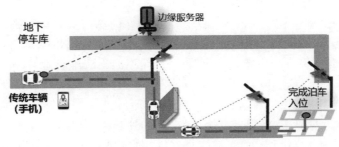

图 8-4　反向寻车，车找位示意

（1）入场：道路摄像头识别车牌与定位，车位摄像头识别空车位，路径规划＋导航。

（2）行驶中：本车定位和行驶路线、前方车辆和行人，实时显示在导航界面上。

（3）停车：车位摄像头将车牌＋位置信息同步给地图，叠加到基础地图上。

图 8-5 所示为人找车示意。

图 8-5　人找车示意

（1）人通过 APP 对周围进行 AR 扫描。

（2）APP 根据人周边车位编码、VSLAM（Visual Simultaneous Localization And Mapping，基于视觉的即时定位与地图构建）特征信息推算车主自身位置。

（3）APP 根据车主自身位置、目标车辆位置，给出路径规划，进行室内 AR 导航。

场景二：面向 L2＋车，AVP 自主召泊车，同时提升停车场服务与体验。

以 AVP 停车作为出行消费第一站，打通停车＋商业购物，并延伸到停车场综合治理。

AVP 智慧停车流程如图 8-6 所示。

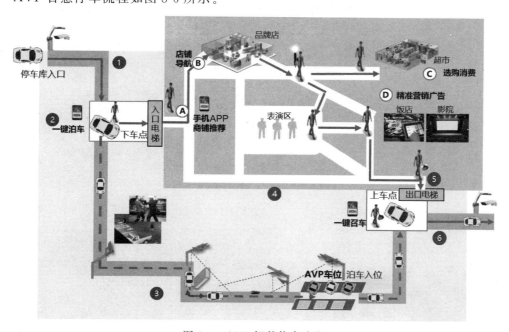

图 8-6　AVP 智慧停车流程

（1）入口自动抬杆，引导用户到电梯口。

（2）用户电梯口下车，进商场购物。

（3）同时启动一键泊车，车辆自动泊车入位。

（4）手机支持商场导购，改善体验。

（5）购物完毕，就近一键召车，不需要返回停车位找车。

（6）出口不停车缴费离开。

微循环接驳车：近年来，越来越多的城市开始大力建设公交系统。其中，微循环公交系统成为城市公共交通系统的重要组成部分。无人微循环接驳车行业应用充分考虑如何以技术手段解决行业运营痛点，瞄准"提高民众公交出行体验、提升公交营运效率、优化城市公交服务水平和行业结构"等多个维度进行设计，同时也推进道路数字化、智能化进程，推动交管、车联网运营和行业平台的跨域打通，为城市道路车路协同及自动驾驶行业应用的规模商用起到模范作用。

微循环车辆在城市道路运营场景如下。

环境场景如图 8-7 所示。

道路拥堵	立交桥下	大车遮挡车身

道路施工&围栏	无车道及边界线	不规则交通标志线

红绿灯识别(含V2X红绿灯)	限高杆	道场栏杆

图 8-7　环境场景

行车场景如图 8-8 所示。

进出环岛

交通路口通行

左转直行冲突

后方车辆变道超车

匝道通行

行车行人突入横穿

弯道内侧超车

双向单车道(可借道)换道避障

图 8-8　行车场景

8.3.3　解决方案

城市智能出行总体架构如图 8-9 所示,包括基于大屏展示的 IOC 指挥中心、应用系统、云控平台、网络系统、路侧系统和涉及车辆网联化改造的车载系统 6 个子系统。以车路协同的方式给网联化汽车提供超视距的、长时距的或全局的辅助/自动驾驶信息服务,提供城市开放道路条件下的车路协同服务,助力打造城市公共交通便民出行服务能力,兼顾城市交通优化治理等方面的数据支撑能力。

云控平台主要包括云平台底座、V2X 车路协同管理服务、视频联网平台、AI 中台、大数据平台、融合集成服务及高精地图与高精定位等功能组件。其中,AI 中台可以在提升多传感器融合感知算法定位精度、自动驾驶数据标注、物体轨迹预测、决策算法优化、座舱智能化等层面产生价值。

路侧系统主要包括以雷达/摄像机为主的感知设备、MEC 边缘计算单元、RSU 通信单元及 ONU 数据通信接入单元等设备,由 MEC 边缘计算单元通过加载 AI 模型,对雷达、摄像机等感知设备提供的数据进行融合计算分析,输出车辆、行人等道路交通参与者信息及道路交通事件信息,由 RSU 路侧直连通信单元提供车路通信能力。

网络系统主要包括由 ONU、OLT 及分光器等组成的全光接入网和包括核心交换机/路由器及防火墙等网络安全设备的数据交换承载网。

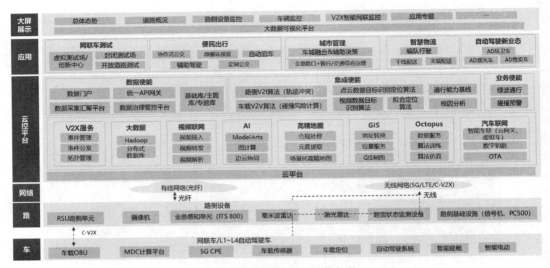

图 8-9 城市智能出行总体架构

基于上述路侧网联智能化设施、数据承载网及云控服务平台等各部分构建的车路协同应用环境，向上层应用开放提供数据，面向智能网联汽车提供测试应用服务，面向公交、接驳巴士、出租车等商用车辆提供便民交通出行服务。

IOC 指挥中心主要包括展示信息系统（提供总体态势 UI、车辆调控/车辆监管 UI、路侧信息显示、示范应用展示等软件模块）、可视化平台（包括可视化渲染引擎、可视化呈现组件、数据接入组件、地图数据服务组件、大屏显示控制组件等模块）及硬件大屏显示系统等部分。

8.4　城市数字孪生

8.4.1　业务发展趋势

城市在规模化快速发展的同时，面临着交通拥堵、城市内涝、环境污染等问题。

数字孪生提供了一种全要素、全天候、全生命周期、实时感知监测、交互控制、推演预测、科学决策的颠覆性创新理念和技术，支撑城市规划与建设，提升城市治理水平。城市数字孪生逐渐成为各地新型智慧城市建设或城市数字化转型的重要探索方向。

国家"十四五"规划明确提出"探索建设数字孪生城市"，地方各级政府"十四五"规划和各专项发展规划陆续出台，加速推动数字孪生城市深入各地方和各行业发展，各地在交通、水利、规建、能源、应急等领域纷纷布局，全力推动数字孪生城市相关技术、产业、应用蓬勃发展。

当前城市数字孪生建设已从试点示范，加速走向推广复制阶段。同时，建设内容也由三维建模、可视化等可视功能逐步转向时空分析、仿真预测等可用功能。

8.4.2　业务场景与需求

1. 城市建设辅助规划

通过创建城市的数字孪生模型,规划者可以更准确地了解城市现状和发展趋势,从而制定更为合理和有效的城市规划方案。例如,通过数字孪生模型,可以模拟不同规划方案对城市交通、环境、经济等方面的影响,以便选择最优的规划方案。此外,数字孪生技术还可以帮助规划者预测和应对城市发展过程中可能出现的挑战和风险。

2. 城市体检

城市体检是通过综合评价城市发展建设状况、有针对性地制定对策措施、优化城市发展目标、补齐城市建设短板、解决"城市病"问题的一项基础性工作,是实施城市更新行动、统筹城市规划建设管理、推动城市人居环境高质量发展的重要抓手。深度依托城市信息模型(CIM)基础平台,完善城市体检平台功能,实现不同尺度空间的精细化分析与管理,对城市诊断分析结果进行可视化展示。建立"发现问题—整改问题—巩固提升"联动工作机制,形成"体检评估、监测预警、对比分析、问题反馈、决策调整、持续改进"的规划建设管理闭环。充分运用新一代信息技术,实现从体检指标数据、评估结果、问题清单、整治措施、跟踪落实全过程的数字化记录,实现纵向比对历史数据看进步,横向对标先进城市找短板。

3. 城市更新

基于 CIM 平台,利用三维地理信息和城市设计相结合,实现城市的道路、交通、老旧建筑、沿街立面、景观小品、广告牌匾等城市内容的更新改造,通过多专业的结合,提升城市更新改造的综合水平,降低成本,提升城市品质。

对老旧小区、旧工业区、旧商业区及城中村等,结合老旧小区改造、棚户区改造进行有计划、系统性的整治、修复、改造,制订旧区改造年度计划,合理确定改造对象、改造目标、改造内容、实施模式、筹资方式等。

4. 人群聚集监测与疏散仿真

公共活动场所由于空间开阔、人流量大,在重点活动时密集人群的出现极可能引发交通拥堵,以及拥挤踩踏的事故,严重威胁人民生命财产安全,因此,针对人群集中场所和重点活动区域,需要及时开展人群行为预测,分析人群疏散需求,必要时形成即时合理的疏散方案。

数字孪生技术可以应用于人群聚集监测和疏散仿真。通过传感器和视频系统等设备采集实时数据,数字孪生模型可以模拟人群聚集的情况,预测可能出现的拥挤和安全问题。同时,通过仿真技术可以模拟不同的疏散方案,评估不同方案的可行性和效果,为实际疏散工作提供重要的参考。数字孪生技术的应用可以帮助城市管理部门更好地预测和管理公共场所的人群聚集情况,确保公众的安全。

5. 人流态势提前预测

预测重点场所的未来到访行人流量,形成人群时空感知地图,提前锁定待疏散场所,布局疏散管理人员及设备调配。

6. 人群密度实时检测

对目标场地内的人群密度和数量进行统计,动态预测场内人群疏散需求,及时锁定需疏散人员数量及方位,发布疏散需求警报。

7. 人群疏散仿真规划

警报发生后,基于人群疏散模型仿真及人群疏散智能路径规划技术,获得多组出行下的场内最优疏散路径,实现人群的高效安全撤离。

8. 交通态势预测与仿真

数字孪生技术的应用可以帮助城市管理部门更好地管理城市的交通流量和拥堵问题,提高城市的交通效率和安全性。在交通行业领域,在城市数字化底版之上,通过汇聚人口、道路运行、车辆运行、交通运行数据以及交通设施数据与居民出行数据等,实现资源融合展示,构建交通业务相关联的孪生模型场景,基于 BIM 字段信息可查询各层次构件信息,如归属地、采购人、维修负责人、材质、耐热性等。在多维信息基础之上,CIM 平台形成道路运行分析系统、轨道交通分析系统、城市居民画像分析系统、辅助功能设计等多项业务板块。

数字孪生模型可以实时监测交通情况,预测未来的交通流量和拥堵情况,可以模拟城市交通网络的变化和发展趋势,为交通管理部门提供重要的决策支持。同时,通过仿真技术,可以模拟不同的交通管理方案,评估不同方案的可行性和效果,为实际交通管理工作提供重要的参考。

9. 城市部件 AR 巡检、AR 灯光秀

通过手机、平板计算机、AR 眼镜等设备,在客户终端屏幕上显示已经建立好的模型,用户通过扫描标签或者设备设施,获取后台信息,并虚拟叠加在物理设备设施上,更加直观地了解城市部件的位置和状态,及时发现和修复问题。数字孪生模型可以与城市部件的实际情况进行实时同步,为巡检人员提供准确的参考信息。此外,数字孪生技术还可以对城市部件的状态进行预测和分析,为维护和管理提供重要的支持。数字孪生技术的应用可以帮助城市管理部门更好地监测和维护城市部件,确保城市的正常运行和发展。

通过与城市数字孪生模型的结合,AR 灯光秀可以根据实际需求进行定制和创作。例如,利用数字孪生技术,可以模拟城市的建筑、道路、公园等场景,并将其融入灯光秀中,为观众带来更加真实和震撼的视觉效果。此外,数字孪生技术还可以对灯光秀的效果进行预测和分析,为设计和表演提供重要的参考和支持。数字孪生技术的应用可以帮助城市管理部门更好地打造独特的城市灯光秀,增强城市的视觉效果和旅游吸引力。

8.4.3　解决方案

城市数字孪生总体架构如图 8-10 所示,构建 1＋1＋1 城市数字孪生底座,赋能城市 N 类应用。

1. 构建一个城市数字孪生底座

建设城市数字孪生底座,支持城市空间数据、城市感知数据、城市政务数据等多源数据

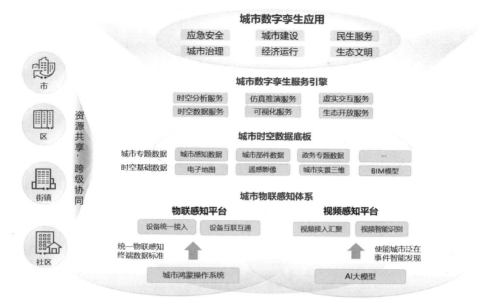

图 8-10　城市数字孪生总体架构

互融互通,实现物理城市的精准映射,支持城市运行的模拟仿真,为城市的精细化管理及智能决策提供技术支撑。城市数字孪生底座包含城市数字孪生服务引擎、城市时空数据底版和城市物联感知体系 3 个主要组成部分。

2. 建设城市数字孪生服务引擎

建立市级统一的数字孪生服务引擎,实现平台能力共用、城市信息模型数据共享。实现城市时空数据、政务专题数据等融合落图,提供高精度的可视化服务,支持城市人流、交通、水利等场景化仿真推演能力。

3. 构建城市时空数据底版

构建城市时空数据底板,实现城市感知数据、城市部件数据、政务专题数据等汇聚与深度融合,为数字孪生应用提供时空数据和服务,为城市高质量发展和精细化管理提供决策支撑。

4. 建设完善城市物联感知体系

统筹建设城市物联感知体系,实现感知终端统一接入,形成市级感知终端统一台账,汇聚各委/办/局感知数据,实现城市体征的精准感知,为城市精细化治理提供鲜活的感知数据。

5. 落地 N 个数字孪生场景应用

围绕城市规划、城市建设、城市运行管理等方向,建设数字孪生场景应用,通过先进智能的数字孪生系统应用,实时、全面、智能地监测和管理城市运行体征,实现全流程一体化的城市运行管理。

8.5　城市融合感知

8.5.1　业务发展趋势

随着智慧城市及城市物联感知相关政策和标准不断完善、技术逐渐成熟，未来城市感知的发展趋势主要包括以下几方面。

多源数据采集。通过多样化感知数据采集手段，如视频设备、物联感知设备、无人机、卫星遥感等，采集各种数据，包括交通、环境、能源、安全等方面的数据。

多源数据融合。不同的感知设备和系统将通过网络连接，形成一个整体的感知体系，多传感器在物理上及数据上融合，实现感知终端多源一体，精准呈现综合态势。

共享与开放。随着城市智能化规模的不断扩大，按传统的烟囱式建设，资金需求大，统一建设运维、开放共享成为必然选择。通过引入社会资本统一建设运营，可以实现建设效益最大化，实现数据的共享和开放，保障感知数据满足各行各业需求，促进各个领域的协同发展。

创新应用。城市融合感知将不再局限于传统城市治理场景，更深度融入城市各行各业，如智慧养老、智慧停车等日常生活场景，城市融合感知将更加人性化，虚实互动，更加注重人的参与和体验。

建立安全保障机制。城市融合感知需要保障数据的安全和隐私，未来将会出现更多的安全技术和标准，物联感知建设更需要建立安全保障机制。

8.5.2　业务场景与需求

随着物联网技术发展，城市融合感知应用范围不断扩大和受到重视。利用各种监测传感器对"水、电、气、热"等城市生命线的监测，实时掌握生命线的运行状况与资源的供给能力、储备能力，根据需求的动态变化及时调配资源以保障人民群众的正常生活和城市经济日常运转；在救护车和消防车辆上加装 GPS 终端和相应的电子标签，这样在执行救护任务时，可根据车辆位置和路线控制前方通行路口的绿灯自动提前开启，使得车辆能够更快地赶赴现场抢救生命和财产；通过手机信号基站与视频计数系统对重点活动场所周边及内部的人员聚集情况进行分析，对区域内人流量进行智能化预测和自动预警，防止因人流量过多而发生不必要的意外等。另外，城市管理涉及多业务部门，需将传感器、视频设备等物联网统一规划、建设、编码，实现监测信息共享，对临界安全阈值进行报警，消除危险隐患，提升公共安全。例如接入物联网的传感器可以监测诸如温湿度、风速风向等环境信息；可以监测车流、人流等状况；可以监测雨水排放、污水排放、河道水质情况；可以监测市政设施（如交通信号灯、路灯、天桥人行扶梯等）的状态；也可实现对易燃、易爆、有毒环境（液化气站、加油站、有毒气体存储运输等）进行全天候、全方位的监测，调度相应资源，避免灾害的发生。

8.5.3　解决方案

如图 8-11 所示,城市融合感知解决方案建设内容包括:

图 8-11　城市融合感知方案架构

完善感知终端建设。建设和接入各种传感器、摄像头、雷达等设备,实现对环境、物体、人员等的感知和监测。可以采集到如温度、湿度、光线、声音、图像等各种数据,通过数据处理和分析,可以实现对环境和物体的实时监测、预警和控制。

完善感知网络建设。充分融合 NB-IoT、4G/5G、光纤等网络连接技术,构建广泛覆盖的物联通信网络,支持无线、有线等多种网络连接方式,提供异构、泛在、灵活的传感网络接入服务。通过统一入口实现安全验证、数据加密、资源管理、在线操控等功能,满足各类感知设备通信要求,支撑城市物联网各种设备的高效运行。通过异构网络和协议,全面保障海量物联信息数据的实时采集、传输。

建设统一的感知平台。支持多种接口、标准协议和云端协同,集中接入交通、水务等有关部门提供感知数据的设备设施等,全面形成海量物联终端设备监测接入、数据解析、运维对接能力,实现各类感知节点及数据的互通互联、物联设备可视化及统筹管理智能化。

提升物联网平台管理开放能力。开发大量灵活的 API,如网络 API、安全 API、数据 API 等,建立统一、兼容的物联网技术接入标准,提供具备各类技术标准终端设备的兼容接入能力,为物联网开发者提供应用开发工具、后台技术支持服务、API、交互界面等,使物联网应用开发者可以快速进行开发、部署和管理。

深化物联网行业应用。支持各委/办/局推进物联网应用场景建设,重点聚焦城市管理、安全监管、生态环境、市政设施等关键场景的物联网深度应用和规模化部署,如智能灯杆应用,依托物联网管理平台进行物联数据智能分析,实现实时动态分析、预警预报等功能,全面支持管理者对预测性的、认知的或复杂性业务逻辑进行科学分析与决策。

一体运维。通过运维体系构建集中化、标准化、可视化的综合运维平台,提高监测和服务的时效性、精准性和前瞻性,实现快捷响应、灵活调度、智能高效的运维管理,更好地满足城市业务的按需快速部署和差异化、精细化管理需求,为城市融合感知的安全、可靠、高效运行提供强有力的保障。

一体安全。城市融合感知一体安全体系需要从物理和逻辑层面划分多个安全区域,采取防火墙、VLAN、资源抽象分区等隔离措施,CA(Certificate Authority)认证、物模型监测、IP防攻击等手段,在不同的安全区域和逻辑层部署相应等级的安全防护策略,并结合项目实际信息安全现状和需求,规划统一的信息安全运营中心,实现安全保障由分散到集中,提升信息安全管理、防御和运维能力,实现安全合规、智能防御的信息安全架构,确保系统安全运行稳定和高效。

8.6　场景案例：通过人工智能营造更安全、宜居的城市环境

8.6.1　案例概述

某城市通过全面盘点、整合、梳理城市安全要素底数,深度评估各类空间、对象和行业领域可能存在的风险隐患,依托大数据、政务云、AI创新中心,达到"及时发现问题、快速到达处置、跟踪监督问效"的安全管理工作要求。通过汇聚全要素的安全数据对城市动态实时感知、数据与AI融合对城市安全的全生命周期进行管理,并及时处置闭环安全事件,持续提升城市安全运行管理的能力和水平。

8.6.2　解决方案与价值

1. 解决方案

针对城市安全问题发现难、数据分析难、管理任务自动分发难的问题,构建"一网、一脑、三能力、N场景"的总体架构,提供安全要素感知、数据融合分析和城市安全管理的综合能力,另外重点建设人群密集监测和消防通道安全监测两个场景。

如图8-12所示,整体解决方案按照"一网、一脑、三能力、N场景"的总体架构开展城市智能安全管理系统建设。通过"一网"实现对城市动态和实时要素的安全感知;通过"一脑"即城市安全感知大模型实现对各类感知数据和业务数据的聚合;基于及时发现问题能力、快速到达处置能力和跟踪监督问效能力这"三能力"实现问题及时发现、事件快速处置、流程及时闭环。

"一网"是指一张感应网,汇聚城市实时动态全要素数据,形成城市安全数据底版。基于城市鸿蒙感知终端和通信网络,同时充分利用已经建设的摄像头及视频云、城市生命线、物

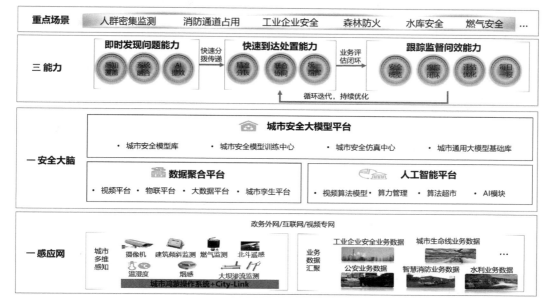

图 8-12　城市安全总体架构

联网等系统,升级建设包括算力网、感知网以及视频、物联网设备补点等内容,实现对城市多维感知数据和业务数据的统一归集。通过统一编码、统一地址、统一时空网格和统一地图等关键能力,形成城市安全孪生数据底版,支撑城市安全精细化管理。

"一脑"是指构建城市安全感知大模型。基于政务云、人工智能算力中心等系统,逐步建构"大脑—小脑—微脑"三级智算体系,完善 AI 算法与大模型、补充安全调度指挥系统及安全专题 IOC 呈现。基于 ModelArts 一站式 AI 开发平台,搭建基础大模型、行业大模型和细分场景模型,快速使能场景,实现城市安全精细化管理。

"三能力"是指构建"及时发现问题、快速到达处置、跟踪监督问效"三大能力,支撑各类城市安全场景的建设。通过感知网归集城市风险数据,基于多类城市安全算法进行智能分析、智能标签标注,辅助管理者及时发现城市安全隐患;基于 CIM 数字底座、智能分拨算法和多级联动指挥系统实现事件精准分拨、任务统一部署、指令快速到达;通过构建跟踪监督问效能力,让城市安全管理有规可评、持续优化。

1) 人群密集监测场景

景区和步行街由于物理空间有限、人流量大,在重大活动或节假日时极易出现人群密集,引发拥挤踩踏事故,严重威胁群众的生命财产安全。因此,针对人群集中场所和重点活动区域,需要实时监测人群聚集密度,必要时形成及时、合理的疏散方案。

如图 8-13 所示,高密人群监测场景面临人群遮挡造成特征不显著、标注困难、噪声样本大等问题,存在一定的技术门槛。项目中采用 AI 高密人群监测算法,通过多语义、多尺度的特征提取与小目标监测等方案,针对重点地域,采用分单点、区块、整体三个层级对试点区域内的人员数量、人员动态进出数量和人群密度情况进行统计和计算,分析出该区域当日一定周期内的出入人数、实时总人数和重点区域的人员密度情况，并与安全容量阈值进行对比，实现对该区域的整体安全风险和重要地点的安全风险进行实时、准确监测。

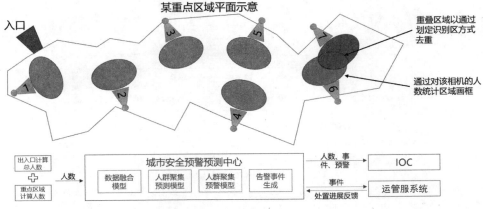

图 8-13　高密人群监测场景示意

通过 AI 高密人群场景监测算法，实现秒级实时获取现场人群数量和位置，既满足现场安全监测的要求，同时为制定人群疏散方案提供数据输入，为指挥调度和分析决策提供可靠依据。

2）消防通道安全监测场景

消防通道是消防人员实施营救和被困人员疏散的生命通道，任何单位、个人不得占用、堵塞、封闭消防通道，但在实际情况中经常出现消防通道被占用、堵塞等情况，带来较大安全隐患。城市背街小巷众多且构造复杂多样，巷内乱停车问题严重，一旦发生火情等危险情况，人员无法及时撤离，特种车辆无法及时进入，易造成人民生命财产受损。

在重点消防通道出入口通过前端摄像头的实时图像采集，在雪亮工程已有的车辆车牌识别的基础上，通过城市安全预警预测中心的智能算法研判，对消防通道占用问题进行识别和预警，并通过城运平台进行预警信息的流转处置，实现预警—流程—处置—反馈—跟踪问效的闭环处置，如图 8-14 所示。

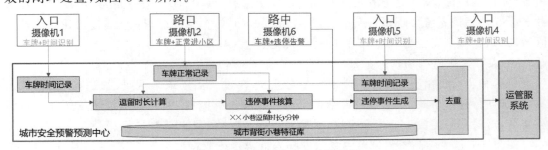

图 8-14　消防通道安全监测流程

基于计算机视觉 AI 技术，通过摄像头对消防通道占用问题进行实时监测和跟踪处置，有效地避免消防通道占用情况的发生，保障人民生命和财产安全。

2．业务价值

城市智能安全管理系统充分利用 AI 的能力完善了对现网感知数据的分析和利用,通过场景试点和技术创新探索出一条更智能、可持续发展的城市安全管理模式,有效解决城市智能化安全管理水平与城市人口规模要求不相匹配的突出问题,积极应对城市安全生产的复杂严峻形势,实现城市安全管理的转型升级。

通过全面盘点、整合、梳理城市安全要素底数,评估各类空间、对象和行业领域可能存在的风险隐患,依托 AI 等技术,全面提升城市智能安全管理能力,为未来安全城市更多领域的业务开展提供数据支持和能力支撑,助力打造全国安全城市样板。

8.6.3　总结与展望

城市智能安全管理系统作为城市安全管理新助手,为城市安全运行提供 7×24 小时持续服务、持续进化的专家系统。通过消防通道安全监测和人群密集监测等场景上线,不仅提升了城市安全管理的效率,还加强了公众安全意识,有效减少了安全隐患。充分利用 AI 技术保障城市公共安全,对于加快智慧城市发展、推进城市治理体系和治理能力现代化具有重要意义。

在大模型备受瞩目的今天,未来可以积极运用大模型泛化事件发现和长尾算法快速训练的能力,进一步加强城市安全治理和防范能力。在水库大坝安全、森林防火、工业企业安全等更多领域发挥 AI 大模型新技术的价值。泛化事件发现的能力能够帮助政府更全面地了解城市内发生的各类事件的趋势,识别事物之间的关联性和规律,变被动为主动,覆盖更多城市安全监测场景;长尾算法快速训练的能力能够通过更少的样本快速训练出符合业务诉求的更多场景算法,降低算法训练的成本,提高训练效率,提供更多有经验、管用的算法,让城市更安全。

综上,城市安全管理系统的建设为未来城市智能安全管理体系的发展指明了方向。通过充分利用 AI 大模型在不同场景中的技术价值,可以进一步提升城市安全的全面性和精准性,为营造更安全、宜居的城市环境迈出坚实步伐。

第9章
智能化使能城市运行"一屏统览"

9.1 概述

"一屏统览"指运用大数据、云计算、物联网、人工智能、区块链、数字孪生等技术,提升城市现代化治理能力和城市竞争力的新型基础设施,是推进城市数字化、智能化、智慧化的重要手段。通过对城市全域数据进行实时汇聚、监测、治理和分析,全面感知城市生命体征,辅助宏观决策,预测预警重大事件,配置优化公共资源,处置指挥重大事件,保障城市有序运行,支撑政府、社会、经济数字化转型,实现整体智治、高效协同、科学决策,推进城市治理体系和治理能力现代化。智能化应用场景包括城市运行监测中心(如城市推介、城市运行态势数据调阅、城市知识问答)和城市联动指挥中心场景(如大客流分析、视频分析)等。

9.2 城市运行监测

9.2.1 业务发展趋势

城市运行监测中心是指通过构建拥有城市交通、环境保护、城市安全、应急指挥、经济态势等多项重要功能的城市智能中枢,聚合城市重大基础设施、全量大数据、城市级人工智能等多方面的能力,通过 IOC 大屏统筹运用数据、算力、算法资源,驱动数据产生智慧,最终可以实现对城市的精准分析、整体研判、协同指挥,帮助管理城市。

近年来,城市运行监测中心在应对社会治理、交通管理、政务服务、治安防控、生态环境保护等应用场景方面成效显著,已成为各地开展新型智慧城市建设的"标配"。然而,由于城市治理的复杂性和服务需求的多元化,城市监测运行中心的 IOC 面临交互体验差、资源汇聚成本高、数据难展示等问题与挑战。

数字人、大模型等新技术能力的应用,为一些用传统技术和管理手段难以解决的城市治理问题提供了新的解决思路、手段和模式。由于硬件能力的提升和算法的突破,数字人实时渲染技术的突破、建模高视觉保真的进步、动作捕捉与最新的智能合成等关键技术的提升可以支撑构建高质量的虚拟人物,在城市运行监测中心的大屏等媒介上展现数字拟态形象,能够在城市专题讲解、咨询问答等多个业务场景实现与用户的可视化交互,为用户带来个性化服务,真正让数字化服务"听得见"的同时也"看得见"。同时,大模型在语义理解、内容生成、代码生成上具备的优势可以与数字人充分结合,实现全面感知城市生命体征,辅助宏观决策指挥,预测预警重大事件,配置优化公共资源,保障城市安全有序运行,支撑政府、社会、经济数字化转型,为城市运行监测的未来带来更多可能。

9.2.2　业务场景与需求

1. 城市推介场景

城市运行中心通过向公众展示城市的运行状况,提升城市的知名度和美誉度。通过详细呈现城市的基础设施、公共服务、环境质量等方面的信息,市民可以更深入地了解他们所生活的城市,增强对城市的归属感和认同感。此外,城市讲解也有助于吸引外来投资和游客,从而推动城市的经济发展。

城市运行中心作为城市的名片需要接待不同的客户和团队,宣传城市的经济状况、投资特色、人文环境等,传统的方式主要是通过人工讲解,成本较高。以深圳、苏州工业园区为例,平均每月接待 15 次以上,需要配合 2 人,参观者体验的科技感不高。

目前人工讲解过程中主要有以下问题:一是讲解人员不固定,紧张失误难避免,讲解效果体验差;二是大屏区域大,选择展示内容操作复杂,人工切换耗时久,误操作冷场等;三是各城市希望提升指挥大厅的数字科技感,创造城市自身的数字人 IP 专题数据场景。

2. 城市运行态势数据调阅场景

城市运行监测中心实现对城市管理情况全方位的监测,包括但不限于城市的经济创新、民生幸福、政务服务、城市环保、城市交通、公共安全等方面的全景分析。运行态势监测与感知分析的范围包括各类专题的指标。指标可以根据业务的发展进行调整,主要是根据城市管理者重点关注的指标,收集各个业务部门的指标,参考其他城市的成功经验,整理并形成标准指标体系,随着业务的发展,需要对指标体系不断进行优化和更新。指标的展示方式要求在大屏上有可视化效果,图形显示直观、生动。

在传统的政务数据可视化上线流程中,涉及很多人员、角色,包括研发工程师、产品经理、数据分析师、UI 设计师等,流程上包括城市大数据的治理,完成数据的对比分析、关联分析、趋势分析、预测分析、钻取分析,实现数据分析结果的可视化展现,最终根据当前管理中的难点进行专题分析,辅助城市的管理者进行决策。一旦需求有改动,新增迭代周期将以周或月为维度,耗时耗力。

由于数据智能化能力的限制,城市管理者仅能查看已经开发完成的专题数据,并且由现场工作人员进行手动的切换专题、打开数据图表、讲解数据分析内容。对于新的数据指标可视化需要高度依赖研发人员的支持,分析师需要拆解问题、处理数据、生成图表,数据分析低效、耗时。IOC 建设驱动了大量的政务数据汇聚(动辄几亿条数据),上屏数据指标不多,价值不明显,城市管理者希望发挥人工智能技术的优势,构建数据智能搜索等能力,将 IOC 汇聚的数据"用活"。

3. 城市知识问答场景

城市运行监测中心不仅展示城市的各项专题,而且要能够提供多维度、多层级、多粒度、体系化的城市智能化应用服务。技术的创新发展是城市智能中枢自我演进的基础动力,应用的智能化是城市智能中枢自我演进的基础资源。基于创新技术的智能应用，会逐步集成到城市各项应用场景中，使场景更智慧、运行更智能、管理更高效。以招商引资为例，招商引资在促进区域经济发展中扮演了重要角色，例如增强社会固定资产投资规模、优化经济资源配置、扩大就业等。通过在城市运行中心展示招商引资的情况，政府能更有效地优化营商环境，吸引国内外投资，从而加速产业结构转型升级，提升城市产业集聚和辐射能力。

目前，在 IOC 上展示的招商引资信息十分有限，产业指标数量较少、政策更新不及时、不同地区缺乏可比性、缺乏综合分析结果等，导致用户有投资意向时无法精准匹配的优惠政策。城市管理者在城市治理的同时，也需要探索海量数据背后的价值，推动了城市智能中枢算法模型的快速更新、快速发布和快速上线服务，不断调度组合城市资源，形成新的城市服务能力，满足不断变化的用户需求，使 IOC 提供差异化的精准服务能力。

9.2.3　解决方案

1. IOC 数字人＋讲屏控屏

IOC 系统是"城市智能中枢"，集态势感知、监测预计、辅助决策、联动指挥等多项功能于一身。IOC 汇聚了大量的城市数据，是城市形象的展示窗口。IOC 数字人可作为 IOC 的智能形象和入口，通过直观、智能化、高质量 IOC 讲解，展示城市的科技感，同时提供语音控屏、问答等交互方式，让 IOC 使用者提升交互效率、快速挖掘到想要的数据，如图 9-1 所示。

图 9-1　IOC 数字人讲屏控屏示意

数字人进行屏幕讲解的优势有很多。首先，讲解内容可以提前配置，减少演练成本，数字人可以确保讲解的准确性和流畅性。其次，讲解过程中不会出现卡顿现象，接待人员可以直接通过语音驱动数字人完成专题讲解，与传统的人工讲解相比，数字人不受疲劳、情绪等因素的影响，能够始终保持高效和稳定的工作状态。此外，数字人还可以识别语音指令，调用 IOC 系统提供的接口，完成专题切换，用户可以通过语音指令告诉数字人想打开的专题或者问题，数字人可以立即响应相关的操作并提供解答。这种方式不仅提高了工作效率，还为客户提供了更加便捷的服务体验。

2. IOC 数字人＋智能问数

通过数字人进行智能问数，消除业务（用户）与数据（技术）之间的鸿沟成为刚需。城市管理者只需通过和数字人进行自然语言对话的方式，即可获得相关的数据及可视化报表，这种方式无须复杂的技术背景,像是与一位"数据专家"进行对话,使得城市管理者能够以更直观和自然的方式进行城市运行数据调阅。

IOC 数字人＋智能问数场景的数据调阅,可以利用大模型 NL2SQL(Natural Language to SQL,自然语言转为 SQL)的能力,如图 9-2 所示,通过和数字人自然语言的交互,快速生成 SQL(Structured Query Language,结构化查询语言)语句并且执行 SQL 查询,返回相关的数据文本或者 BI 指标。

图 9-2　IOC 数字人＋智能问数

以经济运行态势为例,城市管理者想了解"2023 年上半年全国 GDP 增长前 10 的城市及增长率",只要通过与数字人对话即可得到答案。主要通过以下方式进行数据调阅:第一,进行数字人语音交互,城市管理者可以直接与数字人进行语音交互,提出自己的需求。例如,提问:"我想知道 2023 年上半年全国 GDP 增长前 10 的城市及增长率"。第二,大模型进行自然语言处理,数字人会将城市管理者的语音指令转换为自然语言处理任务。在这种情况下,数字人会识别出城市管理者的需求是获取 2023 年上半年全国 GDP 增长前 10 的城市,并进行增长率的计算。第三,调用大模型 NL2SQL 能力,将城市管理者的需求转换为 SQL 语句。执行生成的 SQL 语句,从数据库中获取相关的数据。在这个例子中,数字人会查询数据库中的 GDP 数据,提取出 2023 年上半年全国 GDP 增长前 10 的城市,并计算增长率。第四,将查询到的数据可视化的在大屏上展示相应的图表或图形。

通过以上步骤,城市管理者可以更直观和自然的方式调阅城市运行数据,无须具备复杂的技术背景。这种方式不仅提高了数据调阅的效率,还提升了交互体验,使城市管理者能够更加直观地感受数据分析的结果。

3. IOC 数字人＋智能问答

IOC 数字人可以解决不同用户的专业问题,用户包括市民、企业和政府工作人员。例如,市民可以问:"今天的最高气温是多少?"数字人会通过获取实时数据并进行分析,给出准确的答案。此外,市民还可以询问关于办理居住证、缴纳水电费等问题,数字人会根据相关政策和流程给出建议性的回答。对于企业来说,他们可以通过数字人了解与企业经营相关的政策、法规和市场信息。例如,企业可以问:"最新的税收政策是什么?"数字人会通过获取最新的政策文件并进行分析,给出详细的回答。此外,企业还可以询问关于市场趋势、竞争对手等问题,数字人会根据相关数据和分析给出评价性的回答。对于政府工作人员来说,他们可以通过数字人获取城市运行的实时数据和分析报告,以便更好地进行决策和管理。例如,政府工作人员可以问:"深圳市的人口增长率是多少?"数字人会通过获取最新的统计数据并进行分析，给出准确的答案。此外，政府工作人员还可以询问关于城市规划、经济发展等问题，数字人会根据相关数据和分析给出推理性的回答。

IOC数字人智能问答具备处理各种类型问题的能力，包括事实性问题、建议性问题和评价性问题。无论是简单的事实性问题还是复杂的推理性问题，数字人都能够理解用户的问题意图，并通过大模型生成回答。同时，数字人还具备联系上下文进行多轮交互的能力，能够根据用户的回答进一步提问或提供更详细的解答。

IOC数字人融合了大模型提供智能问答的应用，能够为不同用户提供专业的解决方案，帮助他们解决问题、获取信息和做出决策。

9.3　城市联动指挥

9.3.1　业务发展趋势

随着"一网统管"推进，各个城市逐步成立市、区、街镇城市运行管理中心（城运中心）三级组织架构，建设多级联动指挥平台。实现市、区、街镇城运中心分工协作、上下联动、平战结合，统筹各自城运事务，预防和应对各类突发事件，减少突发事件造成的损失。这种模式的优势如下。

城运中心能够实时监测和分析城市的各项指标，如交通、环境、安全、公共服务等，及时发现和解决问题，提高城市的运行效率和质量。

城运中心能够利用大数据、云计算、人工智能等技术，构建城市的数字孪生，模拟城市的运行状态，预测和评估各种政策和措施的影响，为决策提供科学依据。

城运中心能够建立跨部门、跨区域、跨层级的协同机制，实现信息共享和资源整合，形成统一的指挥体系，有效应对各种突发事件，保障城市的安全和稳定。

总之，城运中心是城市管理的创新和升级，是实现城市智慧化和现代化的重要途径，是提升城市竞争力和吸引力的关键因素，在城市发展中发挥越来越重要的作用。

9.3.2　业务场景与需求

联动指挥平台是"一网统管"城市安全与秩序管理的重要保障，它能够实现对城市的全方位监测和指挥，提高应急响应能力和协调效率，如预防和应对自然灾害、事故灾难、公共卫生和社会安全事件，保障重大节假日、体育赛事活动、音乐节庙会等大客流活动，减少突发事件造成的损失，维护城市的安全和秩序等。随着联动指挥平台建设的逐步深化，在传统能看视频、能开会的能力基础上，越来越多的智能化需求涌现，如智能分析、智能预测、智能决策、智能调度等，这将进一步提升联动指挥平台的功能和价值，为城市管理提供更强大的支撑和保障。

1. 大客流分析场景

节假日出行旅游需求的增长，要求对客流监测、管理更加精细化、智慧化。为了应对这一挑战，需要借助先进的技术和平台，在成熟的指挥调度的能力基础上，提高对客流智能研判与主动预警水平，提升对客流实时监测预警的能力，加强应对突发事件的管控能力，降低大客流应急处置响应时间。具体而言,需要关注以下几方面。

智能预警。利用移动运营商丰富的终端信令数据,采用人工智能、大数据、可视化等技术,结合历史数据对客流的数据进行智能分析和预测,根据客流的变化趋势和规律,及时发现和预警客流的异常、风险、拥堵等问题,为客流管理提供决策参考。

精准监测。利用人工智能、视频分析等技术,对景区、商圈、活动场地等重点区域的客流进行实时、精准、全面的监测,获取客流的数量、分布等信息,为客流管理提供数据支持。

主动疏导。利用人工智能、可视化等技术,对重大体育赛事、演唱会等活动的重点场所提前规划,科学有效地设置引导路障、通行线路,对客流进行主动疏导和引导,合理调整和安排客流的出入口、通行路线、停车位等,避免游客扎堆涌入或涌出造成出入口及周边交通堵塞,为客流管理提供服务保障。

通过以上措施,有效地提升对客流进行实时监测预警的能力,提高对客流进行智能研判与主动预警水平,加强应对突发事件的管控能力,降低大客流应急处置响应时间,为节假日出行旅游提供更好的体验和服务。

2. 视频监测业务场景

在重大活动保障、应急、融合指挥场景中,实时视频是最直观和有效的监控和指挥手段,但是随着城市摄像头的建设数量的不断增加,其规模已达万级甚至十万级,如何从中精准找到业务所需的实时视频,传统的人工检索方式已经无法满足业务的需求。如何改变人工检索方式,实现对城市摄像头的多维度、多角度、多层次的检索,快速精准调用所需摄像头,为实时监测和指挥提供高效的支撑,成为当前联动指挥业务的主要需求。

另外,现阶段市城运中心指挥大屏视频监测常用 GIS(Geographic Information System,地理信息系统)地图散点图和多宫格视频墙等展示模式。这些模式虽然能够展示城市的多个视频画面,但是都存在一些缺陷和不足,如:

GIS 地图散点图模式下,监管人员需要逐个单击视频标签,观看多个分镜头画面,无法对大场景进行连续的、全局实时监测,容易遗漏重要的信息和情况。

多宫格视频墙模式下,展示多画面视频,但零散的分镜头视频与其实际地理位置无法对应,导致指挥人员既"看不过来"又"看不太懂",难以形成对城市的整体认识和把控。

因此,城运中心亟须引入一种既能看到全景又能和地理空间结合的视频时空融合呈现方式,实现对城市的连续的、全局实时监测和历史事件的快速回溯查找,提取出真正有价值的信息,支撑领导结合城市空间掌控全局态势、科学决策。

9.3.3 解决方案

1. 大客流分析场景

1) 基于运营商数据的客流分析

大客流分析方案利用多源数据、人工智能技术,实现对节假日出行旅游客流的监测、预测、分析和预警,能够帮助文旅、交通等部门有效应对客流的变化和风险,提升客流的管理和服务水平,为客流管理与服务业务提供数据支撑和决策参考,为节假日出行旅游提供更好的体验和服务。其主要功能和优势如下。

　　客流画像。通过汇聚运营商数据、历史交通运力数据、OTA（over-the-Air，空中协议）数据（游客订房信息、门票数据等）、互联网 POI 数据、景区分时段预约客流数据，通过客流时空引擎实现游客的出行方式、驻留区域、停留时间特征、年龄及性别分布等特征画像，提供全面和细致的客流画像。

　　客流分析。通过客流时空引擎实现对历史客流的变化趋势进行对比分析，如图 9-3 所示，为客流管理与服务业务提供客流的动态和规律的洞察，帮助客流管理与服务业务进行客流的优化和调整。

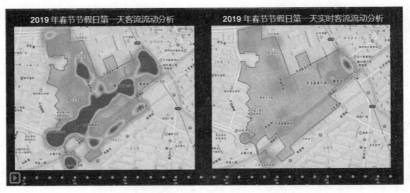

图 9-3　客流分析对比示意

　　客流预测。通过客流时空引擎实现对重点区域的出入口的 10 分钟、30 分钟和 1 小时的客流预测分析，为客流管理与服务业务提供客流的未来和可能的预期，帮助客流管理与服务业务进行客流的预防和应对。

　　客流预警。大客流方案通过预警中心将数据推送至文旅、交通等部门，实现对客流的异常、风险、拥堵等问题的主动预警，为客流管理与服务业务提供及时和有效的客流警示，帮助客流管理与服务业务进行客流的处置和救援。

　　2）视频 AI 客流分析

　　视频 AI 客流分析方案通过视频＋AI 算法的方式，如图 9-4 所示，实现对重点区域的客流密度进行计算，是一种利用现代技术提升客流管理水平的有效方法，其功能和优势如下。

　　实时监测。反映重点监测区域的实时客流情况，如客流密度、客流分布、客流流向等。辅助商圈、景区等场所管理者精准掌控重点活动区域人群密度，预防踩踏或游客滞留等突发事件，为重点活动区域提供客流的安全和稳定的保障。

　　出入统计。它能够对出入口的出入人流量进行统计，计算闭合景区内部实时总客流数量，实时监测游客变化趋势，方便进行科学的安保排班、资源调度，为闭合景区提供客流的优化和调整的建议。

　　视频 AI 客流分析方案通过视频＋AI 算法，实现对客流的实时监测、出入统计、预警预防、资源调度，为客流管理与服务业务提供数据支撑和决策参考，为客流的管理和服务提供更好的体验和服务。

3）大客流仿真分析

大客流仿真分析以运营商数据、视频 AI 实时客流数据为输入,通过仿真推演平台实现对客流行为的可视化模拟仿真,如图 9-5 所示,实现对客流的预测、规划、管理和优化的解决方案,提供以下能力。

图 9-4　视频 AI 客流分析

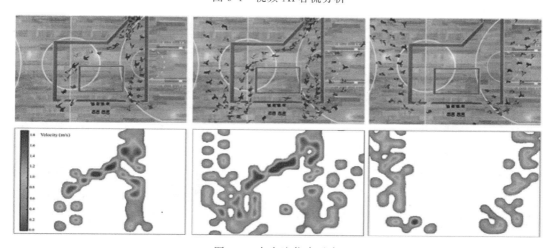

图 9-5　大客流仿真示意

人群疏散仿真。对室内外突发事件下的人群行为仿真,疏散方案规划,为客流管理与服务业务提供人群踩踏风险预测策略,提前制定安保应对措施,提升指挥的精准度,保障安全。

活动引导仿真。对活动人群引导方案规划的设计和验证,提高活动举办效率;为客流管理与服务业务提供场所管控有据可依,合理安排保障力量,提升服务水平。

设施规划仿真。对体育馆出入口规划、交通枢纽行人通道规划和商场行人路线设计等场景的仿真，为客流管理与服务业务提供公共设施建设规划的参考，优化空间布局，提升空间利用率。

2. 视频监测业务场景

在城市联动指挥业务中，引入大模型能力，利用语音识别、语义理解、数字人等技术，实现通过语音控制调用对应地理位置的摄像头，为指挥人员提供语音交互的检索能力，避免手动操作的烦琐和低效，提高工作效率和质量。针对重点区域场所，结合三维场景视频融合平台能力，利用视频拼接、图像融合、视频压缩等技术，实现对重点区域场所的多个摄像头的视频画面进行拼接和优化，形成一张连续的重点区域实时全景全时空立体可视化大场景画面，为指挥人员提供全局视野的监测能力，避免分散和重复的画面，提高工作效果和水平，实现了视频从"看得清"到"看得懂"的提升，助力领导高位指挥。

1）指挥语控数字人

指挥语控数字人方案是一种利用人工智能大模型能力，实现对城市运行指挥平台的智能语音交互和控制的解决方案。它能够利用数字人与指挥平台的数据连接，实现对城市的各项信息的智能问答和控制。以视频快速检索为例，指挥人员与数字人进行语音交互，查找特定地点摄像头，数字人能够通过 NLP 大模型精准地理解指挥人员的语义，生成检索视频标签库的指令，调用业务所需的摄像头，并在大屏上秒级呈现视频画面。

如图 9-6 所示，指挥语控数字人通过数字人智能交互平台能够让用户自定义数字人的形象、对话引擎、多模态交互等配置。通过与指挥平台的数据连接，实现对城市运行指挥平台的智能问答和控制，其主要功能和优势如下。

图 9-6　指挥语控数字人

平台驱动。指挥平台以 API 的形式驱动数字人,通过平台提供的 SDK 快速对接 H5、小程序、安卓、iOS 等主流协议,为用户提供多种接入方式和渠道,提高用户的使用便利性和体验。

AI 能力。后台接入 ASR(自动语音识别)、TTS(从文本到语音)、NLP(自然语言处理)、图谱问答等 AI 能力,为用户提供语音识别、语音合成、语义理解、知识检索等功能,提高用户的交互效率和质量。

复杂场景适配。实现数字人问答、服务、讲解、导览等复杂场景的任务,为用户提供多样化和个性化的服务内容,提高用户的交互效果和水平。

综上,指挥语控数字人方案是一种创新和高效的城市运行指挥平台的智能交互和控制方案,为用户提供数据支持和决策参考,为城市运行指挥提供更强大的支撑和保障。

2)视频三维融合

在三维场景中综合监管与展示视频信息,将处在不同位置、碎片化、不连续、具有不同视角的分镜头视频,按照统一的时间、空间顺序实时动态地展示到城市三维模型中,实现城市海量视频信息全时空融合,在充分利用并盘活现有视频资源基础上,适当新增高点并具备夜视功能的摄像头,建设落地基于三维场景的视频孪生方案,将重点场所高点摄像机所拍摄的视频图像信息嵌入三维模型中,找到视频信息之间的关联,提取出真正有价值的部分;枪机关注区域大场景的实时状况,并可按需设定路线进行全景漫游及视频巡逻;球机实现现场局部细节监测的"指哪儿打哪儿"。最终通过构建高低联动、枪球联动、全景时空视频能力,让领导看得全、看得懂,达到视频从"看得清"到"看得懂"的提升,实现对城市重点区域 24 小时全景监测与可视化管理,如图 9-7 所示。

图 9-7　视频三维融合

三维视频融合能力的增强可以更好地为城市联动指挥业务赋能;服务重要场所、重大活动、重要节假日的活动保障,助力领导高位指挥,提升城市联动指挥平台能力,提升客户指挥体验。

9.4　场景案例

9.4.1　福田"IOC 数字人",实现"城市推介""智能问数"

1. 案例概述

深圳市建设鹏城智能体致力于民生服务、城市治理和数字经济的高质量发展,通过建立多级联动的协同机制,实现统筹与分布紧密结合,解决复杂城市问题。福田区政务服务数据管理局贯彻落实关于政务服务、电子政务、数据管理、网格管理工作的方针政策和决策部署,按照区委工作要求,在履行职责过程中坚持和加强政务服务、电子政务、数据管理、网格管理工作的集中统一领导。福田区政务服务数据管理局根据市级的统一规划,强化区级系统集成、场景赋能,构建横向全覆盖、纵向全联通的城区运行管理平台,充分展示福田的科技力量,打造数字政府全域治理现代化典范。

目前,区运行管理平台面临着城市讲解成本高、数据上屏不灵活、科技交互体验差等问题,亟须通过智能化的方式提高讲屏控屏的能力,海量数据可视化上屏盘活政务数据的价值,打造具有福田特色的智能化交互体验。

2. 解决方案及价值

1)解决方案

(1)IOC 数字人+城市推介。福田 IOC 汇聚了大量的城市数据,是城市形象的展示窗口。IOC 数字人可作为 IOC 的智能形象和入口,通过直观、智能化、高质量 IOC 讲解,更加具有科技感地为参观者和领导展示城市。

如图 9-8 所示,IOC 数字人可以接待不同的参观者和领导,联动 CIM 地图、城市地标卡片、数据卡片、视频等生动形象地展示城市的经济特色、生活便利、投资建议等,让参观者沉浸式地体验福田生活。同时,数字人结合大模型,可以进行内容生成,参观者根据自己的需求提出各种类型的问题,如"在福田投资电子产业的建议是什么?""如何办理营业执照证书?""有哪些惠企政策?"等,数字人可以将语音识别成文字,再由大模型进行自然语言理解并生成对应的答案,由数字人进行声情并茂的播报,让提问者感受到福田区的科技交互特色。

图 9-8   IOC 数字人+城市推介

(2)IOC 数字人+经济智能问数。福田 IOC 上可以展示经济、交通、环境等多个专题,其中经济运行态势是领导层最为关注的重点。传统的经济运行专题仅能展示有限的指标数据,包括 GDP 数据、产业规模、中小企业规模等,指标数据可视化需要经过开发人员、数据分析师以及 UI 设计师才能进行上屏。经过数字人与大模型的能力结合,领导可以通过向数字人直接提出数据调阅的需求,数字人识别语音后,由大模型进行意图识别,不仅可以自动展示已经制作好的数据指标卡片,而且可以对没有提前开发过的数据进行生成代码、智能匹配图表,打造极速的数据上屏体验。

　　IOC 各个专题均可以通过数字人＋经济智能问数的形式,盘活海量的政务数据,通过语音指令直接调阅数据,辅助城市决策,如图 9-9 所示。

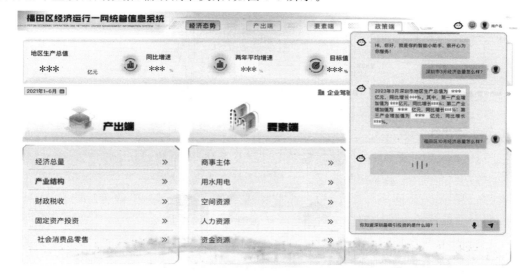

图 9-9　IOC 数字人＋经济智能问数

　　2）业务价值

　　福田区通过创新数字人和大模型的应用场景,不断深挖 AI 技术在政务领域的价值。这些先进的技术手段不仅提高了政府工作效率,还为企业和投资者提供了更好的服务体验,有力地推动了福田区的经济、社会发展。

　　在招商引资方面,数字人可以通过智能推荐系统向潜在投资者展示福田区的优势产业、优惠政策和发展前景等信息。这些信息以直观、生动的形式呈现,让投资者能够更好地了解福田区的投资环境。此外,数字人还可以根据投资者的需求提供个性化的服务,如选取适合企业租金和面积要求的产业空间、解答政策疑问等,从而提高投资者的满意度和投资意愿,推动企业投资入驻。

　　在领导层决策过程中,数字人也可以作为数据调阅助手,帮助领导快速获取所需信息并进行深入分析。例如,在经济分析会上,领导可以通过与数字人的互动实时了解各项经济指标的变化情况,并根据数据分析结果做出更加明智的决策。这种实时问数的方式有助于领导更好地把握经济发展的大趋势,为政策制定提供有力支持。

　　3. 总结与展望

　　福田区通过数字人作为统一的交互入口,打造了"数字人＋"系列,为 IOC 挖掘数据价值、城市运行态势监测、城市治理研判决策提供了更高的价值。大模型提供了高质量的泛化能力,在政策问答、知识问答、数据问答多方面提供更加精准的答案,帮助使用者快速获取信息进行决策。福田区积极尝试数字人、大模型等新技术,赋能民生服务、城市治理等多个应用场景,挖掘技术潜在的价值,将成功的经验推广到全国。

9.4.2 南京大客流＋视频孪生，提升城市精细化管理水平

1. 案例概述

随着《南京市城市运行"一网统管"三年行动计划》的出台,南京市城运中心以"一网整合数据、一屏可观全局、一体应急联动、一线解决问题"为目标的"一网统管"工作正在加速推进。当前节假日出行旅游需求出现爆发性增长,为高效应对城市景区大客流保障场景,赋能政府部门高效治理、提升游客体验,南京市城运中心将运用新兴信息技术,建设"一网统管"技术平台,接入、整合各部门业务系统,为及时精准发现问题、研判形势、预防风险和处置问题提供支撑。

目前景区各部门系统采集的基础数据信息相互不共享,系统和系统间互相孤立,无法实现景区内物资、人员、场所等相关数据的内容详情互联互通,大客流引导是景区重点关注和要解决的问题,亟须协同多部门,运用多种手段,把简单的客流预测升级为智能客流引导,保障景区的安全运行和游客的安全出行;全局态势一屏可观也是景区重点关注和要解决的问题,在充分利用现有指挥调度能力的基础上,建设视频孪生平台等能力平台,初步建成人流管理、视频孪生及指挥调度等场景专题,实现"看得见、喊得通、调得动"的目标。

2. 解决方案及价值

1)视频孪生

南京市城运中心指挥大屏视频监测目前常用GIS地图散点图和多宫格视频墙等展示模式,会导致存在视频孤岛、视频资源碎片化分散在各处、大场景全局无法关联,也会导致存在数据割裂、零散分镜头视频与地理位置无法对应。因此,对于重点场所的监测,南京市城运中心亟须引入一种既能看到全景又能和地理空间结合的视频时空融合呈现方式。

以新街口为例,如图 9-10 所示,通过分析区位及现有摄像机布设情况,在充分利用现有高点球机视频资源基础上,通过新增摄像头构建了四枪一球的视频孪生解决方案。

图 9-10 新街口场景监测

　　结合城市三维场景,实现了四路枪机视频与三维场景的拼接融合,依空间位置关系关联附近高点监测球机,构建了新街口核心十字路口的三维视频全景融合,如图 9-11 所示,通过枪球联动、高低联动、视频巡查等功能,实现人在画中游的"身临其境"效果。

图 9-11　新街口三维视频全景融合

　　基于上述几个核心功能,实现了城市视频监测从"看得清"到"看得懂"的提升,增强城运中心对重点场所、重点区域的管控功能,实现对重点场景、重点区域 24 小时全场景监测与可视化管理,如图 9-12 所示。

图 9-12　建设效果

　2) 客流监测方案

　　南京市在 2023 年国庆周期间吸引了大量的游客,创造了旅游业的新高。据统计,南京市在 2023 年国庆周期间重点景区景点、乡村旅游、文博场馆共接待游客达 1618.2 万人次,较 2022 年上涨 102.2%,较 2019 年上涨 29.4%。这一数据显示了南京市旅游的魅力和活力,也给南京市城运中心带来了重大的挑战。如何对重点景区的客流进行实时的监测、仿真推演和预测分析,精准识别客流动态,保障游客出行顺畅,避免公共安全事故发生,是南京市城运中心需要关注和解决的问题。

如图 9-13 所示，方案利用视频＋AI 技术，实时采集客流数据，结合运营商数据、OTA 数据（如订房、门票等）、历史交通运力客流数据、路网模型和互联网浮动车数据，分析出行需求的时空分布。通过客流时空引擎，对北牌坊、东牌坊等 6 个出入口和其他重点区域进行客流趋势的短期预测（10 分钟、30 分钟、1 小时），并设定密度标准，当某个区域的客流密度超过标准时，及时发出告警信息，通知安全保障单位和处置人员，采取措施分散人群，防止发生踩踏等安全事故。同时，通过预约数据，可以实时了解游客的计划到访时间和已入园人数，与视频 AI 计算的实时总人数和重点出入口的聚集人数、运营商的短临预测数据相结合，对景区的游客峰值进行综合研判，帮助景区管理者临时调整游客管理方案，应对可能出现的客流峰值。

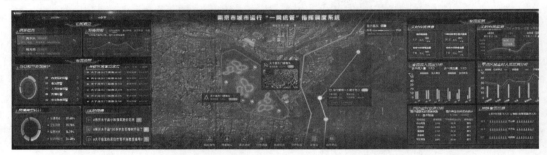

图 9-13　客流监测示意

视频孪生解决方案利用三维视频融合技术，将三维场景、视频、地理坐标融合起来，实现视频与三维场景同步展现，可提升数字孪生场景在实时、连续、动态性表达方面的能力，一屏还原空间内多层次的实时动态画面，实现拼接的图像通过与枪球联动、场景信息增强显示等功能相结合，最大限度地发挥城市视频资源的应用价值，实现视频资源的汇聚治理、智能调度、开放共享，大大提高人们对于场景内整体事物、态势的掌控能力，辅助构建现代化治理能力，提升城市精细化管理水平，满足管理者提供更直观、更准确、更高效、更有价值的使用需求。

客流监测方案通过对客流实时监测、历史数量与客流热力分布分析，整体把握景区、商圈等重要场所的客流密度，实现景区流量监测，重点监测场所的平稳、有序运行，实现"限量、错峰"，提高客流统计的时效性、科学性和精准性。同时统计客流可以掌握整体的客流负载情况，有助于重点监测场所的管理，同时由于有了客流统计数据，可以利用大数据方式分析、预测未来客流以及分布密度的情况，是优化管理和提高客户体验的关键指标。

3．总结与展望

南京通过将视频孪生与指挥监测融合，增强了城运中心对全市重点场所、区域的管控，实现了对重点场所、区域 24 小时全场景监测与可视化管理。基于客流时空引擎及视频＋AI 技术对大客流事前、事中及事后的全流程分析、预测和监测，实现了对大客流的突发事件的管控和响应能力。南京市积极探索 AI 大模型、视频孪生等新技术在城市治理领域的应用，不断提升政务服务水平，打造数字政府治理现代化典范。

第 10 章

智能化使能城市治理"一网统管"

10.1 概述

"一网统管"是以人为本,通过流程变革、技术支撑、线上线下协同,提升城市的"智治力",不断发现客户关键问题,并对准这些问题,横向整合各委办局,纵向拉通区、街镇,围绕"高效处置一件事"进行管理、协调、拉通的治理体系。

城市治理是国家治理体系和治理能力现代化的重要内容,城市治理搞得好,社会才能稳定,经济才能发展。"治理"在整个城市可持续发展全局中有着关键性和基础性地位。一流城市要有一流治理,要注重在科学化、精细化、智能化上下功夫,不断提高城市治理水平。

城市治理需要科学化,坚持规划引领,整体性治理。城市治理现代化建设主要涉及市域治理、县域治理和基层治理的范畴。在城市治理中,不同的层次扮演着不同的角色,有不同的使命,其中任何层次或者环节不畅都会妨碍整体功能的实现,影响国家治理的效能。因此,在各层级间需要实现数据流、业务流和指挥流的贯通,才能满足整体性治理的需要。

从技术的角度,强化信息技术手段,解决跨部门、跨层级的信息共享与协同,是重要手段,如图 10-1 所示。

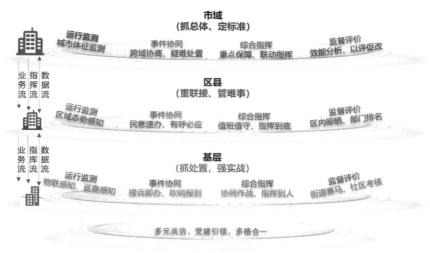

图 10-1   一网统管业务框架

　　打通数据流：通过建立统一的大数据平台，实现海量数据的采集、挖掘、加工、汇总、整合、存储、分享，为城市治理提供坚实的数据支撑。

　　打通指挥流：建立分层分级的联动指挥体系，打通从市域到区县再到基层的联动体系，实现紧急事件指挥到人，基层处置中吹哨报到。

　　打通业务流：建立互联互通的业务协同平台，实现事件的分级闭环及联动机制。

　　城市治理中"三协、四联、五治"的业务目标如图 10-2 所示。

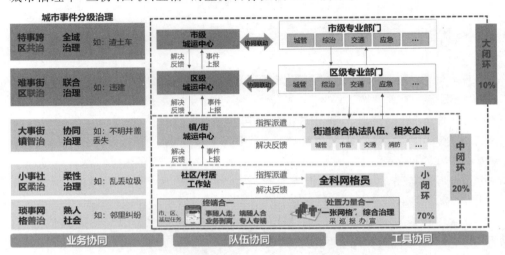

图 10-2　城市治理中"三协、四联、五治"的业务目标

　　城市管理应该像绣花一样精细。越是超大城市，管理越要精细，越要在精治、共治、法治上下功夫。精治的核心是精细化，精细化主要源于政府行政管理效能提升的需求。

　　城市治理需要坚持走智能化之路。智能化需要源于城市治理问题复杂度的不断提升，而城市治理问题的复杂度提升则来自城市规模不断增长、治理主体日趋多元、业务范畴涉及广泛等多重因素。基于"全生命周期管理理念"的要求，单纯依靠经验的传统治理模式已经难以应对当前城市治理的复杂问题，需要借助智能化手段在感知、认知、决策等方面全面提升治理能力。

　　感知的智能化。需要围绕智能感知终端、智能感知网络、智能边缘计算、泛在感知平台等方面构建智能感知体系，提升城市的全面实时感知能力。虽然城市中各类传感器已经广泛应用于园区、楼宇、道路、管网等场所，但除了智能传感器占比仍较低之外，各类传感器标准也尚未统一，呈现碎片化的特点，常见的物联网无线通信技术、感知标准、网络传输类标准均超过 10 种以上。这些均不利于对城市运行感知数据的高效采集，需要统一的标准来推动城市智能感知效能和智能化水平的提升。

　　认知的智能化。像国内首套人工智能流域管理系统，虽未使用大模型技术，但也已可利用水质大数据、物联网和边缘计算技术，结合速算力学模型、机器学习算法，将水质超标实时污染溯源时间由传统的 48 小时缩短至最快 0.5 小时，实现了对水质超标实时溯源。

ChatGPT 出现之前的智能化主要解决专用场景的识别、分类、跟踪、检测等感知问题,随着大模型技术的发展,通过与大数据、数字孪生等技术的结合,可产生 $1+1>2$ 的跨领域价值,如对城市治理图像内容的详细识别,就可以利用城市已建设的数十万甚至上百万传统的摄像头实现更多场景的智能识别。通过大模型技术的加成,将快速提升认知智能的发展水平。

决策的智能化。大模型技术在内容生成、语言理解、知识问答、逻辑推理、数学能力、编程能力、多模态等通用认知能力方面均表现出了较高的智能水平,针对城市治理中的事件监测、趋势分析、风险预测等场景,已可以探索使用大模型进行初步的辅助决策,未来通过人机高效配合将能进一步提升城市治理的效能。

10.2 市域治理

10.2.1 业务发展趋势

市域有完整的立法权,具有统筹协调各方资源和调动一切治理因素的天然优势,化解突出矛盾和重大风险的能力明显,但随着大城市人口、规模不断扩大,治理范围日益扩大,城市各项功能得到不断增强,运行系统也日益复杂,发生"黑天鹅""灰犀牛"风险事件的概率更高,因此在治理资源有限的情况下,市域治理需要聚焦于城市快速发展伴随的一系列关键问题。

市域治理目前主要面临以下三大问题:一是安全风险不断增加,随着城市化水平不断提高,市域治理面临着越来越多复杂多变,具有不确定性和难以预测性的安全风险。自然和人为的灾害因素相互影响,社会流动加剧,导致社会矛盾和新生社会矛盾相互交织,潜在风险源不断增多。二是社会矛盾日益凸显,随着城市化进程的加快,人口流动、资源分配不均、社会福利差距等问题导致社会矛盾的增加,需要加强问题诉求感知能力,及时发现和解决社会矛盾。三是城市运行协同能力亟待提升,监督处置部门受到相对滞后的法定职责边界的制约,经常难以应对错综复杂的实际问题及不断涌现的新生事物,同时由于部门间信息孤岛、数据孤岛等问题,城市运行中涉及多部门的协同能力相对薄弱。

因此,市域治理的智能化需聚焦加强物联感知、问题诉求感知、城市运行协同,构建并增强城市"千里眼""顺风耳"的全维度感知能力和城市"大管家"的运行监管协同能力。

城市感知"千里眼""顺风耳"需要通过大数据、云计算、物联网、视频联网、AI 智能等现代信息技术手段,高效和精准地识别城市的生命体征,全面收集分析城市中的各类声音和信息,提升对各类风险和问题的实时感知分析能力,更好地了解公众的需求和关切,帮助城市管理者更好地了解城市运行状况,及时发现和解决问题。

城市运行"大管家"需要在配套的机制体制下,将各个部门的数据和资源进行整合共享,实现部门间的协同工作和信息互通,建立起一体化的管理平台,识别各类城市弱信号强信息,推演城市政策影响和业务趋势,不断提升城市的运行效率。

10.2.2　业务场景与需求

市域治理的基础离不开数据，需要以 GIS/CIM 为数据底座，建立起人、企、地、事、物、组织等要素的联系，在数据之上通过城市所有的视频、物联传感器以及汇聚接入的工单事件，掌握城市运行的态势，再进一步对城市运行规律进行研判分析，进而可以具备业务仿真的能力，帮助城市管理者更好地实现风险的预警预测以及各类方案的模拟推演。

数据是基础。城市数据之间缺少融合和优化是常见的症结，在平时和战时都会带来一系列的问题。例如：平时民政部门因不掌握居民实际工作情况等信息，出现错误发放低保补助而损害政府公信力的情况；战时消防救援队伍不掌握火灾现场危化品信息，采用错误的救援方式，导致发生二次爆炸的情况等。以上问题需要通过开展高精度二维、三维城市建模，推动地上地下、室内室外二三维空间数据与政务数据的深度融合，通过 GIS/CIM 应用提供统一的服务支撑能力，助力城市全要素数字化、城市运行实时可视化、管理决策协同化和智能化。

及时感知是前提。视频资源的有序共享与价值挖掘是不小的挑战，各委办局部署在政务外网的摄像机、社会单位自行建设的摄像机大部分未进行联网，视频数据分散，涉及业务处理时只能到现场调阅，通过人工方式进行线索排查，或者复制视频回单位分析，获取视频难度大，更难以规模化挖掘潜在价值。城市治理需要充分整合各类视频资源，解决大规模接入视频的高并发问题，建立面向视频资源应用场景的全面开放、有序共享的平台。通过统一的视频资源联网平台，提升城市视频资源的使用价值。例如：基于多模态大模型的能力，充分利用现有城市的各类摄像头综合发现城市运行中的各类治理问题；基于智能化的视频图像拼接技术，实现在重点区域将多幅图像拼接成一幅大尺度图像或 360°全景图等。

深度赋能业务是关键。城市治理面临大量的难预见、超复杂问题，需要积极应对。如：怎么及早识别城市运行中跨行业跨领域的"黑天鹅"风险事件；怎么在节假日、重大活动保障中，预测人流、车流，及时调整保障预案，避免"灰犀牛"风险事件的发生。2023 年 3 月 16 日上午，深圳市无人机送血航线正式开通，所使用的无人机具备 $5\sim25$kg、$16\sim130$km 的运输能力，可满足一般情况下急救用血的需求。开通无人机空中送血航线，使得送血过程不受复杂交通事件影响，较往常车辆路面往返运血而言，能节约近一半的时间，更快抢救患者，保证患者的生命安全。

针对城市运行中的各类"弱信号"，在通过民生诉求平台，确保民生诉求得到快速、高效办理的同时，也需要通过大数据等技术分析研判，及时捕捉其中相互关联的"强信息"，及早发现处置"强风险"，让问题发现在早、化解在小、预防在先。针对"灰犀牛"风险，建立并逐步完善的城市数字孪生可以数据驱动实现全方位感知、全时空体验、全领域赋能，让城市具备过去可追溯、现在可感知、未来可推演的能力，如重大活动保障等场景中人流、车流的预测，应急救援场景中预案等级的精准判断，安排足够力量保障和救援，避免因保障不足或饱和救援引发的次生灾害。

10.2.3　解决方案

市域治理方案需要依托类似市级城运中心的管理部门搭建包含城市态势"感知中心"、城市运行"信息中枢"、城市管理"指挥阵地"、城市治理"参谋助手"四大定位的市级城运平台,构建具备灵敏感知、统筹协调、综合调度、分析研判的综合性城市治理智能化能力,如图 10-3 所示。

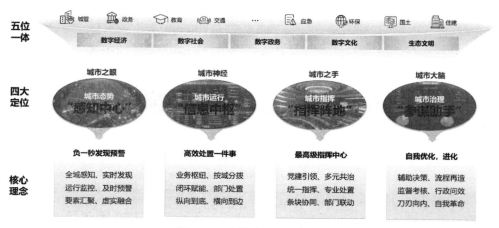

图 10-3　市域治理业务架构

市域治理重点是针对涉市层面的融跨问题推动"系统治理、依法治理、综合治理、源头治理",因此市域治理方案中的四大定位是相互协同的,共同支撑了五位一体目标的落实以及城市的"可感、可视、可管、可控"。其中,城市态势"感知中心"应具备全域感知、实时发现、及时预警,要素汇聚融合的能力;城市运行"信息中枢"应具备针对涉市层面的融跨问题按域分拨、闭环赋能、部门处置纵向到底、横向到边的能力;城市管理"指挥阵地"应具备统一指挥、条块协同、部门联动的能力;城市治理"参谋助手"应具备辅助决策、流程再造、监督考核、行政问效的能力。

此外,市级层面需要整体考虑应对未来重大安全风险的智能化基础能力建设,同时为区县、基层提供智能化的能力支撑,特别是需要积极探索智能化前沿技术在城市治理中的应用,带动城市治理能力不断取得突破性发展。

1. 建设市城运平台

市级城运平台建设需要以"城市智能体"理念为指导,充分依托政务云数字基础设施及共性能力平台的统一支撑,搭建集灵敏感知、统筹协调、综合调度、分析研判等功能于一体的市级城市运行管理平台,如图 10-4 所示,提供实时性问题的快速响应和高效处置,实现城运事件统一受理、智能派单、分级处置、全程跟踪、考核问效,形成具有深度学习和自我进化能力的一体化智能协同体系,全面服务城市精细化治理水平和能力提升。

1)夯实基础支撑能力

依托政务云、地理空间信息等数字公共基础设施,深化、提升数据中枢、应用中枢、AI 中

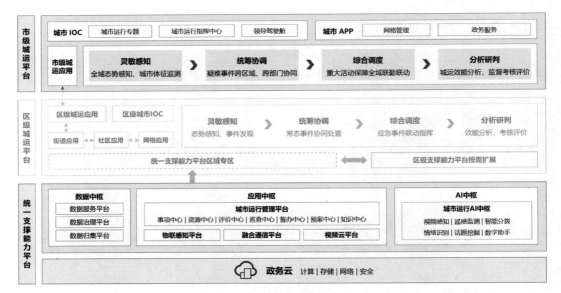

图 10-4　市域治理方案架构

枢能力，同时制定平台建设、对接及服务标准。

2）构建物联感知体系

提升城市全域感知能力，建成"统一规划、统一标准、统一汇聚、统建共用、经济集约"的物联感知体系。

发布物联感知体系统一建设标准，建设市级物联感知平台，接入全市视频设备和 IoT 感知设备，生成统一设备台账，结合数字孪生技术实现物联感知资源可视化、城市全要素数字化，辅助城市管理决策更加科学。

3）整合多源事件渠道

推动城市运行事件统一归集，事件发现渠道多口归一。实现热线（12345 等）、委办系统（城管、综治、110、119、120 等）、网络舆情热点、感知预警（视频 AI、物联传感、LBS 热力分析等）等线上线下多渠道事件统一归集。

4）打通多级指挥通信

畅通市、区、街道、社区、网格五级联动体系，接入部门指挥调度专网和平台，同时接入视频系统、"雪亮工程"平台、物联感知系统，融合语音、视频、会议、执法终端、无人机等通信渠道，保障前后方实时通信、指挥调度，为跨部门、跨区域、跨层级的综合执法、联勤联动、快速处置提供全面支撑。"平时"跨部门协同处置，"战时"跨系统通信调度。

5）大、中、小屏联动

城运平台建设全面支撑"大、中、小"三屏联动体系构建，打造随时随地的治理模式。

"大屏"即各级城市运行管理中心指挥大厅，汇聚各类智慧应用、各区 IOC 场景，实现"一屏知全域"的态势感知、预测预警、城市体征的可感、可视。

"中屏"通过 PC 端、智慧屏等中型展示平台，作为"大屏"辅助，汇聚各类智慧应用、各区

IOC 场景,实现城市运行状态的可视化和事件的关联下钻分析。

"小屏"充分发挥移动应用的便捷性,为领导和工作人员提供随时随地的综合态势感知、可视化能力。

2. 前沿技术应用

市级需要积极探索大数据、人工智能等新技术在城市治理场景中的创新应用,重点在事件处置、综合指挥、风险识别、仿真推演等方面不断拓展城市治理能力边界。

1) 探索端到端事件闭环

改变城市治理模式,激活社会主体责任,带动城市共建共治,需要解决城市治理精细化方面存在的以下问题。

(1) 权责不清,从属不明,扯皮推诿,处置不到底。

(2) 行政管理为主,治理主体单一,参与不到边。

(3) 监管薄弱,缺少同级监督,责任不贯穿。

如图 10-5 所示,针对已发现上报的案件,需要通过匹配 GIS/CIM 底座中的三张清单,第一时间通知责任人自行整改,在规定时间内责任人无整改行为,将协调物业、社区等介入监管,只有针对责任主体管理无效时才由执法部门介入。以此有效促进社会主体自治自改的良性循环,同时可提高政府社会形象,加快案件处置效率。

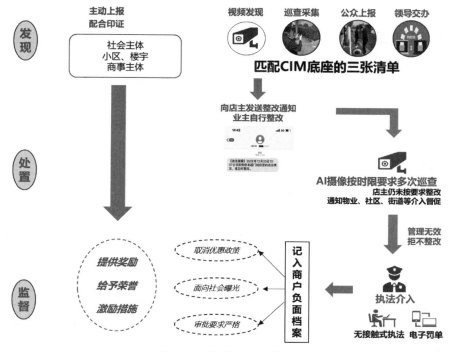

图 10-5　端到端事件闭环

2）构建城市全景视频指挥

在传统视频监测综合指挥中，重点区域多为零散九宫格视频，无法全局把控，易导致指挥过程中决策迟延，应急延误。

城市全景视频指挥场景需要结合城市实景三维模型，在三维地理信息系统视频融合平台中，接入海量的视频资源，针对视频覆盖范围，实现视频全景拼接，如图 10-6 所示，把单一局部独立视频还原成全局真实场景。同时，根据视频的画面内容，与三维城市场景进行精准匹配融合，达到视频与场景同步展现效果，实现"上帝视角"实时精准指挥。

图 10-6　三维全景视频拼接

3）提高城市风险"弱信号"识别

城市治理需要聚焦防范化解重大风险隐患，保持对"弱信号"背后"强信息"的高度敏感，严防经济金融、公共安全等领域风险，防止出现"黑天鹅""灰犀牛"事件。

如图 10-7 所示，针对城市"弱信号"的识别，主要通过 NLP、GES（图计算引擎）等 AI 技术，结合对大量信号进行的合理分析或推断，从中捕捉筛选出有价值的弱信号，成为预警的

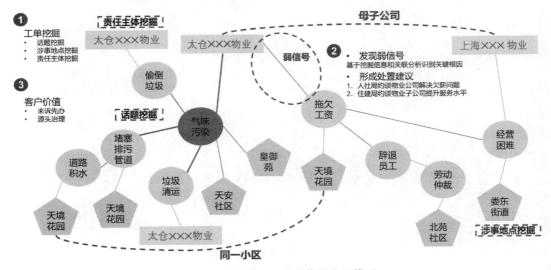

图 10-7　基于 GES 的弱信号发现模型

"触发器"并用于决策支撑,及时防范"黑天鹅""灰犀牛"事件。

在城市治理事件闭环中,也可用于对疑难事件闭环难的根因分析研判,提升事件闭环效率,让问题发现在早、预防在先、处置在小。

每个大中城市都有人员特别密集的商圈、景点、站点等场所,特定情况下容易引起踩踏等公共安全事件,造成人员的重大伤亡。相关的监测预警方案需要解决以下痛点。

(1) 传统看摄像头模式无法实时知道当前区域具体人数。

(2) 传统模式无法了解全市所有人员密集场所人数,并自动形成告警。

(3) 传统的基站和互联网 LBS 解决方案精度误差较大,无法准确体现人群聚集易发的狭窄区域人流情况。

针对城市人流密集场所的人流监测预警,通过传统摄像头＋AI 识别替代人工视力预估高密区域人员人数更加准确;通过传统摄像头＋AI 技术识别替代人工预测特定区域进出人数,对封闭场所进行现有人数判定,可以及时准确掌握区域人流情况;还可通过预测算法预测未来人流趋势,能够让预案提前一秒准备。

10.3　区县治理

10.3.1　业务发展趋势

"县一级处在承上启下的关键环节,是发展经济、保障民生、维护稳定、促进国家长治久安的重要基础。"区县可分为县(市)和市辖区两类,县(市)是连接城市与农村的桥梁,市辖区则主要是城市经济的空间载体,两者均存在任务全面、责任重大、资源有限的共性治理难题,亟须转变治理方式,推动治理流程再造和模式优化。区县治理整体上看相较于市域治理更加突出以人民为中心的原则,致力于增强群众的获得感、幸福感、安全感。近年来,不少区县均已成立城运中心或是社会治理中心等治理机构,新的机构发挥着上下贯通、横向协同的作用,有效提升了区县的治理能力。成立区县城运中心推进区县治理能力和治理体系现代化,已成为区县治理的重要趋势。

区县城运中心"平时"需要围绕"高效处置一件事",监测分析城市运行态势,针对综合性事件开展协同联动、分拨调度,协同各职能部门积极响应街道吹哨事件,强化城市运行事件的呈现、流转、处置、监督、分析等。"战时"需要发挥综合调度中心作用,相关专项指挥部进驻,开展灾害救援、公共安全、公共卫生等城市重大事件的综合指挥调度。

区县城运中心需要在连通上下、衔接左右、统筹协调、综合调度上发挥系统枢纽和作战平台的作用,需要成为区级日常运行状况分析监测平台、应急状态(专项工作)综合指挥调度平台和各类民生诉求汇聚、分流转办、督办考核枢纽,以及社会治理大数据汇聚整合、融合共享、应用分析枢纽。区城运中心需要向上打通市级部门,向下联通街道,横向整合本区城市管理相关部门,发挥居中调度、统筹协调的作用。需要建设与本级应用相适应的软硬件基础,强化本区个性化应用场景的开发和叠加能力,为区、街道、社区、网格的城市运行管理提供有力保障。

10.3.2 业务场景与需求

区县治理面向区域内的问题、事件，对于采集、分拨、处置、结案各环节通常采用人工经验判断的方式进行处理，往往被动响应、处置力量到达现场时间较长，事件处置效率低，群众满意度差。区县治理事件处置需求如图 10-8 所示。

图 10-8　区县治理事件处置需求

通过使用 AI 技术，促进业务与 AI 的不断融合，实现区县内事件处理全流程智能化，包括事件智能发现、城运工单自动分拨、事件问题智能分类，充分提升事件的处置效率、提升区县治理智能化水平。

利用 AI 技术从事前、事中、事后三个阶段分别赋能和改善传统治理模式，强化事件及时发现、问题及时处置、事后科学评价的闭环管理。

一是在事件发现阶段，以往主要依赖于人工巡查、市民举报、12345 热线等途径，事件发现的时效性较低，影响了群众的生活幸福感和办事体验感。利用视频 AI 技术自动发现事件，不仅能够帮助基层工作人员实现市政、环卫、违停等多个场景事件的识别，还能够自动上报至事件中心完成派遣，从而有效提高事件的处置效率，减轻基层工作人员的工作压力。

二是在事件处置阶段，以往需要通过人工查找各部门的"三定"方案及相关法律法规明确事件归属责任单位，再派单至对应部门。此过程耗时较长且错误率较高，影响了事件处置效率。通过运用 AI 技术赋能工单自动分拨，能够快速将事件与权责部门进行匹配，同时为复杂事件提供相似事件的解决建议，大幅缩短人工派单时间，提升事件处置精确度和处置效率。

三是在事件处置完成后，传统管理模式需要依靠人工给出事件处置的效能评估结果，用时较长、工作量大。通过运用 AI 技术，对处置效果进行跟踪、挖掘热点问题、挖掘责任主体和问题根因，持续提升政府服务效率，增强人民群众的获得感和满意度。

10.3.3 解决方案

高效处置发生的事件是推进城市治理新模式改革的重要突破口。如图 10-9 所示，未来，城市治理将持续运用 AI 技术赋能城市治理事件全周期智能管理。作为提升城市风险防控能力和精细化管理水平的重要途径与构建城市发展新格局的重要抓手,AI、大模型等新技术赋能的城市治理场景的市场空间将超过百亿元,将对促进城市高质量发展、推进城市治理现代化治理发挥巨大作用。

图 10-9 AI 赋能城市治理

1. 事件智能发现

区县级运行管理中心汇聚了城市各委办局和社会上万路视频数据,但事件智能发现率较低。事件的主动发现基本依靠人工方式或市民投诉,中等规模的城市每个区有 500～1000 名网格员,网格员工作强度高但往往不能快速发现城市治理问题;各委办局、企事业单位的视觉智能化系统分散建设,基础设施重复投资,且建设水平参差不齐,算法标准不统一。为了解决此类问题,视频智能发现利用可演进的 AI 能力,提供多场景的城市治理类算法,使能视频识别和自动发现,并通过事件发现模型与事件中心联动,实现自动识别违规行为、自动报警推送,同时通过网格员中心巡查的方式,减少人工巡查时间,提高城市事件多环节处理效率。

目前,视频的智能发现 AI 算法可以为多场景提供服务,如出店经营、暴露垃圾、绿地脏乱、机动车违停、车辆或大型物体占用消防通道、道路积水、人群密度监测、特殊车辆识别、渣土车识别等场景,有效提升事件发现时效性。通过视频智能发现的引入,可以减少对人工巡查的依赖,提高城市事件多环节处理效率。同时,通过统一的算法标准和视觉智能化系统的整合,可以避免基础设施的重复投资,提高建设水平。

2. 工单智能分拨

在事件发现之后,如何高效、准确地将事件分拨给正确的处置部门,是当前城市治理的一大难题。负责事件分拨的派单员需掌握约 40 多个部门的"三定"方案,1000 多项权责清单、事项清单,2000 多条法律法规。单纯依靠人工分拨导致出错率高、疑难工单识别难度大、处置周期长,热线中心长期处于被动管理的状态。城市治理工单接入的渠道丰富,包括12345 热线、小程序、APP 等,事件的类型、影响程度、严重程度以及涉及的部门需要大量的人工进行预判。

基于 AI 技术，智能派单模型通过语义分析，自动识别工单内容，并通过学习历史工单，掌握各类工单对应处置部门的专业知识，由此自动派发工单到相应处置部门，提升工单流转和处置效率。同时，智能派单模型针对新领域工单、疑难工单，能够识别工单内容、群众诉求、地址等信息，标识出疑难工单类型，并推送至派单员提醒其关注。另外，针对疑难工单，AI 平台能够基于历史典型工单的处理结果，向派单员进行相似案例的推荐，帮助其提高疑难工单的分析能力和处置效率。通过引入智能派单模型，事件处置工作可以更加高效地进行，不仅可以减少人工分拨的错误率，缩短处置周期，还可以使热线中心从被动管理的状态转变为主动管理的状态。

3. 效能智能分析

在城市治理领域，往往由于缺乏科学、全面的评价体系，导致城市管理人员疲于完成事件巡查、事件分拨和事件处置等海量工作任务，治标不治本。

为了解决这个问题，基于 AI 技术构建城市治理效能分析能力成为一种有效的解决方案。该方案围绕"一件事"的评价目标，以工单量和满意度等维度对城市治理效能进行评价。通过对每日事件相关的数据进行挖掘和分析，可以了解各类民生诉求渠道汇聚的事件数量、事件类型以及处置情况等关键要素。同时，通过数据可视化图表的形式生成智能报告，并通过"每日一报"的方式向相关部门揭示城市运行中的堵点和难点问题，协调推进问题的整改。

利用 AI 智能分析作为城市运行的晴雨表，可以实时反映城市运行状态、老百姓的热点诉求以及政府工作的短板。通过评估结果的反馈，可以促进改进工作并持续优化城市治理。这种方式不仅能够提高工作效率，还能够更加科学地评估城市治理的效果，从而为决策者提供更准确的数据支持。

10.4　基层治理

10.4.1　业务发展趋势

基层治理是国家治理的基石，统筹推进乡镇（街道）和城乡社区治理是实现国家治理体系和治理能力现代化的基础工程。"十八大"以来，中国加快推进基层治理新旧模式的转换和治理重心的下移。重心下移旨在夯实国家治理之基，保证基层事情基层办，基层权力给基层，基层事情有人办。

2021 年，《关于加强基层治理体系和治理能力现代化建设的意见》提出了"构建网格化管理、精细化服务、信息化支撑、开放共享的基层管理服务平台"的目标。二十大报告中也再次强调了要"畅通和规范群众诉求表达、利益协调、权益保障通道，完善网格化管理、精细化服务、信息化支撑的基层治理平台，健全城乡社区治理体系，及时把矛盾化解在基层、化解在萌芽状态"。

各地各部门不断推动将服务、管理下沉基层。同时各地结合政策要求和基层工作实际，从完善网格化工作体系、推进基层治理智慧化、提升基础设施智能化水平三方面积极落实关于加强基层治理信息化的相关要求。一是完善网格化工作体系。加强网格化服务管理平台建设,健全问题发现、研判预警、指挥调度、督办处置、考核评价等功能,发挥网格化在基层治理中的基础性作用。二是推进基层治理智慧化。统筹推进智慧城市、智慧社区基础设施、系统平台和应用终端建设。推广智能感知等技术应用。三是提升基础设施智能化水平。推动大数据、区块链、人工智能等现代科技与基层治理深度融合。

10.4.2　业务场景与需求

关于当前基层的数字化现状,中国信息通信研究院产业与规划研究所发布的 2022 年《数字政府发展趋势与建设路径研究报告》中给出了相对具体性的总结,"基层数字化赋能水平低成为突出问题,尤其是与本地区民生密切相关的、共享需求大的法人、人口、教育、生育、婚姻等数据,主要都在垂直管理业务信息系统之中。据统计,国垂系统和省垂系统的事项数目占基层窗口办事项目比重达到 90%~95%,但地方服务窗口与垂管系统无法有效对接、数据无法真正共享,集约化平台对基层治理的赋能作用亟待提高"。

除报告中提到的缺少集约化平台为基层减负之外,目前迫切需要数字化赋能的基层治理场景还包括群租房治理、违建治理、渣土车治理、噪声扰民治理、综合巡采、基层事件闭环等高频场景。

1. 群租房治理

城镇化率的快速提升使更多的人群和资源涌进城市,特别是大中型城市存在房价高的特征,一些打工者往往会选择以群租的形式来缓解个人经济压力,但是群租房安全隐患较大,如人员密度高、空间狭小、消防设施缺失等,易引发事故发生造成负面的社会影响。对于城市管理部门,识别群租房、整治群租房也是个亟须破解的难题。在城市运行"一网统管"下,能够从群租房的数据特征入手,整合相关数据资源,建立联合执法机制,实现精准识别、有效管控的目标。首先,打通部门数据资源,整合治理资源,通过有效融合多委办数据,研判水、电、燃气用量及房屋租赁信息等数据,第一时间精准定位群租房聚集区和安全监管目标,产生预警。其次,多方联动,强力整治,协调多个执法部门,联合整治,压实责任、强化协同。最后,建立长效管理机制,通过隐患数据建模分析群租房集中、隐患突出、治安状况复杂的重点地区,加强日常的摸排和整治,将数据纳入"一网统管"平台,为今后的群租房管理,建立长期有效的管控机制。

2. 违建治理

违法建筑不但影响市容市貌,还存在房屋质量风险和群租风险,一旦发生事故会造成不良的社会影响,一些社区内的私搭乱建很难被感知发现,发现和治理违法行为是"一网统管"的重要场景之一。首先,运用遥感测绘技术,采集高分辨率无人机影像及 DSM 数据,形成现有建筑物图像资料,结合规划部门资料图纸进行分析比对,再经人工一一核查后,让辖区违法建设无处遁形。其次,通过网格巡查发现机制,结合无人机巡检小区业主违规建设和工地施工的情况,完善、落实装修材料和施工工具出入小区申报登记,推动违建管控防线前移来守住违法建设"零增长"红线。最后,基于"一网统管"汇聚的多元数据,可有效感知城市违法建设的情况，为行业管理部门加强管理决策提供科学化依据与信息化支撑。

3. 渣土车治理

偷倒渣土历来是城市管理执法中的痛点难点，传统的街路巡查随机性强，很难抓现行，无法确定当事人；同时渣土车的运输过程也存在诸多问题，黑车查处难溯源难，进入工地造成源头失控、违规倾倒、未遮盖、乱闯红灯等；渣土车视野盲区大，如不按规定车道行驶，随意变更车道，更容易引发事故。"一网统管"平台的渣土车治理场景，让难题有了解决办法，通过黑车识别、带泥上路、车辆未密闭、扬尘、暴露裸土 5 种渣土车算法，覆盖工地出入口和交通卡口视频；实现渣土车违规事件的自动发现、自动告警、人工确认上报、线上线下处置和自动核查结案。此外，根据车辆运行路线、卸点审批等管理数据，通过系统运算，及时发现非法卸土点；平台通过系统派单，及时联动城管、绿化市容等部门，截获非法倾卸渣土的车辆。

4. 噪声扰民治理

噪声扰民一直是困扰群众也是考验基层治理的一道难题，噪声的来源目前以广场舞噪声和机动车改装"炸街"噪声为主。针对广场舞噪声扰民问题，通过在重点区域布设分贝感知终端与视频终端，将噪声扰民重灾区纳入城市运行"一网统管"。现场监测数据实时传送至核心区大屏与城市运行管理中心统一监测平台，视频巡逻、分贝监测、常态监管尽收眼底。通过发出超标告警、循序渐进三次语音提醒、音乐干扰，步步深入，实现智能联动高效处置。若线上干预均失效，则启动线下联动执法或协同处置。从告警到消警，城市运行管理中心监测平台实现全维可视、全程可控、全时留痕。通过叠加"自我管理＋联动执法＋重点巡查"的常态联动与处置模式，可在有效遏制广场舞噪声扰民问题上取得明显成效。

5. 综合巡采

综合巡采是以先进的网格管理理念和管理办法为基础，建立专门的信息管理系统，将原来被动型工作方式变成以任务为驱动的主动工作方式，使任务能够统一部署和分配，实现了巡查采集工作由粗放向精细化转变，更好地服务于群众、服务于企业、服务于社会。综合巡采通过人工结合智能的巡查方式，运用 OCR、证照自动关联录入，RPA（机器人流程自动化）辅助批量自动填单等技术手段，实现部门表单的多表合一，提高网格员的工作效率，对企业进行分类分级监管，做到"无事不扰"。同时利用智能机器代替现场巡查，做到少巡查甚至不巡查，解决了巡查对象多、多个部门巡查要求多、巡查耗时长甚至完不成的问题，减轻基层巡查人员的工作负担。

6. 基层事件闭环

街道社区作为基层社会治理的主阵地，是社会治理中服务群众的"最后一公里"，基层的工作事项繁杂，工作手段烦琐，往往存在多个系统填报相同信息，造成基层工作人员疲于应对，很难有效地为群众提供帮助。"一网统管"在基层治理方面整合了基层力量，包括街道社区管理人员、网格员、执法队伍、部门下沉力量和志愿者等多方资源，以事件的闭环为核心处置工作，聚焦高频多发问题点主动巡查，形成基层治理微循环。

7. 发展多元共治

基层事件发现滞后，缺乏物联网数据支撑和预警机制，被动响应。管理范围有限，各级城运中心管理半径难以延伸到市场主体内部。基层人员短缺,工作负担重。针对治理力量不足的问题,基于城市智能体建设,城市最小管理单元使用数字化、智能化的手段,支持城市运行管理活动中的各级主体,调动各级市场主体,责任层层压实,从而实现城市数字化转型下的多元共治精细化管理的新模式和新路径。每个最小单元自闭环单元内的管理责任,实现自治,也可与其他单元联动、与上级单元协同,实现联防联控的基层自治体系。

10.4.3　解决方案

基层治理包括乡镇(街道)和城乡社区治理,因此基层治理的数字化方案适合以镇街、社区两个层级进行构建。街道一级主要是建立街道城运中心,基于综合网格进行基层各项工作的统筹协调,社区一级主要是建立社区工作站,更紧密地联系和服务群众。

1. 数字街道

街道城运中心是辖区内城市运行综合管理事项统筹、协调、处置的牵头责任主体,服从区城运中心的工作指令、业务指导和监督考核。街道城运中心重在抓处置、强实践,是信息收集的前端和事件处置的末端,重点是处置城市治理的具体问题,对重点、难点问题开展联勤联动,调动街道一级的执法力量,提高实践能力。特别针对超大型城市高速发展中城市精细化治理难点问题,弥合城市治理的"最后一公里",街道、社区、网格相关事件统一汇聚到街道城运中心,围绕基层治理,强化事件发现、上报、处置、跟踪、反馈的全闭环管理。

如图 10-10 所示,数字街道平台方案应以市区数字底座能力构建街道基础资源平台,并

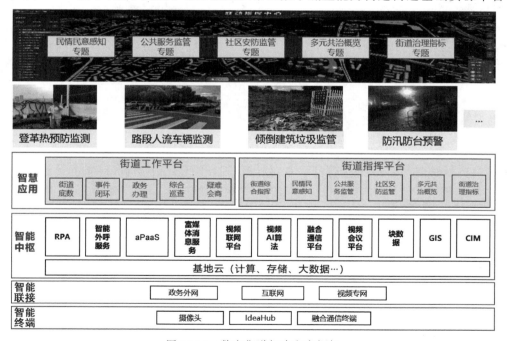

图 10-10　数字街道解决方案框架

在其上搭建街道工作平台和街道指挥中心，支撑街道日常工作减负、各类任务统筹落实、事件联勤联动协同调度。通过智能化技术的赋能，包括视频智能发现、事件工单的智能语义理解等能力，助力街道实时发现各类治理的风险隐患，提升治理效率。

2．数字社区

社区工作站是城市运行综合管理体系的功能延伸，以联勤联动的形式，加强社区自治，夯实基层治理。所在社区书记兼职工作站主任，负责接收街道城运分中心下派的工单，以自治方式进行处置，并反馈结果；负责将自治无法解决的城市运行综合管理问题及时报告辖区内的城运分中心。

如图 10-11 所示，数字社区解决方案应以市区数字底座能力构建社区基础资源平台，通过智能化平台提供的 OCR 证照智能识别、RPA 智能机器人助手、工单回访智能外呼等智能化能力，搭建社区工作平台，支撑社区的 4 类主要场景，形成 1＋1＋4 的数字社区架构，实现赋能社区工作人员和服务社区居民的目标。

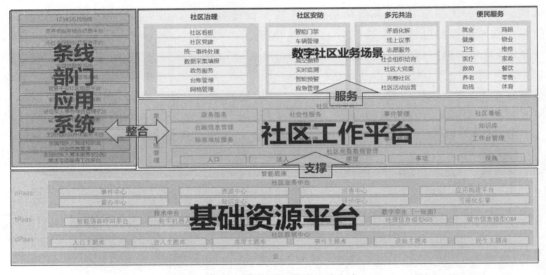

图 10-11　数字社区解决方案框架

10.5　场景案例

10.5.1　基层社会治理，推动社区多元共治

1．案例概述

某社区包含社区书记在内只有 7 名工作人员，日常需要对接上级 20 多个部门的工作，处置 12345 热线、城管等委办局系统的工单，以及完成大量通过微信群、QQ 群等非正式渠道下发的任务。这些工作挤占了社区工作人员日常联系服务 3000 余户社区居民的精力，影响了社区发展居民自治的主责主业。

通过智能化手段减负提效后,实现了社区事件统一跟踪管理,确保社区事件任务事事有人管、件件能落实,让社区工作人员有更多精力服务和联系居民。

2. 解决方案及价值

1) 解决方案

通过 RPA 智能机器人助手、工单回访智能外呼等技术创新社区工单管理模式,提升社区工单管理效率和精细化管理水平。

首先,通过 RPA 智能机器人助手实现社区各类渠道事件的整合,将原来分散在不同系统的工单和任务进行统一汇聚和管理;其次,在工单处置过程中,通过工单智能外呼提升社区工作人员与社区居民的沟通效率,自动完成自动录音和录音上传,并可利用 NLP 技术将通话语音自动转换为文字,进行深度的分析和利用;最后,利用 RPA 智能机器人助手将处置结果自动回填需要对接的系统,完成工单任务的闭环管理。

2) 业务价值

通过智能化技术的赋能,改变了社区工作人员传统的工作模式,实现了社区事件统一管理、工单一键智能外呼、工单操作七步变一步的转变,如图 10-12 所示,大幅提升了社区工作人员工单操作效率。

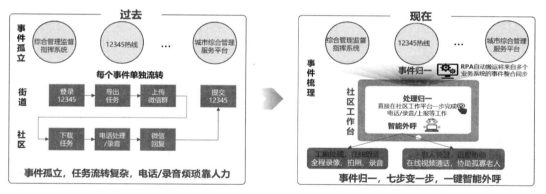

图 10-12　社区工单"七步变一步"

3. 总结与展望

基层是数据产生的源头,其服务和治理场景最多,也是智能化需求最密集的地方,在治理重心下移的背景下,需要持续通过智能化手段赋能基层,不断提升基层的服务和治理能力,为加强基层治理能力和治理体系现代化建设提供更多可复制的智能化创新样本。

10.5.2　深圳福田区"民意速办",走出城市治理新路径

1. 案例概述

深圳市建设鹏城智能体致力于服务民生服务、城市治理和数字经济的高质量发展。通过建立多级联动的协同机制,实现统筹与分布紧密结合,解决复杂城市问题。深圳市福田区根据市级的统一规划,强化区级系统集成、场景赋能,构建横向全覆盖、纵向全联通的城区运

行管理平台,打造数字政府全域治理现代化典范。

福田区"民意速办"是福田区数字化转型的典型应用,面对群众诉求反映渠道多、多个单位分头管理、办理标准不一致等问题,福田区通过搭建全覆盖的立体运行网络,创新全流程的闭环运行机制,如图 10-13 所示,灵活运用 AI 技术,新建全智能的民意速办平台,通过智能发现、自动分拨、事件评价等,打造"民意速办"一网统管业务系统。

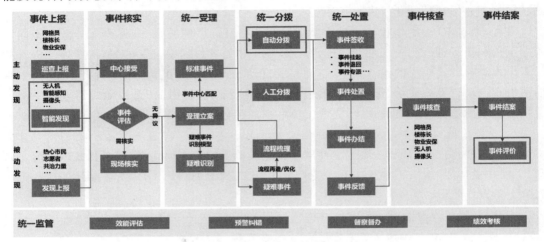

图 10-13　"民意速办"一网统管业务流程

2．解决方案与价值

1）解决方案

针对城市治理过程中事件发现时间晚、处理周期长以及效果难追踪等问题,设计智能交互层、智能联接层、智能中枢层、智能应用层 4 层总体架构,实现数据归集、智能分析,最终服务于城市治理中的具体应用。本典型应用具体场景包括事件智能发现、工单智能分拨、效能智能分析,涵盖了事件处理中事前、事中、事后的完整流程。

如图 10-14 所示,总体架构分为 4 层,分别为智能交互、智能联接、智能中枢以及智能应用,全方位支撑"民意速办"业务高效处置城市治理事件。

（1）智能交互通过当前感知设备、视频设备等,面向城市地上＋地下的立体化环境展开城市感知体系建设,全面感知城市治理的业务数据,实现城市事件的动态感知和精准控制。

（2）智能联接面向城市治理关键场景,提升电子政务外网支撑能力,打造 IP＋光一体化政务外网,构建最优网络架构,将电子政务外网向街镇、居村延伸;构建城市级物联感知网,为城市治理全面感知、实时互联和数据共享开放奠定基础。

（3）智能中枢是实现城市治理数字化的基础,将城市多云进行统一管理,协同市区政务云资源,构建逻辑集中的城市治理数据湖。依靠业务使能、数据使能和 AI 使能平台,包含视频 AI 智能发现算法、事件智能查重算法、视频 AI 分析/事件智能分类算法等,为智能应用提供集约化的平台资源和能力。

（4）智能应用依托城市治理需求,精准服务民意渠道统一、民意汇聚、民意速办、民意处

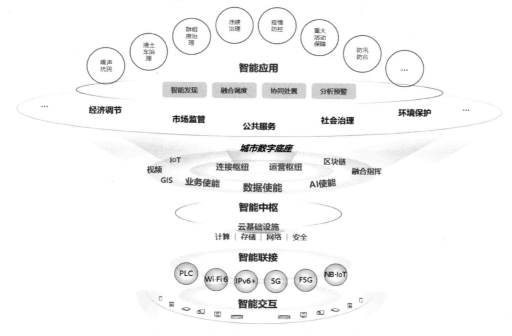

图 10-14 "民意速办"一网统管总体架构

置、民意分析等多场景,提升城市事件管理水平和部门协同效率。

事件智能发现场景:在进行城市精细化管理过程中,传统方式依赖人工进行视频巡查及被动式响应,效率低下且指派到基层执行人员时往往产生较长时间的滞后,而且目前行业内 AI 视频分析任务的作业往往依靠人工启停,算法 24 小时运行,消耗较大算力。

项目使用视频 AI 分析技术,全面覆盖城市治理自动化事件上报场景,如图 10-15 所示,精准识别事件,实现智能上报。各算法模型支持按时间、业务潮汐灵活调度,例如,根据治理场景设置 AI 算法运行的时间策略,计算资源效率提升 30% 以上。

图 10-15 视频 AI 智能发现场景

工单智能分拨场景:通过事件发现模型与事件中心联动,20% 以上的城市治理事件自动发现、自动立案,项目中福田区城运工单的自动分拨率和分拨准确率均超过 90%。同时,基于 GIS 和事件中心权责清单等信息自动派遣工单,提高城市事件多环节处理效率。城运工单自动分拨流程如图 10-16 所示。

效能智能分析场景:事件处置完成后,对事件处置结果进行智能分析,通过构建诉求感受指数及办理感受指数,形成事件处置指标评价体系,准确反映市民评价情况,以评促改,提

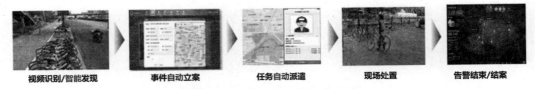

视频识别/智能发现　　事件自动立案　　任务自动派遣　　现场处置　　告警结束/结案

图 10-16　城运工单自动分拨流程

升各责任单位的城市治理能力。

2）业务价值

福田区通过重构和新建民意办理平台，不断深挖 AI 技术在城市治理方面的价值，有效提升福田区城区治理体系和治理能力现代化水平，逐步打造科学化、精细化、智能化的治理品牌。

AI 技术的应用，为事件高效处置的智能化、自动化提供了可能。相比传统的城市治理事件处置模式，AI 技术能够更好地实现事件全时响应、群众诉求快速办理。福田区通过自动＋智能发现＋工单自动分拨等功能，整合全市 537 个民生诉求反映渠道，建立"7×24 小时"全天候服务，分拨率和准确率均超 90％，快速类事件会在 2 小时内分拨处置完毕。深圳福田区"民意速办"平台自 2022 年 11 月上线至 2023 年 6 月，共受理 965.06 万件民生诉求，按时办结率达 97.49％，平均办理时长比之前压缩了 65％，总体满意率达 99.40％。

3. 总结与展望

深圳市福田区政府在《深圳市福田区国民经济和社会发展第十四个五年规划和二〇三五年远景目标纲要》中明确提出推进城区精细化治理，加快城区空间治理、安全治理、生态治理能力现代化，努力走出一条符合超大城市中心城区特点和规律的治理新路子。福田区明确提出建设"民意速办"新品牌。

目前，"民意速办"行动已经成为深圳市福田区的城市治理名片，构建了高效组织运行体系、整合各类民意信息的平台，实现了"多口归一"民意信息汇聚、"智慧一体"民意事件速办、"分头推送"民意情况反馈、"主动分析"民意研判分析等管用的城市治理应用体系。

下一步，福田区将持续推进 AI 技术主动赋能各类城市治理应用场景，深化政务数据融合创新应用，以新一代通用 AI 技术为支撑，构建政务大模型应用生态，积极尝试 AI＋大模型与民生诉求、营商环境、政务办公等场景结合，基于对大模型数据的预训练，为群众办事提供咨询引导，不断提升市民办事的满意感和生活的幸福感，探索超大型城市中心城区治理新路径。

10.5.3　深圳福田区福镜 CIM 平台，赋能福田数字化转型

1. 案例概述

福田区作为深圳的核心城区，以首善之区幸福福田为发展愿景，积极打造数字中国典范城区。在加快新型基础设施建设和数据共建共治共享的战略目标牵引下，福田区联合华为共同打造了福镜 CIM 平台。

2．解决方案与价值

1）解决方案

该平台以华为云为底座，通过综合应用实景三维建模并建模高精细模型渲染政务数据融合可视化等技术，汇聚的楼房、权、人、事物等各项专题数据，形成要素完善的城市基础设施。目前，福镜 CIM 平台融合了全区地上地下、室内室外、静态动态历史现状的二三维时空数据，构建出全区多要素、高精度、细粒度和全感知的数字孪生城市底座平台。福镜 CIM 平台已经成功对接区政数局、区应急局、区住建局等单位的业务系统，发布包括但不限于 BIM、卫星影像、白模、城市部件、电子地图、行政区划等近百个丰富的数据接口服务，支撑福田区应急管理、污水监测、民意速办、智眼时事、智慧住建、市场监督、经济一体化等多个业务系统。城市规划建设的分析论证是福镜 CIM 平台发挥 CIM＋应用融合能力的典型场景，如图 10-17 所示。

图 10-17　福镜 CIM 平台场景

主要业务场景如下。

建筑玻璃幕墙风险预测。现代建筑大量使用玻璃幕墙结构，在美观的同时也存在一定的安全风险，如何让辖区中上千栋具有玻璃幕墙结构的建筑保持安全是住建局的另外一项重要任务，通过在福镜 CIM 平台上接入建筑数据，可以按楼龄、幕墙高度、类型和面积等因素进行多维统计，并在三维地图上进行快速智能筛选，进而组织专业机构进行幕墙检测。当机构完成检测后，会将检查过程和检查结论上传至系统，并与建筑的电影构件信息结合，支撑风险预测算法的实施。

AR 城市部件巡检。针对城市部件种类多、位置分散、人工巡查效率低的问题，基于福镜 CIM 平台提供城市部件基础信息，结合 AR 技术，工作人员在社区周边进行城市部件的巡检时，通过在手机调用 CIM 平台的 AR 地图，实现移动可视化智能巡检能力，精准定位，智能查看电力井盖、路灯、消防设施等部件的设备编码、启用及变更时间、养护单位及记录等详细信息，并可以实时上报更新信息，高效排除安全隐患。

2）业务价值

建立空间三维模型与政务数据挂接的关联关系，全面融合人口、法人、房屋、事件、物联感知等城市要素构建城市管理"一本账"。可实现空间实体对象与业务属性间的智能查询，支持宏观维度到微观粒度的智能分析。

通过基于地址经纬度的城市要素关联关系，生成人、地、事、物、情、组织的多时态、多主题、多层次城市数字底座和封装的数据服务，满足委办局、街道、各业务部门多维度智能分析，预警城市动态变化和应用场景创新服务。

3. 总结与展望

在市区共建共享、先试先行的建设指导下，福田区开展福镜 CIM 平台建设，构建全区统一的二三维数据智能底版，为全区提供统一的二三维地理信息服务，包括空间数据服务、空间智能分析服务和 CIM 应用服务，支撑城市精细化管理与治理。以三维倾斜模型为载体，融合关联城市部件、地下管网、城市体检、块数据、事件数据等信息资源，实现政务数据分层落图。

通过推动福田区物理实体空间数字化，城市基础空间数据与政务数据的深度融合，建设全区统一的时空数据管理服务平台，未来将进一步促进城市数据资源鲜活流转，智能感知城市运行状态。构建以数据驱动的政府管理新模式成为可能，将赋能多样化的应用服务场景，不断提升城市智能化管理水平。最终形成覆盖全区全领域的城市要素智能底版，在虚拟世界刻画一个所见即所得的"镜像"数字孪生福田。

第 11 章

智能化使能产业赋能"一网通服"

11.1　概述

　　"一网通服"指为助力政府精准服务中小企业实现数字化转型升级,通过政府统筹与技术支撑相互协同,结合国内标杆企业多年的成功实践经验,在技术、工具及经验全领域提供数字化赋能,协助政府构建高效的服务体系,促进企业场景创新及专业化水平提升,不断推进产业集群高质量发展。智能化应用场景包括数据要素交易流通、企业智能化转型使能等。

11.2　数据要素交易流通

11.2.1　业务发展趋势

　　2019 年,中国共产党第十九届中央委员会第四次全体会议(简称中共十九届四中全会)首次将数据增列为生产要素,关于数据资源开放共享、开发利用、流通交易等方面的数据要素体系化顶层设计正式启动。4 年来,《关于构建更加完善的要素市场化配置体制机制的意见》《关于构建数据基础制度更好发挥数据要素作用的意见》(后称"数据二十条")与《数字中国建设整体布局规划》等文件相继出台,数据要素政策体系架构初步形成。各地方、各部门、各大企业纷纷加快数据要素领域布局,从体制机制、标准规范、基础设施、产品开发、流通交易等多层次、多角度开展落地方案的深度探索,涌现出数据要素价值释放新热潮。

　　让数据更多地参与社会生产经营活动的过程中,发挥其放大、倍增、叠加作用,充分释放其经济价值与社会价值,需要通过三个递进的阶段来完成。第一阶段,数据资源化,就是要完成数据的采集、存储和初步的加工处理,这是释放数据价值的基本前提。第二阶段,数据资产化,在法律上确定数据的资产属性,使得数据的价值可度量、可交换,成为可以经营的产品或者商品。第三阶段,数据资本化,在第二阶段的基础上实现数据的资本属性,包括但不限于数据资产入表、数据信贷融资与数据证券化等。这个"三化"过程是数据要素价值得以释放,并创造新价值的关键途径。

　　数据要素时代,业务发展对技术提出了新的要求,如图 11-1 所示,围绕数据的采集、存储、计算、管理、流通、安全各个环节,技术体系不断革新。数据采集方面,由传统的结构化数据向以物联感知为核心的语音、图像等非结构化数据扩展,实现多源海量数据汇聚。数据存储方面,将从关系型数据仓库向结构混搭、存算分离的云原生架构演进,从而提高资源共享性和伸缩性。数据计算方面,图计算、时空大数据等新型计算平台涌现以满足不同类型数据处理需求,计算实时性、交互性将会不断提升。数据管理方面,随着 AI 技术的不断发展将会极大程度代替人工参与从而提升整体管理效率,压缩成本和周期。数据流通方面,在传统的数据流通过程中,由于明文数据复制成本低,数据资源持有权易失控。未来,对于数据流通过程中"数据可用不可见""用途可控可计量""流通可溯源存证"等技术理念将不断落地。数据安全方面,将由传统的防护边界安全技术向数据全生命周期安全演进。如图 11-1 所示,在技术体系不断革新完善的基础上,数据要素基础设施、可信数据空间等综合性技术框架将逐步落地,成为数据开发利用和流通交换的必要技术底座。

图 11-1　技术体系革新

11.2.2　业务场景与需求

在数据要素市场化体系中,已经形成 3 类典型的数据开发利用和流通交换场景,即企业内外数据交换、行业可信数据空间和公共数据授权运营。

如图 11-2 所示,企业内外数据交换,支撑数据成为企业持续发展的核心竞争力,典型的场景需求有：企业内高密数据共享交换,包括但不限于结构化数据跨组织融合分析和文档类数据跨主体可控流转;企业间重要数据交换,如企业外审资料传递与处理可控、企业投资尽调资料受控使用和企业与研究组织联合创新成果保护;产业链上下游业务协同场景,包括与伙伴联合研发和供应链协同等业务场景。

如图 11-3 所示,行业可信数据空间,解决产业链上下游数据安全流转问题,促进业务协同、效率和体验提升。典型的场景需求有：供应协同,库存优化,通过数据交换上下游之间掌握订单和库存数据,可以协调一致地进行库存优化和生产排班等;质量追溯,工艺优化,通过生产工艺数据、运行数据、用户问题反馈数据等交换和融合分析,可以进行质量追溯和工艺优化;全流程服务体验优化,通过经销商、金融、保险与各类服务公司之间的数据协同为用户全流程提供更优的服务体验。

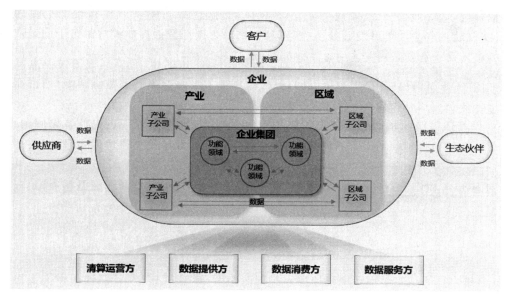

图 11-2 企业内外数据交换

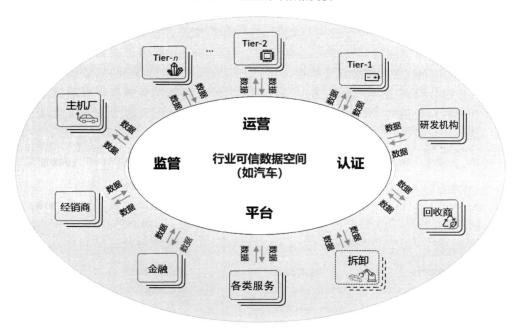

图 11-3 行业可信数据空间

如图 11-4 所示,公共数据授权运营,解决数据高质量供给问题,实现数据融合利用,服务经济社会发展。典型的场景需求有:对于授权运营方,要统筹解决好授权运营过程中数据流通的安全与效率问题。既要保障数据可信流通,做到原始数据不出域,又要保障数据流通全程合规,做好授权存证、流通存证、消费存证,支撑监管与审计,还要保证数据流通高效便捷,实现数据产品线上开发和线上交易。同时,需要满足数据提供方对于海量、多元、异构数据的接入需求;数据开发利用方对数据资源、数据开发工具和 AI 算力的需求;数据需求方对于统一对接门户,查找订阅数据产品的需求。

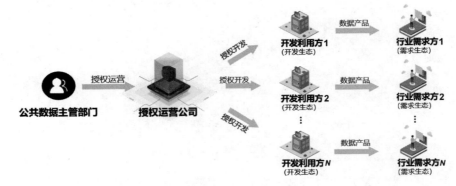

图 11-4　公共数据授权运营

11.2.3　解决方案

针对企业内外数据交换、行业可信数据空间、公共数据授权运营 3 类典型数据流通场景,华为提供数据要素流通解决方案,打造可信、可控、可证的数据要素流通基础设施,加速释放数据价值。华为数据要素流通解决方案,如图 11-5 所示,构建"134"平台体系,即 1 个数据底座,包括数据湖、数据仓库服务、关系数据库、对象存储以及华为云基础设施,实现软硬协同;3 大数据价值链,即数据高质量供给、数据可信流转及数据场景化消费,让数据供

图 11-5　数据要素流通解决方案

得出、流得动、用得好；4 个业务管理系统，即资产登记系统、授权管理系统、运营管理系统及合规监管系统，实现高效、合规、可追溯的业务运营。同时，建立安全保障体系，实现数据全链路、全生命周期安全。

数据高质量供给如图 11-6 所示，基于华为云 DataArts 数据生产线，提供一站式融合数据开发、智能化数据治理能力，让数据"供得出"。基于统一存储以 OBS 为主实现存储、缓存、计算三层分离，性价比大幅提升；融合数据管理（Lakeformation）实现统一元数据、统一权限，一份数据在数据湖、云数据仓库、AI 间自由共享，成本大幅降低；高效数据治理，提供数据集成、数据架构、数据质量、数据资产、数据安全、数据服务一站式数据治理，无须切换平台；数据智能化（AIforData），数据开发、数据治理全链路智能化，效率较传统方式提升 2 倍。

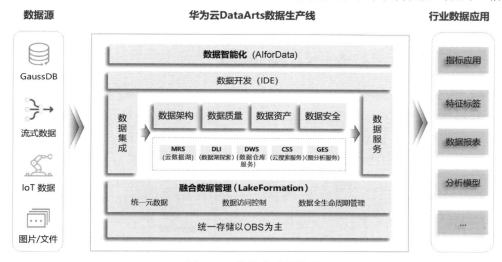

图 11-6　数据高质量供给

数据可信流转如图 11-7 所示，基于华为可信智能计算服务（TICS）、交换数据空间服务（EDS）、区块链服务（BCS），保护数据所有权和数据隐私，解决跨域数据流通的安全和信任问题，让数据"流得动"。可信智能计算服务（TICS），自研软硬一体隐私计算技术，实现原始数据不出域，数据可用不可见，让数据流通"可信"；交换数据空间服务（EDS），基于 IDS 参考架构及华为自身实践，提供 21＋数据使用控制策略，让数据流通"可控"；区块链服务（BCS），单链十万级 TPS 交易性能和万级的联盟节点网络，软硬协同的智能合约，全程存证防篡改。

数据场景化消费如图 11-8 所示，数据要素通过 AI 和算力充分释放价值，推动生产效率提升，加速千行万业智能升级。数据要素流通可以为 AI 大模型提供更大规模的高质量数据，在结构化数据的基础上融入更多半结构化和非结构化数据，提升 AI 大模型的数据积累，同时纳入实时数据，构建批流一体的数据聚合计算模式。AI 大模型基于视觉、NLP、多模态等基础模型，结合行业数据训练得到矿山、气象、医药等行业大模型，进而满足传送带异物检测、先导药物筛选、金融违约风险识别等场景应用，实现降本增效。

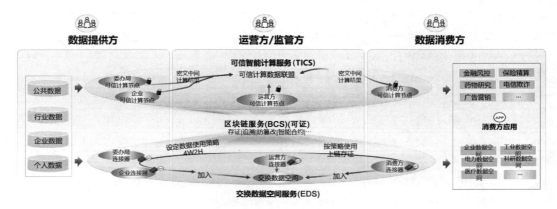

图 11-7   数据可信流转

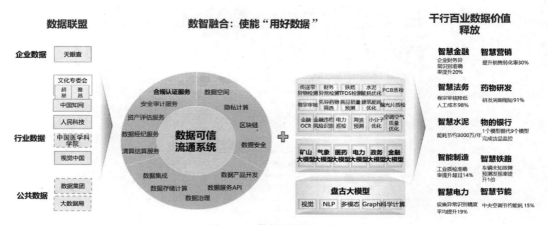

图 11-8   数据场景化消费

数据资产"登记,授权,监管,运营"业务管理平台如图 11-9 所示,促进数据高效合规流通。资产登记平台以数据资源或数据产品为登记单位,支撑申请、受理、审查、公示和发证全过程管理。授权管理平台基于场景、数据、人员、工具动态授权,实现一需求一审批,一场景一授权。运营管理平台统管数据需求方、数据提供方和授权运营方等各类用户,整合数据资源、算力资源、模型算法等各类资源,统一开发平台,实现业务全流程管理自动化。合规监管平台基于区块链实现事前授权、事中存证、事后追溯全过程存证留痕,让各个参与主体行为可追溯。

通过数据安全管理体系、数据安全技术体系和数据安全运营体系建设,构筑数据全生命周期安全防护能力,如图 11-10 所示。数据安全管理体系通过组织建设、流程规范、人员培训和技术工具的应用确保数据管理安全。数据安全技术体系,基于数据加密、数据备份和数据脱敏等安全基础能力,实现采集安全、传输安全、存储安全、加工安全、流通安全和销毁安全。数据安全运营体系以数据安全运营和数据安全评测为核心,提供常态化运营支撑、安全应急响应和重保服务,定期完成个人信息合规审计、数据安全合规评估和数据安全能力成熟度评估。

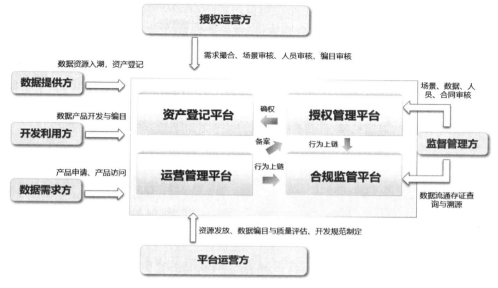

图 11-9　业务管理平台

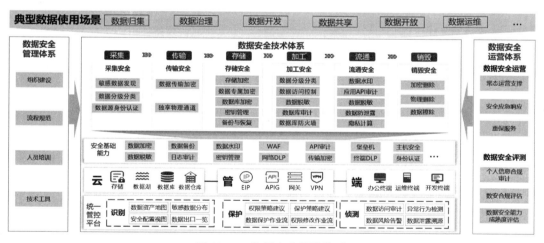

图 11-10　数据安全保障体系

11.3　企业智能化转型使能

11.3.1　业务发展趋势

中小企业在国家实体经济中占有重要地位,发展中小企业是发展国家实体经济的重要战略。其中,中小企业信息化、数字化和智能化转型升级改造是中小企发展、产业升级的重要途径和措施。中小企业在智能化转型过程中,整体趋势可以概括为三个阶段:第一,信息化阶段，中小企业针对生产经营中的"研产供销服"业务环节，进行单体信息化系统改造，实现早期的业务由手工操作逐步向信息化过渡；第二，数字化阶段，中小企业基于云、大数据等技术，逐步实现各个业务信息化系统云化，利用云技术、大数据技术等，打破原有烟囱式、孤岛式的信息化系统，实现业务系统互通、数据共享融合，企业业务运营由流程驱动向数据驱动过渡；第三，智能化阶段，中小企业在云基础上，利用大数据、AI技术、IoT等技术，实现业务的智能化发展。在企业内部，实现研发设计、生产制造、物流供应、市场营销、售后服务等多业务协同；在企业外部，对上下游产业链、供应链和创新链等要素进行深度融合，实现订单共享、设备共享、产能协作和协同制造等新型生产模式，弥补单个企业资源和能力不足，如图11-11所示。

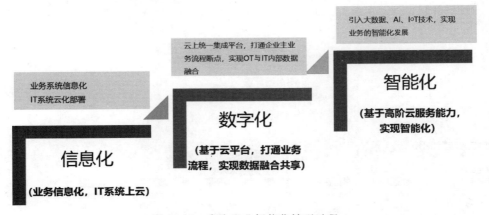

图 11-11　中小企业智能化转型过程

在"十一五"和"十二五"期间，国家通过出台相关的中小企业数字化转型政策和举措的推动，中小企业的信息化、数字化转型得到很大提高，实现了针对"研产供销服"等业务环节的信息化改造，各类信息化业务系统，如 OA、CRM 等得到广泛使用，两化融合有了深度发展。

从"十三五"起，国家深化实施了制造强国战略，推动中小企业两化融合进一步深度发展和传统产业升级改造，并发布了《中小企业数字化赋能专项行动方案》重要文件，中小企业逐步开始走向上云用数，利用云技术、大数据、IoT 技术等，推动中小企业实现数字化转型，提升智能制造水平；进入"十四五"后，国家强化了制造强国战略的实施，发布了《十四五促进中小企业发展规划》《中小企业数字化转型指南》等文件，全面推动制造业优化升级，实施智能制造工程，中小企业利用 5G、云、大数据、物联网、工业互联网等先进技术，推动企业信息化、数字化、智能化转型发展。经过国家与政府的长期政策引导和推动，中国的中小企业信息化、数字化转型取得了令人瞩目的成就。

但是，由于中小企业自身企业规模小、人才短缺、管理意识不到位，导致中小企业长期以来在数字化转型上仍然存在"不敢转、不想转、难转型"等问题。"不敢转"，由于中小企业在技术储备方面薄弱，担心在数字化转型过程中，技术支撑不足，导致转型失败，企业面临巨大经营性风险;"不想转",很多中小企业缺乏长期规划,不能居安思危,认为企业当前不进行数字化转型同样可以运营良好,业务发展顺利,不需要进行数字化转型;"难转型",当前部分中小企业由于所经营的业务庞杂、管理人员意识不到位、资金短缺等问题,导致中小企业想转型,但业务、技术和人员等要素难以支撑,需要花费大量精力和时间进行业务梳理、人员调整、技术储备后才能有效地进行数字化转型。为帮助中小企业克服数字化转型过程中存在的问题,国家发布一系列政策和文件,推动和引导中小企业数字化转型,组织各地数字化转型服务商、平台商,通过技术支撑、人员培训等举措,大力协助中小企业进行数字化转型工作,降低中小企业数字化转型的难度,有效地推动中小企业加快数字化转型工作开展,并取得了很大成效。企业在"研产供销服"等生产经营环节的各类业务软件日益普及,两化融合进一步深化,OT 与 IT 的融合更加紧密,中小企业数字化转型正逐步从信息化阶段迈向数字化阶段,并向智能化方向演进。

11.3.2　业务场景与需求

在中小企业智能化转型升级改造的过程中,由于行业特点,以及企业自身状况不同,中小企业智能化转型所处的阶段也不同。其中,部分行业,如电子信息和金融领域的整体转型程度高,开始由数字化向智能化阶段演进;部分行业,如交通运输、港口行业等的转型程度居中,正从信息化向数字化迈进;部分行业,如建筑、矿产行业等的数字化程度低,正处于信息化改造阶段,由手工操作向信息化升级。然而,经过国家"十一五""十二五""十三五"的大力推动后,在当前阶段,大部分中小企业的数字化转型阶段已经处于信息化或者数字化阶段,并向智能化阶段发展。因此在本章中,将重点针对中小企业智能化场景介绍中小企业在智能化转型场景下的需求和方案设计。

智能化升级改造场景是中小企业智能化转型的第三个阶段,也是国家在"十四五"期间中小企业智能化转型升级的重点工作和任务。智能化转型已经在电子信息、航空制造等领域得到较大应用和发展。中小企业智能化转型是在云基础上,利用 5G、AI、大数据、IoT、边缘计算技术以及大模型能力等,对企业在"研产供销服"等生产、经营业务环节进行智能化升级改造,如在利用云服务等能力,在业务系统互通、业务数据共享基础上,通过利用 AI 技术、大数据技术,实现对企业生产经营等数据的有效治理,生成 BI 报表,为企业生产经营提供智能决策服务;在数据进行有效治理的基础上,利用数字孪生、AI 技术、5G 通信、GPS/北斗/蓝牙定位技术、IoT、BIM 技术等,打造智能工厂、智能车间等,实现对工厂的智能化管理。

中小企业智能化升级改造较信息化、数字化转型升级要求更高,它的实现依赖于当前各种先进技术的有效应用和使能,如 AI、大数据、IoT 等。中小企业智能化转型的主要诉求是如何利用上述所提的各种先进技术,以及在 AI 大模型能力和云服务支撑下,实现对企业内部在"研产供销服"各业务环节和经营管理进行智能化升级改造,从而实现工厂车间的智能质检、智能排产、生产经营的 BI 智能辅助决策等;最终在企业内实现研发设计协同、生产协同、供应链协同、营销协同等多业务协同;在产业链和产业集群的上下游间实现订单共享、产能共享等产业协同发展与升级。

11.3.3 解决方案

中小企业智能化转型是一个艰巨的、系统性工程,需要政府部门、互联网平台企业、工业互联网平台企业、产业链龙头企业、产业链"链主"企业和各个中小企业共同努力推进才能实现。当前的中小企业智能化升级改造有两条路径：一是针对已经实现信息化和数字化情况下,利用当前先进的 5G、AI、大模型、大数据、IoT 等技术,对企业研产供销服环节的业务系统进行智能化升级改造来实现,如 AI 质检、经营智能决策分析等；二是针对没有进行信息化、数字化改造过的业务环节、生产设备等,一次性进行智能化升级改造来实现,如煤矿、建筑等行业。通过利用现有 5G、人工智能、大模型、大数据、云服务、IoT 等技术,帮助中小企业实现智能化升级改造,提高效率,减少人员投入。因中小企业智能化改造所涉及的行业、领域不同,智能化改造的模式、场景等也不尽相同,需要针对企业实际情况进行方案设计和实施,才能达到预期效果。以下仅以人工智能和大模型在中小企业智能化升级改造中的使能为例,进一步阐明中小企业智能化升级的方案应用,如图 11-12 所示。

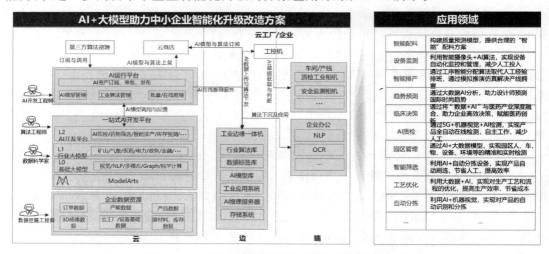

图 11-12   AI 大模型助力中小企业智能化升级方案

在当前中小企业现代化升级改造过程中,通过利用 AI、大模型、云服务等技术,可以赋能中小企业"数改智转"。在此方案中,人工智能与大模型采用端边云模式,在云端部署大模型开发与运营平台；在边缘侧的企业内通过工业云小站等设备,将 AI 算法下沉,实现在边缘侧计算,数据保留在边缘侧；端侧利用工控机、智能摄像机、AI 算法等,实现在企业车间、办公室对企业"研产供销服"业务环节的智能化改造和升级,如图 11-12 中所列的智能配料、设备监测、趋势预测等智能服务。

在智能化使能中小企业产业升级改造过程中,所要做的不仅仅是使能某个企业的升级改造,更应该使能整个产业链、产业集群的升级改造,只有这样才能实现国家整个产业的现代化发展和升级。基于此思路,聚焦于工业领域的 16 个行业,如制造、交通运输、电子信息、钢铁等,开发并形成整套针对该行业的中小企业智能化升级改造的解决方案和方法论,以下就方案和方法论进行进一步阐述。

如图 11-13 所示,在进行中小企业智能化升级改造过程中,基于对产业上中下游的供需洞察,汇聚当前行业解决方案生态能力,从"诊""转""育""服"4 个环节入手,通过智能化转型平台赋能,打造了针对上述 16 个行业的智能化转型解决方案,为各行业中小企业智能化转型服务。智能化转型服务从诊断发现问题,到方案精准匹配,到智能化转型实施,再到企业转型培育和最后的对转型成效和政策落实跟踪及优化,形成一套良性闭环智能化转型方法论和解决方案,确保中小企业能够顺利实现智能化转型。

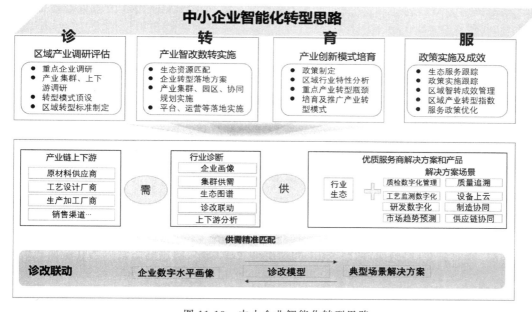

图 11-13　中小企业智能化转型思路

中小企业智能化转型解决方案按照业务模型,总体上可以分为 3 个模块:中小企业智能化转型咨询服务、中小企业智能化转型实施服务、中小企业智能化转型平台服务。其中,中小企智能化转型咨询服务包括智能化转型成熟度测评、中小企业智能化转型问题诊断以及中小企业智能化转型方案规划与宣贯;中小企业智能化转型实施服务包括中小企业信息化、数字化以及智能化转型服务实施,并包含人才培训服务;中小企业智能化转型平台服务包括政策服务、产品服务、培训服务、供需对接服务、专家服务、运营服务等内容。中小企业智能化转型整体解决方案如图 11-14 所示。

中小企业智能化转型咨询服务。中小企业智能化转型咨询服务是中小企业智能化转型工作的第一阶段,咨询分为三个步骤:测评、诊断和规划。如图 11-15 所示,针对工业领域的 16 个行业,通过企业商业竞争力、企业运营管理能力和压力权重体系等维度,从商业竞争力、制造运营能力、辅助制造能力和新技术应用能力 4 大模型 12 个细分子模型入手,对制造业中小企业的智能化转型现状进行测评和诊断；从信息化建设、基础支撑、生产制造、采购与供应链以及信息安全等角度给出转型建议，并帮助中小企业进行智能化转型实施方案规划与宣贯，以确保中小企业智能化转型成功。

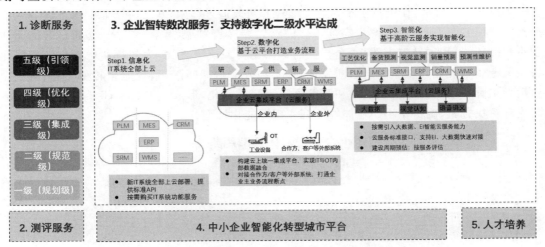

图 11-14　中小企业智能化转型整体解决方案

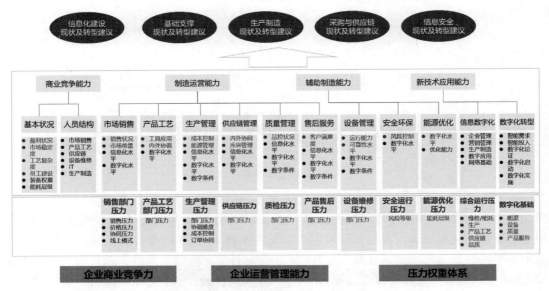

图 11-15 中小企业智能化转型咨询服务

　　中小企业智能化转型实施服务。中小企业智能化转型实施服务是中小企业智能化转型整体方案的第二步骤，对应着中小企业智能化转型的"转""育""服"环节。通过给中小企业完成智能化转型的咨询、规划与宣贯，智能化转型服务团队和中小企业在智能化转型方案上达成共识，并启动智能化转型实施服务。

　　中小企业智能化转型实施服务的"转""育""服"三个环节阐述如下。在"转"的阶段,智能化转型服务团队依据规划的方案,通过政府部门协助,对中小企业进行智能化转型服务方案实施。智能化转型团队依据方案,对中小企业的"研产供销服"各个环节进行信息化、数字化和智能化改造,对企业智能化转型关键环节和瓶颈进行集中攻关,最终帮助中小企业实现智能化转型方案落地。在"育"的环节,智能化转型团队、平台商等协助政府部门针对已经成功转型的模式进行推广和赋能,形成"灯塔"效应,实现由点到线、由线到面的智能化转型拓展局面。在"服"的环节,智能化转型团队基于智能化转型服务平台,对当前智能化转型的成效进行跟踪管理、协助政府部门对政策实施效果进行跟踪管理和优化,对智能化转型服务生态进行跟踪优化,确保中小企业总体实现智能化转型。

　　基于国内标杆企业自身智能化转型过程的实践和经验,汇聚了产业生态能力,共同打造了面向工业领域 16 个不同行业的行业智能化转型解决方案,如图 11-16 所示,助力不同产业、不同领域的中小企业实现智能化转型。智能化转型团队在转型服务实施过程中,可以基于规划的方案,以已有的成熟行业解决方案为蓝本,通过转型服务平台的支撑,为中小企业提供智能化转型服务,包括设备上云、数据治理与服务、AI 能力构建、人员培训等,协助企业"研产供销服"等业务实现信息化、数字化、智能化转型。

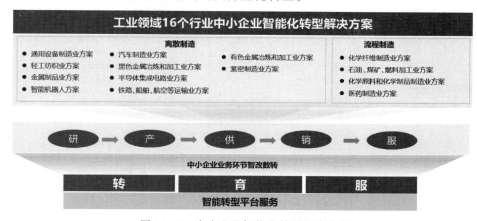

图 11-16　中小企业智能化转型解决方案

　　智能化转型平台服务。中小企业智能化转型咨询服务是基于中小企业智能化转型平台之上开展的。原则上,各地智能化转型需要构建一个服务当地的中小企业智能化转型城市服务平台,平台基于云构建,具备云基础及高阶服务、工业互联网公共服务平台、软开云、工业软件云、中小企业赋能云、AI 大模型服务等能力;平台具备大数据使能、AI 使能、IoT 使能等服务;汇聚各类产业数据、工业软件、专业服务商、专家资源、产品信息资源、行业基础模型资源、行业解决方案资源等。能够为中小企业提供"研产供销服"及经营管理等业务环节的软件订阅、下载、在线使用服务,如 CAD、CAE、PLM 等,以及数据查询、检索和下载等服务。同时,平台南向通过边缘平台与各个中小企业对接,实现中小企业设备层、企业层的数据交互、采集与汇聚,AI 算法能够下沉中小企业车间、设备层,实现对工厂车间的 AI 使能应用,如工厂车间智能质检、智能排产、生产经营智能辅助决策等;北向通过企业级数据采集汇聚、大数据平台治理与服务,向上为应用层提供管理决策赋能等应用;同时平台还能提供低代码开发、人员培训等服务。

平台的工业互联网能力,能够汇聚海量的工业软件,能够针对中小企业的"研产供销服"业务环节进行智能化转型赋能,通过平台能够构建起工业软件的 PaaS 化服务能力,并通过引入云工厂等新型生产范式,实现产业链、产业集群上下游之间的协同设计、协同生产、协同制造;实现订单共享、产能共享,为中小企业,乃至整个产业链、产业集群的智能化转型提供赋能。智能化转型平台的参考功能模块如图 11-17 所示。

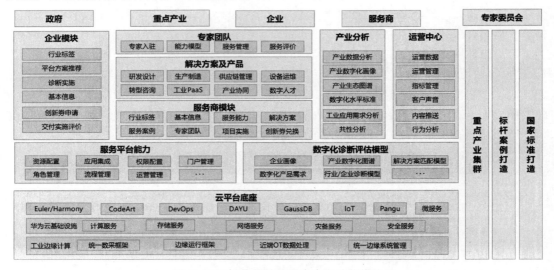

图 11-17　智能化转型平台参考功能模块

11.4　场景案例

11.4.1　上海数据集团推动数字经济发展

1. 案例概述

上海数据集团作为上海市公共数据授权运营主体,承担着构建数据要素市场、激发数据要素潜能、保障数据安全的战略使命。通过整合公共数据空间、企业数据空间和个人数据空间,利用创新的技术寻找数据要素的价值场景,释放数据要素的生产力,帮助上海各政府机构、本地企业、民众挖掘和赋能数据要素的价值,为此联合华为云打造"城市数据空间"新范式。

2023 年,上海数据集团以公共数据为牵引,构建城市数据空间的关键基础设施——"天机·智信"平台。采用技术领先的湖仓一体、存算分离架构,满足以公共数据为牵引,融合企业数据、行业数据等多源数据汇聚、治理和开发利用,提供面向数据治理、数据产品、数据服务、数据应用的开发工具。围绕数据全生命周期,提供信任安全和授权运营的管理能力,以促进数据的社会化利用。"天机·智信"平台深度融合区块链、隐私计算等关键技术,依托"浦江数链""数字信任"体系提供身份可认证、访问可控制、授权可管理、安全可审计、过程可追溯的关键技术能力,打造城市级数据空间基础设施的标杆和示范。

2.解决方案及价值

1)解决方案

"天机·智信"平台打造"1+2+4+X"整体架构,如图 11-18 所示。

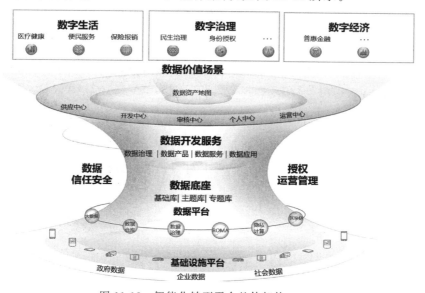

图 11-18　智能化转型平台整体架构

1 个数据底座:采用自主创新、安全可信的技术路线,构建统一的数据汇聚、存储、治理加工、运维管理能力的数据底座。

2 套生命周期管理:建设数字信任和数据安全体系,实现数据全流程汇聚、采集、存储、加工、服务、使用的安全保障能力,并在对外数据要素流通中通过可信计算系统实现数据不动、算法和模型可动,避免数据外泄,充分保障了数据隐私安全。通过可信存系统实现数据授权、数据使用、数据目录、数据服务等全流程的存证留痕不可抵赖第三方审计,为数据社会化利用提供安全和运营支撑。

4 类数据开发服务:提供数据治理、数据产品、数据服务、数据应用 4 类工具,为数据标的提供开发支持;提供对主数据、元数据、数据模型、数据标准、数据质量进行管理能力,形成整体多类数据的元数据管理、模型管理、数据质量管理等数据管控体系,打造数据资产管理能力。

X 个数据价值场景:面向上海城市数字化转型,重点面向数字治理、数字经济及数字生活,支持 X 个数据价值场景的对外服务和发布。

2）业务价值

上海数据集团"天机·智信"平台具有数据采集、汇聚、存储、安全等基础功能，能够实现公共数据与行业数据、企业数据等之间的有效整合。结合数据治理、隐私计算和安全可信技术，平台可提供高质量的数据资源，充分挖掘并释放数据要素价值，为普惠金融、跨境贸易、医疗健康等场景创新提效，充分赋能城市数字化转型。

当前，以普惠金融场景为例，上海数据集团通过基础设施建设和公共数据授权运营，已经成功开放超过 3000 项公共数据，向 33 家金融机构提供超 3700 万次的数据标准化服务，帮助金融机构优化信贷评估模型，提升评估效率，为中小微企业完成了超过 3000 亿元的信贷评估发放，缓解中小微企业融资难、融资慢的问题。对于政府来说，也改善了区域营商环境，为社会经济长效发展注入动力。

3．总结与展望

面向未来，上海数据集团将持续推进城市数据空间创新，以驱动城市数字经济高速增长。以全上海的城市数据授权运营为目标，实现公共数据、企业数据及其他数据的汇聚、供给、授权、运营及市场化开发利用，服务更多城市应用场景。

11.4.2　赢领智尚智慧工厂生产平台，加速时尚产业数字化转型

1．案例概述

2022 年 10 月 28 日，赢领智尚与华为云员工技能矩阵算法及工序智能分配算法项目启动。企业在数字化转型前面临诸多挑战，如柔性生产能力差、工人/机器空闲率高、劳力密集型生产附加值低。由于女装款式的迭代快，需要的工种多，合理分配好小组员工对应的工序变得十分困难。每个工单下到工厂，组长需要按每个款式做分工排布，耗费大量时间，也做不到工人和设备利用率最大化。员工想多干活多赚钱，但产线是动态的，有的人忙，有的人闲，需要把复杂的工序分配给更擅长的人。

2．解决方案及价值

1）解决方案

在与企业对接生产制造数字化需求的过程中，我们发现柔性制造的智能车间不在于无人，而在于生产信息的透明化、生产工序的精细化以及生产流程的便捷化。数字化要解决的核心问题之一就是实现组长对生产中的人、设备、工序分工排布的智能化。项目组结合华为云的大数据产品、机器学习训练与推理技术、运筹建模技术、AI 开发平台、天筹 AI 求解器等技术能力，与客户共同孵化服装智慧工厂的员工技能矩阵算法、工序智能分配算法，建立智慧工厂生产系统优化与仿真平台。通过数字化和智能化技术，发挥数据价值，帮助服装制造企业轻松获得最优的工序编排方式，对每张工单，自动输出最佳的工序分配方案，每张工单需要哪些员工、哪些设备、在哪个站位、做什么工序，系统都算出来，用最短的总工时完成生产，实现降本增效。让企业释放产能，如图 11-19 所示。

2）业务价值

项目实施后，实现了从基于人工经验的排班决策到基于数据＋算法的自动决策，价值明

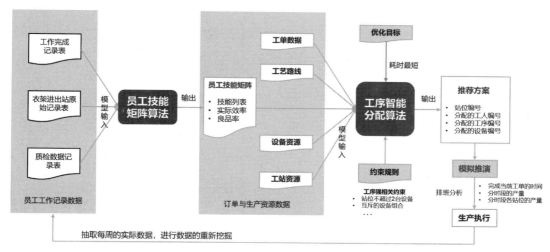

图 11-19　智能工序分配解决方案

显。赢领智尚通过大数据算法,准确定位员工工序所具备的技术能力,按需且快速地将工序进行合适的分配,直接提高员工个人的生产力;同时将传统依靠班组长人脑经验进行工序分配的方式转变为通过算法进行工序分配,工作效率比现有人工排班提升 10%,工序分配时间从 40 分钟降低至 5 分钟。最终实现工人的操作数据更精准、科学地量化,各个产线工序分配更智能,生产规则实现一致性。

3. 总结与展望

通过产业洞察、需求调研与场景选择,从数字赋能维度对客户需求进行引导,并率先在数字赋能方面与企业进行联合创新,针对柔性制造过程中产线效率低下的问题,提出智能工序分配解决方案。

未来将在产业数字化转型中聚集各方智慧,加速构建智能化数字生态,帮助企业提升企划设计、柔性生产、供应协同、智慧零售等关键场景的数字化水平,提升企业研发、生产及销售的智能化水平,为企业降本增效。

第三篇

公共事业智能化转型实践

第 12 章

公共事业智能化发展趋势与参考架构

12.1　公共事业行业智能化的趋势

公共事业作为政府履行社会管理和服务职能的重要组成部分,以满足社会公共需求为基本目标,直接或间接为国民经济和社会生活提供服务或创造条件,涵盖教育、科技、文化、卫生、公共安全、政务、公用设施等重要民生领域。

推进数字技术与社会治理、社会保障、教育医疗等重要民生领域深度融合,促进公共服务普惠化,推进社会治理精准化,共建数字社会。公共事业的信息化建设可以分为网络化、数字化、智能化 3 个阶段。网络化以网络和基础设施建设为基础,实现数据的采集和汇聚,解决公共事业数据的生成问题。通过 IT 系统,标准化公共事业业务流程,加强各业务部门协同效率,提升公共事业整体管理水平。数字化通过打通系统数据,建立数据关系,解决政府数据孤岛问题。孤岛打通,减负提效,业务系统集成、IT 与 OT 集成,促进由单点、局部创新演进至全局优化。智能化通过构建数据平台,挖掘数据的意义和价值,解决数据资产变现问题。通过数据挖潜,实现公共事业运营管理的优化、商业模式的变革,支撑公共事业向数字化运营转型。

随着数字经济的快速发展和全社会数字化水平的升级,人工智能的积极作用越来越凸显,人工智能与各个行业的深度融合已成为促进传统产业转型升级的重要方式之一。

当前,世界各国都致力于推进人工智能的布局与发展,将重点聚焦在加强人工智能技术投资、人才培养、开放合作以及标准建设上。通过产业应用牵引推动人工智能技术落地成为各国共识:中国在 2021 年发布的《"十四五"国家信息化规划》中提出了"质量效益明显提升""产业基础高级化、产业链现代化水平明显提高"等经济社会发展目标,以推动人工智能有序发展,面向政务服务、智慧城市、智能制造、自动驾驶、语言智能等重点新兴领域,提供体系化的人工智能服务。英国于 2023 年 3 月发布了《人工智能白皮书》,提出 5 项发展原则,促进人工智能技术的健康发展和应用,鼓励企业使用人工智能技术从而实现更强劲的经济增长、更好的就业机会和新的科学发现,最终改善人们的生活。日本的《人工智能战略2022》将基础设施建设和人工智能应用作为重点,强调了跨行业的数据传输平台,全面推动人工智能在医疗、农业、交通物流、智慧城市、制造业等各个行业开展应用。阿联酋在 2023 年4 月推出了《生成式人工智能指南》,鼓励各政府部门充分利用人工智能技术的优势,加强在数字经济、远程办公应用等方面加大研究力度,推进未来科技在政府工作模式中的新应用。美国在 2023 年 5 月公布了一系列围绕人工智能使用和发展的新举措并更新发布了《国家人工智能研发战略计划》，该战略计划提出支持人工智能系统、标准和框架的发展，促进思想和专业知识的国际交流，鼓励人工智能朝着造福全球目的发展。新加坡也公布了国家级人工智能战略，提出了未来人工智能发展的愿景、方法、重点计划和建立人工智能生态等内容，主要集中在运输与物流、智慧城市以及房地产等领域，同时也将在慢性病预测与管理层面支持医疗保健行业发展，并逐步渗透至教育、安全以及保障等领域，促进科技进步与社会发展。

在世界各国政府、组织积极推动之下，当前人工智能进入产业化阶段并呈加速发展态势，数据、算法、算力等条件日益成熟，并在行业实践中有了广泛的应用，人工智能在技术与业务的双轮驱动下迎来了战略机遇期，如图 12-1 所示。

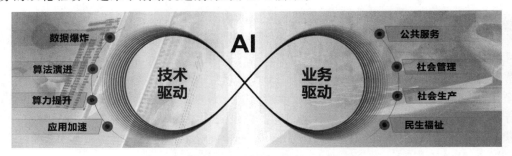

图 12-1　AI 的双轮驱动

新技术的涌现，推动人工智能架构与应用不断演进。

（1）数据爆炸，为人工智能提供了土壤。

进入新世纪以来，伴随着信息技术和互联网的发展，数据爆发性增长，人类每 5 年所产生的新数据几乎都超过之前所有数据的总和。未来，随着 5G 的部署和 IoT 的发展，万物互联时代将很快到来，企业和个人、人和物、物和物、互联网和物联网的连接与数据流将无处不在。这些类型丰富、场景各异的数据资源为人工智能系统自主学习并建立预测模型提供了丰沃的土壤。

（2）算法演进，推动了人工智能的实际应用。

从人工智能概念提出，算法经历了数十年的发展，从决策树到神经网络，从机器学习到深度学习，算法不断演进和进步。与此同时，算法的研究逐步从实验室走出来，更多地与产业和行业相结合，衍生出丰富的与行业应用和典型场景相关的算法分支。伴随 ChatGPT 掀起新一轮人工智能浪潮，大模型技术影响空前深远，正推动人工智能技术从特定应用进入政府社会管理与人们日常生活中，成为切切实实的生产力工具，人类社会的智能化革命已经拉开帷幕。

（3）算力提升，成为促进人工智能系统整体发展的催化剂和推动力。

算力是基于加速计算、人工智能计算等软硬件技术和产品的完整系统，也是承载人工智能应用的基础平台。同时，云计算的发展改变了算力的部署方式和获得方式，降低了算力的成本，有效降低了人工智能的门槛。算力的提升则对数据的产生和处理、算法的优化和快速迭代起到了催化剂的作用,是近年来人工智能取得快速发展的核心推动力。

(4) 应用加速,随着 ChatGPT 和大模型的涌现,人工智能已经到了关键爆发时刻。

人工智能过去普遍使用在特定领域,如图像识别、语言翻译等。未来人工智能将走向每一个行业、每一个场景,解决客户一个个实际问题。据 OpenAI 预测,未来 50% 的人类工作任务场景将被 ChatGPT 影响。大模型的大量应用使得全社会认识到人工智能技术真正地来到我们身边,人工智能技术到了一个爆发时刻,将加速智能社会的到来。

公共事业各行业也在以行业知识、创新思维结合模型能力,积极拥抱人工智能。

公共服务方面,人工智能技术有助于服务型政府的建设。人工智能提供的技术支持使得政府部门有了更多的创新空间,从而能够提高主动服务的能力和意识。一方面,随着人工智能应用程度的加深,公共部门在常规性、重复性工作上的投入将大幅减少,使得其进一步提升服务的主动性与积极性、落实"以服务为中心"的要求、彰显服务型政府的定位成为可能,从而真正将服务型政府的要求落到实处,促进公共服务普惠化。

社会治理方面,人工智能技术能更好地感知基础设施和社会运行的态势,主动决策反应,对有效维护社会稳定具有不可替代的作用。在社会治理方面引入人工智能技术,有助于实现治理的精细化,有利于提升治理的公平公正性。人工智能重构社会生产与社会组织彼此关联的形态,在事项办理、公众参与和管理评价等方面提供技术和信息支撑,破解基层治理存在的政府协调不足、社会协同乏力和居民参与不足的困扰,使社会治理层次和水平得到提升,使治理过程更加优化、更加科学、更加智慧。

社会生产方面,人工智能作为新一轮产业变革的核心驱动力,将进一步释放历次科技革命和产业变革积蓄的巨大能量,并创造新的强大引擎,重构生产、分配、交换、消费等经济活动各环节,形成从宏观到微观各领域的智能化新需求,催生新技术、新产品、新产业、新业态、新模式,引发经济结构重大变革,实现社会生产力的整体跃升。人工智能通过高效运算,接管重复性工作,把人类从忙碌而繁重的日常工作中解放出来,让人类节省最宝贵的时间资源,去做更多振奋人心、富有挑战性的工作,按其所长贡献创造力。

民生福祉方面,人工智能已经成为人们生活中不可或缺的一部分,它正在改变着人们的生活方式和生活质量。在医药领域,人工智能可以帮助科研工作者研发新药物,大大缩短药物的研发周期,造福患者。在教育领域,人工智能根据学生的学习情况,提供个性化的学习资源和教学方案,同时人工智能还可以通过虚拟现实技术,提供沉浸式的学习体验,使学生更好地理解和掌握知识。当前人工智能在人们医疗、教育、出行、娱乐等方方面面均发挥了重要的作用,随着人工智能技术的不断发展和完善,未来人们的生活将会变得更加美好。

华为与业界聚焦数字政府、教育、医疗等方向,共同创新探索人工智能的应用和实践,连接、计算、云、人工智能、行业应用一体化协同发展,形成开放兼容、稳定成熟的基础支撑技术体系。根据不同的需求提供场景化智慧解决方案,帮助政府实现兴业、降本、惠民、善政,帮助企业客户实现商业成功,帮助居民实现幸福生活。

12.2　公共事业智能化参考架构

　　公共事业的智能化升级是一个复杂的系统工程，需要一个可参考的系统框架来指导行业落地。华为基于在公共事业的丰富智能化实践，在前文行业智能化参考架构的基础上，提出了公共事业智能化参考架构，如图 12-2 所示。

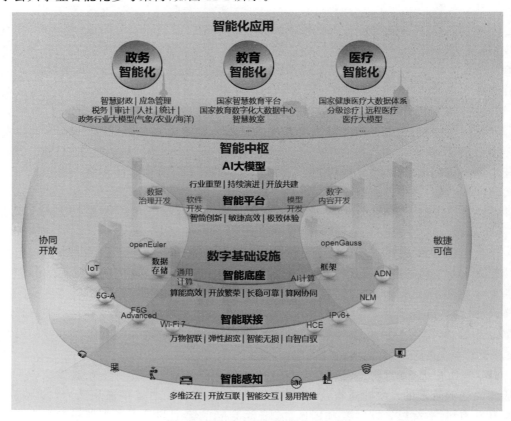

图 12-2　公共事业智能化参考架构

　　该智能化参考架构包含 3 部分共 6 层架构：数字基础设施（智能感知、智能联接、智能底座）、智能中枢（智能平台、AI 大模型）、智能化应用，整体架构的突出特点是协同、开放、敏捷、可信。

12.2.1　数字基础设施

　　数字基础设施包含智能感知、智能联接和智能底座 3 层。

1．智能感知

智能感知是物理现实映射到数字世界的入口，具备多维泛在、开放互联、智能交互、易用智维等特点,下面结合公共事业的应用实践进行描述。

(1) 多维泛在。如在城市水资源保护过程中,水质监测通常是一项重要内容,特别是对工业废水的处理。传统检测技术一般是通过化学途径来实现的,不仅时间较长,反应慢,还易受到各种客观条件的制约。相比之下,一种新型的光谱检测技术则规避了以上缺点,它能够借助不同物质在光学频谱中独有的身份信息,对水质状态进行有效、全过程的实时监测,随时追踪污水处理状态。

又如医疗行业,人类可以依托高度灵敏的生物传感器技术与智能硬件支持,实时跟踪身体各项指标,并建立个人的健康知识图谱,从而实现自主驱动个人健康,减少对医生的依赖。

(2) 开放互联。如在元器件小型化、芯片化的技术推动下,原来只能在医院内使用的大型医疗设备,正在朝便携化方向发展,让移动化检查成为现实。掌上超声设备将超声波探头的性能集成到一个芯片中,通过鸿蒙操作系统加持的智能手机应用进行超声信息采集,并结合云计算和深度学习等技术,实现实时复合成像和自动扫描等强大功能,打破时间和空间限制,让传统笨重的大型超声台式机所具备的功能在随身携带的轻巧手持设备上得以实现,使得原本医院一台十多万美元的大型超声仪器变成几千美元就可以拥有的掌上设备。开放的终端生态将协议复杂、系统孤立的终端有机协同起来。

(3) 智能交互。如传统诊疗流程是病人至医院进行医学检查后,由医生现场诊断的。但由于地域医疗资源分布不均,优质专家多集中在大城市,小城市和乡村医疗资源不足,常因诊断失误而贻误病情。在未来,将传统影像设备的复杂处理逻辑放到云端,在云上为医生提供远程阅片及人工智能辅助诊断功能,并将医学影像、检验检查结果、病历等诊疗信息同步传输,患者只需面对屏幕,就可接受知名专家的云端诊疗服务。智能交互大大提升了为人服务的体验和效率。

又如通过“终端数据采集＋5G＋云计算”方式,在社区医院与医学中心之间建立医学影像信息互联共享,患者在社区医院医疗设备上拍片后,自动或手动将影像文件上传至云端,由医学中心在云端阅片并出具报告。智能交互大大提升了设备认知与理解能力。

(4) 易用智维。如在文化场馆领域,已有博物馆应用自动化控制系统实现了海量展品的检测和能源管理的系统化重构,实现智简运维,降本增效。通过布置几千个数据点,实时采集和监测场馆内的各项环境数据,自动调节适宜展品陈列和参观者观展时的温光水气条件。经过这一系统性节能改造,实现了暖通空调、照明和用水效率升级,使博物馆温室气体排放减少 35％,电力成本降低 32％。

2. 智能联接

政府和公共事业智能化的场景复杂多样,智能联接用于智能终端和数据中心的联接、数据中心之间的联接、数据中心内部的联接等,解决数据上传、数据分发、模型训练等问题。各种场景对联接都有不同的要求。

如城市治理场景中智能终端和数据中心的联接,前后端实时推理交互,要求稳定带宽,需要借助网络切片保障不同流量的互不干扰。在数据中心中,AI 训练集群网络丢包率会极大影响算力效率,万分之一的丢包率会导致算力降低 10％,而千分之一的丢包率会导致算力降低 30％。因此,政府和公共事业智能化需要万物智联、弹性超宽、智能无损、自智自驭的智能联接。

3.智能底座

智能底座提供大规模 AI 算力、海量存储及并行计算框架,支撑大模型训练,提升训练效率,提供高性能的存算网协同。根据场景需求不同,提供系列化的算力能力;适应不同场景,提供系列化、分层、友好的开放能力。另外,智能底座层还包含品类多样的边缘计算设备,支撑边缘推理和数据分析等业务场景。

智能底座层具备算能高效、开放繁荣、长稳可靠、算网协同等特点,以更好地支撑政府和公共事业的智能化。

12.2.2　智能中枢

在架构分层中,中间的智能中枢由智能平台和 AI 大模型两部分组成。

1.智能平台

智能平台可以在海量的数据中从感知层生成,经过联接层的运输,汇聚到智能平台,通过数据治理与开发、模型开发与训练,积累行业经验,最终服务智能应用的构建。

智能平台具备智简创新、敏捷高效、极致体验等特点,理解数据、驱动 AI,支撑基于 AI 大模型的智慧应用的快速开发和部署,使能行业智能化。

为了能更好地服务于全球范围内的政府和公共事业,以及推进数字化、智能化转型,同时保障业务高效、可靠、安全,智能平台要解决的主要问题是以“应用为中心”,使各行各业更好地运用数字技术,提升在价值链中的地位,包括应用的智能化改造,提升 AI、数据、媒体等新技术创新的易用度,提升基础设施资源的利用率,提升安全防护能力等。

2.AI 大模型

在公共事业中,AI 成为千行百业的重要助手,可以帮助我们更高效地完成工作,提高生产力和创造力,成为时代新的生产力动能。随着大模型技术的不断发展,AI 的智能化程度也在不断提高,使得我们能够更好地应对各种挑战和机遇。在智能化时代,AI 将继续发挥重要作用,为社会的可持续发展提供更多的智慧和力量。

公共事业行业智能化架构充分考虑了大模型促进 AI 算法的平台化产业化特点,支撑分层分级构建智能化平台;面向百模千态,结合业界行业智能化实践,分层更加清晰,更加开放,更友好地支撑生态;基于大模型的算力诉求和分层 AI 的可行性,优化了感知、联接、底座、平台以及 AI 大模型的设计,更好地支撑数据、应用、AI 3 个领域的协同和云网边端的协同,加速行业智能化。

12.2.3　智能化应用

在架构分层中,最上面的是面向公共事业各领域的智能化应用层,主要包含政务智能化、教育智能化和医疗智能化,其中政务智能化包含了农业、生态、财政、统计、人社、科技、气象、水务、应急等领域。该层需要行业客户和生态伙伴等协同来进行构建,才能充分发挥数字基础设施和智能中枢的效能,以便更好地服务最终用户。后续章节将分别从各领域进行详细阐述。

12.2.4　总结

公共事业智能化参考架构如下。

首先是协同的架构。通过云、管、边、端的协同,业务信息实时同步,提升业务的处理效率;通过应用、数据、AI 的协同,帮助打通组织鸿沟,使能业务场景全面智能化。

其次是开放的架构。每个层级都开放解耦,南向可以接入各种设备,北向使能应用创新,多厂商共同参与,共同构筑行业智能化的基础设施;通过汇集于行业智能化架构的资产和工具体系进行开发,加速智能化应用落地。

再次是敏捷的架构。不同的业务可以根据自身需要快速获取匹配的 ICT 资源;业务人员可以使用低代码和零代码开发工具,通过叠加成熟算法模型快速构建业务能力,实现智能化应用的敏捷开发。

最后是安全可信的架构。从基础芯片、系统软件/平台、设备、存储、计算、网络层面全面构筑全栈安全可信能力;基于 AI 结合多种技术多层次构建安全可信防护能力。

第 13 章

智能化使能民生服务

13.1 智慧医疗

13.1.1 医疗行业人工智能概况

　　人工智能技术在医疗行业的创新应用不仅事关广大人民群众的生命健康安全,而且会有力促进经济社会发展的转型升级,是人工智能技术落地应用与赋能行业的一项重大探索和典型示范。人工智能是新一轮科技革命和产业变革的重要驱动力,是一项可引发诸多行业产生颠覆性变革的前沿技术,被广泛称誉为"第四次工业革命的引擎"。2023 年,多部门发文将医疗作为人工智能发展的重要应用领域。

1. 医疗行业人工智能趋势

　　医疗行业是促进国家长远健康发展、提高人民健康水平、保障和改善民生的战略性行业,该行业长期存在医疗专家资源稀缺与医疗诊断能力不足的公众医疗问题。但伴随人工智能、5G、大数据等新兴技术的快速发展,医疗行业受到深刻影响,此问题也得到了初步改善,AI＋医疗场景应用可以进一步有效缓解医疗资源分布不均、数据价值利用程度低、数据标准不统一等问题,推动医疗行业从最初的电子化、单系统应用,逐步向数字化、智能化不断演进,如图 13-1 所示。

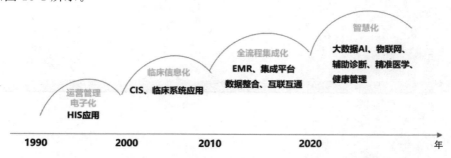

数据来源: 《（2019）全民健康信息化调查报告——区域卫生信息化与医院信息化》

图 13-1　医疗信息化发展历程

　　AI＋医疗的融合发展共经历了 4 个关键阶段。从 20 世纪 70 年代起,人类就开始尝试通过 AI 辅助医疗,提升诊疗效率和质量,改善医患关系。20 世纪 80 年代,AI 研究聚焦临床决策专家系统,建立临床知识库模仿医生决策过程。21 世纪后,医学成像设备逐渐成熟,AI 应用开始聚焦于辅助医生提取复杂的多维医学影像数据特性,完成诊断分析。伴随具备

AI 的医疗器械获批上市,AI 也逐步用于辅助医疗诊断。至今,AI＋医疗逐步走向成熟,大模型技术横空出世,扮演起重要角色。AI 技术开始渗透到医疗各个阶段及场景中去扩展医疗健康服务边界、改变诊疗路径并改善医患关系,如图 13-2 所示。

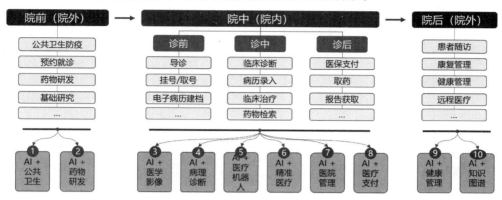

图 13-2　医疗行业 AI 应用场景

AI＋医疗是指医疗健康的生命周期内,在协助人或解放人的状态下,以提升院内外医疗服务效率为目的、以 AI 技术为手段干预到传统的院内外医疗环节的一种新型辅助技术。院前,AI 技术可以应用于药物研发、基因检测等医疗健康管理环节,也可以应用于医疗环境监测、患者预约就诊、智能分诊等场景改善患者院前就医体验。院中,AI 可以实现影像辅助诊疗、辅助病理诊断、精准医疗等,减少医生工作量,提升诊断效率和诊断质量。院后,AI 通过健康管理、知识问答等功能,协助患者进行健康管理,从被动治疗转向主动预防。如今 AI已经介入医疗领域的诸多场景,为医学领域的技术发展与医疗服务提供了重要支撑,但是仍存在场景单一、碎片化严重、模型维护成本高、模型参数量小、应用范围狭窄等问题,华为通过研发具备超强理解能力,可完成更多通用性任务的盘古大模型来解决上述难题,如图 13-3 所示。

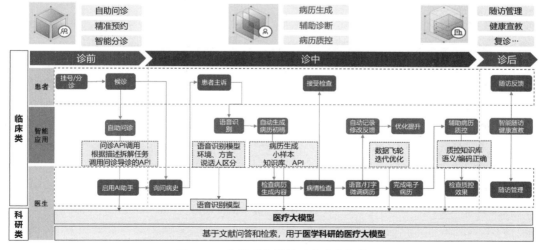

图 13-3　大模型支撑的医疗业务场景

伴随 AI、大模型等技术不断发展，以及信息技术与医疗服务深度融合，医疗行业必将在智慧影像、精准医疗、药物研发、知识问答等场景提供更加有力的数字化、智能化技术支撑，预计未来 3 年市场空间近 70 亿元，可有效促进生态有序发展和商业繁荣。

2. 医疗行业 AI 挑战

面向 2030 年，健康中国有诸多挑战：中国到 2030 年预期 60 岁以上人口占比将达到16.5％，而医护人员缺口将达到 1800 万，慢性病死亡比例占 85％。在这样的情况下，科技与医学的融合就尤其重要，需要通过科学技术创新来重新定义医学健康未来。华为发布的《智能世界 2030》报告中提出，通过利用新一代信息技术，让健康可计算、让生命有质量。科技与医学的融合主要体现在感知、联接、智能 3 个层面——通过可穿戴设备来实时监测人体生理指标，然后将数据通过万物互联上传到云端，最后通过 AI 来进行分析。在此过程中，云、大数据、5G、AI 等新兴技术起到了重要的支撑作用。

AI 在医疗行业普及面临 5 大挑战，需要引入 AI 新架构和大模型。

（1）算法精度低。医学行业知识量大，结构复杂，针对单一场景的应用，可能需要大量的知识推理和指标。

（2）数据标注困难，高质量数据少。针对单个场景的小模型，需要标注大量的数据，对医生和资深专家的要求较高。

（3）算法通用性差。相同场景下的模型，部署到不同的"业务线"，模型的效果变得不稳定，需要针对性的二次开发训练。

（4）数据隐私。对于数据隐私问题，算法训练需要将数据导出进行训练，存在数据泄露等安全风险问题，训练效率低。

（5）人才储备不足。针对 AI 的赋能不够，用户侧研发人员的参与度不够，难有自主能力，急需降低门槛。

针对以上 5 大问题，有 4 大改进方向：算法精度、模型通用性、数据安全与 AI 人才培养。未来 AI 在医疗行业内的发展，需要融合大模型、高质量数据、搜索增强等多维度能力，加速 AI 在医疗行业内的应用。

13.1.2　医疗行业人工智能典型解决方案

医疗健康是一个复杂的巨体系，是一项系统工程，需要政府、卫健、医院、公卫、社区、企业、组织等多方共同探索，共同贡献力量建设，共同完善数字健康的体系。对此，华为提出了构建"健康智能化架构"的倡议和技术参考架构，推动医疗健康领域管理、服务模式全面转型，如图 13-4 所示。

健康智能化架构包括智能感知、智能联接、智能底座、智能平台、AI 大模型、智能应用 6 层，构建起一个立体感知、多域协同、精确判断和持续进化的智能系统。

健康智能化架构有 4 个特点：协同、开放、敏捷、可信。采用"云网边端"协同一体的技术架构，秉持安全可控、医防协同、开放融合、共建共享的原则，向生态伙伴进行开放，共同完成应用开发，为医疗单位提供科技创新服务。

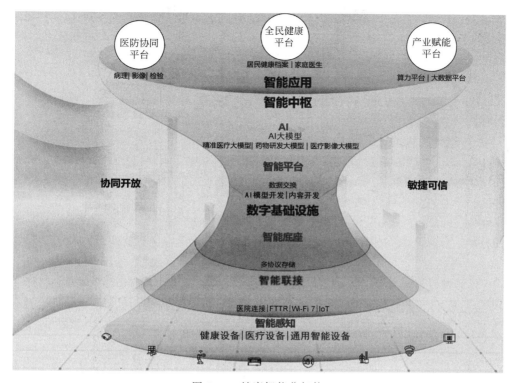

图 13-4　健康智能化架构

1. 影像质控

医学影像是指为了医疗或医学研究，对人体或人体某部分，以非侵入方式取得内部组织影像的技术与处理过程。医学影像的质量控制工作是保证影像诊断质量的基础，也是实现医学影像数字化推广的重要前提。现阶段，影像的质控工作主要通过人工抽样检测来完成，样本代表性不足，结果存在相对的区域性主观偏差，难以形成统一的质量评价标准。将 AI 技术应用于医学影像的质控工作，可以有效提升评估效率。通过毫秒级的运算速度，反馈每一例影像的质量量化评估，促进摄片质量的整体提升，推动了区域间质控标准的统一，为医学影像的互认机制建立必要的基础。

近年来，AI 技术在智慧医疗尤其是国内外医学影像领域的广泛应用，使影像质控的工作模式有了合适的发展方向。深度学习在医学影像分割、目标器官检测、影像配准、关键点检测、影像识别和报告生成等影像组学任务中取得了重要的研究进展，是实现 AI 影像质控的关键技术。随着视觉 Transformer 模型、Diffusion 生成网络和多模态特征编码器等前沿技术在医学影像自监督学习、影像重建以及跨模态医学信息转换等场景的逐渐成熟，更多复杂的影像及报告质量评估任务可以得到解决。同时联邦学习在医疗领域的深入探索，为质控工作提供了数据隐私风险的保障，使 AI 介入到医学影像质量管理的整体流程。

利用 AI 领域的深度学习技术，可以精准地完成影像内容的评估分析，搭载常规算力，在毫秒级的运算速度下，实现对每一例影像检查的实时质控。根据全体样本的质控结果，从不同的统计维度，可以得到多个区域的影像质量的客观反馈，有效减少不同区域之间的摄片质量差异，推动质控标准的统一，加速医学影像互认机制的落实。

典型的图像标注方式如下。

（1）基于脏器组织的精细标注。这是基于合适的窗宽窗位下，逐像素勾勒出肉眼可见的脏器边缘或解剖结构，并对标注后封闭曲线内的目标像素，进行二值填充，适用于深度学习视觉任务中的图像语义分割与实例分割。

（2）基于目标伪影的识别框标注。针对影像中存在的伪影，在合适的范围内，取目标的外接矩形框进行封闭勾勒，并选定该目标框的所属类别，适用于深度学习视觉任务中的目标检测领域。

（3）基于影像整体的分类标识。对于存在明显发散式噪声的影像，无法形成逐像素勾勒或识别框标注的，完成图像级别的分类界定标识，将同类型的影像扫描进行归类与集中归档。

2．影像诊疗

医学影像使许多疾病都能看得到、看得准，从而使患者可以得到及时有效的治疗，这是现代临床诊疗体系中不可或缺的一环。但是对于医院来说，医学影像也存在着专业医生缺口巨大、误诊漏诊、诊断速度有限等问题。

AI 医学影像，将 AI 图像识别领域不断取得的前沿性突破技术应用在医学影像领域，解决上述医学影像诊断痛点。通过 AI 技术将医学影像进行 3D 重建，如图 13-5 所示；治疗过程中，影像显示病灶的对比分析，如图 13-6 所示。

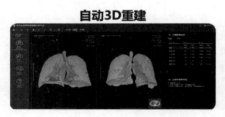

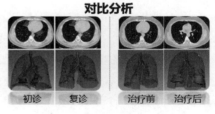

图 13-5　医学影像进行 3D 重建　　　　图 13-6　病灶显示对比分析

在医学影像 3D 重建方面，AI 通过图片特征点提取、分层建模、精准测量等技术，展示直观、精确的 3D 医学影像；在病灶识别与标注方面，针对 X 射线、CT（Computed Tomography，电子计算机断层扫描）、核磁共振等医学影像的病灶进行图像分割、特征提取、定量分析、对比分析等，为影像科医生阅片提供参考，帮助医生发现难以用肉眼发现和判断的早期病灶，大幅降低漏诊及误诊；同时大幅提升影像医生诊断效率，10 万张以上的影像处理仅需数秒。

通过使用 AI 技术，可有效提高医学影像诊断的精准性、标准化和自动化。一图胜过千言万语，对医学图像的理解与诊断需要有医学知识库、图像诊断模型和特征比对策略等关键条件的支撑。通过对大量图像数据和医学知识的训练学习，医学影像智能辅助诊断系统能够快速识别不同的病症图像，定位病灶组织，为患者提供高质量的检查报告。同时基于深度学习不断优化,通过大量已有的影像数据和临床诊断信息训练,在目前诊疗体系的基础上进一步降低复杂疾病的误诊率及早期病灶的漏诊率,从而带来医学影像总体诊断水平的提升。

3. 精准医疗

随着信息化手段的不断提升,以及人们对医疗健康的需求越来越高,未来专业化的医疗服务将会不断地升级迭代,精准医疗的概念也应运而生。精准医疗是依据患者内在生物学信息以及临床症状和体征,对患者实施关于健康医疗和临床决策而量身定制的医疗服务。其旨在利用人类基因组及相关系列技术对疾病分子生物学基础的研究数据,整合个体或全部患者临床电子病历,为患者提供定制化治疗解决方案的新型医学模式。其本质是利用基因组特征、AI 与大数据挖掘、基因检测等前沿技术,对大样本人群和特定疾病类型进行生物标记分析与鉴定,找到精确发病原因和作用靶点,并结合病患个人的实际身体状态,开展个性化精准治疗,提高疾病预防与治疗效果。

精准医疗主要包括基因测序、细胞免疫治疗和基因编辑 3 个层次。其中,基于大量细胞和分子级别的基因测序是精准医疗的基础;对免疫细胞进行功能强化与缺损修复是精准医疗在疾病治疗领域的常见应用方法,目前 CAR-T(Chimeric Antigen Receptor T-Cell Immunotherapy,嵌合抗原受体 T 细胞免疫疗法)和 TCR-T(T-Cell Receptor-engineered T-Cell,T 细胞受体工程化 T 细胞)疗法备受关注;对变异细胞进行批量改造治疗的基因编辑技术则为精准医疗的高阶应用层次,技术壁垒较高。

4. 药物研发

一款创新药从研发到上市,平均成本超过 10 亿美元,研发周期大于 10 年,这是医药界公认的"双十定律",存在药物结构设计强烈依赖专家经验、新药筛选失败率高等问题,如何通过大数据、AI 等科学技术加速新药研发进程、平衡研发投入与成果产出之间的关系,成为医药公司在数字化改革道路上的重点之一。

将深度学习应用于药物研究,通过大数据分析技术快速准确地筛选出合适药物成分,从而缩短新药研发周期,降低研发成本,提高研发成功率。其中,在靶点筛选、药物挖掘、患者招募以及晶型预测等关键研发环节中,AI 技术至关重要。AI 通过自然语言处理、图像识别、机器学习等技术,可以大幅度缩减研发流程,如图 13-7 所示。

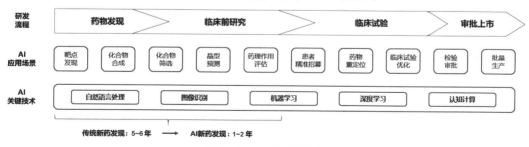

图 13-7　药物研发流程

药物研发主要是通过靶点发现、化合物合成、筛选、晶型预测等流程进行的。通过 AI 的应用,可以在靶点发现阶段利用 NLP、DL 技术,快速识别患者数据中的身体变异数据,通过靶标数据库高效定位潜在的靶标分子。化合物合成＋化合物筛选阶段，利用 ML（Machine Learning，机器学习）、DL（Deep Learning，深度学习）、CV（Computer Vision，计算机视觉）技术，参与到靶标三维结构预测、化合物从头设计、成药性预测及优化、药物虚拟筛选等过程中，大幅降低新药研发的时间和成本。晶型预测阶段，AI 结合实验的晶型预测和筛选技术可以在 2～3 周内预测出潜在的最佳药物晶型，有效加速研究和决策过程，大幅降低固体形态在后期应用的风险。

13.1.3　医疗行业人工智能案例实践

中国人民解放军总医院创建于 1953 年，是集医疗、保健、教学、科研于一体的大型现代化综合性医院，医院的信息化建设一直走在全国前列，取得了对行业发展有重要影响的系列成果。经过多年的科研与临床知识沉淀，中国人民解放军总医院已成为国内规模最大、覆盖面最全、数据量最多、时间连续性最好的医院医疗数据资源库之一。

在医疗健康领域，AI 技术面临医疗数据共享难、数据质量标准低、优质 AI 系统少、支撑平台资源缺等突出问题。

第一，经过多年信息化建设，国内医院普遍积累丰富的临床医疗数据，但由于隐私保护及信息安全等原因，数据资源难以出院进行有效共享，使得大量医疗 AI 企业缺少优质充足的数据，从而阻碍医疗 AI 模型算法的研发创新和推广应用。

第二，基于数据驱动的 AI 技术对数据标准、数据质量要求较高，但是多源异构的医疗数据却在编码、格式、内容等方面存在较大差异，增大数据治理、数据标注、训练推理的难度，在一定程度上桎梏医疗健康 AI 行业的融合发展。

第三，针对常见病、多发病以及重要疾病的诊疗、防治等重大需求，缺乏高质量的样本数据、高性能的网络框架和高效率的模型算法，直接导致功能强大、性能优异的医疗健康 AI 系统非常稀缺，AI 赋能反哺乏力。

第四，在医疗机构之间以及医疗机构与 AI 企业之间难以有效共享算力、数据和模型，"信息孤岛""服务壁垒"等问题亟待解决，急需构建面向医疗健康行业开放共享、高质高效的 AI 筛查和辅助诊断公共服务平台。

当前，以深度学习、卷积神经网络等技术为代表的新一代 AI 技术发展迅猛，前景广阔，有力推动人类社会从万众互联走向万众智联，从数字经济转向数智经济，从信息时代迈向智能时代。在此背景下，AI 正在加速推进医疗健康行业的交叉融合与转型重塑。因此，建设开源共享的新一代 AI 公共服务平台将有效破解行业痛点，加快培育智慧医疗生态，有力驱动面向医疗健康行业的 AI 产业新模式发展。

新一代医疗健康 AI 公共服务平台作为重要服务支撑和关键基础设施，被纳入 2020 年"高质量发展"重大专项。中国人民解放军总医院牵头该项目，提出软硬系统设计、训推异构兼容、云网功能融合、存算资源优化等原创理念。通过联合攻关和协同创新，面向医疗健康行业，提供集 AI 数据治理、模型训练、测试验证及推理应用等核心功能于一体的大型公共服务平台，探索总结出一套面向医疗健康 AI 系列产品研制的通用研发工作流、团队分工协作链以及任务路径规划图等工作机制。该平台具有突出的研究、应用与推广价值,如图 13-8 所示。

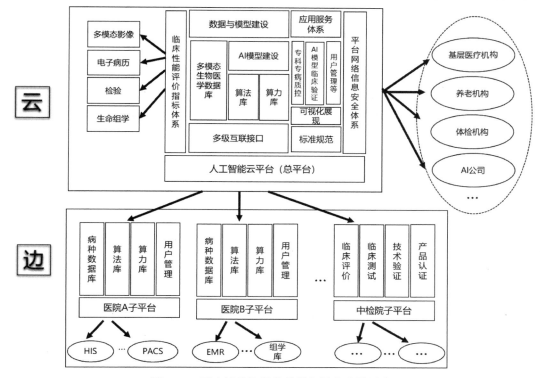

图 13-8　医疗辅助诊断公共服务平台建设思路

1. 方案架构

在公共服务平台建设中,以中国人民解放军总医院为牵头单位,首都医科大学附属北京天坛医院、首都医科大学附属北京同仁医院、北京大学第一医院、北京肿瘤医院、郑州大学第一附属医院、北京安德科技有限公司、华为技术有限公司、中国食品药品检定研究院、中国移动为成员单位,共同构建医疗健康人工智能公共服务平台。平台采用云边协同架构,构建集"云、大数据、人工智能"于一体的一站式人工智能云平台,如图 13-9 所示。

华为承接了项目构建一站式人工智能云平台的任务,支撑数据集成、数据治理、模型训练和应用部署等功能。云侧是人工智能总平台,边侧是人工智能子平台以及各基层医疗、养老、体检机构等。

如图 13-10 所示,云侧提供医学人工智能训练和推理所需的存储、算力、基础算法,提供模型推送与联邦训练管理能力,对部署在分支的边缘节点进行管理,同时结合云端大规模的算力,满足全系统海量数据的计算、存储、服务分发等需求。边侧提供本地训练所需的存储、算力以及模型管理、模型推理能力。基于物理安全、网络安全、平台安全、数据存储安全及云边服务安全等,形成完备的网络安全体系,保障医疗大数据的信息安全及有效共享。

芯片采用神经网络处理器技术的昇腾 AI 加速处理芯片和昇腾 AI 加速处理芯片构建

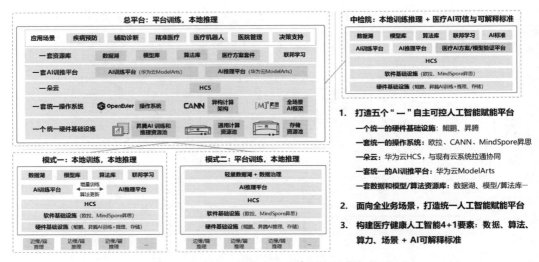

图 13-9　人工智能公共服务平台总体架构

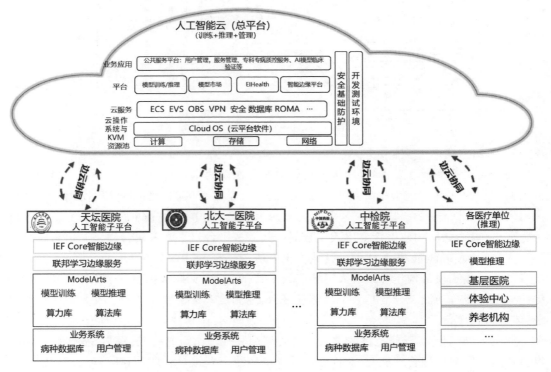

图 13-10　一站式人工智能云平台

训练和推理的算力；提供业界单节点性能最强、功效比最优的高性能 AI 训练集群系统。

云平台采用华为云 Stack 建设方案，基于新 ICT 可提供对计算资源、存储资源、网络、数据库等资源的专属使用，同时提供高安全的网络隔离环境满足网络隔离要求，资源独享可以避免业务高发期资源被抢占造成的业务卡顿情况,从而满足性能、安全、可靠性、可扩展性等关键业务诉求。

医疗数据库(数据集)使用华为 DWS(Data Warehouse Service,数据仓库服务)和 MRS (MapReduce Service,MapReduce 服务)来构建。DWS 是基于华为研发融合数据仓库 GaussDB 产品的云原生服务,兼容标准 ANSI SQL 99 和 SQL 2003,同时兼容 PostgreSQL/Oracle 数据库生态,为 PB 级海量大数据分析提供有竞争力的解决方案。大数据服务 (MRS)基于 Shared-Nothing 分布式架构,具备 MPP(Massively Parallel Processing,大规模并行处理引擎),由众多拥有独立且互不共享的 CPU、内存、存储等系统资源的逻辑节点组成。在这样的系统架构中,业务数据被分散存储在多个节点上,数据分析任务被推送到数据所在位置就近执行,并行地完成大规模的数据处理工作,实现对数据处理的快速响应。

智能边缘平台部署在总平台,通过纳管子平台(边缘节点),提供将云上应用延伸到边缘的能力,联动边缘和云端的数据,提供医疗训练模型的推送和存储,同时在云端提供统一的设备/应用监测、日志采集等运维能力,提供完整的边缘和云协同的一体化服务的边缘计算解决方案。

ModelArts 平台是面向开发者的一站式 AI 开发平台,为机器学习与深度学习提供海量数据预处理及半自动化标注、大规模分布式训练、自动化模型生成,及端-边-云模型按需部署能力,帮助用户快速创建和部署模型,管理全周期 AI 工作流。

平台围绕 5G 通信产业发展前沿,建立完整实用的云平台推广通信体系,促进 5G 通信在远程人工智能医疗共享,推广落实的应用,将为用户提供高质量的医疗服务网络。

医疗辅助诊断公共服务平台不仅拥有独占、高质量、大规模的和完整的医疗数据,而且有完善的医疗管理体系,承载了 10 种肺炎影像 AI 诊断、心脏核磁 AI 辅助诊断、心脏动态超声 AI 辅助诊断、乳腺疾病磁共振 AI 辅助诊断等功能,基于深度学习的人工智能影像分析技术改善了人工阅片的痛点,深度学习通过广泛的图像训练,从底层提取特征,能够实现对更加多样化的影像表现识别并不断自动优化,能够在提高影像工作效率同时,提供精准的疾病风险评估影像信息,真正满足临床需求。

2. 应用场景

1)临床辅助决策系统

临床辅助决策系统通过多模态数据库,采集 38 万例的心肺血管疾病住院患者主诉、现病史和检查检验等信息,利用系列算法模型进行病情评估、风险预测、治疗推荐、预后转归、共病管理、住院花费等,涵盖入院患者全周期。人工智能平台中的临床医疗辅助决策支持系统从标注、训练、测试、验证等软件功能,华为与伙伴在项目中联合研发医疗 AI 芯片性能超业界 2 倍,算法网络创新,预测性能提升 23%,如图 13-11 所示。

2)肺炎影像诊断

平台借助人工智能的图像分割与病灶发现,对传染性肺炎进行精准诊断、治疗方案推荐、进展评估、预后及风险预测,结合国际指南,提供标准化的临床诊疗决策支持。传染性肺炎临床辅助决策支持系统可以直观展现图像的参数分割及病灶发现,如图 13-12 所示。

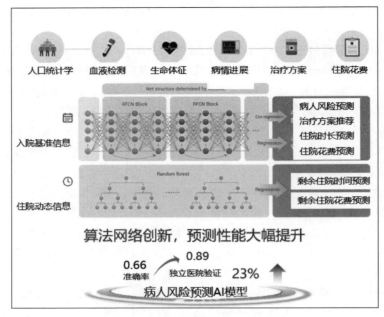

图 13-11   临床辅助决策支持系统

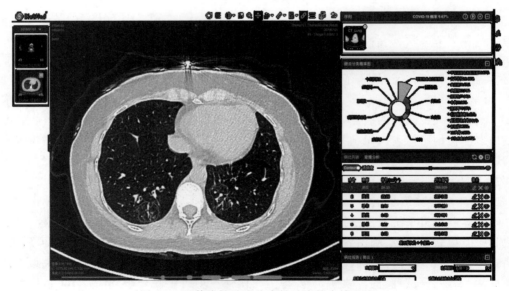

图 13-12   传染性肺炎临床辅助决策支持系统

3）心脏核磁辅助诊断

利用多序列的智能分割，分割心脏视频，自动提取结构和 16 节段功能参数；可以通过对心脏结构和节段功能参数曲线智能分类，诊断左心室心肌病。人工智能的介入，提高了诊断的准确率和效率，与人工测量和诊断相比，诊断时间大幅度缩减，诊断效率提升了 30 倍，如图 13-13 所示。

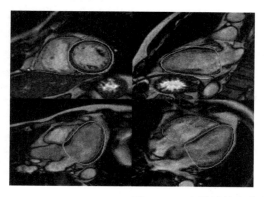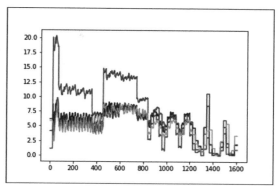

图 13-13　心脏结构和节段功能参数曲线智能分类诊断

4）心脏动态超声辅助诊断

系统可以自动分类适配智能分类，分解 45 种超声心动图切面（包括二维动态、彩色多普勒、多普勒频谱、M 型超声等）以及 5 类 14 种心脏疾病智能辅助诊断，并通过对 61 种核心参数的自动测量，自动精准分割，数秒生成报告。

5）乳腺疾病磁共振辅助诊断

根据乳腺疾病核磁 BI-RADS 1～5 级进行分级，并警示病灶的良/恶性。对乳腺腺病、纤维腺瘤、乳腺炎、导管内乳头状瘤、原位癌、浸润性癌 6 种乳腺疾病进行诊断，提升阅片效率和诊断准确率，提供大量定量分析信息。

3．方案价值

国家级医疗辅助诊断公共平台的建设，直接面向行业痛点，最大化提升劳动生产率和诊疗效率。辅助诊疗系统、AI 影像可以减少医生的诊断时间，得到更可靠的诊断结果，大幅提升整体诊疗水平，降低医疗机构的隐形运营成本。

平台聚焦医疗影像产业链的下游，可以有效地推进诊疗的一体化；优化诊疗流程，有效地提高医疗设备的使用效率和诊疗效率；打造影像智能会诊中心，突破地域限制，争取"空间红利"；创新服务模式，拓展疾病预防、健康管理等新型增值医疗服务领域。

平台以推动人工智能筛查和辅助诊断水平提升为核心，依托平台联合医院和标准制定单位共同制定专业、权威的标准规范认证体系，参与《人工智能医疗器械 质量要求和评价》系列标准的编制；并在平台建立模块化、体系化的人工智能筛查诊断模型，在服务医疗机构开展应用测试体系建设，形成标准化的人工智能筛查诊断流程，完善中国人工智能筛查诊断能力提升的关键环节布局，带动中国人工智能医疗产业发展，提升在国际的影响力和竞争力。

平台推动优质医疗服务资源前移下沉，实现分级诊疗模式，减少病人的无效流动和医疗资源的浪费。平台为至少 80 家医联体医院和基层医疗机构提供远程人工智能筛查和辅助诊断服务，可以使牵头医院的优质资源能够及时下基层，向基层延伸，进一步优化服务体系，放大优势资源效应，使得群众在家门口也能够看好病。

平台成为中国医疗服务产业协同创新发展的重要支撑力量。一方面，平台通过人工智能医学模型共享、云推广等方式，推动医疗服务行业基层医疗机构进行技术、知识、标准、知识产权等方面的学习与交流，加快产业链间的交融互惠，促进中国不同区域医疗健康产业协同发展；另一方面，平台将通过线下高峰论坛、行业峰会、沙龙等形式，集聚人工智能医疗产业发展力量，推动本土医疗机构人工智能筛查诊断协同创新发展。

13.1.4　总结和展望

建立人工智能云平台将为后续医院进行大规模的科学研究、图像分析合作、疾病辅助诊断与管理提供便利，同时更深度地集成居民健康服务系统，提供更全面的医疗健康档案和区域统计数据。通过大数据分析，为临床提供更多决策支持，如用药分析、治疗效果相关性分析、制定个性化治疗方案等，为疾病诊断与预测、临床试验设计等提供统计工具和算法，同时也提供健康数据的监测与预警、风险评估、健康干预等服务。医疗辅助诊断公共服务平台建设是现代算法运行的燃料，也是精准医学未来的基础。

现阶段在人工智能、5G、大数据等新兴技术的支撑下，新医疗技术的转化应用、基于人工智能技术等干预手段介入传统的院内外医疗环节，应用在药物研发、临床决策、影像辅助诊断等各个医疗环节，不断优化管理及临床实践，提升患者体验。大模型的应用必将进一步改善单个业务场景限制、碎片化严重、模型维护成本高、模型参数量小、优化训练对业务效果提升有限等问题。可以"引经据典"，打造医学领域的GPT。基于盘古大模型与千万篇医学权威科技文献全文数据，进一步训练准确、有据可依的问答系统，为医疗行业从业人员提供专业的知识体系，为全民健康提供更准确的指导与支持。影像互联互通，促进结果互认。利用人工智能、大模型等技术进行医学影像分割、目标器官检测等，消除主观断定影响，促进真正的互认共享。

面向未来的医疗信息化，智能化是发展方向，大模型是大势所趋，加强人工智能、大模型在医疗行业内的深度应用，将会大幅提升医院竞争力，打造医院的特色学科，推动全民健康，为具有中国特色的数字化、智能化的医疗健康体系建设奠定基础。

13.2　智慧教育

13.2.1　教育行业人工智能概况

近年来，人工智能技术在教育领域的应用日益成熟，伴随而来的人工智能产品层出不穷，从课堂教学到课业辅导，从考试辅助到能力测评和职业升学规划，"AI＋教育"正在多点开花，不但可以辅助老师进行教学管理，还能替代老师的部分职能，在一定程度上促进了个性化教学、参与式教育、碎片化学习等新型教育理念与方式的开展。随着人工智能与教育的融合不断加深，教育正在离真正的个性化、规模化、高效率越来越近。

在智能化方面,高等教育正借助人工智能等新一代信息技术,推动教育的智能化转型,是未来教育发展的重要趋势之一。这种转型不仅涉及教学内容的智能化推荐、教学过程的智能化辅助等方面,也涉及教育评价的智能化改革等方面。智能化教育的发展是未来教育改革的重要方向之一,智能化教育是指借助人工智能、大数据等现代信息技术手段,推动教育教学内容、教学方式、教学评价等方面的智能化转型,实现教育教学的个性化和精准化。在智能化教育的发展趋势下,未来的教育将更加注重学生的个体差异和个性化需求,通过智能推荐系统等技术手段,为学生提供更加精准的学习资源和路径,提高学生的学习效果和兴趣。同时,智能化教育也将改变传统的教学方式,推动线上线下教育的深度融合,实现教育的泛在化和移动化,让学生随时随地接受优质教育。智能化教育还将改变传统的教育评价方式,建立基于大数据的学习评价系统,实现对学生全面、客观、精准的评价,为改进教学和提高教育质量提供有力支持。

1. 教育行业人工智能趋势

(1) 在教育教学方面,“AI＋教育”融合将被广泛应用于教学辅助、教学评价等教育教学的各个阶段,提升教育教学的质量和效率,促进教育公平的实现。

① AI 教学辅助场景。在传统教学方式中,教师批改作业、试卷等单调与重复的劳动占据了较多的时间,这些重复而繁重的工作严重困扰着教师的自我提升与备课效率。根据学生答题的关键词与核心句子,通过自然语言处理中的问题向量距离相似性技术实现主观题阅卷和填空、选择、判断等客观题的自动阅卷,能够一定程度上将教师从繁重的重复工作中解脱出来,进而将更多的精力用于提升自身知识水平、完善教学活动设计、组织个性化教学实施。

② AI 教学评价场景。传统教学以升学率、竞赛、分数为评价指标,在智能教学时代构建的教学质量综合评价体系结构中将更加关注学生兴趣爱好、品德、学习能力等要素的多元交叉融合,重视学生在课堂学习的积极性、参与性、思维引导能力等,评价机制由以往“结果为导向”转向“以过程为导向”。此外,智能学习硬件类产品、智慧课堂教学捕捉系统等智能辅助终端设备将记录个人相关学习数据,这些数据被及时反馈到智能模型,人工智能可以分析学生的知识、核心能力、身体素质、精神状态等体系结构,实现对教育评估的单一学科知识评估向全面的综合性评价转变,对学生提供定制化的能力评测、人生规划管理等建议服务,从而使教学相长、因材施教等理念真正得以有效实施,推进学校、家庭、社会协同育人的体系。

③ AI 教学服务场景。以各个教学平台获取的教育大数据为输入,通过大数据采集、预处理等阶段处理后有效服务于人工智能算法。而文本、视频、音频、图片等多模态数据的有效转换能有助于人工智能与教学工作的融合,实现教学资源的配置优化,使得学习者画像、智能知识资源推送、智能学习诊断、面向教学知识点的知识图谱等服务得以有效开展。智能教学服务使教育资源匮乏的边远山区学生和教育资源丰富的城市学生拥有同样的学习平台,有助于促进教学公平,并提升教学质量。

(2) 在科学研究方面,人工智能技术的快速发展将有效促进科研效率的大幅提升,在

AI+科学领域以及培养适应时代发展需求的 AI+X 复合型人才等方面发挥越来越重要的作用。

① AI 辅助科学研究场景。作为一种新型的智能科学计算模式，以人工智能算力和数据驱动为核心的第四研究范式，极大地助力了人们探索科学界重大问题，科学研究已成为 AI 的主战场之一，形成名为 AI+科学的新兴领域，主要包括 AI+生命科学、AI+材料科学、AI+大气科学、AI+神经科学、AI+应用数学/应用物理、AI+其他领域等。

② AI+X 复合型人才培养场景。随着人工智能时代的来临，培养适应时代发展需求的人才变得尤为关键，AI 相关产业的发展急需既懂 AI 又懂产业的应用型、研究性人才，以课程教学、科学实验、科创比赛、资格认证等综合培养方式的 AI 教育不可或缺，要构建科学素质培养体系。

2．教育行业人工智能挑战

当前，人工智能技术的发展尚处于第三次热潮中，而 AI 技术是人工智能教育发展的必要保障，因此，从 AI 技术本身及其在教育场景中的应用变化来分析人工智能教育行业所面临的挑战。

从人工智能的发展阶段来看，当前正处于由感知时代向认知时代过渡中的感知增强时代，数据的质量和规模得到提升，多元学习方式并存。而人工智能技术下一时期发展的关键是减少对数据量的依赖，弱化人为干预的自监督学习，这将为 AI 技术对教育行业的赋能提供有力支持。

AI 在教育领域的应用程度还有很大的提升空间，一方面，由于教育行业的特殊性，AI 的应用会更加谨慎，这使得技术实现产业化应用所需的时间变长；另一方面，AI 对教育行业的促进和发展并不体现在某一单一技术的极致应用，而是逐渐向场景化综合生态发展的方向演进。AI 技术对教育场景的深入渗透正在倒逼技术间相互的融合，让行业的技术门槛不断提高。与此同时，各类基础技术服务平台逐渐走向成熟，人工智能头部企业构建开源开发框架生态，让人工智能教育行业的进入门槛逐渐降低。教育行业人工智能发展的挑战主要体现在以下几方面。

（1）数据激增，需要高性能的存储系统进行平滑扩展，满足几年内业务的持续增长，最大限度地简化投资。

（2）现有系统资源无法统一分配和使用，存在算力使用率低问题。

（3）交叉学科增多，对多元算力需求增多，一个课题需要切换不同算力平台满足不同任务的执行。

（4）高性能计算系统的设备多，体积大、耗电多等弱点以及对庞大的计算机房空间需求、空调需求和用电量也已经成为科研计算行业的一大挑战。

（5）管理维护复杂，设备部件多并且分散，存储器、服务器、连接部件等可能来自不同的厂商，初期建设成本高，并且管理复杂，维护成本高。

（6）知识图谱建设要求平台具有先进的算法，能最大限度地从多模态数据源中自动抽取知识点，挖掘知识点之间的关系，并具有科学的存储结构、良好的可视化模型。

13.2.2 教育行业人工智能典型解决方案

在教育领域,AI 技术也逐渐成为一种强大的工具,为学生、教师和管理者提供了许多帮助。

1. 智慧教室

AI 技术引入智慧教室的方案,在教室布置 AI 边缘计算节点,依托 AI 节点＋华为云 AI,AI 算法/应用按需加载,支撑智能化场景,如教室环境控制、人流统计、无感考勤、课情分析、电子巡考等。

1)构建下一代数字学习环境

通过智慧教室空间,打造智慧调节的空间环境,提供良好的环境氛围。通过智慧教室的软硬件设施对日常师生的教学活动进行相关数据的记录、分析,为培养学生全面发展、提升学校的教学水平提供技术支持。教师利用智慧教室的各种设备进行引导、指导和总结,帮助学生进行学习和探索,同时为学生提供互动、自主学习的学习氛围。在这种环境和学习氛围中,学生不仅学习到了知识,更重要的是学会了如何思考、如何探索,学生的综合素质得到了全面的发展。

2)探索智慧学习新范式

构建以学习者为中心的智慧教学平台,建立以学生为主体的教学模式,颠覆传统"灌输""被动"的教学理念,培养学生自主、探究、协作等多方面的综合能力,强调学生长期持续性学习,注重教育的自主性、个体性和适配性,形成现代化的教学体系。学生可通过手机、计算机等多种方式,随时随地地访问教学平台,自主地预习、复习课件内容,观看课程的录播视频。也可观看其他优秀教师的直录播视频,突破传统课堂空间、时间、教师的限制,为学生的学习提供更多的渠道和选择。

3)推动教学模式创新

课前,老师通过教学平台搭建学习的框架和内容,学生加入课程后,预习课程内容,查看课程内容重点,标记疑难点。

课堂上,通过智慧教室教学设备,包括智能黑板、信息发布、影音系统,实时发布教学素材和资源,展示优秀作业,点评作业的问题,进行课堂互动、随堂测验、课堂抢答等课堂活动;学生可通过教学设备,实现无线投屏、多屏互动、分组讨论等功能,提出疑难问题与教师、同学进行交流互动。

课后,学生可通过教学平台完成课后的作业,学生之间可相互批改作业,同时对于课程不理解的部分,也可通过平台与教师、同学进行交流,或通过学习平台和资源平台进行复习;教师可通过平台查看每个学生的学习动态,了解学生学习关注的重点,进而对学生进行及时、有效的引导。

在整个学习过程中,教师重点引导学生进行学习,强调学生在学习过程中的互动、探究、合作的能力。围绕"课前—课中—课后"整个教学过程,由教师教学传授转变为教师、学生的知识交互。通过一系列创新的教学活动,更好地调动学生的学习积极性,激发学生的学习兴趣,引导学生自主学习。学生由知识被动接受者转变为知识探求者和学习过程的体验者,教师由传授者转变为组织者、指导者,成为教学实施和学生技能开发的设计者,成为学生学习技能的合作伙伴。通过对"课前预习—课中学习—课后复习"教学闭环的管控,进而对学生进行及时有效的引导,做到真正的"因材施教",实现教学模式的转变。

4）积累精品教学资源

通过直录播系统对智慧教室内的教学活动进行录制,将教学课程打造成学校的教学资源,供教师教学、学生学习使用。通过打造开放共享的教学资源服务平台,基于资源共建、开放共享的建设理念,不断积累学校教学资源,不断完善学校公共教学资源服务,建设规范化的资源管理制度,扩宽师生获取教学资源的渠道,扩大教学资源覆盖范围,深度挖掘教学资源价值。

5）提升学校教学质量管理和评估水平

教学质量评估需要对教师教学进行全方位系统评价,不只是简单地通过学生成绩、调查问卷就决定教师的教学质量,而是包含课堂督导、同侪互评（教师互评）、他评（专家评）和学生评、自评等多个评价指标维度,且需要对教师备课、讲授、实践、管理全方位的评价,通过平台来支撑学校开展全方位的教学质量管理。教师可按照评价体系设计课程和教学方法,根据评价结果改善教学中存在的问题,不断提高自身的教学水平;同时,教师之间可进行横向对比、相互学习,促进培养全校教师的学习热情,提升全校整体教学能力。

6）打造智慧化管理决策模式

基于对教学平台教学和学习数据进行跟踪,对教学活动中师生的行为数据进行深度分析,为学校的管理决策提供有效的数据支撑,有效规避校园管理的盲区、雷区,提供精准、全面、智能的科学决策依据,辅助管理者把控未来建设发展方向,打造现代化的智慧管理模式,实现学校整体的智慧化运行。

2. 虚拟仿真实训基地

（1）XR 虚拟仿真实训平台整体架构的顶层设计：统一平台,统一接口,高可靠连接,多种终端接入,如图 13-14 所示。

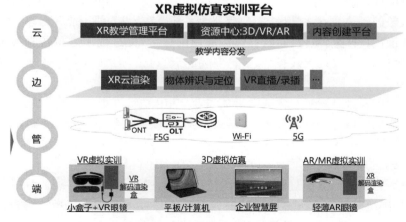

图 13-14　XR 虚拟仿真实训平台

XR 虚拟仿真实训平台整体架构的顶层设计是云、边、管、端的 4 层架构协同,打破原来的孤岛式虚拟实训室模式;通过云端统一平台,联合教育内容伙伴,聚合虚拟仿真实训资源,满足学院育人需求;边缘计算网络＋全网网络边管协同,构建算力中心,提供云渲染,达成学院各专业/学院间计算基础设施算力资源集中共享;全光网络提供大带宽、低时延传输网络,保障教室、实训室实时视频流传输,虚拟仿真实训开展,边管协同达成计算和网络体验最佳,保证校园内高并发的用户体验最佳;终端算显分离,达成轻便体验,实训可以长时间佩戴,多样化的终端适配,同时解决教师教课、学生体验多场景的适应度。云渲染框架提供 VR/AR/数字大屏/移动终端等多样化场景实训终端兼容实训内容,实现灵活教学、实训。

① VR/AR 等虚拟仿真技术与专业课程知识点的虚拟仿真实训融合,构建职业教育新型智慧课堂。

② 构建 XR 院系级别或者学校级别的计算节点、云渲染等基础服务,提供可集中调度的 GPU 算力,提供实时渲染、渲染后图像的串流、高效视频流编码、交互动作采集和上传等能力,构建虚拟仿真实训共享平台资源,提供按需应用、跨专业资源共享(避免重复建设投入)、快速可获得性(缩短上线周期)功能。

③ 探索云上虚拟仿真平台规范性,规范后续进入学校的仿真实训应用,分析 XR 虚拟仿真实训平台与教学应用的接口,联合教育内容伙伴适配接口,丰富虚拟仿真实训和教学内容。

④ 适配 XR 虚拟仿真实训平台与 VR 终端、AR 终端、PC 端的接口,支持差异化实训、教学场景。基于云渲染技术降低高清晰度、高仿真度、高互动性虚拟仿真实训内容对终端计算能力的要求,轻薄 VR 眼镜大幅减少设备重量,进一步提升学生佩戴舒适度。

⑤ 构建光电一体化网络、Wi-Fi 6 等传输网络。VR/AR 需要大量的数据传输、存储和计算功能,这些数据和计算密集型任务如果转移到云端,就能利用云端服务器的数据存储和高速计算能力。F5G 等技术将显著改善这些云服务的访问速度,满足室内高密度/室内中等密度场景虚拟仿真实训对大带宽、低时延的诉求。

(2) 统一平台:面向虚拟仿真实训基地的建设,上层平台即 XR 教学管理平台,资源共享平台,需要集中统一,便于共享,内容创作平台;部署在云端,便于统一共享。

(3) 统一接口:明确面向教育内容伙伴应用的接口,促进优质虚拟仿真实训课件资源汇聚,满足教学、实训等不同场景需求。

(4) XR 边缘基础设施平台共享:数据中心构建 XR 虚拟仿真实训平台,验证面向院系专业群提供基于 VR/AR 技术的虚拟仿真实训的基础硬件的能力,未来可统一提供存储资源、计算、网络能力;为了充分考虑校内专业间、院系间基础设施共享、物理场所的共享,将 XR 算力平台从原来单个实训室拉远到学校中心机房,集中在信息中心统一提供共享算力,分时复用;学校边缘计算平台分为多样算力硬件平台和云渲染软件平台,能够给整个院校提供 XR 实训共享基础设施平台;云渲染对硬件性能、指令响应的要求严苛。云流化技术是在终端发送指令,应用在云端运行,运行结果采用视频流作为"云端"向"终端"呈现处理结果的一种云计算方案。

（5）全光校园网络：XR 高并发的云渲染对网络的带宽、时延、抖动等提出了越来越高的要求，是目前在学校场景对网络的巨大挑战，无论是有线网络还是无线网络，大部分解决方案仅能支持局部几台设备并发，导致高职需要长时间的轮询方式，严重阻碍了实训效率；5G 具备超高速、低时延、大连接、高可靠等特性。Wi-Fi 6 在调制、编码、多用户并发等方面进行了技术改进和优化，更贴合多终端的场景，最高理论速度达到 9.6GB/s。光纤到桌面方案，采用支持 USB 转 PON 的终端，支持 Type-C 线缆连接至 VR 头显 Type-C 接口，完全避免了空口接入能力不足的问题，并发接入的 VR 头显数量、每路 VR 能达到的码率不再受接入带宽瓶颈的限制，彻底解决了"最后一米"接入问题。同时光电复可通过 Type-C 线缆向终端供电，无须担心 VR 终端缺电面向 VR 场景，融合光电复核一体化网络、Wi-Fi 6 等技术与高职互动教学/实训，FTTD（光纤到桌面）＋PoE（以太网供电），一举解决传输通道和终端供电＋笨重的难题，能够让全校师生享受无感体验的 VR 体验；FTTR（光纤铺设到远端终点）解决在实训室内需要小范围移动协同实训场景。

（6）轻便/多样终端：当前 VR/AR 终端大多都是笨重头显设备，不能支持长时间佩戴实训体验，多种形态的接入终端降低了虚拟仿真实训的部署门槛，提供的沉浸式/互动式教学和实训方式满足高职场景化的虚拟实训诉求，提升了教学效率与育人质量。配合华为算力拉远＋远程供电，能够实现端侧的算显分离，轻薄 VR 头显采用计算/存储单元、电池等部件与显示部件分离的方式，并采用短焦等光学方案，实现头戴 VR 眼镜的重量仅为普通 VR 一体机的一半左右，让学生带上轻便 VR 眼镜，提升佩戴体验；教学 3D 大屏，桌面显示，XR 头显等设备可以同时兼容使用。

（7）数字化实训应用集成服务：数字化实训平台校级/学院级统筹规划、分层解耦和一体化已经成为建设趋势，例如基地统筹化、平台一体化、资源一体化和运营一体化；模块化选择，能灵活适配各种业务场景，例如专业/专业（群）建设、现代产业学院、虚拟仿真实训基地、公共人才培养基地等各类项目。在这种背景下，全面的数字化实训应用集成设计、验证和实施等服务能力必不可少，以便有效支撑数字化实训的业务开展、实训流程、交付模式等创新实践。应用集成服务价值如下：从规划到落地，使能客户业务快速上线。

① 基于华为丰富的数字化实训实践经验，提供面向多场景的统一实训架构设计服务、集成设计与实施服务，满足学校教学和实训业务需求，助力人才培养和产教融合高质量发展。

② 依托专业实验室，提供全面的第三方集成对接联调、测试验证，提前识别交付风险，保障交付质量。

③ 基于项目管理和集成交付工具、完善标准的实施流程、丰富的数字化实训项目实施经验，保障项目高效、平稳交付，业务快速上线。

13.2.3 教育行业人工智能案例实践

1. 方案架构

本方案主要由云上云下数字基座、AI 智算和高性能计算能力平台、统一运维运营体系、安全体系组成，面向教育大模型、气象大模型、仿真计算、人才培养等场景提供智能算力服务，赋能教育教学与科研创新高质量发展，如图 13-15 所示。

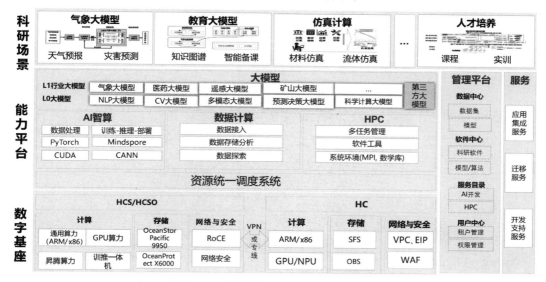

图 13-15　教育行业人工智能方案架构

2．应用场景

1）教育大模型

大模型开发分三步：数据与模型准备、算力准备与模型训练、模型部署与集成，如图 13-16 所示。

（1）数据与模型准备：主要完成数据治理、数据集处理，基于行业特征设计模型架构、模型层/优化器设计等。

（2）算力准备与模型训练：基于模型规划与特点，完成 AI 集群平台搭建、调试、上线，大模型预训练、在线优化。

（3）模型部署与集成：模型转换、推理部署。

（4）场景需求。

人工智能技术已应用于很多领域，如智能备课、智能出题、智能问答、辅助全流程学习要素分析、关键事件预警等。在大模型开发和应用方面也面临挑战：客户不缺大量数据，缺乏高质量数据，模型选型、架构调整设计、技术验证过程设计复杂，试错成本高；大规模训练和调优工程经验缺乏，算力平台不稳定，不间断训练时间平均约 2.8 天；大模型推理资源占用高，AI 落地成本高，AI 集成进入现网业务流过程繁杂，业务流程及组织调整经验不足。

从 NPU、内存、存储 I/O、带宽和时延的需求来衡量，不同阶段对 IT 资源规格需求不一致，其中在数据治理、模型训练、模型推理部分表现尤为突出。

2）课题仿真

科研课题仿真流程如图 13-17 所示。

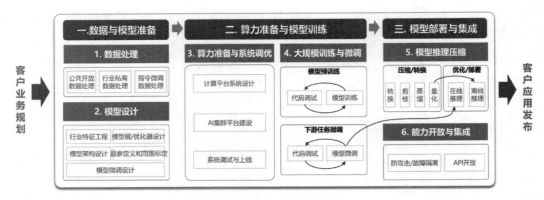

图 13-16　大模型业务流程

图 13-17　科研课题仿真流程

流体仿真示例如图 13-18 所示。

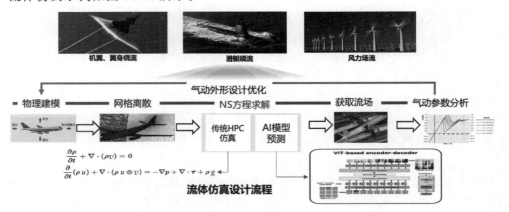

图 13-18　流体仿真设计流程

科研课题仿真主要分为资源申请、科研软件部署、仿真数据准备、数学建模、仿真实验、仿真结果分析等，与 IT 资源强相关的是仿真实验和仿真结果分析阶段。

（1）仿真实验：主要是基于科研专业软件输入参数数据后获取课题仿真结果，仿真计算周期长短不一。

（2）仿真结果分析：主要是将课题仿真结果进行分析，以支撑科研课题结论，同时将科研数据保存。

　　从 CPU、内存、存储 I/O、带宽和时延的需求来衡量,不同阶段对 IT 资源规格需求不一致,其中在仿真实验、仿真结果分析部分表现尤为突出。

3. 方案价值

　　1)AI+科学全栈方案,科研环境服务化,用户使用更便捷

　　端到端全栈方案:提供从计算、存储、网络到调度平台完整的解决方案,统一交付,各组件之间联合调优,整体效果最佳。

　　科研环境服务化:平台集成多种应用软件和应用场景,用户可选择标准镜像模板或自定义安装软件环境实现系统快速部署和业务快速上线,弹性动态扩缩容和及时释放,满足项目组、单用户等科研计算、实训教学等场景,用户使用更便捷。

　　统一集群管理作业调度:支持智算集群、超算集群等资源统一管理,支持交互式、批量式作业提交和作业模板创建。

　　2)全场景存储,灵活适配

　　统一存储池满足大模型、业务应用等多场景大文件高带宽、小文件高 OPS 混合负载,多协议互通;存储池具备场景化压缩、I/O 热度自动分级能力下,实现教育科研全栈平台统一数据底座、数据共享,最大化挖掘数据价值。

　　3)全栈先进可靠,保障信息安全

　　基于端到端自研技术体系,可在科研信息化平台建设中应对诸多新挑战。

　　(1)端到端数据安全。

　　① 数据存储芯片安全:CPU、操作系统构建存储控制系统,保障系统安全。

　　② 数据存储介质安全:硅进磁退,发展半导体介质(全闪),确保数据安全可控。

　　③ 数据存储网络安全:通过全 IP 化实现安全可靠,且成本降低,技术更先进。

　　④ 数据存储软件安全:开源软件存在安全漏洞风险,自主研发实现数据安全可控。

　　(2)端到端网络安全。

　　采用操作系统、可靠 CPU 构建网络控制系统,保障信息传输安全、产品供应风险。

　　(3)端到端平台安全。

　　AI 计算平台,解决全栈芯片、软件栈、AI 编程框架等关键问题,全栈安全可靠,软硬件协同优化效率高,发挥算法极致性能。

4. 成功要素分析和启发

　　(1)应用容器化部署,科研软件应用预集成,开箱即用,一致用户体验,科研环境服务化,用户更专注科研业务。

　　(2)多样性算力融合调度和全场景的协同,用户使用 AI 算力像用水电一样方便。

　　(3)AI 赋能教育系统、个性化学习路径和自动评估体系提高教育教学质量和效率,推动教育与范式、场景、技术系统性创新。

13.2.4　总结和展望

1. 提高教育的质量和效率

　　人工智能在教育领域的应用提升教育的质量和效率。人工智能教育的基础在于信息化

和数据化,通过数据挖掘与可视化,教师能够快速、准确地了解每位学习者的掌握程度,调整教学计划,满足每个学习者的学习进度,学习者对于已经掌握程度较高的内容不用再进行学习和练习,使得真正意义上的"个性化教育"成为可能,减轻学习者压力,花费尽可能少的时间完成学习任务,在学得"好"的基础上学得"快"。

2．促进教育公平的实现

教育公平是全球各国都在努力达成的目标,经济发达地区意味着教育资源丰富,意味着更强大的师资力量,但人工智能教育有望平衡教育资源,通过在线直播、录播、AI 课程等方式让学习者可以在同一平台进行学习,享受更为优质、便捷的教育资源,人工智能将在一定程度上改变教育内容交付的方式,通过规模化推广降低技术的边际成本让地区间的教育水平逐渐平衡。而在更微观的层面,以一个小型的学习组织为单位,学习者接受知识的水平和能力也有差异,通过人工智能教育,有利于实现分层个性化教学,均衡教育资源的分配。

3．培养适应时代发展需求的人才

每一个学习者都离不开时代的发展,而随着人工智能时代的来临,培养适应时代发展需求的人才变得尤为关键,人才的储备也成为全球各国的重要战略方向。从人工智能教育的定义来看,AI 教育不可或缺。新时代的学习者应当具备基础的 AI 知识,培养思维能力、创新能力。

4．AI＋科学赋能科研创新,提升科研效率

AI＋应用数学/应用物理学方面,有如下 4 个重要的发展方向。

(1) 设计知识嵌入的合理机制,研究者需要重视先验知识,探索将已知知识、激励、定律有效嵌入模型中的方法。

(2) 探索从数据中发现位置知识的方法,需要将连接主义和符号主义的算法进行统一,在数据中发现新的知识、机理和规律。

(3) 构建"数据＋机理"融合的双驱动模型,对解决复杂系统的多尺度建模仿真问题具有重要意义。

(4) 推动上述方法在各类跨学科复杂场景和系统中的应用,如湍流模拟、材料、电磁、生物化学、多物理场研究等。

13.3　智慧生态

13.3.1　生态行业人工智能概况

在信息化驱动引领的作用下,人工智能等数字技术不断向各产业、各领域快速融合,一系列与智慧相关的解决方案和工程相继落地,深刻影响着人类的生产与生活。数字技术在推动山水林田湖草沙冰一体化保护和系统治理中同样发挥着重要作用,助力生态保护和生态建设。机器学习、生物特征识别、计算机视觉、知识图谱等关键技术广泛应用在生态保护、生态修复、生态预警和生态管理等领域,显著提升了中国生态建设的质量和效率。技术的发展、生态与智慧的融合创新能够更精准地表征、模拟、诊断和预测生态系统状态及其变化趋势，提升对生态系统的认知，通过建立数字化平台推动生态环境服务、监管、决策、协同各个环节的数字化水平和效能，能够实现生态环境智慧治理和政府运行协同高效。智慧生态有助于科学、经济、高效地打造美好生态环境，推动生态环境建设高质量发展。

1. 生态行业人工智能趋势

1）人工智能在生态领域固定场景广泛拓展

人工智能在生态领域的应用场景不断拓展和深化，无论是智慧国土空间规划、智能耕地保护，还是自然灾害防治、生物多样性保护等在内的众多分支，人工智能都在助力更好地管理和利用资源、改善生态环境和可持续发展。在生态监测的自动化方面，人工智能将更广泛地用于自然生态系统的监测，自动摄像头、声音识别技术和传感器的使用将不断扩大，以帮助追踪野生动植物的迁徙、栖息地的变化和环境污染等，有助于提高数据的质量和时效性；在大数据和机器学习的应用方面，随着数据的不断增加，生态行业将更多地依赖大数据和机器学习来分析和理解复杂的生态系统，有助于更好地预测环境变化、生态灾害和气候趋势；在智能决策支持系统方面，开发智能决策支持系统帮助管理人员和政策制定者制定更有效的环境保护和资源管理策略，有助于基于实时数据和模型进行决策分析；在自然灾害预警方面，人工智能将用于早期警告系统，以帮助减少自然灾害造成的损害，机器学习和大数据分析用于监测病虫害、洪水、火灾等灾害的风险。随着技术的不断发展，这些应用领域将继续扩展和深化，有望推动生态行业创新。

2）人工智能在生态领域问题场景全面深入

针对具体的应用场景，人工智能使具体问题的解决手段更先进和全面，其中，大模型的出现提高了人工智能的服务能力，"大数据"与"高算力"不断促进国内外人工智能的发展和落地应用，人工智能技术以大数据为基础，以云计算提供算力，结合算法的不断进化，学习优化算法模型。利用人工智能技术挖掘其深层信息、赋予其更多的应用模式，能够从海量数据中提取有价值信息。2022 年 8 月，盘古气象大模型在预测台风"马鞍"的轨迹和登陆时间中，准确率高达 90%。人工智能产品的应运而生标志着拟人化人工智能模型的显著改进，助力知识服务向智能化、人本化和综合化的新方向转型。同时，随着生态系统监测和环境数据的爆发性增长，大模型应运而生，以更全面、精准地分析庞大、多样化的数据集，这种发展使得能够建立更复杂、更细致的生态系统模型，利用机器学习和深度学习技术从海量数据中提取深层次的模式和关联，实现对生态系统实时状态的监测和预测，为跨学科的生态研究提供强大工具，推动生态保护与管理的智能化和精细化发展。

3）人工智能使生态应用和服务更智慧、更精准

人工智能正在赋予生态应用和服务更高级的智慧和精准度。通过深度学习和大数据分析，人工智能能够从海量数据中提取有价值的信息，为生态保护和资源管理提供科学依据。无论是预测环境变化、优化资源分配，还是提高服务效率，人工智能都能发挥其独特的优势，使生态应用和服务更加智能化、个性化。这种技术进步不仅提高了生态保护的效率和精度，还为人类创造更美好的生态环境提供了无限可能。在《生态环境卫星中长期发展规划

（2021—2035 年）》中强调了构建综合智慧应用体系，推动生态环境监测体系现代化。在当今数字化转型不可逆转的趋势下，人工智能的引入使得生态应用和服务焕发出更智慧、更精准的活力，其自动化和智能化特征为生态领域注入了新动力，使监测、管理和保护自然环境的过程更加高效和全面，在数字化转型浪潮中，人工智能不仅提供了创新的工具，还为应对气候变化和生态挑战提供了可持续发展的解决方案，为构建智慧生态系统提供了更多可能性。

2．生态行业人工智能挑战

人工智能是人类发展新领域，全球人工智能技术快速发展，对经济社会发展和人类文明进步产生深远影响，将人工智能技术与生态行业融合在给智慧生态带来巨大机遇的同时也带来了难题和挑战。

1）数据数量和质量问题

基于人工智能技术需要大量的数据来支持模型的训练和分析，数据不足以及质量参差不齐对模型影响较大，生态系统数据通常庞大而复杂，获取准确、全面的数据以及标注这些数据是一个艰巨的任务，而且数据来源较多，如何汇总并有效使用是面临的一个难题。

2）数据安全保护有待增强

人工智能系统的运作高度依赖大量数据，运用大量的数据和专业知识去构建高效、准确的模型具有挑战，数据使用安全和数据管理安全以及隐私保护尤为重要。其风险包含数据泄露风险、数据篡改风险、数据合规性问题等。需要采取一系列数据安全保护措施，确保人工智能技术在生态行业中的顺利应用和发展。

3）技术集成与科技创新

技术的迅速更新迭代和不断演化使应用过程中技术集成与创新面临挑战。不断涌现的新技术需要有效整合到现有体系中，技术的应用方式也需要不断调整，这种动态平衡需和快速变化的技术环境要求行业不断探索和适应，以确保充分发挥新技术带来的潜力。

4）生态体系建设标准化有待提升

生态体系建设目前没有形成统一标准，建立一个支持人工智能技术和应用的全面生态系统，包括硬件、软件、数据、政策和人才培养等方面，需要组织汇聚各方能力，如何科学、高效地汇聚各方能力也是值得思考的一个问题。

13.3.2　生态行业人工智能典型解决方案

数字技术的不断创新和发展使生态行业的信息化水平进一步提升，为生态保护和决策提供更强大的支持。典型的生态行业人工智能解决方案提供各种方法，有助于解决生态行业中的许多挑战，以帮助监测、管理和保护生态系统，改善环境保护和可持续资源管理的效率与效果。智慧生态解决方案基于 4G/5G、自组网、云计算、物联网、移动互联网、大数据等 ICT（Information and Communications Technology，信息与通信技术），涵盖生态保护与修复、资源管理、科研监测、科普教育、游憩体验、社区发展、综合管理等业务。

整体解决方案架构采用"七横两纵"逻辑架构，七横主要包括感知层、网络层、边缘计算层、基础设施层、数据层、平台层、应用层,两纵指政策制度标准体系、安全运维保障体系,横纵之间相互联系、相互支撑,实现信息系统可信、可控、可管,如图 13-19 所示。

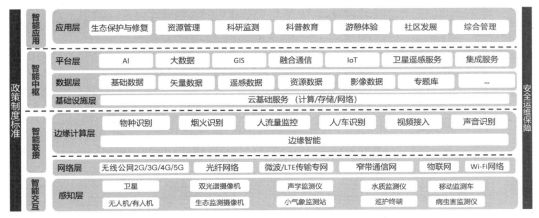

图 13-19　智慧生态解决方案架构

1. 生态数据智能应用

大数据平台是一种集中管理、整合和共享数据资源的平台,旨在促进组织内外的数据流动、数据协同和数据智能化应用。在生态数据领域,大数据平台可以助力实现更智能的生态数据应用。主要包含以下几方面。

(1) 大数据平台基于统一平台集中管理各种生态数据,包括气象数据、植被数据、土壤数据、水资源数据等。通过集中管理,可以更方便地进行数据存储、检索和更新;同时提供数据质量监控和管理功能,能够自动检测数据质量问题,并支持数据质量的修复和改进,提高生态数据的准确性和可靠性。

(2) 大数据平台有助于打破数据孤岛,数据经年累月以烟囱架构形式存在导致存在数据孤岛、数据隔离、数据不一致等问题;大数据平台通过标准化数据格式和接口,进一步实现规范化和集约化的业务管理流程与数据协同,促进不同部门、组织或系统之间的数据整合和共享。

(3) 通过对数据治理形成的主题库、专题库,通过检索、标签、建模等数据开发手段,实现对数据的二次加工和再利用。通过数据自身分析挖掘、业务之间大数据分析挖掘、数据与多行业数据深度挖掘等方式,实现对业务数据的分析,及时发现并掌握信息变化,实现源头监管、全方位覆盖、环节掌控和精细化管理的目的,为用户提供决策支持服务可视化管理依据,进而提升生态行业数据智能化决策分析及预测能力,为生态保护、管理和决策提供更有力的信息支持,如图 13-20 所示。

2. 森林草原防火智能监控

火灾的发生严重危害林草资源和生态安全,以"提高林草火灾的预警、快速扑救能力,确保林草资源和人民生命财产安全"为目标,以林草防火信息化基础设施建设为抓手,以林草防火核心业务的信息化建设为主线,利用物联网、人工智能、遥感、无人机、云计算、大数据等

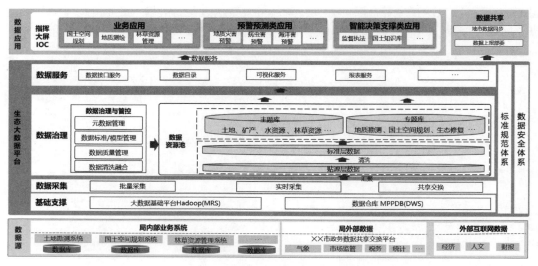

图 13-20　大数据平台框架

新兴技术,构建天空地一体化的智慧森林(草原)防火监测体系,建设先进、实用、高效、安全的森林(草原)防火监测预警管理平台,全面提升森林(草原)防火监测预警、指挥调度、信息传递现代化水平。实现林草火灾的智能化监管,便于林草管理部门及时、准确掌握林草火情,实现林草防火动态管理;对火灾监测、火灾预测预报、指挥调度等各环节实行全过程管理,全面提高林草防火管理现代化水平,为科学决策提供依据,为降低火灾损失提供技术支撑,如图 13-21 所示。

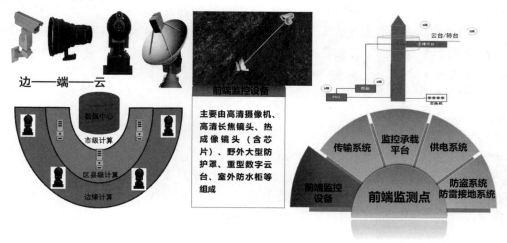

图 13-21　火情视频感知系统

主要包含以下几方面。

(1)综合利用卫星遥感、卫星导航、视频感知等多种林草生态网络感知设备,构建全方位、全天候、立体式"天空地人"一体化林草监测体系与森林防火系统,通过无人机、卫星提取信息,将无人机与林草防火平台对接,实现实时画面、实时轨迹接入,在视频投地、视频融合等创新场景应用。

（2）通过定制开发服务的方式实现火灾卫星热点数据接收,并进行电子地图位置标注,根据卫星热点位置信息,自动反选监控范围内的所有视频设备,从不同视线角度对热点位置火情进行核查。支持视频画面与 GIS 小地图联动双向操作,更加直观地查看感兴趣的区域及现场图像。

（3）通过态势标绘、视域分析、三维地形漫游、路径分析、火点分析等功能,实现利用三维地形图对扑火队员或者护林人员最短路径分析、视频感知点作用范围的分析、火情蔓延趋势的分析以及如何布设防火隔离带等防火物资的分析,辅助领导或者林草防火业务人员及时对森林火灾/可疑火灾进行现场扑火救援工作。

3. 生态保护红线智慧监管

生态保护红线是中国首创的一套国土空间管理模式,划定的是具有特殊重要生态功能的区域,包括森林、草原、湿地、河流、湖泊、滩涂、岸线、海洋、荒地、荒漠、戈壁、冰川、高山冻原、无居民海岛等,这些区域直接关系国家生态安全格局构建、生物多样性维护和生态系统完整,有利于提升生态系统质量和稳定性。生态保护红线智慧监管充分利用大数据、人工智能等新兴技术手段,在互联网和计算机等信息化能力支撑下,提升监管的准确性与及时性,同时,基于计算机可视化和知识图谱等技术,梳理海量数据之间的关联关系,使数据标签化、资产化,通过"一张图"集成的方式,为管理提供全要素、多场景、全链条、多维度的信息与知识,提高业务支撑的效率和水平,加强生态保护和资源管理的方法,确保环境和生态系统的健康,以满足可持续发展的需求,如图 13-22 所示。

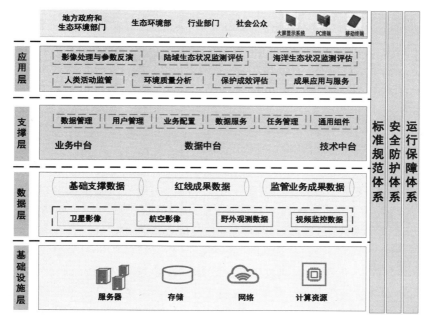

图 13-22　生态保护红线智慧监管框架

主要包含以下几方面。

（1）建立生态保护红线监管数据库。以生态保护红线台账为核心，建设生态保护红线台账数据库，用于生态保护红线台账数据及相关空间数据、文档等支撑数据的存储、集成与管理。

（2）建立生态保护红线监管信息系统。综合利用"五基"协同"天空地人"一体化立体遥感监测体系，包括卫星遥感监测能力、航空遥感监测能力、地面生态观测能力、实时视频感知能力，运用云计算、物联网等信息化手段，采用无人机辅助航拍、卫星地图、手机 GPS 定位等技术手段，对生态保护红线落实情况进行全方位监测，具体内容包括但不限于陆域生态状况监测评估、海洋生态状况监测评估、人类活动监管、环境质量分析、保护成效评估等，实现生态保护红线高效监督的智慧化、信息化。

（3）成果应用与服务。实现数据与系统开放共享，提高生态保护红线监管信息化水平，进一步加强业务数据协同，为预测预警信息与行业管理、辅助决策提供数据支持。对生态保护红线疑似违法违规开发、环境污染和生态破坏问题实现智能识别、信息发布。

13.3.3　生态行业人工智能案例实践

某市所辖 14 个县（市、区）有 3 个为森林火灾高危区，10 个为森林火灾高风险区，防灭火形势十分严峻。林区人口众多、密度大、成分复杂，群众森林防火意识普遍较弱，野外用火点多且分散，火源管理难度非常大。开展《某市森林火灾高危区（高风险区）综合治理》项目不仅是推进森林资源监测监管体系建设、维护森林资源安全、提升林草现代治理能力的有力措施和科技手段，还是扩充智慧林草建设前端数据采集渠道、建设智慧林草感知系统的关键环节。

1. 方案架构

该案例建设主要内容分为火情视频感知系统、火源卡口监测系统、指挥中心提升改造，总体架构横向分层包含感知层、支撑环境层、数据层、平台层和用户层，纵向分层包含标准规范体系和安全保障体系，如图 13-23 所示，具体如下。

感知层：主要利用地面视频感知、卫星遥感、无人机监测、移动巡护等多元化监测手段，构建"天空地人"一体化的林草生态感知体系，实现不同时间、空间对区域的动态感知，实时、准确、高效获取区域内森林火情和林草资源监测信息，形成常态化的林草生态监测感知机制。

支撑环境层：基础软硬件网络支撑环境是林业信息化建设的基石，依托林草生态感知体系、林草数据中心及林草指挥中心资源配置、全州统一林业专用基础网络建设，完成进行各类林业信息采集并建设系统运行支撑环境，为上层提供计算、网络及存储服务。

数据层：数据是系统的"血液"，也是开展相关应用的基础。通过数据资源采集、整合处理和数据建库，建立林草综合数据库，数据库内容主要包括林草资源数据库、森林防火专题数据库、林业综合数据库、公共基础数据库。数据资源层实现数据的统一化、标准化管理。

平台层：林草视频感知汇聚、森林防火智能监测预警、森林防火预警移动终端、数据处理、综合应用支撑、智慧林业平台框架 6 个模块，为州林草生态安全及森林防火管理提供更

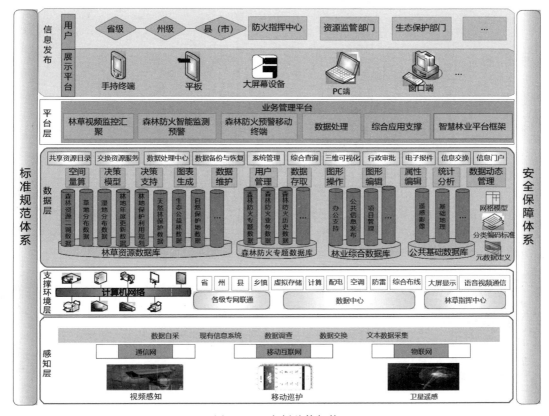

图 13-23　案例总体架构

完备的业务系统信息化覆盖。

用户层：平台的直接使用与操作对象，包括管理决策人员、业务应用人员、系统管理人员、信息采集人员等，不同用户对系统有不同的需求及使用权限。

另外，标准规范和安全体系建设是林业业务系统建设和应用的重要保障。为了使林业部门业务系统能长期稳定地运行和应用，遵循与业务系统平台有关的标准、规定与机制是非常重要的。安全体系主要包括系统安全、应用安全、数据安全、运行支撑环境安全等部分。除此还要加强项目建设的管理和信息系统软硬件的运行维护管理。

2. 应用场景

1）火源智能监测

通过部署传感器网络和智能监测设备，如烟雾传感器和热成像摄像头，实时监测森林中的气象条件、温度、湿度、风速等因素，及早发现森林中的火源或火灾，提供及时的警报以实现早期火灾检测，如图 13-24 所示。

2）预警通知与等级判断

一旦检测到火源或火灾，系统自动推送报警通知，通知相关部门和人员，以便及时响应，

24小时实时火点监测预警

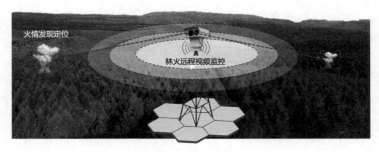

图 13-24　火源智能监测

推送信息包含火点像元经纬度、火点所属行政区划、明火面积、火区信息等，支持进行电子地图位置标注，为扑火救灾工作提供快速、准确的空间信息支持。同时可根据实时的气象条件、温度、湿度、风速等因素，以评估当前的火险程度，如图 13-25 所示。

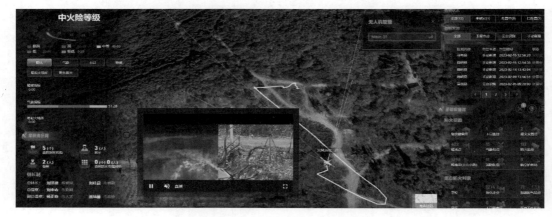

图 13-25　预警通知与等级判断

3）智能决策分析与指挥调度

在发生火灾时，利用远程监控和通信技术提供实时的火情信息，支持应急响应团队的决策和行动，确保及时的火灾扑救和人员疏散，根据火灾规模和位置，智能调度救援队伍、飞机、车辆等扑救资源，提高扑救效率。采用高科技手段来加强森林防火工作，在最短的时间内做出决策和调度，为森林灭火赢得宝贵时间，最大限度较少损失，如图 13-26 所示。

3. 方案价值

该案例开展森林防火信息化建设，建立全市森林防火"天空地人"一体化立体感知体系，促进森林防火及林草资源信息的数字化、智慧化管理，有显著的经济效益、社会效益和生态效益。

1）业务需求是持续推动林草高质量、现代化发展的需要

森林火灾防控信息化作为林草信息化的重要板块之一，是推动林草高质量发展、林草治

图 13-26　智能决策分析与指挥调度

理体系和治理能力现代化的重大举措之一。深入融合应用视频监测和图像 AI 识别、物联网、3S(遥感技术、地理信息系统和全球定位系统的统称)、大数据等新一代信息技术和科技手段,有助于推动林业数字化、智能化、现代化发展,提升林业服务管理水平,加快林业信息化发展的战略规划。

2) 社会效益

该方案大大提高了全市森林防火的综合能力,克服了项目区林火监测以人工巡护为主,巡护面积大,监测手段单一、落后,人力、物力投入大,亟须完善火情视频监控、火源卡口监测、无人机监测等,进一步增强森林草原火灾综合防控能力。有效控制了森林火灾的发生及其产生的危害,减少了各级政府为指挥扑救森林火灾和处理灾情后事所浪费的精力。该案例能使人们对林业重要意义的认识进一步加深,对森林防火工作在保护资源、保护环境、维护生态平衡中所起的作用认识更加深刻,使群众认识到森林防火关系到每个公民的切身利益,提高群众对政府的信任程度。

3) 生态效益

该方案弥补了之前某市森林防火视频监测覆盖率低、监测范围有限、林火监测还存在较大的盲区等不足,促使森林火灾得到有效控制,从而使森林及其植被能得到更有效的保护,促进物种和生物多样性的发展,防止水土流失,减轻洪涝灾害,保障农业稳定发展,保持和改善生态环境,推进生态旅游观光业,为社会和经济发展做出贡献。

4）经济效益

项目的经济效益是间接的,产生的经济效益具体为:一是减灾防灾产生的效益,项目建成后,大大加强项目区森林火灾预警监测能力,森林资源得到有效保护。二是生态旅游产生的效益,依托森林公园、自然保护区、国有林场,顺势而谋,把旅游业作为新兴支柱产业加以培育。三是促进产业发展的巨大效益,项目实施为支柱产业发展提供安全的生态屏障。

4. 成功要素分析和启发

1）需求明确,有明确的应用场景

以某市森林防火信息化基础设施建设为抓手,以林草数据资源为核心,以森林防火核心业务的信息化建设为主线,在已有某市林草信息化工作基础上,利用 3S、物联网、大数据、移动互联网、智能分析等技术,开展某市森林火灾高危区(高风险区)综合治理工程建设项目。

2）完善的基础设施和先进的技术能力

项目建设不断完善基础设施,在原有的森林防火视频监控系统基础上新建森林防火视频监控系统和火源卡口监测系统,将项目区重点火险区域监测覆盖率提高到 95％以上,一般火险区域监测覆盖率提高到 85％以上,进一步减少监测盲区,逐步实现数字设备部分取代人工巡视、瞭望塔瞭望等传统监测方式,进一步提高预防和控制森林火灾的综合能力。

3）强大的支撑平台

项目建设视频监控后端管理、存储、控制计算机、网络设备等基础软硬件支撑环境,满足系统实施、运行及安全的需要,建立“可视化、可通话、可调度、可协同、可指挥”的森林草原火险预警系统,全面提升某市森林防火监测预警、指挥调度、信息传递现代化水平,实现省、市、县(区)三级森林防火指挥、控制、管理平台的互联互通。

4）完整的运维体系

项目制定了详细的运维方案,确保系统正常运行,主要包括工程运行状况监控和故障排除、资源租赁、软硬件运维 3 部分。对于运维服务请求,达到 100％的用户响应度,1 小时之内响应,12 小时内解决,达到 98％以上的故障解决率;在故障解决过程中,保持每小时 1 次的情况汇报;用户满意度调查不低于 95％。提供 24 小时服务。

13.3.4　总结和展望

人工智能在生态应用和服务中更高效、更智能,为可持续的生态保护和管理提供了更强大的工具,使人们能够更精准、更全面地监测、管理和保护自然环境,以应对气候变化和生态问题。人工智能技术在生态建设领域的应用离不开政府的政策引导,近年来,中国关于智慧生态方面的政策逐渐完善,生态行业与现代化科技融合发展,在全方位政策支持下,推动了技术的进步和应用场景的不断丰富。人工智能将在生态行业中发挥越来越重要的作用,在林业大数据智能应用、森林草原防火智能监控、生态保护红线智慧监管和智慧海洋领域已经有比较成熟的解决方案,有助于改善环境保护、资源管理和可持续发展。随着人工智能手段的快速发展,其应用场景更加广泛,人工智能可以处理庞大的生态数据集,提供更准确的数据分析和模型预测,有助于更好地理解生态系统、气候变化、生物多样性和环境问题。尽管人工智能在生态领域面临挑战,但它有望成为解决环境问题和保护地球的有力工具。未来,随着技术的不断发展,人工智能在生态领域的应用将继续发展,智慧生态使生产和监管更加高效。

(1)突破关键技术。人工智能技术在生态建设领域发展的核心是科技创新,但技术成果需要在实际应用中才能发挥其最大效能。加大技术突破力度,提升关键核心技术的研发与应用能力,加快推广应用,把行业中的新技术、新成果与单位的产业研发与项目服务深度融合。应该立足行业发展顶端,适应发展趋势,打造更加精准的智能化应用平台,推动生态环境监测向"天空地海"一体化、智能化方向发展。

(2)拓展场景应用。随着大数据、云计算、物联网等新一代信息技术的不断发展和取得突破,新的人工智能应用场景会被不断开发出来,以实际的业务需求为牵引,推动生态环境大数据智能获取、分析挖掘、深度学习、可视化表达、态势研判、问题识别、变化检测、风险预警、综合评估等核心功能研发,支撑各地区、各部门数据共享、开放和开发利用,实现数据赋能、业务协同。另外,基于大模型开展行业模型和针对性场景模型研发,不断提高模型精度,为生态行业提供更广泛、更专业的解决方案。

(3)强化支撑能力。一是加强政策支持,政策机制保障是政府引导的关键环节,应当做好统筹规划指导,制定相关战略规划和方针政策,鼓励、支持、引导人工智能技术在生态建设领域的应用,另外,完善资金政策,可以考虑提供资金支持和培训计划,以培养生态领域的人工智能专业人才,满足行业对高技能工作者的需求;二是完善机制,做好规划、管理协调和服务工作,为科技提高营造良好环境,加强组织领导,强化顶层设计,压实工作责任,抓好任务落实,全面推进项目实施;三是加强人才支撑,人才是科技创新的核心驱动力,强化高素质人才队伍建设,优化人才结构,打造最强大脑;四是加强管理,促进发展。

第 14 章

智能化使能政府管理

14.1 智慧财政

14.1.1 财政行业人工智能概况

财政是国家治理的基础和重要支柱,在社会和经济生活中发挥着巨大的作用。在当前数字经济快速发展和财经紧平衡的状态下,亟须借助新一代大数据和人工智能技术来推进财政业务的数字化和智能化建设,以支撑数字经济快速变化发展的要求,及时响应数字政府的改革要求。智慧财政的建设可以极大地提高财政运行效率,助力深化预算制度改革,加快建立现代财政制度。

1. 财政行业人工智能趋势

2002 年初启动的"金财工程",开启财政信息化建设阶段,基于八大财政实务,分别开发了对应的信息化系统,奠定了财政信息化的基础。但由于顶层设计不足,"分散"的"金财工程"愈难满足现代财政发展需要,纵向上下级财政系统较为"分散",各级级财政部门的数据报送需要依靠人工操作,横向不同业务系统较为"分散",如预算数据与国库数据无法通过系统互联互通。现代财政发展亟须一场全面而彻底的数字化转型,推动不同层级不同业务形成合力,从而应对日益复杂的治理需要,如图 14-1 所示。

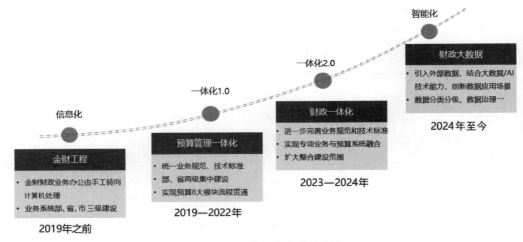

图 14-1 财政信息化建设阶段

自 2019 年开始,财政部开始着手加强财政信息化的顶层设计,明确提出了"横向一体化、纵向集中化、全国系统化"的工作思路和具体任务要求,并接连印发《财政信息化三年重点规划》《预算管理一体化规范》《预算管理一体化技术标准》《财政部整合下发地方应用软件工作方案》《关于推进财政大数据应用的实施意见》,统筹推进全国预算管理一体化系统建设,形成上下联动、齐抓共进的工作格局,推动了财政信息化建设向着全国"一盘棋"的方向迈进,现代财政发展就此踏上了全面拥抱数字化的新征程。

预算管理一体化意在围绕财政资金的预算编制、预算调整、预算执行及决算的主线,为各级财政部门提供全面的数字化解决方案。从实践路径看,主要包括一体化 1.0 阶段和一体化 2.0 阶段。一体化 1.0 阶段指各级财政单位严格按照《预算管理一体化规范》《预算管理一体化技术标准》的要求,开展预算管理一体化系统建设,为纵向统一奠定基础;一体化 2.0 阶段重在将《预算管理一体化规范 2.0》要求的预算编制、预算批复、预算执行等 10 大业务模块与预算管理关系最紧密的系统整合在一起,如地方财政分析评价系统、社保基金管理系统、地方政府性债务管理系统等,用软件系统固化预算管理流程,将其余的财政业务系统整合进一体化系统中,打通"关节",消除"烟囱",树立起了财政一体化的观念,为现代财政治理打造出一套横道到边、纵向到底的财政一体化系统。

财政智能化的目标是实现财政业务应用的智能化,财政部在《财政大数据应用实施意见》中明确建成以大数据价值为基础、以大数据智能应用为支撑的"数字财政"。因此,运用云计算、大数据、人工智能、区块链等先进技术,充分挖掘财政数据价值,打造智能化应用场景,实现优化财政收支结构、降低财政资金风险、提高财政运行效率。如以预算编审需求为导向,开发智能预算编审,实现预算审批的自动化和智能化;以办公需求为导向,开发财政业务智慧客服,互动式回答各级财政预算管理人员对系统操作和基本业务方面的问题;以财政监督、风险防范需求为导向,开发智慧监管,实现对各地财政收支、库款情况、"三保"情况、大额支出等进行实时、智能化监管。通过把财政制度、业务流程与信息技术的交融,构建极致的办公体验、智能化的监督和管理的财政生态系统。

2．财政行业人工智能挑战

近些年,财政行业开展的"金财工程"、预算管理一体化、财政大数据的建设探索,大大推进了财政行业数字化转型的进程,提升了财政治理的水平,但从整体上来看,大数据、人工智能技术在财政行业的应用还处在初级阶段,真正把新技术与财政业务相结合,创新智能化应用场景,还面临着各种各样的挑战。

1）一体化系统整体协同效应仍较弱

预算管理一体化与其他财政业务应用的深度整合,推动了财政一体化建设,初步实现上下贯通、横向联通,但是还存在一些系统无法共享数据,出现各部门之间存在信息不对称的情况,没有充分发挥出财政一体化系统的整体协同效应。

为此,当前财政需要充分借鉴其他行业的经验,积极与具有成功数字化转型经验的 IT 企业合作,横向深化合作技术,纵向铺开合作领域,在大数据、人工智能等先进技术的支持下实现财政业务场景的智能化目标。一是持续完善财政一体化系统的整体协同能力;二是构建纵横业务数据共享、全省覆盖的财政大数据平台和人工智能平台，实现"数据跨应用协同"，打破当前发展中存在的诸多信息壁垒、信息孤岛，加强与其他政务部门之间的协同性，实现与其他政务部门数据的互联互通。

2）适应财政数字化改革区人力储备不充足

在大数据智能应用时代，人才是技术创新和业务发展的核心要素，构建数字财政服务体系，必须要有与其规范化、集成化、数据化、智能化特性相符的人才团队来保障。当前中国各级政府财政部门的信息化技术人才力量薄弱，人才模型与智慧财政服务生态体系相匹配的核心技术人员和复合型人才还存在一定差距，既有新技术技能又懂财政业务，且对大数据、人工智能相关技术熟悉人才甚少。

在大数据智能应用时代，人才是技术创新和业务发展的核心要素，构建数字财政服务体系，必须要有与其规范化、集成化、数据化、智能化特性相符的人才团队来保障。当前中国各级财政部门的信息化技术人才力量相对薄弱，而行业应用厂商虽然在尝试运用新技术提升软件的数字化水平，但缺少对关键核心技术的理解，业务应用数字化水平进展相对较慢。

为此，财政数字化、智能化的发展需要建立健全的财政智能化创新激励机制，将财政的数字化、智能化转型与财政专业人才培养相结合，吸纳更多与数字化财政相适应的工作者，调动更多社会机构、行业软件公司积极投入到创新、孵化智能化财政应用，加快财政智能化生态体系的建立。

3）短期内的投入与产出比也是主要影响因素

财政大数据应用、业务智能应用需要对海量数据进行建模、开发特定的算法模型，并对算法进行大量训练以提升精准度。获取数据并进行挖掘分析、训练推理是一项复杂且昂贵的工程，需要投入大力的人力、物力，这对于单个省市财政单位来说也是一个巨大的挑战。如何缩小投资规模，以小步快跑的模式逐步推进财政业务的数字化、智能化转型也是当前财政单位、行业应用软件单位、ICT公司要重点加强合作的迫切任务。

14.1.2　财政行业人工智能典型解决方案

以数字赋能为主要特征的智慧财政，是夯实新发展阶段财政现代化的重要技术支撑。深入推进智慧财政建设，借助云计算、大数据、人工智能等现代信息技术应用能力，加速构建一体化、数字化、智能化的财政新场景，探索开展收支预测、风险防控、预算编审、知识图谱、智能客服等场景的智能化应用，如图14-2所示。

1. 收入预测智能化

长期以来，各级财政部门预测并制定未来预算收入通常采用基数法，即以上年预算收入作为基数，以一定的增长率进行计算和预测，同时考虑一些特殊因素加以调整。例如，许多地方政府根据GDP增长率的变化相应的调整财税预算增长率，简单地考虑GDP因素而忽略其他影响因素，人为割裂了财政收入与经济系统各个变量之间的复杂关系，因而并不能客观地预测财政收入变化情况，对政府预算制定的指导作用也就非常有限。

财政大数据可以将零散的、价值较低的信息进行整合，以财政大数据平台所提供的税

图 14-2　财政行业智能化架构框架

务、统计、人社等部门的数据作为分析基础,构建基于 BP 神经网络算法的财政收入分析模型,根据指标体系计算出相应的指标值,建立各类样本集,再通过样本集的预处理,指出存在缺失或偏离常规值的数据,平衡两类样本集之间的数量关系,分类形成实验所需的训练集和测试集。再对训练集进行训练,将测试集输入训练好的模型中,得出分类结果,并对结果进行分析。通过不断的误差纠正自我学习,大幅提升了算法模型的精准度,在此基础上,通过同比、环比及其他分析方法就可以实现对未来财政收入较为精准的预测。

2. 预算编制审核智能化

预算管理一体化系统建设后绝大部分省市与原有系统在项目库、历史预算编制、历史预算执行、决算等数据上无法衔接,导致预算编制审核的场景中工作人员需要大量人力核对和反复查找多个系统的数据,额外增加了巨大的工作量。

大数据分析系统可将历史预算执行全链条数据与新系统预算申报数据自动衔接,解决新预算项目信息自动归集及校对、单位历史预算全链条数据关联、无统一标识的延续型项目跨年串联等一系列技术问题,实现了预算申报指南中对项目的申报和评价关键指标的自动计算和触发阈值提醒,预算审批工作人员可通过统一的页面查看单位和明细项目的评价结果,并钻取查看完整的数据原值和分析过程,大大减轻了相关处室和专管员在项目审批过程中的人工操作工作量,也大幅提升了数据分析的维度和准确度,使财政核心业务由“线下手工型”向“线上智能化”大步迈进,如图 14-3 所示。

预算辅助决策模块,可自动将新预算项目与历史预算项目进行归集和校对,实现多源数据自动衔接,相较于以往使用页面搜索关键词的方法人工确定项目相似度,运用 RPA（Robotic Process Automation,机器人流程自动化）技术实现自动比对,自动分析的效率更高效,结果更准确。

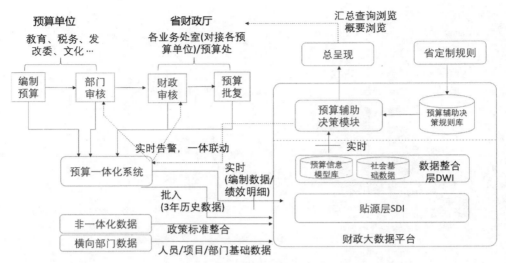

图 14-3　智能预算编制审核逻辑示意

运用大数据分析技术,实现基本支出和项目支出预算申报是否符合预算编制指南要求的量化自动计算,设置相应的分析和预警规则,实现核心指标的智能化处理和自动计算,避免业务人员人工操作过程中的计算错误,大大提升了结果的准确性。面向每年的预算编制指南里明确的评价点和分析点设置阈值,通过可视化展现,给予主动预警提示,帮助业务人员快速捕捉到异常情况,让预算编制审核有据可依,避免主观随意性。

3. 风险预警智能化

人工智能技术在很多行业已有了比较成熟的应用,如税务行业使用图像识别技术实现了纸质发票的识别校验;为了减少重复低效的工作,使用"人工智能＋流程自动化"的技术实现了增值税记账核对、增值税发票查伪验证,大幅减少了重复性工作,提高了效率。

虽然人工智能技术在其他行业都有了初步应用,但这些应用主要使用较为成熟的图形图像和语音识别技术,集中于完成票据认证、车牌识别,人脸识别等特定领域,以完成基础重复性工作为主。在财政风险管理上,当前大多采用特定规则设置固定风险预警模型,而采用人工智能技术在财政风险管理中进行特征识别仍未成熟。随着 ChatGPT 技术的不断成熟,各种行业大模型不断涌现,以人工智能为代表的"风险预警大模型"将逐渐成熟,更快地应用于财政各种场景的风险管控。

在此,先对人工智能在财政风险管控的场景做个探讨,以期借助新技术提升财政风险防控的水平。在财政风险管理工作中,可以应用人工智能技术,建立智能财政风险管理系统,系统化识别、分类、处理各类业务管理、资金运行风险。智能风险管理系统需要建立基于大数据和人工智能技术的财政 AI 中台,如图 14-4 所示。

在智能财政风险管理系统的体系层面,建立系统应以风险分析事项为逻辑起点,以数据源作为基础支撑,以人工智能的深度学习和分析功能为核心,以具体智能应用为表现形式,对财政运行过程中可能存在的风险进行分析评判,形成风险控制可视化系统,助力财政管理

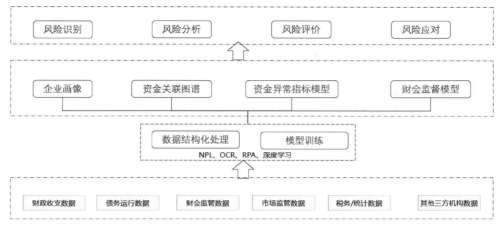

图 14-4　智能化风险预警逻辑示意

人员及时发现、消除潜在风险。

4. 财政客服智能化

　　智能客服也是财政智能化建设的一个应用场景。当前各行业建立的智能客服系统,回答问题的逻辑一般都是"提取＋判别",一旦提取到的问题未能在所依赖的数据库中找到,就无法给予回答,更无法实现长时间的交互式问答,借助 ChatGPT,可以加快推进财政客服智能化进程。ChatGPT 可以打破原有智能客服"提取＋判别"模式,实现使用自然语言检索,采用"智能判断直接生成结果"模式,直接提供咨询人所需的问题解决方案以及所依据的政策或法规,暂且不论给出的解决方案准确度如何,这样的回答方式真正弥补了原有智能客服的缺陷,并在一定程度上增大了人工客服的可替代性,大大降低了人工客服的单位时间工作量;即使是一些难度较大的问题,它也可以在寻找过往案例、归集相应政策法规方面为人工客服提供协助,提高人工客服工作效率。另一个原因在于之前的客服系统没有提供批判性的、外部的和系统的反馈机制,这也可以凭借 ChatGPT 交互式功能来解决,在咨询中收集相应事项中最常见的疑问点,并反馈到后台数据库中,加快智能客服服务质量的升级进程。

14.1.3　财政行业人工智能案例实践

　　财政行业的数字化、智能化建设发展需要切合当前的财政信息化建设进程。结合行业实践,华为提出了财政行业数字化转型参考架构,按照"1＋1＋N"进行设计,分别指一个财政云底座、一套公共服务平台,支撑 N 个财政业务应用,如图 14-5 所示。财政云底座也是整个财政智能化应用的根基,提供云计算、大数据以及人工智能计算平台;公共服务平台包括技术中台、数据中台、AI 中台和业务中台,财政业务应用主要指项目管理、预算编审、预算执行、会计核算、绩效管理等财政一体化应用业务和财政大数据、AI 创新应用。财政智能化参考架构将立足于全局业务的管理需要,着力提升业务应用的智能化水平和系统的用户体验。

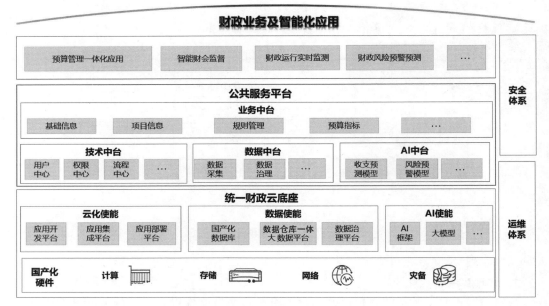

图 14-5　财政行业数字化转型参考架构

1．方案架构

1）统一财政云底座

遵循财政信息化的建设要求，持续推进财政业务全省大集中的建设进程，实现财政业务横向到边、纵向到底的管理目标，构建全省统一的"财政云底座"，夯实财政智能化建设的底座，通过信息系统一体化和集中化建设，进一步整体提升财政智能化发展能力，推动财政业务向着集约整合、数据互联、协同共治、共享开放的新阶段迈进。

构建敏捷、可拓展、可组合的系统架构，既满足大幅减少信息孤岛、提升集约化程度的需要，又能快速支撑未来信息技术自主创新需求，增强系统平台的生命力，提升财政数字化的统一规划、统一标准、统一建设、统一运营能力。同时，结合财政管理信息系统的集中化建设，在开发、运维、安全保护和数据标准等环节实行统一管理，全面保障信息系统和设施设备安全稳定、持续高效地运转。

2）公共能力服务化

财政智能化参考架构既要能支撑当前财政应用的需要，又要着眼未来，充分考虑系统的易集成、易管理、易使用的建设要求，规划财政公共服务平台的架构，强化公共能力的检核，以公共能力服务化的形式快速支撑应用软件的开发、上线、数据分析。

通过技术中台，支撑不同应用系统快速集成对接，实现用户账号的统一管理、角色权限的灵活可定制。通过业务中台，实现对基础信息、项目库、预算指标等能力的服务化，支撑不同业务模块的直接调用，助力业务一体化、业务标准化。通过数据中台，构建涵盖数据汇聚、数据治理、数据分析、数据安全、共享交换等服务能力，摸清财政数据资源底数，制定财政数据资源目录，细化完善数据分类分级管理，支撑大数据挖掘分析。借助业界成熟的 AI 算法模型,结合财政业务特点,构建财政收支预测模型、风险预警模型等形成财政 AI 中台,支撑财政创新应用。

3）数据应用智能化

财政业务智能化的建设最大可能地实现财政工作从人工、自动到自主的过程。通过积累常见业务问题,建立财政业务知识库,实现客服机器人可自动予以解答;利用大数据分析产生可执行的洞察,对财政运行情况进行智能监测预警;建设可视化财政地图,展现重要经济指标、重点财政收支数据、重点税源企业、重大建设项目、政府资源、政府债务管控等情况;同时,对各来源的数据进行交叉比对,开展智能分析测算。

当前 AI 大模型成为业界关注的重点,财政行业作为数据价值高地,可以先行探讨 AI 大模型技术在财政行业的应用,如 AI 大模型可以通过对财政数据和业务流程的自动分析,发现潜在的违规行为和风险点,提高内部审计和监管的效率与准确性,也可以根据历史财政数据和宏观经济指标,对未来的财政收支情况进行预测和分析,为财政政策制定提供更加准确的依据。

2．应用场景

1）财政运行监测

依托运行财政大数据平台,建立全省财政运行监测中心,对各地市的财政运行状况实行实时穿透式监测,涵盖预算调整、财政收支、转移支付、库款余额等多项监测指标,实现财政资金从预算安排的源头到使用末端全流程动态监测,对苗头性问题和风险隐患做到早发现、早报告、早处置,兜牢兜实资金运行安全底线。

2）财会监督智能化

财会监督是国家监督体系的基础。在智慧财政建设背景下,财会监督可充分利用数字技术手段,深度挖掘数据资源和信息,通过大数据、人工智能技术可以全天候地对海量财政信息进行关联分析,与其他地区、历史数据进行横向、纵向比较,于细微处识别出异常点,实现实时预警,进而开展有针对性的监督。另外还可建立对预算、采购、资产、决算等财政业务场景的多维分析应用,包括从上级到下级的纵向控制,从财政到非财政的横向控制,发现问题进行一站式闭环监管,让监管部门能够便捷直观地跟踪资金来源去向,实现对财政预算全过程、全口径的智能化监督与风险预警。

3）库款管理智能化

在财政部和当地财政部门对库款考核指标的基础上,结合当地实际情况建立国库现金监控体系,通过分析监控国库现金流量异常变化、库存余额增长情况、结余结转资金与国库余额的比例等,挖掘出国库现金流运行特点和规律。在此基础上,再结合当前经济运行的态势,参考预算、用款计划,建立国库现金流预测模型,把库存现金控制在一个最佳水平范围内,为国库现金管理决策发挥积极作用。

4）采购监管智能化

人工智能技术可以用于政府采购监管活动的各个场景,在政府采购交易系统中植入人工智能技术,通过对照采购标准、分析采购需求、挖掘历史数据等方式,预测市场趋势,自动生成采购需求分析报告，及时发现超预算采购、超标准采购、铺张浪费等问题；利用人工智能技术还可以对采购环节各风险节点开展实时监测，识别违规行为、异常交易以及与规定不符的采购决策，便于监管部门及时介入进行相应处置，确保采购过程合法合规。

3．方案价值

陕西财政基于华为大数据和人工智能底座，通过构建统一的数智中台，逐步汇入人行、税务、统计等部门数据，并实现了对内外部数据的分层治理，借助可视化技术，建立大数据分析展示平台，实时动态反映全省财政收支、财力保障、债务管理和资金监测等情况，实现数据的"一站式"展示和"穿透式"钻取，为各级管理者提供数据分析、趋势研判、预警提醒等决策支持，为领导规划决策提供参考，推进财政向"数字管理"转变，提升财政治理能力。

14.1.4　总结和展望

人工智能中机器学习、深度学习、自然语言处理、ChatGPT 等技术，为构建未来智慧财政创造了更多可能性。

要树立"向大数据要生产力，向人工智能要创新力"的理念，将人工智能技术作为智慧财政建设过程中的"敲门砖""垫脚石"，加强顶层设计，在方案规划中融入人工智能技术应用，将财政业务从事项、流程、经验驱动转变为数据、规则、智能驱动，充分运用大数据技术，实现多源采集、异构数据融合、散点数据分析，充分运用机器学习、深度学习、分析建模等技术，让信息系统从海量个案分析向自主感知学习发展，实现全面数字化升级与转型实现自动化、标准化处理，沿着智慧财政、以数理财方向大步前进。

14.2　智慧人社

14.2.1　人社行业人工智能概况

1．人社行业人工智能趋势

2020 年 4 月，人力资源社会保障部（简称人社部）发布的《人力资源社会保障部关于开展"人社服务快办行动"的通知》中提出探索应用人工智能技术实现精准画像、智能审核、主动服务。2021 年 6 月，《人力资源社会保障部关于印发人力资源和社会保障事业发展"十四五"规划的通知》发布，提出促进互联网、大数据、区块链、人工智能与人力资源和社会保障工作深度融合。2021 年底，人社部办公厅印发《关于推进社会保险经办数字化转型的指导意见》，更明确"三步走"战略，提升社保经办数字化智能化水平。2023 年，《人力资源社会保障部关于印发数字人社建设行动实施方案的通知》发布，按照"1532"的整体框架进行布局，提出了深化一体化、发展数字化、迈向智能化的总体思路，对人工智能技术的应用提出了明确的工作目标：积极探索新技术应用，打造面向未来的智能化、沉浸式服务体验，引领和支撑人社事业高质量发展；到 2027 年，数字人社建设取得显著成效，数字化管理新体系、服务新模式、监管新局面、决策新途径、生态发展新格局全面形成，全国人社领域数字化治理体系和治理能力成熟完备,实现整体"智治"。

2. 人社行业人工智能挑战

"十三五"期间,人社部门全面深化改革,在就业增收、社会保障、人才服务、劳资稳定等方面取得了瞩目成就,但面对数字化转型的工作目标,仍面临诸多挑战。

（1）面向公共服务,人社领域问题往往涉及复杂的业务政策、人文关怀需求,如何将惠民惠企政策精准送达享受对象是当前亟须解决的问题,因此主动推送政策、智能导办、无感智办等方面的能力建设需要加强,大模型在处理相关问题时可靠性需加强。

（2）面向业务经办,存在基层社保机构经办压力大、经办效率低、数字化智能化程度不高的问题,优化业务流程、减轻经办人员大量重复性劳动、快速进行专业知识和业务经验的积累与传递是降本增效的关键。

（3）面向风险管理,存在风险感知渠道单一、基金风险智能监管手段不足的问题,需要借助大数据、人工智能手段实现精准化风险预防、科学化风险感知及研判预警。

（4）面向管理决策,需进一步联通业务、打通数据、贯通上下,实现"用数据说话,用数据管理、用数据决策"的数字化管理决策体系。

（5）面向数据安全,人社数据涉及公民隐私、国家机密,这要求人社人工智能应用必须具有完善的高安全性,因而构建和使用人工智能模型的过程必须要考虑安全性问题。

14.2.2　人社行业人工智能典型解决方案

伴随着人工智能的迅速发展,尤其是大语言模型的爆发,人社传统的 IT 架构面临着诸多挑战。生成式人工智能对人社服务创新、人社治理创新、人社决策创新等方面提供了广阔的空间,不仅限于自动化和提升服务效率,更在于它们能够揭示数据驱动的深层洞察,引导政策制定,并通过模拟和预测来优化决策过程。

1. 方案架构

针对当前人社人工智能发展现状与目标,本方案建设人社领域应用研发支撑体系,促进人社人工智能应用场景发展创新,其中,人社领域大模型为核心,人脸识别、语音识别、自然语言处理等分析型 AI 模型为补充手段,研发管理平台为框架支撑,行业基础能力与应用创新为首要目标。其整体架构如图 14-6 所示。

1）基础设施层

基础设施层是支撑整个系统运行的基础,它提供了必要的计算存储资源。基础设施层主要包括云基础设施、AI 服务基础设施（GPU 型）、向量数据库等。云基础设施提供动态可扩展的云资源,如服务器、网络、存储等;AI 服务基础设施提供 AI 模型推理所需的可灵活扩展的 GPU 资源,用以支撑人社 AI 模型的动态部署;向量数据库支撑人社领域数据向量的存储与检索。

2）模型底座层

在模型底座层包含两大领域内容,以现有通用领域大语言模型或人社垂直领域大语言模型为核心,一方面结合向量模型与召回模型,支撑检索增强生成模式的能力场景,如行业

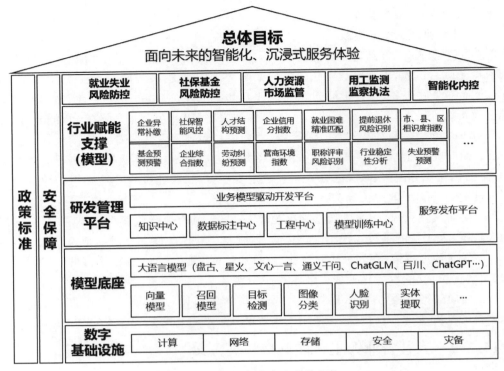

图 14-6　人社行业方案整体架构

智能客服、业务经办小助手等；另一方面集成现有分析式 AI 模型能力，形成大模型＋专有小模型的能力组合，支撑在图像、语音及自然语言处理领域人社行业各类型 AI 任务场景的基础能力。

3）研发管理层

研发管理层设计用以提供对接模型底座的原子能力与应用场景。通过数据标注中心对行业的数据进行标注与管理，通过知识中心处理行业业务知识的向量化管理的问题，通过 Prompt 工程对大模型各种场景的应用进行适配，并通过训练来管理行业专有模型训练学习的问题。在上述基本能力的基础上，依托业务模型驱动开发平台，通过 DAG 流程化配置的方式构建领域业务模型。从数据标注、知识工程、模型训练、提示工程、流程设计定义、流程开发测试、场景发布（运行）、下线全生命周期管理等方面进行全生命周期的研发支撑，开箱即用、发布即生效。

4）行业赋能支撑层

基于人社领域应用研发支撑，构建人社行业赋能支撑各种模型，如企业异常补缴、基金预测预测预警、社保智能风控、企业综合指数、人才结构预测及就业困难人员精准匹配等模型，全面赋能数字人社创新应用场景。

5）行业应用层

遵循数字人社"1532"的整体框架要求，围绕深化一体化、发展数字化、迈向智能化的总体目标,将人社业务与大语言模型进行深度融合,促进人工智能在一体化办理、精准化服务、智能化监管、科学化决策、生态化发展等多个数字化场景的应用。

2．应用场景

1) 智能咨询服务,打造沉浸式服务体验

随着社会保障制度更加规范、社会保险覆盖范围进一步扩大,政策体系日益庞大,群众咨询诉求更加强烈且多样化。社保咨询话务量多、来电接听等候时间长、工作人员疲劳积累以及解答口径标准化程度不一等问题,已成为业务经办服务中的"痛点"和"堵点",举报投诉、满意度下降更是潜在的"风险点"。一方面,在现有的服务模式下要受理更多的服务对象请求,需要增加窗口服务人员的数量,但受到现实情况制约,很难增加窗口咨询服务员人数;另一方面,咨询服务员要动态掌握数百项社会保险问题,面对大量的业务数据和复杂的业务知识,即使在有完备知识库的前提下,也难以在短期内具备独立解决问题的能力。

智能咨询服务类场景运用人工智能知识图谱、数字孪生、大模型等技术实现人社 24 小时在线服务,能够有效解决人社咨询服务的难题,典型场景包括智能客服、智能外呼、虚拟柜员等。以人社智能客服为例,作为连接百姓与政务服务的轻渠道,从服务场景出发,分析百姓问答行为,通过建立智能化的业务规则引擎,以事项引导方式实现智能导办,同一事项同要素管理、同标准办理,从而提供全天候、多渠道的智能政务解答服务,解决大量的重复解答问题,降低人力成本,提高群众服务满意度。

2) 新型人机交互的精准化服务

利用大模型的先进自然语言处理能力,创新公共服务的交互方式,从而提升公众获取服务的效率和体验。通过人机交互机制的转换,公众不再需要通过烦琐的导航和搜索来寻找所需的公共服务项目,而是可以通过自然语言与服务系统进行对话,以一种更加直观和人性化的方式来解决问题。新型人机交互的人社公共服务系统将显著提高服务可达性、响应速度和用户满意度,同时减少因误解服务内容或流程所导致的低效和不满,推动公共服务系统更加智能化。

3) 业务流程优化,探索"智能＋"创新业务场景

在"推进一体化办理,塑造数字化管理新体系"的工作要求下,遵循"整体推进、重点突破"的原则,深入探索"人工智能＋调解仲裁"创新业务场景推进劳动维权便利化。通过构建仲裁知识库、仲裁知识图谱、智能仲裁大模型等 AI 基础能力,运用自然语言处理、大语言模型等人工智能技术为争议调解仲裁工作提供智能化支撑;从业务管理、公共服务、人工智能、态势感知 4 个层面,打造"全流程智能化"的调解仲裁系统;以解决仲裁业务过程中存在的实际问题、挖掘仲裁数据价值、构建仲裁知识工程、切实为仲裁业务发展提质增效为导向,全面提升在仲裁庭审、裁决等核心业务环节上的工作效能,助力构建和谐劳动关系高质量发展。

(1) 庭审前智能准备提纲。

优化庭前流程,将立案、证据、质证信息全部线上提交,汇聚庭审前序环节的案件信息,提取庭审所需的关键信息,构建智能庭审算法模型,根据案件基本信息、案由、仲裁请求、证

据材料，帮助仲裁员自动生成庭前准备提纲，减轻仲裁员庭前翻阅材料、整理材料等重复性事务工作，提升仲裁员工作效能。

（2）庭审中智能辅助，提升效率。

通过语音识别、语音智能纠错、图片证据篡改识别、语音指令操控、庭审问题动态推荐等一系列人工智能应用场景的构建，一方面将庭审笔录电子化，实现仲裁业务的数字化转型；另一方面利用人工智能技术辅助仲裁员办案，提升庭审效率。

（3）智能仲裁大模型辅助裁决书生成。

智能仲裁大模型是基于大量仲裁案例、法律条文等数据和仲裁人工经验知识，利用知识图谱、深度学习和大语言模型等人工智能技术而构建和训练的人工智能大模型。智能仲裁大模型致力于理解法律条文、案例先例、仲裁业务知识等，能够自动解析案件文本、抽取关键事实和争议焦点、基于提供的证据和事实草拟初步的仲裁裁决书，自动匹配相关的法律法规保证生成裁决的精准与公正，为仲裁员审案、判案、文书编写、查找政策及解读等提供智能化解决方案，使仲裁过程更加高效、公正和透明。将原来仲裁员编写仲裁书平均要 2～3 天缩短为 5 分钟，解决了案多人少，仲裁人员事后梳理案件全程信息、归纳案情、匹配政策法规费时费力、投入工作量巨大的问题。

（4）劳动仲裁知识库与知识图谱。

仲裁知识库是对仲裁领域业务知识进行全流程全生命周期管理，建立长效的知识积累、知识沉淀、知识维护、知识应用的管理体系，为仲裁员提供"一站式"专业知识解决方案，对劳动人事争议调解仲裁相关的法律、法规、判例、解释、文书等进行整理、分类、存储、查询，为准确适用法律和裁判文书说理方面提供智能化数据基础。

知识图谱是一个结构化的知识数据库，利用图论的方法，结合实体识别和关系提取技术，建立和查询知识，通过节点和边的关系描述现实世界中的事物及其相互关系。通过对庭审笔录、裁决书以及案件数据的挖掘，以及仲裁业务中的人工经验的提取，围绕仲裁要素，抽取仲裁的实体、属性，建立仲裁要素及实体间的关系，构建仲裁行业知识的数据网络，形成仲裁领域智能化的知识支撑。

4）智能辅助经办，降本提效

受理与审核环节是业务人员工作中最繁重的部分之一，运用人工智能与大数据技术可精准识别政策享受对象、智能核验办事群众身份、自动核对办事材料，实现"免证办""智能秒批"。

（1）智能辅助录入，受理环节提效增速。

利用通用文字识别和图像检测技术，将纸质文件或报告轻松地转换为电子格式，方便进行后续的编辑、整合和分析与自动审核。例如，自动提取高拍仪拍摄申报材料中的关键信息，极大地减轻受理人员材料录入工作。

（2）智能辅助经办，经办环节导航指引。

基于任务调度和工作知识库，辅助业务人员开展业务经办工作，通过文字识别、图像检测技术在业务受理环节进行资料自动审查；通过业务推荐能力实现在业务办理过程中辅助导航和指引；通过业务咨询助手在业务经办过程中实现对业务办理的辅助提示和政策查询。

（3）智能辅助审核，低风险业务自动核验。

结合图像识别能力实现个人待遇领取资格进行线上核验，如养老待遇生存认证服务、失业金领取认证服务等，"0 跑腿"享受人社待遇服务。

通过图像识别和关键信息提取能力，对身份证、银行卡等关键材料进行识别、与系统信息进行比对核验、完成身份信息的自动采集和认证，全程无须人工介入，针对低风险业务自动核验，实现"免审即办"，有效控制业务风险。

5）智能化一卡通服务体验

居民服务一卡通集合了多种功能，具有丰富的应用场景，为民众带来了更为便捷、高效的服务体验。一卡通还采用了先进的信息安全技术，包括加密、认证、数据完整性等，使得人工智能与居民服务一卡通的结合更加具有耦合性。

（1）身份识别与验证。

依托门禁系统的数据联动与身份识别技术，公交、景区、文化馆、医院等场景均可实现快速、准确、安全的实名身份识别与验证，后台驾驶舱同步积累签到数据，清晰呈现人群分布、用户画像等，确保居民服务一卡通的合法性和有效性。

（2）智能化管理与风控。

依托居民服务一卡通平台，通过大数据技术和人工智能算法，进行智能化管理，包括数据采集、处理、存储、共享等环节，对居民服务一卡通的使用情况进行实时管理和风险预警，提前预判和及时处理异常情况。

（3）个性化推荐和服务。

基于某项政府业务，用户通过终端设备、小程序等方式发出需求，与政府端建立线上互信通道，运营服务平台根据确认的用户需求发起人工服务，或者推送各类专业的单项服务，通过服务的实现积累与客户端的信任度，同时在机机交互的过程中借助数据分析等技术完善用户画像，不断提升服务的精准性。在单项业务的基础上，未来还可以叠加更多类型的经办服务、便民服务等，以连续性、个性化的服务推送加强用户黏性，持续迭代优化服务体系，实现智能化"百事通"式的服务理想。

6）智能化监管，支持精准防控体系

风险监管贯穿在业务经办管理始终。应用大数据、人工智能技术，建立全方位立体风险防控机制，将风险识别、评估、管控、处置等功能与各业务经办系统、稽核内控等模块互联互通，显化潜在风险，供人社风控相关部门及时发现潜在风险和疑点业务，并采取相应的应对措施。

（1）资产沉淀，风险知识库构建。

将数字化思维贯穿政策制定全过程，形成知识的沉淀与业务经办的重要环节有效融合，在业务经办的过程中"无感"采集。从以往经验来看，仅从单个经办业务或从当前业务经办现状进行核查管控，往往缺乏对业务关联性和历史性的考虑，从而无法及时发现一些隐藏在多个业务串联或参保人数据变化历史中的风险。风险知识库的建立不仅包括业务规则，还需要融入业务经验。通过对业务人员风险防控工作经验的提炼，以及对社保经办业务逻辑的梳理，构建并在项目过程中不断沉淀风险知识，形成风险防控的数据模型，如生育保险的违规领取高待遇、失业保险的违规领取待遇等业务防范模型等，有效强化对经办关联性和历史追溯性的风险识别能力。

（2）基金监管，养老金风险防控。

社会保险基金是群众的"保命钱"，尤其是离退休人员的养老保险金。经由对人社风控案例的分析发现，在待遇计算和待遇支付环节存在重复支付风险、数据偏差风险、偶发事件风险，由此针对离退休人员选取了 84 项数据特征，构建了基础养老金、一次性养老金的基金预测模型，对离退休待遇核定时点的养老金待遇进行预测和发放比对，及时发现基金数额差异，有效规避人为的"跑、冒、滴、漏"等不良现象。

（3）辅助执法，企业规模裁员预警。

建立企业用工风险预警机制、实施企业用工行为动态监测也是人社部门的重点工作之一。通过对企业合同用工、劳动争议、权益维护、水电煤气等数据的检测，基于企业的所属行业、参保人数、新增人数、从业群体特征等信息，构建企业规模裁员预警模型。提前识别可能的大规模裁员风险，及时的裁员预警和措施有助于减少对社会的负面影响，及时调整相关政策和措施，提前干预，如为企业员工提供就业培训、转职就业帮助等。

7）科学化决策，实现研判与评估

在人工智能技术中，机器学习是非常重要的一部分，利用机器学习技术可以对大数据聚类、关联分析、分类、预测等分析，从而帮助业务人员和决策者进行科学决策。

（1）失业保险指数分析。

构建失业保险指数评估指标体系，从各地失业基金收支情况、失业支付能力情况、失业参保率、支付能力、保险指数、失业发生率、失业参保率等方面进行综合分析，将多维度数据简化为单一指标，使得对失业保险情况的解读和传达更为直观和简单，从而发现和理解数据背后的趋势和模式，为工作成效和政策改善提供数字化度量能力。

（2）就业趋势预测。

通过就业人员基本信息、参保信息、人口变化趋势等相关数据建立模型，预测之后 6 年每年的就业人数，辅助业务部门根据就业趋势的预测制定或调整相关的政策，以促进就业和减少失业。

（3）养老保险参保趋势预测。

养老保险参保趋势预测模型通过养老保险参保的相关信息、人口变化趋势等数据，预测之后 6 个月每月的参保人数，通过了解未来的参保趋势，可以更加合理地分配和调整资源，制定或调整养老保险相关政策，确保养老保险制度的持续稳定和可持续发展。

（4）企业工伤高风险评估。

针对工伤事故伤害、职业病高发的行业、企业、工种、岗位等数据进行分析，系统建立企业工伤风险评价指标体系，对企业发生工伤的风险进行多维评分和综合测算，帮助业务人员统筹确定工伤预防的重点领域,让地方政府和有关部门根据实际情况为企业量身定制工伤预防实施方案并精准施策提供科学依据。

14.2.3　人社行业人工智能案例实践

人工智能技术发展和应用能力能够切实为人社业务高质量发展赋能,本节结合人社部门的工作要求,从工作目标和问题挑战出发,在服务咨询、流程优化、业务经办、智能监管、科学决策等方面总结了人社行业的优秀实践。

1. 就业群体"AI 精准帮扶"

1)场景描述

通过数据采集、数据比对和数据协同等方式,健全就业信息资源库,筛选出就业困难人员、高校毕业生、城镇登记失业人员、零就业家庭、农村劳动力、建档立卡贫困劳动力、残疾人、退役军人等困难群体,并构建用户画像,形成"一人一档"的困难群体帮扶"数字台账"。同时,运用人工智能、大数据等技术手段,对就业重点群体进行能力分类分级,提供"送岗位、送政策、送培训"等就业主动服务,实行"一人一策"的精细化服务管理模式。

2)业务流程

依托就业系统和大数据平台,搭建就业重点群体精准帮扶服务平台,从对象分类别、流程分阶段、难度分等级、项目分维度、主体分层级思路出发,训练"算法"和训练"人工智能"优化匹配度精准度,加强风险识别,实现"按需主动服务",支撑和提供免办、秒办等业务办理,如图 14-7 所示。

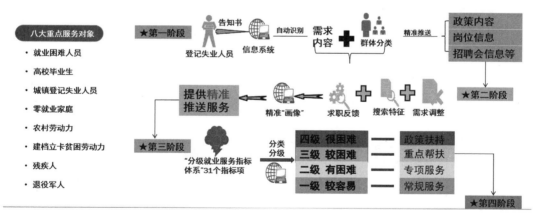

图 14-7　重点群体主动精准服务流程

3)AI 应用场景

(1)用户画像构建。

通过多渠道应用系统开展就业相关数据采集,从人口自然属性特征、家庭特征、知识水平、参保特征、健康特征、就业特征、业务偏好特征、行为数据以及信誉特征等方向为劳动群体进行全面画像。并构建用户身份标签,为主动服务提供数据支撑。用户标签主要包括在校大学生、离校未就业高校毕业生、就业困难人员、农村劳动力、失业人员、创业人员、退役军人、残疾人、易地扶贫搬迁人员、脱贫劳动力、低收入家庭等。基于画像输出的标签，通过意愿/偏好召回、用户协同过滤、向量化召回、热度召回、偏好召回、用户行为相似性召回等多种召回策略动态组合，实现服务推荐内容的因人而异。

（2）政策画像构建。

基于知识库、自然语言处理、用户画像等能力，对就业政策文件等信息进行数字化加工和内容结构化处理，依托政策＋AI模型建设政策画像，并对外提供基于政策画像的就业精准服务。系统提供基于政策关键词、全文内容数据等多层次的检索、分类、展示、全文原版原貌查看等服务，实现针对具体政策、关联政策精准推荐等服务，以更加精细化、专业化的服务为各类服务群体提供参考辅助，从而帮助服务对象快速、全面、准确地获取所需政策信息。

（3）职业调查评估（智能外呼）。

梳理就业情况、技能水平、职业倾向、特殊属性4大类"分级就业服务指标"，形成职业能力测评调查问卷。一是对未就业的重点群体通过微信公众号、短信、网站等渠道推送调查问卷，根据采集指标进行困难程度评级，准确把握他们的需求和问题，并制订个性化的帮扶计划，提供主动精准服务；二是对接智能外呼平台，通过系统筛选出重点群体后进行电话咨询，收集劳动者就业创业意愿需求，并主动推送服务。例如：离校未就业高校毕业生就业服务跟踪调查、农村劳动力转移就业服务跟踪调查、灵活就业人员定期巡查等，如图14-8所示。

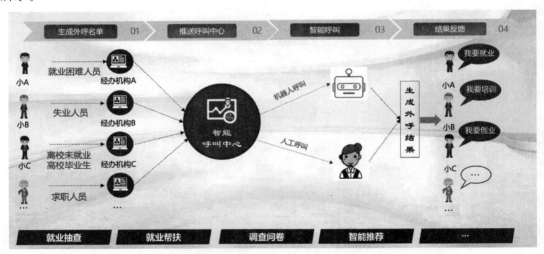

图14-8　就业智能外呼场景流程

（4）智能客服/机器人。

搭建智能客服，利用AI技术对劳动者就业、招聘和培训等需求进行智能匹配。通过分析劳动者的技能、经验、教育背景等信息，AI可以快速而准确地筛选和推荐最匹配的信息给当事人，节省人力资源的时间和精力，如图14-9所示。

搭建智能机器人,采用 AI 聊天机器人和虚拟助手技术,为劳动者或用人单位提供快速的在线咨询和支持。智能助手可以回答常见问题、提供就业指导、解释政策法规等,提供便捷的交互方式,节省人力成本和提高效率。

① 个性化就业推荐。基于 AI 的个性化推荐系统,根据劳动者的兴趣技能、就业经历和行为数据等,为其提供定制化的就业推荐。AI 可以准确预测其职业倾向,向其推荐最适合的信息。例如:职位推荐、招聘会推荐、人才推荐、培训课程推荐、创业项目推荐、申报政策推荐等。

② 个性化职业规划。基于 AI 模型,依托个人画像数据、历史业务办理数据、用户提交信息等,产生针对个人的个性化职业规划方案。

③ 心理辅导支持。为就业困难群体提供个性化的就业辅导和心理支持,帮助他们树立正确的就业观念,面对挫折和困难时保持积极态度,提高就业成功率。

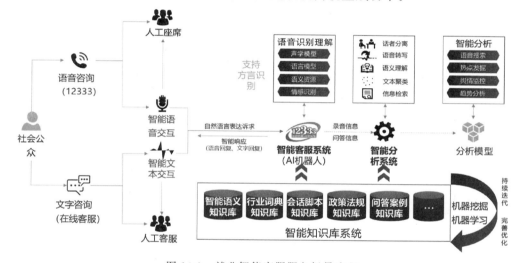

图 14-9　就业智能客服服务场景流程

(5) 简历自动筛选。

利用自然语言处理和机器学习技术,开发自动化的简历筛选系统。可以自动解析和分析大量简历,识别关键技能和经验,进行智能筛选,快速找出最符合要求的候选人,提高招聘效率和准确性。基于 AI 模型,依托个人画像数据、历史业务办理数据、用户提交信息等,为用户生成个人简历。

(6) 面试智能评估。

利用语音和图像识别技术,开发智能面试和评估系统。可以分析候选人的语言表达、情感状态、面部表情等,提供准确的面试评估和反馈。同时,还可以进行语音和视频面试的自动记录和分析,帮助单位更好地评估候选人的能力和适应性。

(7) 材料智能识别。

结合 OCR 与 AI 语义识别能力,提取材料关键信息,并进行业务校验、材料存档和材料电子化。

（8）在线视频会议。

建立就业帮扶跟踪和评估机制，开展"一对一""一对多"的分级视频连线会议，联系各级就业服务机构专员开展精准就业帮扶。同时可对帮扶措施的效果进行定期评估，并根据评估结果，对帮扶政策和措施进行调整和优化，提高帮扶的针对性和效果，同时可以生成视频会议纪要。

（9）预警预测分析。

汇聚就业、社保、民政、教育、司法、残联等相关数据，对就业困难群体进行全面摸查和定位，把符合就业困难认定条件但尚未认定的人员、疑似失业人员、可享受就业扶持政策但未享受人员、长期失业人员未提供服务等情形进行深度挖掘，推送至对应就业服务机构，由就业服务机构主动联系人员办理相关业务，提供主动精准的服务。同时，可以开展就业形势分析、市场供求分析、失业动态监测分析、重点企业/行业用工监测分析等专项主题分析。使用AI模型自动生成数据分析报告。

2."人工智能＋调解仲裁"

近年来，随着经济环境的变化、雇佣关系的多样化发展、劳动者维权意识的提升，各地劳动仲裁案件呈现持续的上升趋势，造成劳动仲裁业务"案多人少""仲裁时间长"等，从政府侧服务供给来看，各类劳动关系案件案情复杂，判案需要更多的经验，新仲裁员培养时间长。从全局来看，判案依赖于人的主观意识和业务经验，一定程度上影响了社会公平性。

随着互联网＋、大数据、人工智能等技术带来的政策理念变化、思维方式变化和社会环境变化，2021年某省人社厅提出"人工智能＋调解仲裁"发展方向的构想，以探索下一代业务信息化发展方向为目标，采用人工智能的新范式对原有业务进行全面重构。省人社厅组织仲裁业务专家与人工智能技术团队联合构建了相关课题研究小组，课题围绕人工智能赋能仲裁业务、打造面向未来的智能化调解仲裁系统目标，以人工智能为基础，从业务管理、公共服务、态势感知3个层面重构应用场景，聚焦实现系统自动化、智能化，全面提升劳动人事争议仲裁办案的管理能力和服务水平，如图14-10所示。

1）构建仲裁知识库，以知识驱动AI应用场景

基于某省近10年案件进行深入数据分析与挖掘，形成仲裁案件库、请求说理库、领域名词库和政策法规库；基于数据挖掘和知识库构建的成果，围绕"确定劳动关系"类案件，与资深仲裁员交流探讨，共同梳理案件仲裁逻辑，识别案件要素、情形、说理模板等实体，构建劳动仲裁业务领域的知识图谱。

2022年，将人工智能前期研究的成果融入"智慧调解仲裁信息系统"中，提供了一键说理、类案推送、法规法条推送、庭审提纲问题等一系列智能化功能，提升了仲裁员办案效率。

2023年，通过前期的研究与实践发现，依靠传统信息工程很难推动人工智能在仲裁领域的深度发展，构建仲裁领域的智能化发展模式需要打造业务知识与数据积累双轮驱动的模式：一方面，基于传统信息工程建设模式，将仲裁线下文档变成无纸化的流程，实现业务数据沉淀，形成业务知识分析和挖掘的基础；另一方面，需要进行知识工程建设，通过聚焦

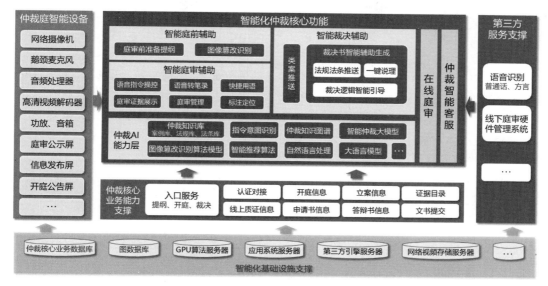

图 14-10 智能仲裁整体架构

业务场景,基于大数据技术分析挖掘仲裁领域业务知识、通过组织案情分析研讨等梳理挖掘仲裁员的隐性经验,构建仲裁知识图谱和判案思维模型,才能将业务知识与人工智能相融合,形成智能化的业务能力。

这些实践为人社行业如何将人工智能技术与行业典型场景相结合提供了非常具体的参考经验。

2)聚焦庭审智能化场景,提升庭审效率

庭审是整个仲裁案件审理的一个关键环节,如何提高庭审效率、降低书记员的工作量是当前仲裁业务当中的一个痛点。由此,相关领导和研究团队深入一线实地调研,观察庭审过程,深入分析并对人工智能在庭审场景的应用进行详尽设计,通过"流程优化+人工智能"实现庭审效率的提升。

在流程优化方面,采用"线下改线上、当期改提前"的方式,优化业务环节与流程:庭审前,线上线下相结合,申请人可在线上提交仲裁申请、质证意见等信息;庭审过程中,实现办案系统与庭审系统一体化,将案件信息、案件要素信息、证据信息等预置到庭审笔录中,庭上围绕有争议的案件要素进行查明,加快庭审的进程。

在智能辅助方面,从多个角度全面提升智能化手段。

(1)在开庭前,根据案件信息、案件请求、案件证据等内容,智能推荐庭审需提问的问题,辅助仲裁员更全面地准备庭审提纲。

(2)在开庭中,实时语音转写,辅助庭审笔录的生成。

(3)利用仲裁领域名词库、结合案件个性化特点,构建智能语音纠错模型,在转写过程中进行语音纠错,减少错别字修改操作。

(4)在庭审过程中,仲裁员可通过语音指令掌控笔录展示和记录过程,系统根据不同角色发出的语音指令，自动开启转写、记录双方当事人说话内容；通过"打开证据"指令，让当事人双方聚焦证据内容进行举证、质证，减少仲裁员庭上翻阅证据材料、展示证据等烦琐操作，提升效率。

（5）在庭上质证环节，对上传的图片证据进行篡改提示，智能提醒仲裁员及双方当事人证据材料的真实性。

（6）根据庭上案件变化情况，进行实时动态的庭审问题提示，辅助仲裁员审理案件。

通过业务层面与信息系统深度融合，贴合仲裁员、书记员使用习惯，加入一系列智能化功能辅助办案改善交互方式，极大地提升了庭审效率，如图 14-11 所示。

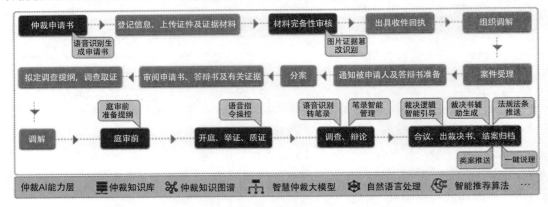

图 14-11　人工智能在仲裁主要业务环节中的应用

3）搭建智能仲裁大模型，裁决环节辅助仲裁员生成裁决书草稿

仲裁裁决书是指仲裁庭在认定证据、查明事实的基础上，依法对当事人提出的仲裁请求及其相关事项做出决定的具有法律效力的文书。通过深入分析挖掘案件裁决经验和文书编写逻辑，构建仲裁裁决逻辑模型，打通仲裁全流程信息资源，结合智能仲裁大模型、一键说理、法规法条推送等算法模型，为仲裁人员辅助生成案件裁决书。

某省人社部门以人社数字化改革为总体目标，坚持开拓创新，充分运用人工智能技术，推动人工智能与调解仲裁工作的深度融合，在案件咨询、立案、庭审、裁决各环节融入人工智能应用场景，全面提升仲裁核心业务环节上的工作效能，加快服务方式与业务创新变革，助力构建和谐劳动关系高质量发展，不断开拓"智能化调解仲裁"新模式、新领域，实现仲裁业务从信息化到智能化的飞跃。

3. 成功要素分析和启发

（1）理念目标与用户深度碰撞，深入分析"AI＋仲裁"在仲裁管理全流程的价值目标，在与用户深度碰撞和探讨后，得到高层管理者的关注和支持，有力地推动了项目的发展进程。

（2）利用业务数据沉淀与知识经验挖掘双轮驱动的模式，积累了仲裁领域的知识工程建设的经验，夯实了人工智能应用场景建设的基础。

（3）在知识经验挖掘方面，与业务用户组建联合团队，通过研讨的方式深入挖掘业务经验和知识，将隐形的知识经验与政策、文书数据等知识相结合，梳理仲裁领域知识，构建劳动仲裁知识库,加速了人工智能应用场景的构建。

(4) 在业务系统进行升级改造,深化业务数据积累和沉淀,为构建人工智应用所需的高质量数据提供支撑。

(5) 利用大模型技术,构建智能仲裁大模型。识别关键价值场景,从小场景迭代,以业务场景效果为主要工作目标,以技术为辅助,逐步完善模型能力和知识库能力。在运用大模型的过程中,在功能和交互规划的基础上,重点进行特性功能的规划,切实保障场景成效。

(6) 仲裁文书数据主要为非结构化文本数据,在清洗转化过后存在业务数据量不够、质量不高的问题,尽早引入业务逻辑和知识进行构建,极大地提升了效果和准确率。

14.2.4　总结和展望

人工智能信息化建设不同于传统信息化建设的方式,人社领域知识工程建设也与传统信息化建设有着截然不同的区别,传统的信息化建设中项目经理是关键角色,而人工智能信息化则需要整个人工智能专项小组(包括业务专家、技术专家团队)来整体协调配合,以及算法、算力、数据的支撑。业务专家团队负责收集、审核、沉淀、分享知识,技术专家团队负责采集、分析、抽取、应用知识,通过这样两个循环推动人社领域相关知识工程的构建。在智能化赋能业务场景的选择上,应该优先选择业务痛点,通过“场景化小切口”带动整体信息化和智能化的建设。

在人工智能技术的选择方面,应当根据应用场景选择适合的人工智能技术,传统的人工智能算法模型依然有效。在采用大语言模型技术方面,需要注意评估大语言模型技术特点和场景的匹配度,在软件功能的设计和规划方面,除了功能界面的规划以外,还需要重视特性需求的规划和实现,如业务专业性、输出结果的确定性、内容生成的可靠性、相关法律法规及社会伦理的普遍价值观要求、输出内容的可解释性等。在构建行业大模型方面需要从知识工程、解释工程、质量工程、交互工程、价值观工程、事务工程等方面形成体系化的发展规划,解决当前大模型可解释性,提升准确性和公正性等问题和挑战。

在运用人工智能技术与政务数据相结合方面更要重视信息安全的保障,在收集和处理个人与企业数据时,需要确保其安全性和隐私,保证数据不出安全域。生成式大语言模型的行业化需要使用人社行业海量、多源、异构的数据来进行训练,包括但不限于政策文件、行政处罚书、违规案例、服务记录、业务经办数据等,以此提升大语言模型对人社业务的理解和提供人社领域服务的能力。这种依托行业数据迁移学习的模式不仅要考虑数据信息在政务环境中的隐私保护、信息安全和知识产权问题,还要考虑人工智能应用本身带来的合法、合规以及伦理问题。据此,有必要打造人社人工智能服务生态安全保障体系。

要以积极、开放、发展的态度应对人工智能等新技术带来的种种挑战,将人工智能技术应用于人社业务经办服务、政策制定和参数调节等方面,使人社业务与人工智能技术进步相互融合,推动人工智能在人社领域的发展和应用。

第 15 章

智能化使能产业发展

15.1 智慧农业

15.1.1 农业行业人工智能概况

在 21 世纪初,人工智能技术便开始了在农业相关领域的推广和探索,但由于当时技术水平有限并未带来太多实质性的进展。随着进入机器学习、深度学习等的新技术时代,人工智能和农业正变得密不可分。从生物育种到粮食安全,从机器替人到无人农场,从农业生产到食品储藏和消费,人工智能已经可应用到农业的各类应用场景中。近 10 年里,出现了智能采摘机器人、智能检测土壤、智能果蔬分级、智能病虫害检测、智能养猪、智能投饲等智能农业系统,充分体现人工智能与农业机械技术相融合,可极大提高劳动生产率、土地产出率和资源利用率,也证明了人工智能应用于农业的需求即将越来越大。

1. 种业行业发展的趋势

1) 深入实施种业振兴行动,打赢种业翻身仗关乎国家粮食安全战略

种业处于农业整个产业链的源头,是建设现代农业的标志性、先导性工程,是国家战略性、基础性核心产业。2021 年 7 月,中国出台的《种业振兴行动方案》是继 1962 年出台《关于加强种子工作的决定》后,再次对种业发展做出的重要部署,是中国种业发展史上具有里程碑意义的一件大事,提出实施种质资源保护利用、创新攻关、企业扶优、基地提升、市场净化 5 大行动。2021 年 8 月,中国印发《"十四五"现代种业提升工程建设规划》,提出到 2025 年,农业种质资源保护体系进一步完善,收集保存、鉴定评价、分发共享能力大幅度提高;打造一批育种创新平台,选育推广一批种养业新品种,育种创新能力达到先进水平;实现种业基础强、体系强、科技强、企业强,全面提升种业现代化水平,为中国粮食安全和重要农产品有效供给提供有力保障。2022 年,中国提出推进种业领域国家重大创新平台建设,启动农业生物育种重大项目,加快实施农业关键核心技术攻关工程。2023 年,中国提出全面实施生物育种重大项目,扎实推进国家育种联合攻关和畜禽遗传改良计划。

2) 中国育种技术对标欧美存在代差,AI 将是"弯道超车"的重要工具

国际一流种业已开始进入生物育种 4.0 时代,而中国种业仍在由传统杂交育种 2.0 时代过渡到分子育种的 3.0 时代,加快人工智能等现代信息技术在农业中的应用是现代农业发展的迫切需求,将成为推进国家乡村振兴战略、数字乡村建设和智慧农业的发展的重要手段之一。随着人工智能、大数据、区块链、机器人、物联网、机器视觉、5G、边缘计算信息技术

等信息技术以及基因组学、表型组学等生物学技术的发展,为育种带来新的机遇。同时,人工智能伴随着传统针对不同场景的小模型向吸收海量知识的大模型转变,实现覆盖多场景、突破精度限制,实现泛化能力以及降低开发成本,必将加速育种智能化的发展进程。

3)基因测序爆发式的增长,未来十年内数据达到万亿级

各个国家纷纷启动国家基因组项目,如英国在 2012 年针对癌症和病患者启动"5 年 10 万基因组计划"、2015 年美国投资 2.5 亿美元进行个性化精准医疗研究、2019 年阿联酋启动 930 万人的基因测序。基因测序将广泛应用到生殖健康、新药研发、药物基因组学、遗传病检测、生物多样性、农业育种等领域。估计到 2025 年至少会有 250 万个植物和动物基因组序列,例如,基因组学华大基因和国际水稻研究所、中国农业科学院合作,已经对 3000 个品种的水稻进行了测序。全球每年产生的测序数据量将超过 1EB,全球每年累计需要的存储空间为 2~40EB。

2. 种业当前面临的挑战

中国种业市场规模近几年实现稳步增长。2014—2020 年,中国种业的市场规模年均复合增长率约为 2.3%。目前,中国种业市场规模位居全球第二,仅次于美国。但中国仍面临种业的竞争格局相对分散、在国际市场竞争力相对差、非主粮品种自给率不高等问题。

1)业务面临的挑战

(1)品种选育难:传统育种亲本依赖自然界,可获得性差。

(2)周期难预期:传统育种周期为 8~15 年,满足不了种业快速培育的战略需求。

(3)人力投入大:在育种过程中需要大量人力进行观察及选择,工作单调易出错。

(4)目标不可控:传统杂交育种依靠经验结果不可控,性状不稳定。

(5)育种决策难:杂交育种过程对于表型特性的取舍依赖经验及大量试验,目标性差,造成时间和人力浪费。

(6)种子成本高:传统育种人力投入大、时间长、产业化程度低。

2)信息化面临的挑战

(1)数据保存不统一:数据收集与保存无专用系统,科研人员自行保存数据。

(2)海量基因数据难管理:例如玉米的基因组包含 20 亿个 DNA 碱基对,依靠人工管理难。

(3)缺少数据处理标准:种业数据处理缺少标准,基因数据价值难以发挥。

(4)决策分析能力弱:缺乏基于采集的数据结合育种理论的辅助分析决策工具。

15.1.2 农业人工智能典型解决方案

农业育种是提高农作物产量和品质的重要手段,在育种 4.0 时代,人工智能和大数据的应用已经深入到育种的各个环节,AI 育种必将成为育种研究中的重要手段和工具。基于计算机技术和生物学大数据的模型,对海量的遗传资源进行高效利用,找出最有潜力的育种目

标,使得育种工作的效率和精度都得到了质的提升。

通过对表型、基因组和环境数据的分析和建模,育种大模型可以为育种研究提供更准确的数据支持,帮助育种研究人员更好地理解不同基因型在不同环境条件下的表现,从而为育种研究提供更准确的指导和支持。这种整合了 AI、计算机视觉和生物信息学的综合应用,为农业育种带来了前所未有的机遇和挑战,为粮食安全和农业可持续发展提供了重要的技术支撑。随着多方技术的不断进步,育种大模型将持续赋能农业育种领域,加快育种新时代的到来。

1. 作物表型鉴定

在农作物表型鉴定方面,植株整个生命周期需要采集的数据量大,数据种类繁多,采集频率高,导致负责数据采集的工作人员任务很重。采集数据的准确性和可靠性强依赖于采集工作人员的职业水准和责任心。每个工作人员采集的数据格式不一样,没有实现数据格式标准化,采集后的数据存在个人的工作站里,没办法共享,导致存在重复采集。

通过基于机器视觉模型的植株特征的自动提取和鉴定的应用可改变了育种工作的传统模式。通过采集大量的植物照片,将这些照片进行标准化处理,以便对植物的性状和性能进行评估。借助基于机器视觉模型帮助自动识别和分析植物照片中的各种性状和性能,从而实现可见光的花色、花型、产量,基于荧光或高频谱等非可见光的抗虫害、叶绿素、产量等特性的识别,如图 15-1 所示。

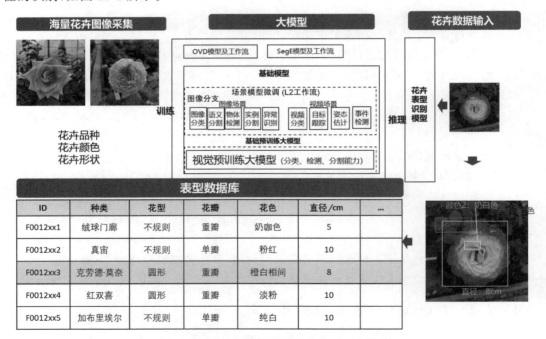

图 15-1　基于机器视觉模型的表型鉴定示意

　　基于机器视觉模型的表型鉴定,可以大大提高表型鉴定的效率和准确性,数据标准化管理,可以更好地进行比较和分析,自动生成表型鉴定报告,向农业科学家和农民传递育种信息。植物数据采集效率从 3min 可缩短到 200ms,效率可提升 900 倍。数据采集后自动整理归档进数据库,可节省作业人员数据归档时间,保证了数据采集的可靠性。同时,通过鉴定数据的标准化,可减少重复采集收集工作量,提升育种工作效率。

2．作物基因分析

　　传统的育种方法,如杂交、突变和选择等,在农业上取得了巨大的成功,但是它们面临着一些挑战和限制。首先,传统育种方法通常需要大量的时间,杂交和选择每一代都需要等待农作物的生长和繁殖周期;其次,传统育种方法需要大量的人力资源,需要对大量的农作物后代进行观察、记录和田间试验;最后,传统育种方法往往具有一定的不确定性,农作物性状由单基因、多基因、环境等共同决定,需要通过试错的方式来寻找最优的育种策略。

　　通过表型采集获取大规模的表型数据,包括农作物种质的基因组信息和与表型性状相关的农艺性状数据。通过这些数据,基于机器学习和深度学习,结合生物信息学,构建作物基因网络图谱和作物基因表达预测的 AI 预测模型,用于研究作物基因之间的相互作用和基因对作物表型的影响。这样,就可以预测不同基因型在特定环境下的表型表现,甚至进行基因设计,创造出新的、具有优良特性的作物品种,为育种研究提供更准确的基因组数据支持,如图 15-2 所示。

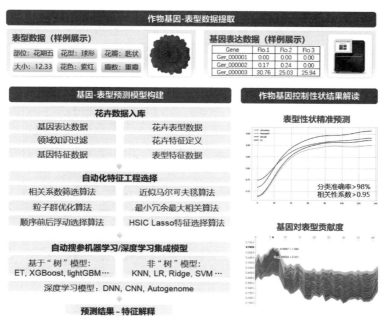

图 15-2　基于机器学习和深度学习基因表型预测示意

　　随着高通量测序技术的进一步发展和成本的降低,可以预期未来获得更多的基因测序样本数据,增加样本的多样性和覆盖度,从而提高"基因-表型"AI 育种的模型能力。总体来说，这种大数据驱动的分析预测非常适合 AI 研究范式，增加测序作物样本种类和数量可以帮助更好地理解基因与表型之间的关系、发现更准确的关联性和规律性。

3．环境控制分析

温室是一个多变量、强耦合、非线性、大惯性、强干扰的复杂大系统，同时种植作物随市场和季节的变化都具有不确定性，如何结合温室气候控制、肥水控制、作物生长情况监测、设施和设备监控、市场和信息管理、任务和计划安排等因素求得最优化方案，及时有效地对温室环境控制，目前仅仅依靠人工进行控制很难达到预期的效果。

通过对影响生长的光、温、水、肥、气等环境数据收集分析，构建环境控制分析大模型，预测不同环境条件下的作物生长情况和产量表现，例如，模型可以分析土壤 pH 值、温度、湿度等因素分析，帮助育种研究人员更好地理解不同环境条件对作物生长和产量的影响，保证植物可以得到更好地生长、品质更优，为育种研究提供更准确的环境决策支持，如图 15-3所示。

图 15-3   环境控制分析大模型示意

环境控制分析大模型可应用在育种生长模拟及种植策略自动制定、种植环境自动调控、病虫害预测及预警、产量花期预测与控制等业务场景，对于精细化、智能化的农业生产具有重要的指导意义。

4．农产品价格预测

传统的农产品价格预测采用基于基本面分析的人工经验预测、基于价格时序数据的统计方法预测、基于价格时序数据和季节等维度因素预测。但这些方法仍然存在一些局限性，是因为农产品价格容易受供求关系、季节、营销、进口规模、品质等多因素影响，市场价格参差不齐，导致预测精度不足，难以支撑农产品价格调控的决策，严重影响种植户收益和产业的持续健康发展。

随着大模型技术的发展，可通过人工智能平台构建农产品预测大模型，通过对这些农产品的历史价格数据分析，基于时间维度进行自动任务理解和辅助特征工程，提升时间序列类任务精度，预测未来价格走势。相较于传统的预测方法，基于预测大模型的农产品价格预测模型具有预测准确性和精度高、数据处理能力强、自动进行数据特征提取的特征，具有更好的实用性和泛化能力、实时性强等技术优势，能更好地提升监测数据应用价值，如图 15-4所示。

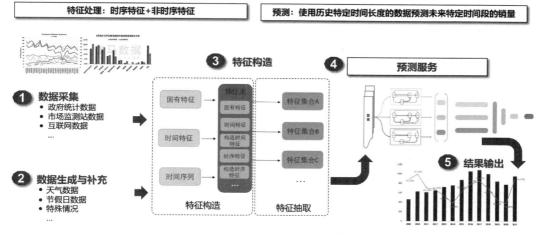

图 15-4　农产品价格预测大模型示意

15.1.3　农业人工智能案例实践

1. 案例综述

该试验示范区项目率先开展"花卉 AI 育种实验室平台建设及应用""基于 AI 大模型的农产品市场信息监测预测"等模块的建设,从智慧育种和智慧农产品价格预测体系建设等重要方向助力产业强链补链、提质增效。

花卉 AI 育种实验室建设及应用:针对种业科技"卡脖子"的问题,在现有育种基础上,通过搭建花卉 AI 育种实验室,利用大数据、AI 大模型构建智能育种技术体系,开展生物育种关键技术协同攻关,提高育种效能,逐步实现花卉种业科技自主自强。

基于 AI 大模型的农产品市场信息监测预测:站在产业监管侧与产业服务侧的角度,通过充分应用大数据和 AI 大模型技术(通过机器学习和预测分析等技术,更好地掌握市场行情动态,大幅度提高农产品市场信息数据的收集、处理和分析效率,为科学决策提供数据支撑),建设花卉、蔬果等农产品市场信息监测、预测数字化支撑系统(指标标准、监测网络、分析应用等内容),从而在项目周期内形成"技术先进,数据鲜活,可靠实用"的重要农产品市场信息监测预测体系的基础架构,实现数据的实时智能分析应用。

2. 方案架构

该项目充分利用人工智能、生物技术、开源鸿蒙、大数据分析、云服务等技术,结合该省特色现代农业的高质量发展对农业农村数字化建设需求进行构建,旨在推动数字化与农业农村深度融合,加快农业农村发展方式转变,优化发展结构,助力产业强链补链、提质增效。其总体架构由监测感知、网络系统、计算存储与平台软件、数据资源、应用系统 5 大部分组成,提供系统运行维护体系、系统可靠保障体系、系统安全保障体系 3 大保障体系,如图 15-5 所示。

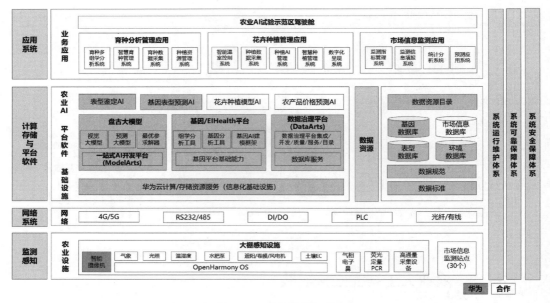

图 15-5　系统总体架构

系统总体架构设计主要特点如下。

1）统一 AI：场景小模型走向农业领域大模型

构建盘古大模型、基因/EIHealth 平台、数据治理平台，为育种大模型构建提供基础能力。打造表型鉴定 AI、基因表型预测 AI、花卉种植模型 AI、农产品价格预测 AI 等场景应用大模型，提高育种效率 30％以上，降低育种成本 50％以上，育种年限缩短 2 年以上，实现环境智能化控制、农产品价格可预测。

2）统一底座：构建农业统一数字底座

从服务器、芯片、操作系统、数据库等方面着手，满足种业培育智能平台搭建、模型训练推理、大数据存储等算力需求，实现种业科技发展统一要求。

3）统一系统：鸿蒙化改造，统一协议标准

对"温光水气肥"监测设施鸿蒙化改造，利用构建的生物生长环境数据库，融合花卉种植模型 AI，实现环境智能化控制，支撑育种决策支持。

4）统一应用：基于产业生态，使能农业应用创新

围绕花卉育种、花卉种植和花卉销售等业务需求，构建"花卉 AI 育种实验室平台""花卉种植管理应用""市场信息监测预测应用"等业务应用系统，为育种提供科学准确的数据支撑、为种植环境提供智能化的管理。同时通过"农业 AI 示范区驾驶舱"，为领导和相关决策者提供一个集汇报、决策、宣传和交互为一体的可视化工具。

3. 应用场景

1）表型鉴定

花卉育种是一个需要精准识别和评估花卉特征的领域，基于当前已有的花卉数据，在视

觉大模型平台之上,进一步开展 AI 开发训练工作,开发出花卉表型鉴定AI,提高花卉表型特征的识别和鉴定,以提升育种效率和质量。主要在以下 4 方面开展应用。

(1) 花卉品种识别。

视觉大模型可以通过对大量不同品种的花卉图像进行学习和分析,提取不同品种花卉的特征信息,并建立相应的识别模型。这些模型可以自动识别花卉的品种,实现对花卉品种的快速、准确分类。在具体应用中,可以通过拍摄花卉图像,然后将图像输入视觉大模型中,模型会自动识别出花卉的品种。这种方法不仅可以提高鉴定的准确性,还可以大大提高鉴定效率。

(2) 花卉生长监测。

视觉大模型可以通过对花卉生长过程中图像数据的学习和分析,提取花卉的生长特征,并建立相应的生长监测模型。这些模型可以实时监测花卉的生长状态,为花卉的生长管理和调控提供有力的支持。在具体应用中,可以通过定期拍摄花卉图像,然后将图像输入视觉大模型中,模型会自动分析出花卉的生长状态,包括生长速度、生长方向、叶片数量等指标。这些信息可以用于评估花卉的生长情况和制定相应的管理措施。

(3) 花卉形态测量。

花卉的形态特征是花卉表型鉴定中的重要内容之一。视觉大模型可以结合深度学习技术,实现对花卉图像的精准分割和标注,提取花卉的形态特征,并对其进行测量和分析。在具体应用中,可以通过拍摄花卉图像,然后将图像输入视觉大模型中,模型会自动分割出花卉的轮廓和细节,并对花卉的形态特征进行测量和分析。这些信息可以用于评估花卉的生长状态和品种特性。

(4) 花卉颜色分析。

花卉颜色是花卉表型鉴定中的重要指标之一。视觉大模型可以通过对花卉图像的颜色信息进行分析,提取花卉的颜色特征,并实现对花卉颜色的准确识别和分类。在具体应用中,可以通过拍摄花卉图像,然后将图像输入视觉大模型中,模型会自动分析出花卉的颜色信息,包括色调、饱和度、亮度等指标。这些信息可以用于评估花卉的品质和生长状态。

2) 基因表型预测

"基因-表型"关系的育种研究是基于遗传学原理的方法,目的是通过研究基因型(一个生物体的遗传信息)与表型(生物体的物理特征和表现)之间的关系,来指导育种和改良农作物。

通过基因测序技术,可以获取大量的基因型信息,与此同时,通过表型采集也可以获取大规模的表型数据,包括农作物种质的基因组信息和与表型性状相关的农艺性状数据。通过这些数据,基于机器学习和深度学习,结合生物信息学,可以构建作物基因网络图谱和作物基因表达预测的 AI 预测模型,还可以用于研究作物基因之间的相互作用和基因对作物表型的影响。这样,就可以预测不同基因型在特定环境下的表型表现,甚至进行基因设计,创造出新的、具有优良特性的作物品种,为育种研究提供更准确的基因组数据支持。

3）花卉种植

通过对环境数据和花卉表型数据的实时监测和分析,构建花卉种植 AI 模型,通过 AI 模型实现对花卉生长的精准控制和管理,以此来提升花卉产量,保障花卉品质,积累种植数据及技术。主要在以下 4 方面开展应用。

（1）生长模拟及种植策略自动制定。

花卉种植的生长模型可以模拟花卉的生长过程,包括根、茎、叶、花等部分的发育和变化。通过输入不同的环境因素和种植条件,模型可以预测花卉的生长速度、高度和重量等指标,帮助种植者了解花卉的生长特性和规律;与此同时可以模拟不同种植方案的效果,从种植时间、密度等帮助种植者选择最佳的种植策略,提高土地利用率和产量。

（2）种植环境自动调控。

花卉种植中的环境控制模型与感知设备相结合,模型会给出该生长阶段各因子的最佳值,并指导设施设备对温室大棚的温度、湿度、二氧化碳浓度、水肥等方面进行自动调节,保证花卉处在最佳的生长环境,提高花卉的品质和生产效率。

（3）病虫害预测及预警。

花卉种植的生长模型还可以预测病虫害的发生和发展。通过分析历史数据和环境因素,模型可以识别可能导致病虫害的条件,预测病虫害发生的概率,并提供相应的预防和治疗措施。这有助于减少病虫害对花卉生长的影响,提高种植的效率和品质。

（4）产量、花期预测与控制。

花卉种植的生长模型可以预测和控制花卉的产量及花期。通过模拟花卉的生长过程和环境因素对开花数量和时间的影响,模型可以帮助种植者确定最佳的播种时间及环境控制,使花卉达到预期的产量并在特定的时间段内开花,提高花卉的观赏价值和市场竞争力。

4）农产品价格预测

传统的农产品价格预测主要包含基于基本面分析的人工经验预测、基于价格时序数据的统计方法预测以及基于价格时序数据和季节等维度因素的机器学习预测。但这些方法仍然存在一些局限性,如价格受市场多种不确定性因素影响,导致数据精度不足等问题。

农产品价格是典型的时间序列数据,因此农产品价格预测的基础逻辑即时间序列预测。随着大模型推理技术被引入时间序列预测中,在一定程度上解决了传统机器学习方法中面临的维度灾难和局限性等问题,为时间序列预测打开了一扇新的窗口。

本案例中农产品价格预测大模型则选取花卉、蔬菜和水果产业中的重点品类,通过对这些重点品类的历史价格数据分析,基于时间维度进行自动任务理解和辅助特征工程,提升时间序列类任务精度,预测未来价格走势。

4. 方案价值

1）提高花卉高育种效率,降低育种成本

通过基于 CV 模型的表型鉴定,效率将至少提升 10～100 倍。通过机器学习/深度学习技术建立基因表型预测模型,支撑基因工程和亲本组合筛选两类技术手段进行定向育种,效率将提高至少 50%,成本将至少降低 50%,周期将至少缩短 2 年。

2）提升温室设施经度，促进智能化种植

通过对温室设施鸿蒙化改造，打造兼容、通用的物联网集成及控制系统，深度融合环境控制 AI 模型，有效提升温室设施的精度及智能化程度，实现技术壁垒的突破，有效降低设施化成本，提升设施智能化水平。

3）实现农产品行情可预测，调控监管有依据

通过市场监测数据和预测 AI 模型实现农产品行情动态分析预测，准确判断市场运行状态和产业发展趋势，提高价格调控监管的主动性和预见性，引导产业结构调整，减少市场盲动，促进宏观调控和价格监管决策的实施。

5．成功要素分析和启发

1）强强联合，创新农业场景应用

通过与农业科研机构、高校的合作，立足该省特色现代农业的高质量发展需求，创新感知设施鸿蒙化改造、基于盘古大模型的农业模型构建、农业大数据的应用，全面助力该省农业智慧化发展。

2）构建农业科技统一底座

从种植前端感知、农业 AI 平台及模型、大数据平台、云服务等多层次实现农业科技统一底座，有效提升农业设施的精度及智能化程度，实现技术壁垒的突破。

15.1.4　总结和展望

人工智能技术正在迅速发展，以人工智能为核心的农业传感器、农业智能模型、农业大数据的开发逐步在现代农业系统中发挥至关重要的作用，为加快推进种业振兴、实现种业科技自立自强提供了支撑，为中国建设现代化的智慧农业发展道路和模式提供了强大的支持。

15.2　科技行业

15.2.1　科技行业人工智能概况

人工智能是数字经济高质量发展的引擎，也是新一轮科技革命和产业变革的重要驱动力量。要在事关发展全局和国家安全的基础核心领域，瞄准人工智能、量子信息等前沿领域，前瞻部署一批战略性、储备性技术研发项目，瞄准未来科技和产业发展的制高点。《中华人民共和国国民经济和社会发展第十四个五年（2021—2025 年）规划和 2035 年远景目标纲要》也做出了相关部署。人工智能计算中心作为人工智能算力基础设施，受到全球广泛重视。中国、美国、欧洲、日本等国家和地区都在积极推动人工智能计算中心的建设。《人工智能计算中心发展白皮书》自 2020 年 10 月发布以来，其"一中心四平台"的理念广为接受和传播，为各地加快推动人工智能计算中心建设提供了建议和参考。多地政府统筹规划人工智能计算中心建设，着力构建市场化运营机制，积极撬动产学研用形成合力，充分带动当地产业集群转型升级。当前，人工智能计算中心的发展面临新的形势。一方面，人工智能的发展

对算力的需求持续攀升，以鹏程·盘古为代表的超大规模预训练模型，开始赋能各行各业；另一方面，在国家"双碳"战略下，需要计算中心加强统筹建设和提升利用率，进一步减排降耗。人工智能计算中心的网络化、集约化发展，将实现算力、大模型、数据集、行业应用等人工智能要素流动共享，成为应对新需求的重要途径。人工智能计算中心不再作为独立的系统，未来将逐步走向相互连接的算力网络，深化人工智能计算中心的高质量建设将是人工智能计算中心下一步发展的新形态和新范式。新型网络技术将各地分布的人工智能计算中心节点连接起来，构成感知、分配、调度人工智能算力的网络，可以更好地汇聚和共享算力、数据、算法资源，更好地满足中国经济社会高质量发展的新形势和新需求。

1. 科技行业人工智能新趋势

在全球主要国家的战略布局下，人工智能基础设施作为推动各国社会和经济智能化发展的新动能，正在全球范围内蓬勃发展。各国和地区都在新一代人工智能基础设施发展上有所布局，通过统一战略指引，加速基础研究、新型计算架构、芯片技术、系统软件、应用软件等创新研发，以保持国家科技及经济发展的全球竞争力。

美国在人工智能基础研究和关键核心技术方面全球领先，依托 NVIDIA、Intel、AMD 等美国本土高端芯片巨头企业优势，基于已成熟的 x86 通用处理器技术和 GPU 加速器技术路线，加快超大规模人工智能计算中心建设。早在 2018 年，美国能源部的橡树岭国家实验室就建成浮点算力峰值 3.4EFLOPS（以 FP16 精度计，1EFLOPS 即每秒百亿亿次浮点运算）的 Summit 智能超级计算机，相继规划的 E 级（E，exa，即百亿亿次）智能超级计算机 Frontier 于 2021 年上线，对人工智能技术在超大规模科学计算领域的应用具有重要促进作用。美国能源部的阿贡国家实验室也在加快人工智能计算系统的规划和建设，2023 年陆续上线两台超大规模的人工智能计算系统，分别是 1.4E AI 算力的 Polaris 系统和近 10E AI 算力的 Aurora 系统，建成后将为人工智能在医学、工程学和物理学等众多领域创造出变革性增长空间。

欧洲以战略引领数字技术创新，在使用 NVIDIA、Intel 等当前成熟的美国技术和生态的同时，积极布局欧洲处理器计划（EPI）强化本土芯片研制，多路线并进推动人工智能计算中心建设。2020 年 10 月，意大利 CINECA 研究中心上线了 Leonardo 超大规模人工智能计算系统，该系统基于 NVIDIA GPU 加速技术，可提供 10EFLOPS 的半精度浮点（FP16）人工智能算力，为人工智能在广泛应用领域中加速科学探索提供了强大支撑。瑞士国家超级计算中心（CSCS）于 2023 年建成新型 AI 超级计算机——Alps，同样采用 NVIDIA GPU 加速技术，算力规模达到 20EFLOPS，成为全球性能最强的 AI 超级计算机之一。Alps 系统建成后利用深度学习技术，推动从气候和天气到材料科学、生命科学、分子动力学、量子化学，以及经济学和社会科学等多个领域的突破性研究。

日本超大规模人工智能算力基础设施多采用富士通等日本本土 IT 企业路线建设。由日本理化学研究所与富士通共同打造的"富岳"（Fugaku）系统，在高性能计算、人工智能、大数据分析等方向整体表现出色。"富岳"采用 ARM 架构，人工智能算力峰值性能超过了 1EFLOPS，可以通过建模及仿真加速解决社会问题，同时促进人工智能技术以及与信息分发和处理相关技术的发展,充分满足建设创造新价值的智能社会的需求。

在中国,经过近两年的快速发展,人工智能计算中心已纳入全国各大城市的重点布局和规划中,深圳、武汉、西安、北京、上海、杭州、广州、大连、成都、南京、珠海等城市均已建成人工智能计算中心并投入运营,芜湖、青岛、随州、许昌(中原)等城市正在建设中,太原、南宁等地的人工智能计算中心建设也在陆续规划中。中国政府统筹建设的人工智能计算中心,多采用通用处理器和 AI 加速器技术,以华为昇腾、寒武纪思元等国内 AI 芯片为主。全国核心城市已基本完成人工智能公共算力设施的布局,进入持续扩容阶段。

1) 智能算力的发展需求快速扩大

5G、工业互联网、物联网、人工智能等信息技术加速发展带动数据量爆炸式增长。随着人工智能技术的高速发展,智能化正以前所未有的速度重塑各行各业,中国算力结构也随之不断演化,对智能算力的需求与日俱增。《2022—2023 中国人工智能计算力发展评估报告》数据显示,2021 年中国智能算力规模达 155.2EFLOPS(FP16),预计到 2026 年中国智能算力规模将达到 1271.4EFLOPS。2021—2026 年,预计中国智能算力规模年复合增长率达 52.3%,同期通用算力规模年复合增长率为 18.5%。未来 80%的场景都将基于人工智能,所占据的算力资源将主要由智算中心承载。

智算中心建设布局浪潮快速掀起。智算中心能够提供大规模数据处理和高性能智能计算支撑,将经济、社会、产业中各种模型、经验固化下来,形成新的生产力,并支撑智能化的产业、服务和治理。智算中心是具有强公共属性的开放服务平台,能够实现对大区域的数字化辐射带动,成为经济发展的新动力引擎。随着"东数西算"工程、新型基础设施等国家政策规划的出台,中国智算中心掀起落地热潮。当前,中国超过 30 个城市正在建设或提出建设智算中心,整体布局以东部地区为主,并逐渐向中西部地区拓展。未来,随着中国智算中心布局的持续优化与完善,以及人工智能应用场景的不断创新和解锁,智能算力需求将得到更大释放,智算中心的赋能作用将被进一步激发。

复杂场景计算需要多元算力的开发生态体系。智算中心的芯片、服务器、固件、操作系统等可能由多方提供,易存在多型号硬件无法兼容、软件投入和应用难以支撑上层业务发展等问题,严重制约了智算中心的应用。因此,智算中心应该兼容适配更多技术体系,通过开源、开放的方式建立可兼容底层硬件差异的异构开发平台,突破异构算力适配、异构算力调度等关键技术,加速基础软件、商用软件和开源软件的生态构建,与各领域的知识模型、机理模型、物理模型相叠加,做到从硬件到软件、从芯片到架构、从建设模式到应用服务开放化、标准化,打通人工智能软硬件产业链,从而加速人工智能算力技术和产业生态形成。

2) 通用智能的算法模型快速演进

大模型加速人工智能在千行百业中应用。大规模、大参数量预训练模型的出现不断提升人工智能模型的认知能力。"预训练大模型＋下游任务微调"的新范式已成为解决人工智能技术落地难问题的突破口,加速推进人工智能实用化、通用化和普惠化发展进程。自 2011 年以来,全球人工智能领军企业和研究机构纷纷加入人工智能大模型研究,人工智能模型参数急剧增长。在短短三四年时间内,参数规模快速从亿级突破至万亿级。代表性大模型如谷歌发布的 BERT，OpenAI 发布的 GPT-3、ChatGPT 等。通过构建大模型提升人工智能处理性能、增强人工智能通用性、加速人工智能广泛应用已成为各界共识，未来大模型将覆盖更多生产生活领域，赋能千行百业的智能化升级。多模态智能计算成为实现通用人工智能的关键。每种信息的来源或者形式，都可以称为一种模态。例如，人有触觉、听觉、视觉、嗅觉，信息的媒介有语音、视频、文字等。多模态学习更贴近人类对多感知模态的认知过程，通过学习多种模态的数据，可以突破自然语言处理和计算机视觉的界限，在图文生成、看图问答等视觉语言任务上具有更强的表现。当前，多模态大模型引发了业界广泛的关注，并在以文生图等领域取得了巨大进步，代表性模型有 OpenAI 发布的 DALLE-2 等。

人工智能正在从语音、文字、视觉等单模态智能，向着多种模态融合发展。构建以多模态融合技术为核心的感知、控制、交互能力，是实现通用人工智能的重要探索方向。

3）普适普惠的服务生态逐步构建

智算中心作为经济社会重要的算力载体，正向标准化、低成本、低门槛方向发展，形成集算力、算法、数据、运营于一体的服务生态，使智能计算可以像水电一样成为社会基本公共服务，造福社会大众，让千行百业共享智算中心建设成果。

算力服务普惠化。"东数西算"工程的实施，带动数据、算力跨域流动，实现产业跃升和区域平衡发展。算力服务作为算力输出的关键，以多种场景化云服务为代表，成为全新的交付形式。算力的分布决定了企业能否获得最高性价比的算力，基于分布式云技术，近源交付云资源，在一定程度上降低算力成本的同时，将算力输出进工厂、社区和乡村，以算力服务的方式布局到用户身边，用户按业务需求采购算力、存储、带宽等专业服务，实现无处不在的计算。

算法应用普适化。在经济活动各环节的智能化升级中，人工智能需要与各行业的业务流程、信息系统、生产系统等深度结合才能产生价值，存在一定应用门槛，在一定程度上阻碍了各行业的智能化转型升级。依托智算中心的超大规模预训练能力，各行业人工智能应用将不必从零开始开发。人工智能模型可以实现在众多场景通用、泛化和规模化复制，只需结合领域数据进行调整和增量学习，即可形成具有良好精度和性能的下游应用，助力各行业智能化升级，实现智能算法应用的普适化。

4）绿色低碳的发展格局加速形成

在"碳中和、碳达峰"目标背景下，建设技术先进、绿色低碳的智算中心成为践行绿色发展理念的大势所趋。

算力基础设施的能效指标更加严格具体。中国数据中心总体上还处于小而散的粗放建设阶段，大型、超大型数据中心占比不高。据统计，2021 年度全国数据中心平均 PUE（Power Usage Effectiveness，能耗利用率，越低代表能耗越充分被利用）为 1.49，有相当数量的数据中心 PUE 超过 1.8 甚至 2.0。为约束大型算力基础设施的能效，中国多部门陆续出台文件，对新建大型、超大型数据中心的 PUE 要求已从 2017 年的 1.5 降至 2021 年的 1.3 以下，国家枢纽节点平均 PUE 更是要求进一步降到 1.25 以下。"东数西算"工程要求东部地区 PUE 目标不超过 1.25，西部地区不超过 1.2，能效指标更加严格。

节能降耗的先进技术成为发展重点。智算中心具有高功率密度属性,随着服务器主流芯片的功耗不断增长,用于 AI 训练的机器单机柜功率密度将大幅增加,传统的风冷模式已无法满足智算中心的制冷散热需求,液冷技术的应用为智算中心绿色化运转提供了解决思路。液冷是指借助高比热容的液体作为热量传输介质满足服务器等 IT 设备散热需求的一种冷却方式,比传统风冷具备更强的冷却能力,其冷却力是空气的 1000～3000 倍,热传导能力是空气的 25 倍。同等散热水平时,液冷系统相比传统风冷系统节电 30％～50％,数据中心 PUE 值可降至 1.2 以下,甚至接近于 1。

液冷技术对于密度高、规模大、散热需求高的智算中心优势明显,随着 AI 服务器功率密度的提升和智算中心应用场景的不断拓展,液冷技术将得到进一步推广应用。

2. 科技行业人工智能新挑战

当前人工智能领域,超大规模预训练模型得到长足发展和广泛关注,以大数据和大算力优势取代了一些小的算法模型,"大模型＋大数据＋大算力"成为迈向通用人工智能的一条可行路径。在此背景下,中国超大规模预训练模型的发展如火如荼,算力需求持续攀升,人工智能计算中心的建设保持快速增长。高质量的大规模数据集是超大规模预训练模型研究的基础。中国人工智能数据集这一重要生产要素建设分散,尚缺乏统一标准和流动联通机制,难以形成高质量、大规模的数据集。其需要与人工智能计算中心等算力基础设施进一步结合,并通过计算中心网络化汇聚,发挥最大价值。

人工智能科技和产业开始步入全面融合发展的新阶段。由于资源禀赋和社会发展情况不同,各区域形成了具有本地特色的产业集群,开发本地有优势的行业应用,成为人工智能融合赋能实体经济的新需求。超大规模预训练模型技术的发展,为基于基础模型便捷开发行业应用、提升场景化模型性能水平提供了可能,在本地便捷部署异地人工智能计算中心的超大规模预训练模型,促进行业应用的流动,并实现基于网络的快速迭代,对人工智能计算中心提出新的需求。

在国家"碳达峰、碳中和"的大战略背景下,人工智能计算中心作为最高能效的人工智能计算基础设施,通过统筹建设和先进制冷技术等手段有效降低了 PUE。但在人工智能自身发展和各地发展人工智能产业的带动下,人工智能计算中心规模总量和能耗总量不断增长,且计算业务天然存在波动,存在部分能耗闲置现象。需要人工智能计算中心进一步提升能耗利用率,并在不同计算中心间算力协同调度,降低能耗闲置。

以上新形势、新挑战迫切需要在加强人工智能计算中心建设的过程中,不仅仅将计算中心作为独立的系统发挥作用,而是逐步形成相互连接的算力网络,以满足网络化算力联通调度,大模型通过网络部署并结合不同区域产业优势应用落地,数据集、行业应用等人工智能要素能够借助网络平台实现便捷流动、共享的需求。

1) 适应人工智能"大模型＋大数据＋大算力"发展的新形势

大规模、大参数量预训练模型的出现不断提升人工智能模型的认知能力,需要的算力也从 PFLOPS 级别增加到 EFLOPS 级别,开始进入 10EFLOPS 级别,对计算中心的算力需求持续攀升。如 GPT-3 达到了 1750 亿参数,使用 EFLOPS 的算力也需要 3 天以上才能完整训练一次。而根据 NVIDIA 的预计,在 2023 年人工智能模型将突破 100 万亿个参数。截至目前,GPT-4 已达到了 100 万亿的参数规模。同时,超大规模的批处理、自动模型结构搜索等新方法的涌现,也导致计算需求持续增加。

与此同时,高质量的大规模数据集是超大规模预训练模型研究的基础。中国重视人工智能相关数据集的建设,已经有若干布局,但建设相对分散,尚缺乏统一标准和流动机制,数据访问安全和隐私存在顾虑。以遥感数据集为例,遥感数据及大模型在国土资源调查、基础测绘、城市规划、重大灾害与环境事件评估等方面可以广泛应用,并在政府科学决策与管理等方面发挥重要作用。武汉大学发布了从区域到全球的遥感数据样本集,并与武汉人工智能计算中心合作,基于该数据集开发了武汉 LuojiaNet 遥感大模型。而其他地区中小地理信息公司缺乏相关数据,需要重新建设遥感数据集或者高价购买使用,遥感数据集没有得到充分流动和利用。高质量大规模人工智能数据集的建设,需要标准化的数据共享网络平台,打通各地数据集格式,形成广域共享的年人工智能模型将突破 100 万亿个参数。同时,超大规模的批处理、自动模型结构搜索等新方法的涌现,也导致计算需求持续增加。根据华为《智能世界 2030》白皮书预测,2030 年,AI 计算（FP16）总量将达 105ZFLOPS,同比 2020 年增长 500 倍。更大规模和更高质量的数据集,便于不同地区计算中心的接入和使用。

人工智能超大规模预训练模型的不断涌现,持续引发巨大的算力需求。大模型需要大规模高质量的人工智能数据集,这要求人工智能数据集等 AI 要素进一步流动和共享。人工智能“大模型＋大数据＋大算力”的新发展,一方面需要加强人工智能计算中心的建设,有效解决前沿人工智能共性研究和超大模型发展的算力供需矛盾;另一方面需要在各地计算中心间建设技术统一、方便流动的网络平台和机制。通过网络平台上统一的人工智能数据集标准、应用接口标准等,方便地将各地分散的数据集和应用算法等接入网络平台。

2) 满足人工智能赋能区域经济社会发展的新需求

中国各行业智能化需求旺盛,但整体智能化水平较低,迫切需要降低人工智能应用门槛。据统计,中国企业的人工智能接受度为 85%,远高于美国的 51%。各行各业数字化、智能化的需求旺盛,但中国人工智能应用落地领域分布不均衡。据统计,中国 85% 以上人工智能算力集中在互联网行业,在教育、医疗、养老、环境保护、城市运行、司法服务、交通、能源、制造等领域还没有得到深度应用,对公共服务、生产、分配交换等社会治理、经济活动各环节的智能化水平提升作用还不足。主要原因在于,人工智能需与各行业的业务流程、IT系统、生产系统等深度结合才能产生价值。除相应的硬件、软件、算法外,还需同时具备行业知识、人工智能知识、IT 系统知识的人才进行开发和部署。

单个人工智能大模型可以实现在众多场景通用、泛化和规模化复制,减少对数据标注的依赖。随着超大规模预训练模型系统的开放,预训练基线智能水平大幅提升,行业人工智能应用不必从零开始开发,只需结合某个行业的领域数据进行调整,即可生成某个领域的相关模型,且得到良好的精度和性能。华为云发布的盘古预训练大模型已经在多个行业、100 多个场景成功验证,包括能源、零售、金融、工业、医疗、环境、物流等。其中,在能源领域,盘古预训练大模型帮助行业客户实现设备能耗的智能控制,可以节约电力成本 50%;在金融行业中的异常财务检测,让模型精度提升 20% 以上;在尘肺检测中,病例识别准确率提升 22% 等。

中国区域资源禀赋和产业特色各不相同,如广东聚焦半导体与集成电路等重大创新领域,上海推进自动驾驶等融合测试场景建设,布局工业互联网平台,山东大力推进制造业、服务业、农业数字化转型试点示范,湖北聚焦"光芯屏端网"等领域。不同区域各自具备不同的产业基础和优势,基于大模型结合本地优势产业,跨领域合作可以打造符合当地特色的产业应用。

行业应用和算法高效流通可以帮助人工智能应用和场景的快速复制。基础模型借助大型人工智能计算中心的算力进行训练,成型后结合各地特色产业生成下游应用,需要能够通过网络联通,便捷地在异地人工智能计算中心部署,使用当地的数据进行微调和增量学习,对计算中心的发展提出了新的需求。

3) 符合国家"双碳"目标的新要求

在国家"碳达峰、碳中和"的目标下,2021 年 10 月 21 日,国家发展和改革委员会等部门发布了关于严格能效约束推动重点领域节能降碳的若干意见,将"加强数据中心绿色高质量发展"作为重点任务,鼓励重点行业利用绿色数据中心等新型基础设施实现节能降耗。新建大型、超大型数据中心电能利用效率不超过 1.3。到 2025 年,数据中心电能利用效率普遍不超过 1.5。这些均对人工智能计算中心提出了进一步提升能耗利用率,在不同计算中心间算力协同调度、削峰填谷、精细化能耗控制的要求。

人工智能计算中心能耗总量较大,且保持不断增长。2019 年,马萨诸塞大学阿默斯特校区的研究人员发现,训练一个 AI 模型的过程中可排放超过 626000 磅(1 磅 ≈ 0.454kg)二氧化碳,相当于普通汽车寿命周期排放量的 5 倍(其中包括汽车本身的制造过程)。统计表明,2018 年中国所有数据中心的总用电量达 1600 亿千瓦时,需消耗 5300 万吨标准煤,占中国社会总用电量的 2.5%。工业和信息化部 2021 年 7 月印发的《新型数据中心发展三年行动计划(2021—2023 年)》提出,到 2023 年底,全国数据中心机架规模年均增速将保持在 20% 左右。按照目前的增长速度推算,2024 年中国所有数据中心用电量将达 2600 亿千瓦时,相当于 2.6 个三峡大坝的年发电量。

人工智能计算中心提供人工智能计算范式所需的专用算力,配合少量的通用算力以进行数据预处理和其他任务,从而能够以较低的能耗提供高效的人工智能计算能力。NVIDIA 曾测算,在完成相同的人工智能计算任务条件下,人工智能计算中心的计算效率是传统计算中心的 10 倍,而功耗仅为 1/10。近年来,计算中心不断降低 PUE,能耗效率显著提升。原因主要有两点:一是得益于统筹规划,集中建设。在全球各地区政策的引导下,数据中心从较小的传统数据中心向超大规模数据中心转变。二是得益于制冷和供配电等基础设施技术的不断改进。这两个措施有效降低了计算中心的 PUE 值。2013 年以前,全国对外服务型数据中心平均 PUE 在 2.5 左右,而到 2019 年底,全国对外服务型数据中心平均 PUE 近 1.6,实现质的飞跃。其中,基于华为 Atlas900 AI 集群的人工智能计算中心,采用创新的混合液冷设计,其柜级密闭绝热技术,支撑超过 95% 的液冷占比,单机柜能够支持高达 50kW 的超高散热功耗，实现 PUE 低于 1.1 的能耗效率。

虽然计算中心有效降低了 PUE，但计算业务天然存在波动，仍存在能耗闲置现象。计算中心的业务波动会造成算力利用的波峰和波谷，在波谷时部分计算集群没有任务运行，会发生能耗的闲置。如超大规模预训练模型在人工智能计算中心训练时，将占据计算中心大部分算力，在持续数周或数月形成时间周期性的算力波动，在算力波峰时，算力满负荷运行，其他计算任务排队，算力波谷时则造成功耗闲置。

因此，人工智能计算中心需要采用算力调度进一步降低业务波峰波谷造成的能耗闲置。多人工智能计算中心协同调度，在 A 中心算力波峰时，可以将排队任务转移到算力波谷的 B 中心计算，削峰填谷，多计算中心都可以保持算力高利用率，将计算中心的能耗充分利用起来，从全局和长远角度看，是进一步提升能耗利用率、降低碳排放的有效路径。

国家"双碳"目标对计算中心能耗控制提出了更高的要求，多计算中心间联网感知计算应用所需算力资源，通过任务调度，在能效比的约束下做出算力调配的最优决策，从全局视角看，可以获得计算效率与能耗效率的最优。

总之，算力网络将成为人工智能计算中心下一步发展的新形态和新范式。人工智能超大规模预训练模型的不断涌现，基于大模型开发行业应用赋能区域经济社会发展的需求激增，人工智能数据集等 AI 要素进一步流动和共享，以及社会对计算中心不断提升能耗控制水平的要求，促使人工智能计算中心之间开始联接。人工智能计算中心不再是独立的系统，而是形成相互联接的算力网络。地理分布的多个算力中心将联接在一起，为基于基础模型开发新型分布式融合应用提供支撑。算力网络可以感知应用所需算力与存储资源，通过任务调度满足业务需求，多个组织用户在多个计算中心共享算力和数据，完成复杂应用对计算和数据处理的需求。

15.2.2　科技行业人工智能典型解决方案

制造业是国家经济命脉所系，是立国之本、强国之基。2018 年 5 月 28 日的中国科学院第十九次院士大会、中国工程院第十四次院士大会上提出，要以智能制造为主攻方向推动产业技术变革和优化升级，推动制造业产业模式和企业形态根本性转变，以"鼎新"带动"革故"，以增量带动存量，促进中国产业迈向全球价值链中高端。

《"十四五"智能制造发展规划》中明确提出，当前中国站在新一轮科技革命、产业变革与加快高质量发展的历史性交汇点上，要坚定不移地以智能制造为主攻方向，推动产业技术变革和优化升级。中国要推动产业升级，加大先进制造、精密制造、高端制造。只有在数字化技术的加持下，才能解决产品质量、生产效率、生产成本的有效平衡。到 2025 年，70% 以上制造业企业要基本实现数字化，重点行业骨干企业初步形成智能化，建成 500 个智能制造示范工厂。

随着新一代信息技术加速拥抱千行万业，智能制造正在多领域、多场景落地开花。最新的市场调研数据表明，人工智能在中国制造业呈现快速发展的趋势，智能制造市场规模自 2019 年开始每年保持 40% 以上的增长率，2025 年将超过 140 亿元。

毋庸置疑,AI 正在更加深入地融入工业生产的各个环节中,实现更高程度的自动化和智能化。如果对制造主流程进行分析,将不难发现 AI 应用场景分布在"研产供销服"的各个环节。其中典型的 AI 场景在各个环节的汇总情况,如果对制造主流程进行分析,将不难发现 AI 应用场景分布在"研产供销服"的各个环节,如产品研发、订单销售、计划排程、产品数据分析、供应商协同、整车物流等典型场景,通过 AI 助力打通"研产供销服"全价值链信息系统,是当前制造业数字化转型的关键。

制造业作为国民经济的重要组成部分,在国家的繁荣与稳定方面起着至关重要的作用。为了实现制造业的智能化升级和跨越式发展,底层问题亟待解决。工业互联网是支撑工业制造业转型的重要技术组成方案,加快核心技术产品攻关,如 AI 在工业领域的应用,将推动中国工业的数字化转型。

1. 工业质检

工业质检用于确保产品的质量、安全性和稳定性。制造行业传统质检以人工检测为主,存在检测效率低、工作量大、成本高的问题。而且人工检测结果受主观因素影响,检测标准不统一,导致质量控制困难,容易出现漏检和误判。为了弥补人工检测的不足,在 20 世纪90 年代到 21 世纪 00 年代,AOI(Automatic Optic Inspection,自动光学检测)开始得到应用,并逐步成为确保质量控制的关键技术。但是,受限于传统计算机视觉的局限性,AOI 灵活性不足、适应性差、误报和漏报等问题阻碍了其进一步推广应用。

随着深度学习算法以及 AI 算力的提升、计算机视觉技术的广泛应用,AI 成为提质降本增效的有效利器。工业 AI 质检是基于深度学习技术,通过对生产线上的图像、声音等数据进行实时分析和识别,实现对产品质量的自动检测和判定。相对于传统计算机视觉的AOI,工业 AI 质检结合了 AI 和计算机视觉技术,能够自动、高效地识别和检测制造过程中的缺陷和异常,相比传统方法具有更高的准确性、灵活性和自我学习能力,能为制造业带来更高的生产质量和效率。

AI 工业质检技术在 2022 年取得了显著的进步和发展。目前,应用场景主要如下,操作规范检测、柔性识别、表面缺陷检查、定位引导、错漏反检测、测量、工业 OCR/读码、安全生产监控等。

随着技术的不断进步和应用场景的扩大,预计未来这一领域还将继续保持快速发展的趋势,预训练大模型在自然语言处理和计算机视觉领域取得了显著成就,通过使用预训练的模型,AI 可以在质检任务中学习更丰富的特征表示和模式,从而提高质检的准确性和健壮性。同时,随着算法模型的不断升级,工业质检领域的图像识别和缺陷检测能力也得到了显著提升。AI 系统能够更准确地检测和分类产品的缺陷,从而提高生产线上的质检效率,降低不良品率。从技术角度来看,工业质检领域迎来了一轮新的浪潮。在过去 2 年,已经有不少试点,并在 2022 年首次实现了商业落地,例如矿业基于视觉大模型开展自身内部各种场景的质检落地。

2. 企业知识库与智能客服

企业知识库是组织内部的宝贵资产,它集中存储了企业的各种经验、案例、问题解决方案、操作手册等重要信息。在制造领域，企业知识库可整合制造流程、生产设备操作手册、质量标准和故障处理等关键信息。这不仅提高员工获取信息的效率，缩短新员工培训时长，使其能快速融入生产环境，更重要的是保持了企业知识的连续性，有助于生产的顺畅运行，减少因信息缺失或错误而导致的停机时间。

大模型技术能够实现企业知识库的智能检索和内容优化。例如，当产线工人遇到设备故障时，他们可以用自然语言描述问题，大模型则能迅速返回相关的解决方案或故障处理指南。基于与人员的交互式问答，大模型可以基于现有知识库，结合提示词，自动生成新的内容，如 FAQs、教程等。利用大模型的自然语言处理能力，企业的智能客服可以更加准确地理解客户的问题，并结合企业知识库，提供具有针对性的答案或解决方案，大大缩短了响应时间和解决问题的周期。大模型还可以根据与用户的交互持续学习，通过实时更新的知识库，不断完善其答案和建议，使服务水平持续提升。

3. 销售预测与智能排产

制造企业为了满足自身发展，必须不断提高效率、减少浪费和增加产值。随着生产流程、供应链和客户需求变得越来越复杂，传统的资源管理方法往往无法满足现代制造业的需求。在这种背景下，使用 AI 技术，实现智能资源优化显得尤为重要和必要。常见的智能资源优化场景有智能排产、销售预测、供应链优化和能源管理等。

在智能资源优化场景中，AI 使企业能够更加高效、灵活地管理其资源和工作流程，优化企业资源利用率，提高生产效率。以具有代表性的智能排产为例，AI 结合运筹学，完成先进算法迭代，在自动适应生产变换、减少冲突和瓶颈的基础上，可进一步提供决策支持。而在供应链优化和能源管理方面，AI 可以提供实时数据可视化，预测和响应潜在的需求和风险，并自动执行优化操作，如自动化库存管理、自动调节生产参数以降低能源消耗等，最终实现资源的优化配置，同时确保持续和稳定的生产。

4. 智能机器人

智能机器人是一种在制造和生产线上进行各种任务的自动化机器，例如装配、焊接、搬运、质检等。与传统的工业机器人相比，智能机器人不仅可以执行预定的动作，还可以通过感知、学习和决策能力，使其能够执行复杂的任务并在多变的环境中自主工作。

智能机器人应用了多种 AI 技术，包括计算机视觉、深度学习、强化学习、路径规划和导航、传感器融合、模仿学习、自然语言处理、语音识别和合成等。在智能制造领域，智能机器人通过其高度的自动化、一致性和准确性，显著提高了生产效率和质量，同时降低了生产成本。其灵活的编程能力使得生产过程能迅速适应变化，而在危险或高难度的工作环境中，机器人确保了工作的安全性，从而为现代制造业带来了革命性的变革和持续的竞争优势。

5. AI 赋能工业软件

在智能时代，工业软件承载着企业研发创新和智能制造的核心能力。从基础材料、电路板模组到产品整机的研发，从系统设计、结构设计、产品仿真、工艺规划、产品制造到企业运营和供应链管理，工业软件无处不在。

随着产品研发和业务创新的持续加快，业务对工业软件提出了更高要求。例如，高速、高频、高密度、大带宽的 PCB 研发,需要大规模 PCB 多层设计能力;卫星通话、微泵液冷技术,需要天地信号仿真、电子散热仿真等软件能力;极致的质量和交付要求,需要对上百家工厂柔性生产、高效生产进行高效调度管理。在这个过程中,还需要将所有产品的规划、设计、研发、制造数据端到端打通,并确保安全可靠。为了进一步提升工业软件之间的协同效率,支持硬件开发工程师高效作业,在硬件产品研发场景,基于统一的数据底座,结合 AI 新技术提供同构同源产品数据服务,以及硬件设计、开发、仿真、试制等作业的一站式 IT 工具链服务,为行业打造电路板 EDA 工具链、结构设计工具链、工业仿真平台、设计与制造融合平台。

数据是产品数字化和工业软件的关键第一步。以元模型为驱动,华为云用 6 年时间打造了全新的工业数字模型驱动引擎(industrial Digital Model Engine,iDME),沉淀 24 种典型的工业数据模型,支持 80 多类工业数据管理功能,如数据版本、数据溯源、数据质量等。这些功能不仅可以图形化操作,自动生成数据 API,提升数据服务开发效率,还支持百亿级全量数据图谱,可实现跨系统联接、数据自动入图、自动关联,打通企业研、产、供、销、服各环节数据,形成产品开发的数字主线和数据孪生。

在企业生产核心的产品数据管理(PDM)系统,华为通过云上创新,并结合伙伴厂商的工具能力,对系统进行全面云化、服务化改造和流程重塑,并且在华为云进一步实现从 PDM 到跨业务的 xDM 智能数据服务升级,实现了流程效率和用户体验的大幅提升。

基于工业软件全流程协同的需求,华为云还联合伙伴进一步打造工业数据管理与协同解决方案(IPD Center),把在系统工程、EDA 设计、结构设计、仿真设计、生产制造、供应链等所有产品相关数据归集统一管理;并提供一站式角色桌面,支持主数据协同、跨企业协同、产品合规协同等端到端的高效协同。

目前,越来越多的工业软件企业基于这一数据底座实现创新。湃睿科技基于 iDME 打造了自主创新的 PDM 系统,在国星光电成功商用,项目从定制开发到系统迁移、上线只耗时 4 个月,相比传统模式时间缩短 50%,系统性能提升了 10 倍,得到了客户的充分肯定。

天喻软件打造了 IntePLM 并实现云化部署,在亿万级数据量、单日接口并发调用 2.9 亿次、万人同时在线并发的情况下,组合接口的访问性能小于 500ms,单一接口小于 300ms,彻底改变了过去 PDM 被戏称为"爬得慢"的历史。

6. 材料预测

材料预测主要是涉及科研机构及高校在 AI＋材料学应用相关的场景方案,一般涉及以下几个方向。

(1) 材料与优化:通过模拟和预测,可以指导材料的设计和优化,提高材料的性能和功能。

(2) 材料性能预测:通过模拟和仿真,可以预测材料的力学性能、热学性能、电学性能等,为材料选择和应用提供依据。

(3) 材料行为理解:通过模拟和分析,可以深入理解材料的微观结构和行为,揭示材料的物理和化学机制。

根据 GB/T 37264—2018《新材料技术成熟度等级划分及定义》，新材料指新出现的具有优异性能和特殊功能的材料，及传统材料改进后性能明显提高或产生新功能的材料。国家统计局将新材料分为 6 大类，包括特种金属功能材料、高端金属结构材料、先进高分子材料、新型无机非金属材料、高性能复合材料和前沿新材料。《新材料产业发展指南》中指出，新材料三大战略发展方向包括先进基础材料、关键战略材料、前沿新材料。作为工业发展的先导，新材料产业是基础性、支柱性产业，已成为国民经济发展、高端制造业升级的基石。

传统的材料研发模式以实验和经验为主。2011 年，美国提出"材料基因组计划"（Materials Genome Initiative，MGI），旨在解码材料的不同组成成分和性能的对应关系，通过结合计算工具平台、实验工具平台和数字化数据（数据库和信息学）平台，借助高通量计算、大数据、人工智能等技术，有效整合现有的材料研究力量和设备，将高通量实验工具的效能发挥最大，以缩短材料研发周期和研发成本至少 50%。

数据、算力和算法是 AI 材料科学数据平台的三大技术核心。材料基因工程将材料信息学的理念扩展到整个材料科学、材料产业技术与工程链条，贯穿于从新材料发现到应用的全过程。数据方面，原始数据主要来自高通量实验及高通量计算，经过多轮数据清洗，最终获得可建模的数据，并存储于数据库中。算力方面，GPU、云计算等资源为"AI＋材料科学"提供了重要的计算支撑。随着高性能计算设备及云计算等科技的发展，算力已逐渐不再成为制约其发展的决定性因素。

为满足材料计算批量化和自动化的需求，应通过计算机技术集成各种材料计算软件和代码，结合材料分析工具，建成高通量材料计算平台。目前，国内外已经形成了多个高通量材料计算数据平台，代表性的有高通量材料发现计算流程平台 AFLOW、自动化交互式计算流程平台 AiiDA、第一性原理高通量计算平台 MIP（Materials Informatics Platform）以及针对特定材料体系或特定性质计算平台 Pylada 和 MPInterfaces 等。中国科学院于 2017 年上线了高通量材料集成计算与数据管理平台 MatCloud，2019 年迈高科技在此基础上推出 MatCloud＋。

机器学习（Machine Leaning，ML）凭借其强大的预测性能，已广泛应用于材料科学各领域，如高效材料特性预测的代用模型开发；适应性设计和主动学习的迭代框架；使用变异自动编码器（VAE）和生成对抗网络（GAN）的生成性材料设计；通过将实验设计算法与自动机器人平台结合，实现 ML 自主材料合成；使用基于 ML 的力场来解决一系列的原子学材料模拟问题；深度学习用于原子尺度材料成像数据的精确表征；使用自然语言处理和 ML 从科学文本中自动提取科学知识和见解。机器学习不仅能够对材料性能进行预测，同时挖掘边界条件等信息，也有助于推进对相关机理的认识。美国加州大学伯克利分校 Gerbrand Ceder 教授小组开发了将第一性原理计算与信息学（数据挖掘）相结合来预测晶体结构的方法。

如图 15-6 所示，使用人工智能技术的材料研发，能够在物性预测和新材料研发过程中，基于更强的数据分析能力，同时利用机器学习算法，自动优先选择最能提供实验合成和测试所需信息的化合物，简化材料科学家耗费在数据分析、大规模文献查阅和实验等工作上的时间。机器学习已被证明可以有效加速材料的研发进程,通过机器学习获得的材料模型及机理,进而用于材料发现和设计。材料模型建立在足够多且质量高的数据之上,建模步骤包括选择合适的算法,从训练数据中进行训练,进而做出准确的预测。机器学习算法主要可分为监督学习、无监督学习和深度学习等。对于 AI 材料科学企业来说核心壁垒是算法,其核心创新点在于建模的精度及产生新机能的能力。

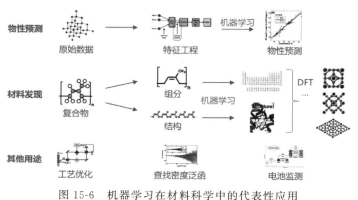

图 15-6　机器学习在材料科学中的代表性应用

15.2.3　科技行业人工智能案例实践

武汉人工智能计算中心(AICC)位于武汉光谷,作为科技部批复的 15 个国家新一代人工智能创新发展试验区之一,武汉率先建设人工智能计算中心,2020 年 12 月 28 日开工建设,于 2021 年 5 月 31 日建成并投入运营,核心建设周期仅 5 个月,上线即饱和运营。

武汉人工智能计算中心是全国首个具有公共服务性质的算力基础设施,现有人工智能算力 200P、超算算力 4P;2023 年 10 月三期扩容、上线、试运营,人工智能算力扩至 400P。依托武汉人工智能计算中心,武汉创造性地提出了"一中心四平台"的"武汉模式",如图 15-7

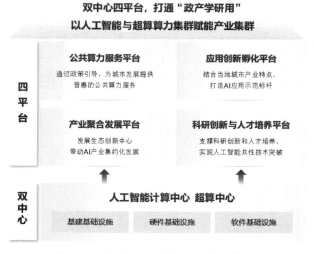

图 15-7　"双中心四平台"的"武汉模式"

所示,打造全国首个人工智能计算中心样板点,吸引了人民日报等主流媒体争相报道,抢抓先机建设以人工智能计算中心为代表的算力基础设施,实现"政产学研用"一体化协同发展。

武汉人工智能计算中心算力集群提供的普惠算力,对本地产业集群的算力赋能已开始显现。目前,中科院自动化所、武汉大学遥感信息工程学院等多家高校院所和 40 多家企业与武汉人工智能计算中心的项目合作已经展开。吸引 100 多家企业入驻,日均算力使用超过 90%,联合孵化出 50 多类场景化解决方案,覆盖智能制造、智慧城市、数字农业、自动驾驶等应用场景。

依托武汉人工智能计算中心,中科院自动化所、武汉大学、清华大学分别发布全球首个图文音多模态大模型"紫东太初"、全球首个遥感影像智能解译深度学习专用框架"武汉.LuojiaNet"、蛋白质折叠预测等多项人工智能创新成果。武汉(昇腾)人工智能生态创新中心与武汉人工智能计算中心共同对外提供公共算力、应用创新孵化、产业聚合发展、科研创新和人才培养等全生命周期的服务,包括场景分析、方案设计、模型开发、应用开发、产品/解决方案上市、联合营销等,可以极大程度地为中小企业降低开发门槛,减少开发成本,加快创新应用孵化,实现人工智能相关行业企业的集约集聚发展。

1. 方案架构

在武汉 AICC 的建设中,架构如图 15-8 所示,主要涉及以下几部分。

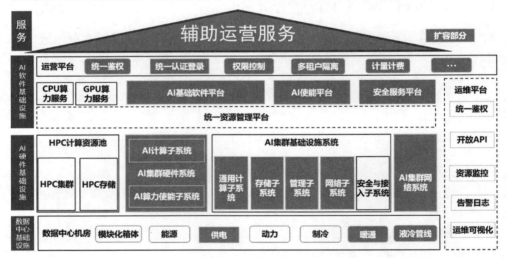

图 15-8　扩容建设方案

数据中心基础设施:供电、暖通、液冷管线。

AI 硬件基础设施:AI 计算子系统、AI 集群硬件系统、AI 算力使能子系统、通用计算子系统、存储子系统、管理子系统、网络子系统、AI 集群网络系统。

AI 软件基础设施:AI 基础软件平台、AI 使能平台、安全服务平台、统一鉴权、统一认证登录、权限控制、多租户隔离、计量计费。

辅助运营服务:算力运营、生态运营。

整体 AI 算力以服务化方式提供给客户,服务模式包括共享资源池、专属资源池等,灵活多样,易于使用。主要服务对象是服务产品定义、销售与运营等集群计算中心的运营人员,负责算力服务产品在线上的产品申请、受理及交付控制,以及完成服务的计量和计费,为运营管理员和租户(用户)提供统一入口界面。其中硬件平台是人工智能计算公共服务平台的核心基础,包括 AI 算力硬件系统、基础计算硬件系统、网络及安全硬件系统。软件层面则通过 AI 基础软件平台(HCSO)统一纳管所有物理硬件资源,并实现资源池化、按需分配和弹性伸缩,同时提供多租户、网络隔离等能力。

基于 AI 计算中心的算力,联合行业客户和 ISV 合作伙伴共同孵化行业创新,双中心四平台,打通"政产学研用",以人工智能与超算算力集群赋能产业集群。

2．应用场景

1) 中科院自动化所孵化多模态大模型

中科院自动化所将"跨模态预训练模型"作为其未来 5 年重点工作之一。跨模态预训练模型需要在 60P 以上算力的持续保障下迭代训练和开发。2021 年 3 月,中科院自动化所与武汉人工智能计算中心进行合作探讨,达成在武汉建立自动化所武汉分院的共识,联合产业界共同打造业界跨模态模型,结合武汉特色产业和政策扶持,加速科研成果落地。2021 年 7 月,中科院自动化所在 2021 世界人工智能大会(WAIC 2021)发布了基于武汉人工智能计算中心研发的多模态预训练大模型——紫东太初,全球首个图文音(视觉-文本-语音)三模态预训练模型(Omni-Perception Pre-Trainer,OPT),以多模态大模型为核心,同时具备跨模态理解与跨模态生成能力,开拓了 AI 在视频配音、语音播报、标题摘要、文学创作等更多元场景的应用,逐步构建智能化音视频产业。

2) 武汉大学遥感领域人工智能研究

武汉大学遥感专业在全球处于领先地位,正在探索结合人工智能技术,解决现阶段遥感测图任务大多依赖人工解译的难题。遥感影像处理的深度学习技术,亟须大规模的遥感影像样本库,以及具有遥感特性的深度学习框架和模型来进行支持。要满足这些需求和挑战需要有充沛的算力支撑其进行模型开发和验证,武汉政府承建的人工智能计算中心为其提供了资源保障。企业与科研院所一起进行投入,发挥各自优势,更好地使能遥感应用,赋能遥感科研及行业生态,催熟遥感产业。国内人工智能技术领军企业华为结合遥感应用需求进行了包含 CANN 算子库和昇思 MindSpore 高效并行开发框架在内的深度底层优化。在多方共同努力下,于 2021 世界人工智能大会(WAIC2021)上发布了全球首个遥感影像专用 AI 框架——武汉.LuojiaNet,可处理大幅面图像(30k×30k)和 256 通道波谱,同时构建了全球最大遥感数据集武汉.LuojiaSet,包含了 500 万多从区域到全球的样本,填补了遥感领域自主专用深度学习框架的空白。

3) 清华大学蛋白质折叠预测

对于蛋白质大家想必都不陌生,一些简单的生化方法就可以获得蛋白质的氨基酸序列,但是光有序列是远远不够的,蛋白质的三维结构与其生化性质息息相关,但对于三维结构的预测要更加昂贵,也更加耗时耗力,这也是整个 AlphaFold2 蛋白质折叠预测研究的大背景。

在 AlphaFold2 中，蛋白质的进化历史（Evolutionary History）这一性质被有效地利用。在蛋白质的进化过程中，其氨基酸序列或多或少会发生一些变化，但相比于氨基酸序列而言，进化过程中蛋白质的结构则相对稳定——氨基酸序列的变化可能达到 70%，但是 3D 结构则几乎不变，大多数的突变并不会影响蛋白质的功能。

简单来说，在一次预测过程中，事实上前处理占用了相当大的时间（基因数据库及结构数据库整体规模超过 2TB，这一比对也耗费大量的 CPU 资源），目前可以通过计算中心上的 HPC 超算算力完成运算，而在模型执行这一步，可以通过 AI 这一部分的 Ascend 算力进行前向的推理，最终得到蛋白质结构预测的结果（.pdb 文件）以及相关的日志文件，并可以通过 chimera 工具进行可视化，如图 15-9 所示。

图 15-9　AlphaFold2 预测的蛋白质结构

3. 方案价值

基于武汉人工智能计算中心，大算力使能大模型，大模型赋能新产业，充分发挥其产业应用价值。以武汉大学、中科院自动化所、华为公司等方面的合作为代表，共同汇聚了科研、产业、应用、人才等多股力量，基于公共算力为人工智能技术与多领域融合创新提供了科研和应用支撑，同时为智能化应用能力提升和产业化落地创造了环境。在科研成果联创的环境下，聚合众多中小企业的产业落地需求，构建"共建、共创、共享"的产业生态，形成了以测绘遥感、智能音视频等为核心的一系列智能化产业落地。武汉人工智能计算中心是切实推动武汉产学研深度融合的关键措施，是打造新兴产业、未来产业研发创新高地的基础设施。武汉作为国家中心城市、长江经济带核心城市，战略性新兴产业快速发展，产业活力充分涌现，产业链与科研院所的深度融合使得人工智能算力的支撑作用显著提升。结合武汉丰富的科技研发和科教人才资源，人工智能计算中心将推动武汉人工智能产业集群成型和高质量发展，推动有地方产业特色的数字经济迈向更广阔的未来。

4. 成功要素分析和启发

武汉人工智能计算中心成为全国人工智能计算中心建设的标杆，目前基于各企业、科研单位、高校持续升温的 AI 算力需求，已开始进行二期扩容，已原生孵化和适配 30 多个基础大模型，并在各行业应用落地，并聚焦智能遥感、多模态、智能制造、智能网联汽车 4 大产业进行持续智能升级。

以智能制造为例，全栈人工智能技术实现了装配车间提质增效的智能蜕变，检测准确率提高 10%，约 2 小时即可完成产线算法更换与迭代，显著提升企业生产效率和经营效益；在智慧城市、安全生产领域，已有 170 多种算法，适应复杂多变环境，推动智慧城市发展，丰富的建设实践经验也为其他城市的快速落地提供了可参考的样本。武汉人工智能计算中心相关负责人表示，面对复杂的场景，人工智能训练模型需要对上千亿个浮点参数进行微调，训练芯片的能力是关键，决定着人工智能计算中心产出的算法模型的效率。

值得关注的是,武汉大学的测绘遥感学科国家级重点实验室与人工智能计算中心深度合作,打造遥感影像样本库(LuojiaSet)和遥感影像专用框架(LuojiaNet),为自然资源监测、社会经济发展评估、灾害应急等重大科研任务提供技术、平台及应用支撑,助力建设中国遥感科研生态圈,推进中国遥感产业化应用,真正实现了让人工智能计算中心建起来、跑起来、用起来。

AI 是一项致用性技术,只有让 AI 算力与应用场景紧密结合的建设机制,才能保障城市 AI 产业的长期繁荣。但由于各地人工智能计算中心承建企业以及区域产业发展的差异性,未来深化建设仍需要政府与企业协同探索。

加速成果转化、加速构建以人工智能计算中心为核心的创新联合体也是成功因素之一。在 2023 年两会的政府工作报告中,"创新联合体"被频频提及,成为地方工作的重点。新中国成立以来,发挥举国体制的优势一直是中国产业发展的成功经验,实践表明,关键核心技术都是复杂综合性技术,其研发突破非单一创新主体能够承担与完成的,创新联合体是提升企业技术创新能力、实现关键核心技术突破的有效组织形式。创新联合体能够为企业进行跨界合作、创新生产模式提供新知识,有利于提升企业的技术创新能力。

人工智能计算中心的落地则是响应国家创新联合体号召的具体实践,也是各地积极响应"十四五"科技创新战略的重要举措。当前,深化建设符合各地市数字经济发展的人工智能计算中心,是下一阶段的重点和举措。

人工智能作为一项交叉性学科,不仅包括了深度学习、机器算法等诸多核心技术领域,而且也涉及研发创新、市场应用、人才培养、标准规范等多个环节,这些客观因素也对人工智能计算中心的建设能力提出了指向性的要求,人工智能计算中心的建设不是简单的算力的填充,更不是一蹴而就的技术建设,而是需要通过深化运营,构建良性的产业发展循环,实现产学研用融合发展,最终实现产业发展成果转化。

当前,全球经济发展进入调整期,国际竞争形势也日益复杂。在新一代信息技术领域,人工智能已经成为当之无愧的核心。要想维护国家竞争力与安全,势必要在人工智能发展上占据先机,获得更多话语权。未来,有地方特色的人工智能计算建设的深化落地,将吸引产业链聚集,为人才培养、产业创新、标准构建提供有利环境,以人工智能计算中心为核心的创新联合体的构建,集中人才、科技、产业力量联合创新,将有望推动数字经济迈向更为广阔的未来。

15.2.4　总结和展望

系统总结已建成的人工智能计算中心的建设经验,持续加强人工智能计算中心的统筹建设,在确保已建成的人工智能计算中心保持高效运营的同时,顺应人工智能发展趋势和产业落地的需求,坚持以应用为导向,坚持自主创新技术路线,加强人工智能计算中心建设。

(1)继续推进计算中心高效运营和可持续发展。已建成的人工智能计算中心,要强化洞察人工智能产业发展现状、调研算力需求的能力,继续实施算力普惠政策,为行业用户及应用开发企业、科研机构、高校提供普惠算力服务等功能。联合产业组织编制面向人工智能应用场景的项目机会清单，面向人工智能企业、高校、科研机构进行公开发布，鼓励开展人工智能先导性应用开发和场景试验，牵引科技创新成果进行商用转化，打造一批有影响力、有实际效果的应用示范项目，形成围绕大模型的产业集群，进一步带动产业的智能化升级。

（2）坚持自主创新技术路线与推动开放开源并重。在当前日益复杂的国际竞争环境下，在推动人工智能计算中心建设的过程中，要继续坚持自主技术路线，进一步强化政策支持，广泛吸纳产学研用各方参与，共同提升相关产业链、供应链的现代化水平。同时，坚持自主创新技术路线并不意味着故步自封，闭门造车。在注重掌握核心竞争力的基础上，仍需以积极的态度拥抱开源开放，在全球范围内推动形成共建共享的人工智能算力与创新生态。

未来，还要有序推进人工智能算力网络建设，鼓励京津冀、长三角、粤港澳大湾区、长江经济带等人工智能发展基础较好的重点区域先行发展人工智能算力网络，有序推动各地人工智能计算中心加入算力网络，探索推动算力跨网络结算机制，降低算力网络的使用费用。

探索建立以各地人工智能计算中心为主体，吸纳人工智能企业、科研机构等组成的人工智能算力网络联盟，进行组织保障，制定规则，拉通联络，建立标准。鼓励联盟中的企业与科研机构共同协作，激励加大开源开放和成果共享，充分发挥算力网络赋能作用。

强化人工智能算力网络高效网络传输、算力调度联通等关键技术的研发部署和资金保障，引导相关企业和研究机构加大投入、联合攻关。同时，在当前功耗技术和管理水平的基础上，进一步加强绿色能源技术的研发和应用，提升能耗利用水平，保证低碳可持续发展。

在推动人工智能算力网络的建设过程中，算力网络的一体化标准至关重要，需在各人工智能计算中心自身标准研究与应用实践的基础上，积极推动建立统一的算力网络标准，形成包括算力、网络架构、节点互联标准、应用接口标准、人工智能数据集接口标准等在内的标准体系，兼容多样化算力和开发框架等软硬件平台，以促进 AI 要素在算力网络上的开放共享。

总之，持续推进人工智能计算中心健康快速发展，构建人工智能算力网络，将支持算力、模型、数据、应用在区域间的高效互通和可信流动，让城市间实现协同共享、优势互补，进一步释放人工智能算力赋能产业的强大动力。人工智能算力网络作为计算中心的新形态和新范式，让科研创新更高效，让人工智能与产业的融合更深入，共建资源，共享资源，共同发展，共同促进 AI 产业发展。人工智能算力网络作为新型基础设施，让各区域共享资源、促进 AI 技术生态和商业生态发展，加速科学新发现、推动应用新场景、发现产业新方向、孵化发展新理念，为数字经济发展提供原动力，打造中国人工智能的数字底座，在中国打造共同富裕的新格局中，发挥出人工智能的巨大引擎作用。

第 16 章

智能化使能民众安全

16.1 智慧气象

16.1.1 气象行业人工智能概况

气象预报从最初的玄学,纯粹依靠生活经验判断,到后来的传统天气图的诞生,气象预报开始变为应用科学,再到现在的数值天气预报和 AI 预报,预报准确率大幅提升,经历了人工经验、信息化、数字化和智能化 4 个阶段,如图 16-1 所示。

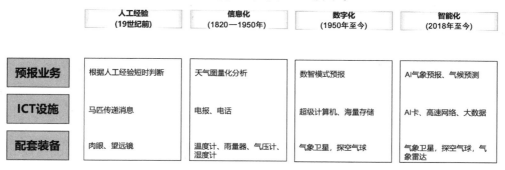

图 16-1 气象预报发展史

现代气象预报是气象台(站)运用现代科学技术(如卫星、雷达等)收集全国甚至全世界的气象资料,根据天气演变规律,进行综合分析、科学判断后,提前发出的关于未来一定时期内的天气变化和趋势的报告。准确及时的气象预报在经济建设、国防建设的趋利避害、保障人民生命财产安全等方面有极大的社会和经济效益。

按气象预报的时效长短,可分为短时(临时)预报、短/中期预报、气候预测。短时预报是根据雷达、卫星探测资料,对局地强风暴系统进行实况监测,预报未来 1～6 小时的动向。传统的短时预报主要用雷达监测资料外推的方式开展,即根据估算前几天的雨区今天会移动到哪里。短/中期预报指预报未来 1～15 天的预报,传统的短/中期天气预报根据大气运动的规律数值化成偏微分方程组,根据初始的各个站点的气象数据,代入方程组中,利用超级计算机不断循环迭代计算未来时刻的天气。气候预测指未来 1 个月到数年的预报,传统气候预测主要应用统计方法,根据各月气象要素平均值与多年平均值的偏差进行预报,用数值预报方法制作长期预报的方法也在试验之中,已有了一定的进展。

AI 气象模型在过去几年取得了显著的进展,在短时预报、短/中期预报和气候预测领域都有探索。AI气象模型通过处理大量的气象数据，如卫星图像、气象观测数据和气候模拟模型数据，挖掘天气系统的规律。这些模型能够识别和分析各种天气模式、气候变化和极端天气事件，并提供准确的天气预报。AI气象预报的演进如图16-2所示。

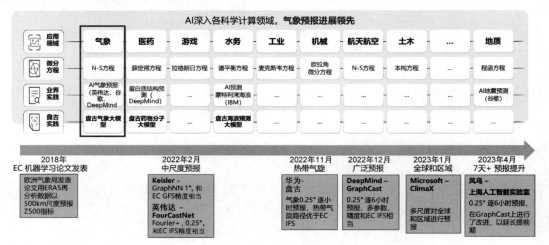

图 16-2　AI气象预报的演进

视觉和科学计算两大模型的能力可以为3大类AI气象预报场景提供有力的支撑，高效率地开发出场景适用的业务模型，如图16-3所示。

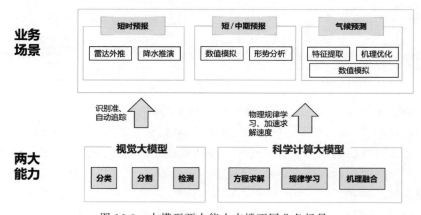

图 16-3　大模型两大能力支撑不同业务场景

16.1.2　气象行业人工智能典型解决方案

AI气象预报在短时预报、短/中期预报和气候预测3个方向未来会持续进行更多的探索，为行业的智能化转型提供有效的支撑，预计未来3年市场空间近50亿元。

1. 短时预报

传统临近预报算法主要以雷达监测数据，通过光流法等方法进行外推平移，呈现出降水云团的移动,其无法利用长期积累的历史气象大数据,同时在实际的场景中,影响雷达云图运动的因素肯定不止反射率因子信息,风向、风速、温度、湿度、气压等对云的移动与变化都会有影响,这是传统外推法的局限性。

而基于人工智能的短时预报算法则通过构建神经网络对多年的雷达观测资料完成模型训练,把风向、风速、温度、湿度、气压等信息也放入模型中进行训练,则可清晰地预测降水云团的位置移动和强度变化趋势,与实况更为吻合。人工智能和机理融合的方式也有积极的成果,如通过端到端建模降水物理过程的神经演变算子,来实现深度学习与物理规律的无缝融合。

2. 短/中期预报

在传统短/中期天气预报的制作过程中,有两个关键的组成部分都需要利用大规模高性能计算(HPC)集群进行模拟。一个是数据同化,用数值模型从卫星、雷达和探空气球等观测数据中推导出采样数据,进而估测真实数据,以提供预报模型的初始场;另外一个是通过数值天气预报(NWP)系统建立预测天气相关变量将如何随时间变化的模型,即数值预报模型。然而,随着数据量的显著增加,数值预报模型却无法得到有效的扩展。也就是说,虽然现在有大量的观测数据,但却很难直接利用这些数据来提高预报模型的质量。而改进的方法一般是由训练有素的专家手动创造更好的模型、算法和近似值,这个过程耗时耗力,成本高昂。

数据驱动的 AI 短/中期预报模型可以通过学习长时间序列高质量的再分析数据来更全面地掌握物理规律,做出高质量的气象预报,而推理计算资源却低得多。业界 AI 短/中期预报模型当前主要基于欧洲气象局 60 余年高质量的再分析数据来开展训练。

3. 气候预测

气候预测是根据过去气候的演变规律,推断未来某一时期内气候发展的可能趋势。传统气候预测可以分为两类:一类采用统计方法;另一类为动力学数值预报,即采用多初值和多模式的集合预报方法,因而从本质上看,气候预测是一种概率预报。虽然准确率不高,但因气候变化对粮食生产、能源供应甚至人类活动等都有明显的影响,因此对未来气候变化的预测已引起人们的普遍重视。

AI 在气候预测方面利用深度学习、卷积神经网络等技术,对海量的气象观测数据、卫星图像、雷达信号等进行快速处理和分析,从中提取有用的特征和信息,为气候模型的输入提供更高质量的数据。另外,利用机器学习、强化学习等技术,对传统的物理方程式或统计方法构建的气候模型进行优化和改进,从而降低模型的误差和偏差。最后和短/中期气象预报类似,通过机器学习的方法来构建数据驱动的气候预测模型,世界气候研究计划的气候数据集可作为 AI 气候预测模型的训练基础。

16.1.3 气象行业人工智能案例实践

1. 案例综述

中国气象局是国务院下属机构,负责拟定气象工作的方针政策、法律法规、发展战略和长远规划；管理全国陆地、江河湖泊及海上气象情报预报警报、短期气候预测、空间天气灾害监测预报预警、城市环境气象预报、火险气象等级预报和气候影响评价的发布等。

国家气象中心是中国气象局负责气象预报的业务部门，其职责其一是为机关提供支持保障的职能，如承担中国气象局天气预报、气象服务等有关发展规划的编制和起草；为重大活动的举办提供气象保障服务，为重大灾害和重大突发事件提供应急气象保障服务等。其二是面向社会提供公益服务的职能，提供全国及全球所需范围内的天气监测预报服务产品，生态气象、农业气象、环境气象、水文气象、海洋气象等专业化气象监测预报服务产品等。当前阶段，气象中心主要通过传统数值预报系统的模式算法来开展短/中期气象预报工作。

2022 年 11 月，华为发表了"盘古气象大模型，中长期气象预报精度首次超过传统数值方法，速度提升 10000 倍以上"的论文，引起了气象圈子专家的广泛关注。2022 年 12 月，国家气象中心与华为盘古团队在中国气象局进行了盘古气象大模型交流，会后双方建立了工作组，共同推动模型在气象中心开展业务验证。鉴于盘古气象大模型在台风路径预报方面能力比较突出，双方验证的重点就放在了台风路径预报上。验证的时间安排在 2023 年汛期，4—10 月台风高发的时间段，通过对所有场次台风路径预报准确度的统计分析来评估盘古气象大模型的有效性。AI 模型在单台服务器上高效率地生成了和传统数值模式相媲美的预报结果，并和气象业务系统实现对接，提供给预报员参考，并在会商中使用。

2．方案架构

在国家气象局 PoC 项目中，AI 气象预报方案高效率、低能耗实现气温、气压、风速和湿度等气象要素的高质量预报，为短/中期气象预报决策提供有力的补充。AI 气象预报方案总体架构如图 16-4 所示。

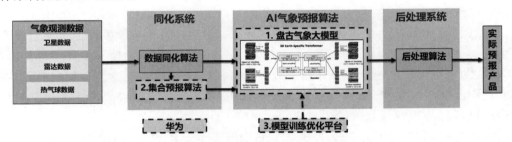

图 16-4　AI 气象预报方案总体架构

整体方案以盘古气象大模型为核心，可基于昇腾 AI 算力平台实现秒级中期预报成果。同时构建同 AI 预报大模型匹配的集合预报能力，实现上千集合成员规模的集合预报，助力预报员对未来气象形势进行综合而全面的评估。为支撑气象大模型在运行过程中持续优化预报精度，以云服务的形式建立了模型训练优化平台能力。

1）盘古气象大模型

盘古气象大模型可用单块 AI 卡在 10s 左右时间提供未来 10 天 25km 分辨率的全球地表及高空 13 个等压面气温、气压、风速和湿度等气象要素的预报信息。其技术创新点主要有两个：一个是 3D Earth-Specific Transformer 神经网络，即在每一个 transformer 模块中引入和纬度、高度相关的绝对位置编码来学习每一次空间运算的不规则分量,这样不仅更准确地学习了物理规律,而且大大加快了模型训练收敛的效率;另一个是层次化时域聚合策略,即通过 4 个不同预报间隔的模型(间隔 1 小时、3 小时、6 小时、24 小时)的组合应用,使得预报的迭代次数最小,不仅减少了迭代误差,并且避免了由递归训练带来的训练资源消耗。这两点明显差异化于其他 AI 气象模型。

2)基于 AI 大模型的集合预报

集合预报是天气预报业务系统的必备功能,预报员需要根据集合预报判断不同演变趋势发生的概率,并通过集合预报平均值提升预报精度。根据 AI 气象预报模型的特点,华为设计了非线性滤波和误差学习估计等多种集合预报的算法,在几十块昇腾卡算力支撑下可在一小时内完成上千集合成员的预报评估工作。此项成果待验证。

3)模型训练优化平台

在前两个能力基础上,构建 AI 算力云平台,如图 16-5 所示,持续支持气象大模型的数据处理、模型框架选择、训练参数配置、模型评估以及模型更新部署等功能,实现模型在应用的同时通过新的数据持续训练,不断提高预报的精度。

图 16-5　训练和推理一体化云服务

3. 应用场景

台风路径预报根据预报的全球地表及高空 13 个等压面气温、气压、风速和湿度等气象要素,通过后处理计算海平面气压极小值,850hPa 旋度极值和 10m 风速等指标,可准确地预测出热带风暴和台风的路径。

国家气象中心运用 AI 气象预报方案,在单服务器算力支撑下,高效率开展了台风路径的预报验证工作,提供每个台风未来 1~10 天的路径预报,通过 2023 年 4 月以来所有场次台风的测试,其路径预报准确度符合预期,而路径趋势的把握相对于传统数值模式尤为稳定。随着上千集合成员集合预报综合评估的应用,能帮助预报人员更全面地把握台风路径演进的各种可能。

4. 方案价值

相对于当前传统数值天气预报遇到的计算速度慢(5~6 小时)、资源消耗大(上万 CPU

核）、预报精度提升不易等问题，AI气象预报方案为业务人员提供了有力的支撑，预测精度统计视角分析高于传统数值方法（欧洲气象中心的 operational IFS），同时预测速度提升10000 倍，能够提供秒级的全球气象预报，计算资源由上万 CPU 核计算运算数小时下降到单 AI 卡运算数十秒。推理效率的指数级提升，使开展上千集合成员的集合预报成为可能，大规模的集合成员可更完整地覆盖可能的天气演变，提前洞察各种可能的极端天气情况，为公众提供有效的预警信息，社会价值巨大。同时，随着高质量再分析数据的持续积累，通过训练平台周期性地对 AI 模型进行迭代优化，可持续提升模型的预报准确度。

16.1.4　总结与展望

中国气象局 2023 年印发《人工智能气象应用工作方案（2023—2030 年）》。该方案指出，人工智能已经在传统数值模式预报能力较弱的领域展现出一定的优势，通过进一步的生产实践，一定能探索出一条 AI 和传统数值预报模式协同发展、优势互补的路径。

到 2025 年，确定人工智能气象应用发展路线图，形成"542"整体框架布局。初步建立人工智能大数据库、算力环境、算法模型、开放平台和检验评估的"5 大基础"支撑；启动气象预报大模型等新兴技术研发，开展人工智能新兴技术与监测预警、预报预测、数值预报和专业服务"4 大领域"融合；优化人工智能创新合作和人才培养、成果转化和知识产权保护的"2 大保障"环境。

16.2　智慧水务

16.2.1　水务行业人工智能概况

智慧水务是在以智慧城市为代表的智慧型社会建设中产生的相关先进理念和高新技术在水务行业的创新应用，是云计算、大数据、物联网、传感器等技术的综合应用。与传统水务相比，智慧水务可以促进水务规划、工程建设、运行管理和社会服务的智慧化，提升水资源的利用效率和水灾害的防御能力，改善水环境和水生态，保障国家的水安全和经济社会的可持续发展。

1. 水务行业人工智能趋势

智慧水务发展主要经历了从基础设施建设到系统集成应用，再到智能化与大数据应用的 3 个阶段，如图 16-6 所示。

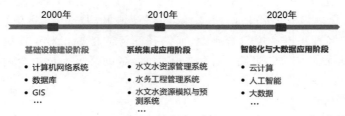

图 16-6　智慧水务发展历程

在 21 世纪 00 年代初期,水务行业加大了对信息化的投入,建设了更完善的计算机网络系统和数据库,实现了大部分水务单位之间的数据互联互通。同时,开始使用 GIS(地理信息系统)等技术进行空间数据的管理和分析。21 世纪 00 年代中期至 21 世纪 10 年代初期,水务行业开始进行系统集成应用,建设了一系列的水务信息系统,包括水文水资源管理系统、水务工程管理系统、水文水资源模拟与预测系统等。这些系统将水务领域的数据、模型和决策支持工具集成到一个统一的平台上,提高了水务管理和决策的效率和规范性。但由于这些信息系统多样且有不同的数据格式和标准,导致不同系统之间数据交互困难,形成数据孤岛和应用系统孤立的现象,给信息共享和协同工作带来了困难。21 世纪 10 年代中期至今,水务行业开始引入人工智能、大数据和云计算等新兴技术,逐渐实现了水务信息化向智能化和大数据时代的跨越。人工智能技术在洪水预测、水质监测、水资源分配等方面的应用得到了突破和广泛应用。大数据技术的应用让水务行业能够处理和分析海量的水务数据,从而更好地支持决策和规划。

随着人工智能和大数据技术的不断创新与发展,水务行业的信息化水平将进一步提升,为水务管理和决策提供更强大的支持。人工智能技术在水务行业的发展趋势主要体现在智能水资源管理、智能水旱灾预警、智能水质监测和治理、智慧水务工程和智能决策支持等方面。

1) 智能水资源管理

人工智能技术可以应用于水资源管理,通过数据分析和预测模型,实现对水资源的智能化评估和规划。例如,利用人工智能技术可以对流域内的降雨情况、水文数据等进行分析,预测水资源的供需情况,从而优化水资源的调度和利用效率。

2) 智能水灾预警

人工智能可以帮助提高水旱灾预警的准确性和及时性。通过对大量的水文数据、卫星影像、气象数据等进行分析和学习,人工智能可以构建灾害预警模型,并实时监测和预测洪水、干旱、山洪等灾害的发生和发展趋势,及时发布预警信息和采取应对措施。

3) 智能水质监测和治理

人工智能技术可以应用于水质监测和治理,通过建立水质分析模型和智能监测系统,对水体中的污染物进行识别和监测,提供及时准确的水质数据,在水质超标时及时预警和采取相应的治理措施。

4) 智慧水务工程

人工智能技术可以应用于水务工程的设计、运营和维护。例如,利用深度学习和图像识别技术,可以对水务设施的安全性进行检测和评估;利用机器学习和优化算法,可以对水库、水渠等进行智能调度和控制,提高水务工程的性能和效率。

5) 智能决策支持

人工智能技术可以提供决策支持系统,辅助水资源管理和决策者进行科学决策。通过对大数据的分析和挖掘,结合智能算法和模型,可以对水资源利用、水旱灾风险、水质改善等方面进行综合评估和优化,为决策提供科学依据。

未来，可以预见人工智能技术将为水务行业提供更多的智能化解决方案，提高水资源管理和水旱灾防控的效率和准确性。

2. 水务行业人工智能挑战

人工智能技术在水务行业得到广泛应用已经是大势所趋，但真正实现和水务项目有机结合、发挥关键作用也会面临着一些挑战，主要包括以下几方面。

1）数据质量和数据安全面临挑战

人工智能发挥功效需要有大量的数据做支撑，但水务行业作为一个传统行业，地方项目建设的信息化程度参差不齐，往往存在数据质量不高或数据缺失的问题，这些问题会影响人工智能模型的准确性和可信度。另外，智慧水务系统涉及大量敏感数据，如何在保障系统安全性、防止数据泄露和恶意攻击的条件下，实时、准确地收集水务行业数据，并进行可靠的处理和分析，是一个重要的挑战。

2）模型建立和优化面临挑战

水务行业涉及的因素非常复杂，如气象、水文、地质等各种因素的影响导致模型计算结果的不确定性。人工智能模型不仅需要考虑多个因素的综合作用，还需要遵循相关的行业法规和政策。如何建立和优化模型、识别和处理这些不确定性、提供准确且可靠的结果，是一个重要的挑战。

3）技术应用和社会认可面临挑战

人工智能技术在水务行业的应用对于相关部门和管理者来讲还比较陌生，在推广和应用过程中，需要具备相关的技术知识和专业经验。但目前水务行业的专业人才对于人工智能技术的了解和应用往往有限，需要加强专业技术人才的培养，提高技术的可操作性和普适性。水务行业的决策往往涉及重要的经济、生态和社会利益，因此智能模型算法的透明性和可解释性非常重要。如何提高人工智能算法的透明性和可解释性，确保算法的公平性，是一个重要的挑战。

4）成本和资源约束面临挑战

人工智能算法需要大量的计算资源来进行训练和推理，这包括高性能的处理器和存储设备，以及能承载大量数据和处理复杂算法的计算基础设施。人工智能的应用通常需要大量的高质量数据进行训练和学习。但是获取和准备这样的数据是一项昂贵和耗时的任务。数据的收集、清洗、标记和注释都需要人力、时间和技术的资源投入。这对于资源有限的水务单位和机构来说是一个重要的挑战。

面对这些挑战，水务单位和机构可以通过加强数据质量和数据安全管理、优化算法和模型设计、加强技术人员培训和单位合作、探索云计算和分布式计算等技术、共享资源和降低成本等方面来克服和应对挑战。同时，政府和水务行业相关单位也需要提供相应的政策和支持，推动人工智能技术在水务行业的应用和发展。

16.2.2　水务行业人工智能典型解决方案

智慧水务是智慧城市理念在水务行业的延伸，是智慧城市的重要组成部分，更是未来水务现代化的基础支撑和重要标志。在智慧城市发展的时代浪潮下,对水务信息化的建设提出了更高的要求,同时也为水务信息化发展提供了前所未有的机遇。智慧水务是水务信息化发展的高级阶段,是数字经济环境下实现数字化转型的必经之路。

　　智慧水务业务主要包含水安全、水环境、水资源、水生态、水工程和水事务等领域。水是人类生命的源泉,而随着城市的发展和全球生态环境的变化,水灾害问题频发,水污染问题也越来越严重,水资源短缺加剧,水业务的监管和治理也成为城市发展的一大困扰,水灾害、水污染、水资源等更是直接关系民生问题,影响人民的生命安全和财产安全。智慧水务业务如图 16-7 所示。

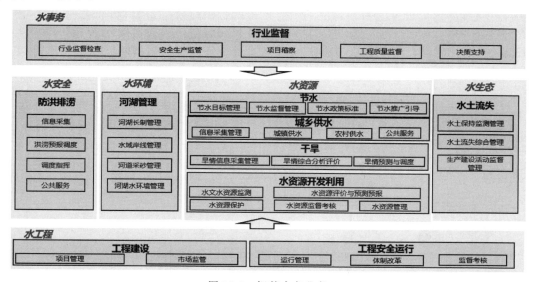

图 16-7　智慧水务业务

　　智慧水务是运用人工智能、物联网、云计算、大数据等新一代信息通信技术,充分发掘数据价值和逻辑关系,促进水务规划、工程建设、运行管理和社会服务的智慧化,提升水旱灾害的防御能力和水资源的利用效率,改善水环境和水生态,保障国家水安全和经济社会的可持续发展。智慧水务技术架构如图 16-8 所示。

　　近年来,云计算和大数据技术在水务行业的发展、算力的提升和算据的积累,使围绕机器学习和深度学习的人工智能技术在智慧水务的应用中取得了突破性的进展。即利用人工智能、数据分析等技术,实现对城市、河流、湖泊、湿地、水源地和水务工程等区域的水文监测、水资源调度、水环境保护等智能化管理。人工智能技术的引入,使水务工作人员能够更好地应对复杂多变的水文环境,优化水资源配置,保护水生态环境。人工智能技术在水务行业的应用场景如图 16-9 所示。

　　华为智慧水务人工智能解决方案采用人工智能技术和计算机视觉技术相结合,通过对视频图像进行特征分类学习、识别和分析,实现对河道区域内乱扔垃圾、倒排污水等不文明涉水行为的自动抓拍、城市内涝积淹水自动识别预警和水情信息智能监测等智能化识别。

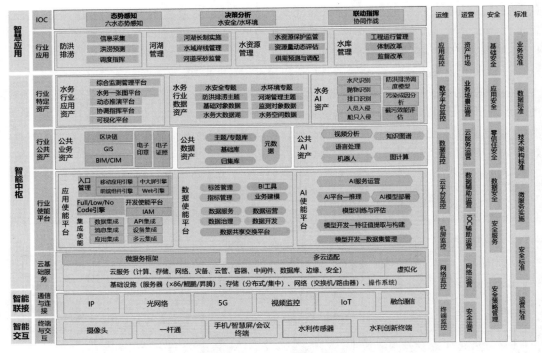

图 16-8　智慧水务技术架构

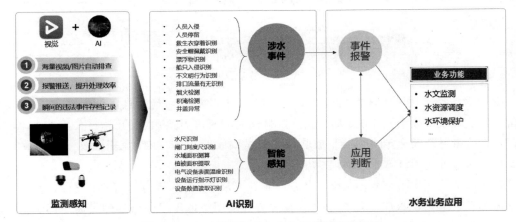

图 16-9　人工智能技术在水务行业的应用场景

通过自动发现问题，为水务业务应用提供更全面、更快捷的感知能力，减少需要大量人力排查的工作。华为智慧水务人工智能解决方案架构如图 16-10 所示。

　　同时基于深度学习等智能算法在水文遥感数据的处理和信息提取、山洪灾害影响因素识别和风险分析、洪水计算模型调参、洪水预报预警和洪灾风险评价等方面有着比较大的优势和应用前景。

　　智慧水务人工智能解决方案为水务行业的智能化、数字化提供了强有力的支撑，未来在

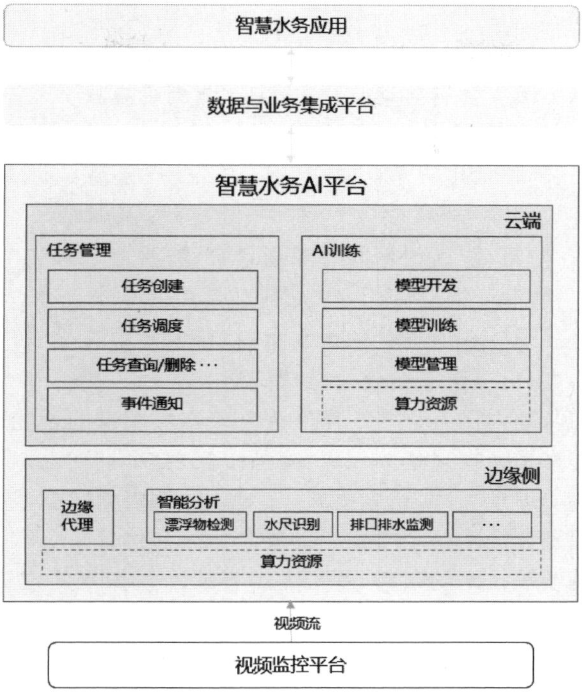

图 16-10　华为智慧水务人工智能解决方案架构

城市内涝预警、涉水事件监管、水情智能监测等领域发挥越来越大的作用,应进一步提升水务业务智能化水平和精细化管理能力,预计未来 3 年市场空间近 30 亿元。

1. 城市内涝预警

近年来,由于短历时强降雨或持续强降雨等极端天气导致城市内涝的现象渐趋严重,例如 2023 年北京特大暴雨、2021 年郑州特大暴雨等均导致了严重城市内涝灾害。暴雨内涝已经成为中国城市频繁发生、损失严重且影响较大的灾害,影响人们正常的生产生活,甚至对人们的生命财产安全产生了严重威胁。如何做到及时、有效地预警并通过一定的智能化手段来实现城市内涝从被动防御转向主动防御,是当前面临的重要课题。

城市内涝是因为高强度的降水或者连续性降水,超过了城市的排水能力,使城市内的一定区域产生积水而引起的灾害现象。城市内涝易发区有城区低洼地区、下凹式立交桥、地下轨道交通、地下商场与地下车库等。

目前,城市建设大量的视频监控,主要用于安防、交通等,可充分共享这些视频,同时补齐易涝区域盲区的监控,构建城市内涝积水等智能视频分析模型。对城市内涝易发区积淹情况进行及时预警,将通知发送至相关监管部门和市民,将可大大提高城市内涝实时监测覆盖范围以及监测预警能力,及时采取相应防护措施,避免产生更大的损失和危害,助力城市内涝从被动防御向主动防御转变。

2．水情智能监测

水情是水务的重要感知监测要素之一，对于日常的水资源调度、汛期的防洪排涝至关重要。目前，该数据监测手段主要有自动监测、人工监测两种方式。

自动监测依靠传统压力式水位计、雷达水位计、气泡水位计、浮子水位计进行水位自动监测并回传数据中心。其技术优点是比较成熟稳定；缺点是易受温度、湿度及风浪等影响，安装及维护成本较高。

人工监测常应用在防汛、灌区计算等业务场景中，需要人定时到现场通过仪器或读取水尺的方式进行。如在一些灌区监管部门，每天在 8 点、12 点、16 点派人在渠首读取水尺水位数据后，通过水位流量关系计算出渠首的来水量，在特大暴雨情况下，受天气影响，会造成人员读数不准确，误差增大，对人员安全也会造成威胁。

为了解决以上问题，国内已有许多厂商实现基于水尺图像的智能识别，相对传统人工或自动监测方式进行，提高了数据采集的效率，降低了安装成本及实施难度。虽然此技术也得到一定程度的应用，但受识别算法、识别模式、安装环境等因素影响，水尺识别的准确性表现仍不佳，且基于图像识别方法对每个摄像头的安装角度和位置要求较高，适应性不够。

随着大数据、大模型等技术的兴起，基于人工智能水尺识别将成为趋势，即使用人工智能开发平台，对大量水尺图像数据采集及筛选、数据标注及模型训练等深度学习后，使水尺刻度的识别算法可适应不同新安装的现场环境，做到安装摄像头即可使用，无须专业技术调试，后期升级模型算法即可。同时，通过人工智能方法也大大提高水尺识别准确性，可达到平均误差不超过 1cm、最大误差不超过 2cm 的精度。因此，基于人工智能水尺识别，相对传统人工读数和自动采集、常规图像识别，具备采集快、识别准、易适应等特点，可广泛应用到水情监测中。

3．涉水事件监管

目前全国流域涉水事件监管仍以人工巡河观察为主，如检查河道有无新增排污口、河道水体有无异味、河道设施是否完整、岸线是否存在四乱问题、是否存在非法电鱼等，涉及事件种类繁多、发生范围广，现有监管手段已经无法满足新形势下的要求。

随着视频 AI、遥感 AI 等技术的发展，充分利用已建视频监控资源、遥感卫星资源，建立一套能够利用计算机智能分析和理解音频、遥感和视频的模型库。通过从海量存储视频、遥感影像中挖掘出人工难以获取的信息，为后续的事件搜索预测提供了科学依据，避免视频建设了但是无人看、流域监管范围广监管难等问题，把工作人员从单调、重复、机械的被动巡查工作中解脱出来。有效实现水资源变化、水安全防御违规行为主动监测，形成水、物、人全方位的监控，实现大规模智能分析任务的调度、在线和离线分析、内容管理等，从而弥补传统的传感器和人工在处理涉水业务处理上的不足。遥感识别模型可实现河湖"四乱"、生产建设项目扰动、地表水体、土壤墒情、岸线变化、生态补水、下垫面信息、农业灌溉取用水等涉水事件发现；视频识别模型可实现采砂船、安全帽、漂浮物、垃圾堆、人员入侵等事件识别。

16.2.3　水务行业人工智能案例实践

南京市水务局为市政府工作部门,承担全市水行政管理工作,经过十多年的不断努力,南京水务信息化建设取得了较大的进步,智慧水务建设进行了积极的探索。建设完成水情、雨情、工情、水质、管网液位、压力等多种类型物联网感知系统,为水务工程调度、供排水管理等业务提供全面、翔实的数据支撑。

南京市智慧水务一期项目从 2020 年的 9 月启动正式建设,是南京市智慧水务建设和数字化转型的第一阶段,重点围绕当前水务工作迫切需要解决的防汛、供排水、河湖管理等方面的问题展开,充分整合和提升水务信息化建设成果,基本完成智慧水务框架体系的搭建,深化信息化技术与水务业务的融合,从而推动水务业务工作的现代化,统筹推进水务调度管理(防汛防涝)、供水管理、排水管理、河湖管理等应用系统建设。

本项目的建设内容主要包括立体感知体系、水务大数据中心、应用支撑平台、智慧水务应用和标准规范体系等内容。构建了"一网、一图、二中心、四平台、五＋N 应用"的总体架构,初步形成"平台集约化、业务协同化、决策科学化"的南京市智慧水务平台。南京水务一期项目架构如图 16-11 所示。

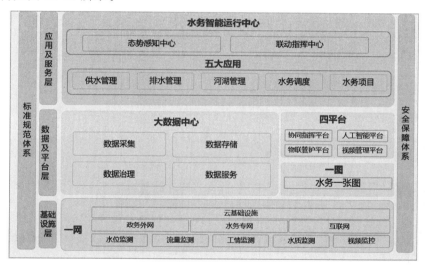

图 16-11　南京水务一期项目架构

针对人工智能技术在水务行业的应用,华为基于 AI 技术和计算机视觉技术相结合,通过对涉水视频图像进行特征提取、学习、识别和分析,实现城市道路积水识别、河道水位水尺识别、排口晴天排水识别、水源地人员入侵、泵站前池水面漂浮物等场景的智能识别;解决了金川河、秦淮河等主流河道的常见人为污染防治治理、汛期信息掌握不全面等问题,极大地提高了河湖管理和防汛防涝等场景的效率,支持业务监管快速闭环;践行了人工智能在水务行业的实践应用,进一步提升了水务业务工作的智能化水平。

1. 方案架构

视频智能分析平台利用先进机器学习、深度学习和计算机视觉等技术,结合智慧水务中的视频采集能力,面向水务提供智能视频分析和视觉作业任务管理等能力,实现基于通用视频＋智能分析来克服传统的传感器和人工在处理涉水业务上的不足,实现技术创新,AI方案的架构设计需要考虑如下内容。

(1) 构建满足智慧水务业务的 AI 模型开发、优化、管理、部署的端到端能力。

(2) AI 技术发展迅速,AI 平台需要保持其技术先进性,算法、算力升级,部署模型更新演进等能力。

(3) 基于 AI 模型算法训练对算力的要求,原则上使用云上提供的丰富的算力资源、先进的算法资源、成熟的 AI 能力。

(4) 基于视频的 AI 推理,考虑视频对传感链路的成本因素,推理部分的部署原则上部署在边侧,平台的部署满足业界的边云架构。

华为视频 AI 分析架构采用当前云计算、边缘计算主流技术架构,使用边云部署方式。主要分为云端和边缘端,将计算节点部署在客户侧(边缘端),进行算法推理,智能识别,通过公有云将计算节点纳管到平台中,实现管控面在公有云上。

云端可以实现升级算法服务版本、管理智能分析任务、查询任务状态、任务调度编排;边缘端充分利用边缘部署原则,节省视频上云的带宽,降低投资成本。通过云＋边的模式,取得 AI 能力与效益的平衡。水务视频 AI 解决方案架构如图 16-12 所示。

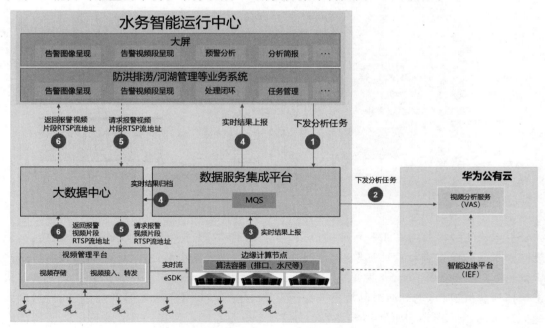

图 16-12　水务视频 AI 解决方案架构

业务流程如下。

（1）业务系统下发任务请求至数据服务集成平台。

（2）数据服务集成平台将该请求转发至 VAS（视频分析服务），VAS 通过 IEF（智能边缘平台）推送任务至边缘计算节点。

（3）边缘节点上视频解析算法推理将产生的告警信息发送至数据服务集成平台。

（4）数据服务集成平台将该告警信息推送至业务应用系统，同时把告警监测数据归档至大数据中心，实现监测数据全量入库操作。

（5）业务应用系统根据业务处理需要，选择向大数据中心获取告警相关信息和问题发生现场视频流地址。

（6）视频管理平台反馈现场视频流地址，业务应用系统选择现场视频流地址进行问题现场视频回看。

2．应用场景

1）城市道路积淹水识别

防汛期间，由于全市道路范围大，市重点积淹水位置和数量也会随着每年积淹整治工程的实施发生动态变化。大多数道路没有安装水尺，只能利用水务局、交通等部门建设的视频监控人工查看城市道路是否有积淹现象，这种检查汛情的方式及时性差，工作效率低。通过 AI 技术和机器视觉技术相结合，自动识别视频中存在的道路积淹水情况，实时报警，能够迅速了解全市道路积淹水情况，便于市政府、水务局等领导快速做出决策，安排对应人力进行排涝，减少城市内涝。城市道路积淹智能识别业务流程如图 16-13 所示。

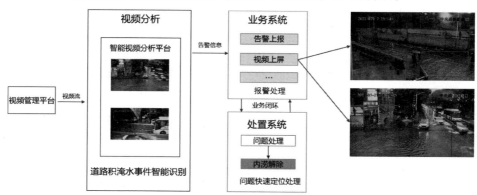

图 16-13　城市道路积淹智能识别业务流程

（1）视频分析平台对视频流实时分析，智能识别城市道路内涝情况，上报业务系统。

（2）监管人员根据上报结果，结合视频就可以实时感知城市各道路积水内涝情况。

（3）根据道路积水情况有针对性地进行排涝工作调度，快速解决内涝。

2）河道水尺水位识别

接入视频监控系统河道视频流数据，通过 AI 视频识别技术，直接识别出图像中的水尺水位信息，同时可反馈直观的图像供人工二次确认。当系统探测到水位超过一定数值后，则

发出告警信息。水位信息和现场图片通过实时传输网络传输，处理后存入系统数据库，水位
处理模块快速抓取数据库数据，最终生成可向用户显示的每个监测点的水位的准确实时
信息。

河道水尺水位算法主要用于监控读取河道水尺的淹没水位，通过算法识别目前水尺的
淹没程度，来输出当前淹没的水位深度。河道水尺水位识别场景如图 16-14 所示。

图 16-14　河道水尺水位识别场景

3）排口排水晴天识别

接入视频监控系统雨水排口视频流，通过 AI 视频识别技术，对特定排水口或溢流口在晴
天时有无排水进行监控、排口流量检测算法，用于检测当前视频拍摄范围内的排口是否有偷排
现象，如果有晴天排水，即时上报告警信息，并保留现场排水图像数据，结合排水时间、地点用
于研判是否存在偷排现象，进行后续的业务处理。排水排口晴天识别场景如图 16-15 所示。

4）水面漂浮物识别

接入视频监控系统泵站前池视频流，通过 AI 视频识别技术，对泵站前池有无垃圾漂浮
物进行监控。视频智能分析平台通过漂浮物识别算法完成泵站前池区域图像特征变化分析
和建模。当水池中出现漂浮物时，视频平台会对图像特征进行分析，如果检测到与特征模型
一致的场景，平台会输出告警并推送给相关管理人员，进行后续的业务处理。水面漂浮物识
别场景如图 16-16 所示。

图 16-15　排口排水晴天识别场景　　　　图 16-16　水面漂浮物识别场景

3. 方案价值

根据南京水务业务实际应用场景,通过 AI 技术和计算机视觉技术的结合,构建了城市道路积水识别、河道水位水尺识别、排口晴天排水识别、水源地人员入侵和泵站前池水面漂浮物 6 种智能化监测。实现易积水点、排口、水源地、泵站等监控视频变成了智慧的"眼睛",让传统的视频信息变成了更有价值的水情感知信息,涉水事件信息自动上传,改变了原来靠人看、靠人巡的现状,实现预测预报更准确、监测预警更及时、运行调度和联动指挥更加科学有效,进一步提升南京水务的智慧化管理水平。

4. 成功要素分析和启发

视频智能分析平台在南京市智慧水务一期项目中发挥重要作用,是人工智能技术在水务行业中应用的一个典型案例。对该案例的成功要素和启发可以总结为以下几方面。

1)清晰的目标和需求

具有明确方案目标和需求非常重要,在方案设计和实施过程中,要梳理分析业务过程中遇到的场景问题,了解项目的核心问题和所需的场景化解决方案,是指导整个项目过程的基石。

2)高质量的数据支撑

人工智能模型离不开高质量的数据。数据的质量会直接影响算法的准确性和项目的效果。因此,确保智慧水务项目的数据质量和可用性至关重要。

3)强大的算法和模型

视频智能分析平台很好地发挥作用,依赖于算法和模型的选择与实现。结合实际场景,选择合适的算法和模型对于解决问题和达到项目目标至关重要。

4)专业的团队和资源

视频智能分析平台背后拥有一个具有专业知识和技能的团队。团队成员除了具备数据科学、机器学习和人工智能领域的专业知识,还能在交付过程中和客户保持良好的沟通,贴合客户的需求,通过紧密合作来完成项目。

5)良好的项目管理和执行能力

南京市智慧水务一期项目是一个集成项目,项目有多个阶段和复杂的任务流程,视频智能分析平台建设项目是其中的一个子项目。良好的项目管理和执行能力能够确保项目按时、高质量地完成。

6)持续的优化和改进

视频智能分析平台的功能和性能并非一成不变,需要不断进行优化和改进。通过收集用户反馈、监测模型性能和调整算法参数等手段,持续优化项目是确保项目成功的关键。

16.2.4　总结和展望

随着人工智能技术在水务核心业务场景中的使用,利用水务大数据的大样本,不断地学习和训练过程,在保证了智慧水务模拟和预测的准确性前提下,实现城市内涝智能预警、涉水事件自动识别、水情智能化监测等场景化应用,把工作人员从单调、重复、机械的工作中解脱出来,有效实现对水资源变化、水灾害防御主动监测,形成水、物、人全方位的监控,带来了被动监管到主动监管的转变。

通过人工智能的技术应用,实现设备和数据的智能互联,将监测设备获取的水文、气象、水质等数据与机器学习和数据挖掘技术相结合,提高系统的自动化水平,对数据进行自动分析和处理,为管理决策提供依据。

通过人工智能的技术应用,建立智能化的水资源管理调度和水旱灾害防御模型,综合考虑如水位、流量、气象等各种因素和数据,对水资源态势变化进行模拟和优化,精确预测调水需求,帮助决策者制定科学、合理的水资源调控方案,提高供水的效率和可靠性,保障水资源调度的安全性。

通过人工智能的技术应用,利用图像识别和人工智能算法等技术,对监控图像进行分析,准确判断出涉水异常行为事件,及时发现并预警水质污染事件并提供有效的处理方案,保障水质安全。

展望未来,伴随着水务数据量的增长和积累、专业智能算法的不断完善,人工智能在水务行业的应用会更加广泛和深入。预计未来的发展方向包括人工智能模型对水资源的预测和管理更精确、深度学习模型在水质安全监测中的应用更广泛、基于人工智能技术的智慧水务系统更智能化等。同时,还需要加强对人工智能技术在水务行业中的合规性和安全性的研究和探索,确保人工智能技术在水务行业的应用能够为社会和环境带来真正的价值。

16.3　智慧应急

16.3.1　应急行业人工智能概况

1. 应急行业人工智能趋势

(1) 深度学习技术的广泛应用。深度学习技术可以处理海量数据,从中提取有价值的信息,提高应急响应的准确性和速度。

(2) 智能传感器的发展。智能传感器可以实时监测环境变化,为灾害预警和应急响应提供及时、准确的数据支持。

(3) 虚拟现实和增强现实技术的应用。通过虚拟现实和增强现实技术,可以模拟灾害发生的过程,进行应急演练和培训,提高应急救援人员的技能和应对能力。

(4) 智能决策支持系统。通过人工智能技术,可以建立智能决策支持系统,为应急管理人员提供快速、准确的决策支持。

2. 应急行业人工智能挑战

(1) 数据安全和隐私保护。人工智能需要处理大量数据,但数据安全和隐私保护是一个重要的问题。如何在利用数据的同时保护个人隐私和信息安全,是应急行业人工智能面临的一个挑战。

（2）技术标准和互操作性的问题。目前，人工智能技术在应急行业中的应用还没有统一的标准和规范，不同系统之间的互操作性也是一个问题。这需要加强技术标准和互操作性的研究与应用。

（3）应对复杂场景的能力不足。应急场景往往复杂多变，难以预测和控制。目前，人工智能技术还不足以完全应对这些复杂场景的挑战。

（4）算法透明度和公正性的问题。人工智能算法在应急决策中的应用需要保证算法的透明性和公正性，避免出现偏见和歧视等问题。这需要加强算法设计和评估研究。

16.3.2 应急行业人工智能典型解决方案

1. 监测预警

1）城市生命线：安全隐患全域感知，联动处置高效闭环

如图 16-17 所示，城市生命线综合监管平台以先进的城市安全管理理念为指导，按照"风险管理、关口前移"的发展思想，充分利用物联网、大数据、云计算、人工智能等信息技术，站在城市生命线安全的角度，构建全方位、立体化的城市生命线安全网，形成统一的城市生命线安全运行预警及分析大数据平台，建立协同高效的城市生命线安全管理及风险防控新模式。通过项目的建设，将实现城市生命线安全管理模式从被动应对向主动保障、从事后处理向事前预防、从静态孤立监管向动态连续防控的转变，为安全示范城市的建设奠定基础，最大限度地提升城市韧性。

图 16-17 城市安全风险监测架构示意

2）危化园区安全生产智能预警

石油和化学工业是中国重要的基础产业、支柱产业,化学品产值约占全球的40%。同时,危险化学品领域重特大事故多发,安全生产仍处于爬坡过坎、攻坚克难的关键时期。作为流程工业,在危险化学品领域推动工业互联网、大数据、人工智能等新一代信息技术与安全管理深度融合,是推进危险化学品安全治理体系和治理能力现代化的重要战略选择,对于推进危险化学品安全管理数字化、网络化、智能化,高效推动质量变革、效率变革、动力变革,具有十分积极的意义。

应急管理部《“十四五”危险化学品安全生产规划方案》对推进安全管理数字化转型提出明确要求。要把握新一轮科技革命和产业变革机遇,重点推动工业互联网与危险化学品安全生产深度融合,形成企业管理平台、政府监管平台、网络生态系统协同创新发展格局。推动国家、省、市级危险化学品安全监管信息共享平台建设。升级危险化学品安全风险监测预警系统,重点推进功能迭代和应用拓展,实现部、省、市、县、园区与企业上下贯通、联网管控。推进化工园区、企业安全风险智能化管控平台建设,加快推进安全管理、工艺装备等信息系统整合,提升安全管理数字化、智能化水平。

（1）现状分析。

传统的危化生产安全监管多采用有线网络如光纤或无线网络4G回传数据,但危化生产区域内部线路结构复杂,涉及大量的线缆、桥架、线管、接头以及网络设备的投入,有线网络部署复杂,排除故障周期长,易延误生产。偏远区域（如楼顶、灌顶、排风口）或环境恶劣区域（酸碱/高温等线缆易腐蚀区域）部署有线网络设备和线缆更加困难,而4G无线网络带宽又不足以回传高清监管视频,造成大量的监管盲区,可能造成严重安全隐患或事故。

另外,传统的生产安全监管主要靠人工方式,如危化的动火、动土、高空、吊装、密闭空间、断路、槽车装卸等危险作业,主要依赖现场监管人员监管,但经常有不规范情况发生,如监管人员离岗、操作人员不按操作规程作业等,且大量特殊作业点位不固定,无摄像机覆盖,或摄像机角度固定,易被遮挡,安全隐患多,事故频发。

（2）技术特点。

通过5G视频传输与AI分析两种创新技术充分结合,可以有效解决危化生产安全目前面临的网络部署难、网络带宽不足、存在监管盲区、监管依赖人工等关键问题与挑战,如图16-18所示。

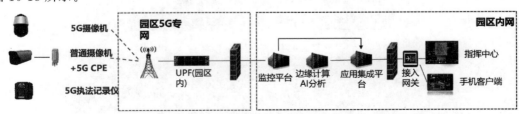

图 16-18　5G＋AI 解决方案参考组网

如图 16-19 所示,5G 可以实现更加灵活、高效的部署,实现对危化园区道路、管廊、火炬、污水处理厂、排洪渠等公共区域以及企业罐区、装置区、作业区等各类场景下的网络覆盖,解决有线(光纤)、4G、NB-IoT、工业 Wi-Fi 等传统通信技术的短板,且 5G 具备大带宽(1Gb/s 上行速率)、低时延(5ms)等明显技术优势,可以有效解决当前及未来高清监管视频(2K、4K 甚至 8K)的实时回传和视频质量问题,保证后端指挥中心可以实时、无损地看到现场情况,并为人工智能算法分析提供了良好的视频素材保障。

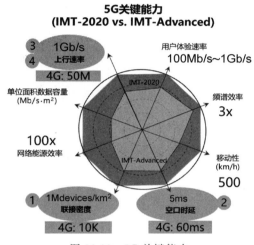

图 16-19　5G 关键能力

人工智能技术突飞猛进,近年来在危化场景也有了越来越多的应用,如中控室离岗、睡岗检测,装置区攀爬检测、入侵监测、烟火检测,作业区域工服工帽监测、抽烟打电话检测等算法日趋成熟。丰富的人工智能算法实时智能分析现场视频,对人的不安全行为、物的不安全状态和环境的不安全因素及时预警,避免事故的发生,有效提高监管效率,提升园区整体安全水平。

3) 森防:火情早发现、早预警、指挥全协同业务目标

森林草原火灾被联合国列为世界八大自然灾害之一,不仅严重破坏森林资源和生态环境,而且对人民生命财产和公共安全产生极大危害。通过"天空地人"立体式信息化监测手段辅助火灾的早发现、早预警、早处置,实现省、市州、区县、乡、村信息互联互通,增强森林火灾预防体系能力非常重要。

"天空地人"立体式监测数据汇总到云平台实现信息的互联互通,支撑协同指挥,如图 16-20 所示。

天:基于卫星遥感监测,结合气象、植被、地形、社会这 4 个火情风险等级评估因子,每 12 小时刷新森林火险等级预警,对未来 1 周内进行监测,精确到乡镇级,做到早期预警;通过静止和极轨卫星的组合,实现最快 5min 火情刷新,20min 火情定位;提供国内领先的火点提取算法,使得火点定位精度在 1 像素内,误差为 0～2km,最快 1 小时获取火灾卫星影像图。

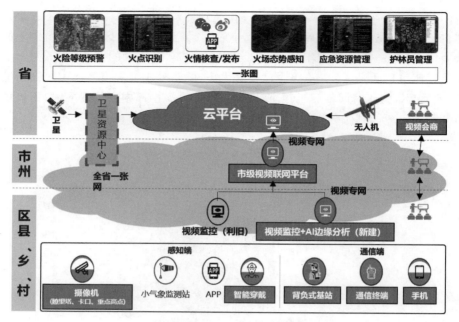

图 16-20　省、市、区县联动架构

空：通过无人机，进行中低空巡查，提供火场实时态势感知和监视服务。

地：地面监测采用端、边、云相结合架构提升森林防火预警的及时性、准确性，支持省、市、县、乡、村多级部署。主要实现机制为：烟火识别算法加载到森防摄像机里面实现初次识别，如果摄像机监测到疑似火情时，会把拍摄到的图片、短视频上载到边、云端进行二次识别，识别准确率提升到 99％以上。在野外森林防火监测站中，一体化视频站点通过 5G 微波、LTE 专网技术，实现 4K 级高清视频回传。

人：华为提供太阳能供电、微波、室外 Wi-Fi 等设备构建野外通信网，帮助巡护员在日常野外巡护时，及时上报巡护事件。在断网、断路、断电的极端情况下，救援队伍通过单兵背负式基站、移动通信终端组成 3～5km 局域通信网，建立现场与指挥部清晰语音、视频联系，保障最后一公里"生命热线"。

4）数字消防：火灾早发现、早预警、早处置

如图 16-21 所示，"数字消防"发挥数字技术引领工作效能变革、助推转型升级的倍增器作用，推动消防救援数字化、智能化转型发展，促进消防治理体系和能力现代化，为防范化解重大安全风险、应对处置各类灾害事故提供有力支撑。

以数据为基础，以智能化服务为主线，深化数字技术在火灾防控、监管执法、作战指挥、队伍管理、网上办公、应急通信等领域的融合创新，构建与国家综合性消防救援队伍改革发展需要相适应的数字化支撑体系，数字技术与消防救援中心工作深度融合，数据赋能业务和数字应用创新全面突破。

强化数字智能化赋能、深化平台运用，实现风险隐患早发现、早预警、早处置，为消防装上

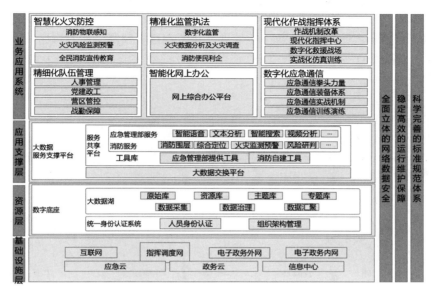

图 16-21　数字消防架构

"数智"引擎,能在火灾事故发生的"黄金时间"尽早处置,达到"灭早、灭小、灭初期"的实际效果。

以"安全第一,预防为主"为指导方针,构造"集中领导,统一指挥,反应灵敏,运转高效"的消防安全应急体系,全面提高应对火灾的能力。

消防行业智能化需求很广泛,包括如下方面。

(1)火灾预警与检测。利用智能化对火灾风险预警和检测。通过分析历史火灾数据、气象数据、地理信息等,可以对火灾发生的可能性进行预测,并提前采取相应的防范措施(如:发送到消防部门,消防部门提前消防安全检查和整顿)。同时,通过对火灾现场的实时监测,可以及时发现异常情况并迅速采取救援措施。

(2)灭火救援指挥。利用智能化可以实现灭火救援指挥的智能化和协同化。通过实时接收火灾现场的数据信息,盘古大模型可以快速生成救援方案,并协调各方力量进行灭火救援。同时,还可以对现场情况进行实时分析和评估,为指挥决策提供支持。

(3)消防设施管理与维护。利用智能化可以实现消防设施的智能化管理和维护。通过对消防设施的实时监控和数据采集,可以及时发现设施故障或异常情况,并迅速采取维修措施。同时,还可以对设施运行数据进行深度分析和挖掘,为设施优化和维护提供支持。

(4)消防宣传与教育。利用智能化可以实现消防宣传和教育的智能化和个性化。通过分析公众的需求和兴趣,可以定制化地推送消防安全知识和宣传内容,提高公众的消防安全意识和自救自护能力。同时,还可以对宣传效果进行评估和反馈,为宣传策略的优化提供支持。

2. 应急指挥

数字时代背景下,如何推进应急的变革和创新是世界各国共同面临的重大课题。应用新兴数字技术加速推动应急的数字化转型,成为各国共同的路径选择。如图 16-22 所示,共建数字应急共同体,助力应急高质量发展的开放合作,消除数字壁垒、缩小数字鸿沟,提升危机应对,推动转型创新,统筹行业发展与ICT应用深度融合,需要充分发挥政府各部位及全社会的优势,共同推动应急行业的数字化发展。数字应急不仅需要构建融合连接、计算、云、AI、安全等技术能力的支撑,还需要业务、管理和服务的数字化,实现跨越从智能化交互、连接到中枢、应用的多层次、全方位协同。

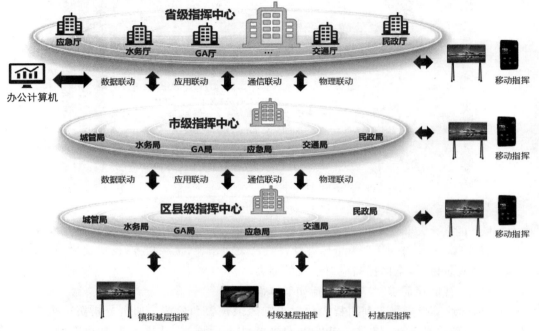

图 16-22　多级联动指挥示意

发展数字应急需要具备以下能力。

1)连接汇聚全场景应急资源

应急的发展需要基础设施支撑、数据和内容资源汇聚、数字技术能力构建,实现业务、管理、技术、数据、应用等多种要素的大集成,对应的数字应急也应是覆盖更多应用的"全场景资源"。数字化、智能化不是一时一地的局部创新,而是随时随地的全流程联动,不是单兵突进的孤立应用,而是应急在协同、调度、指挥、感知、单兵作战等方面进行多层次、全方位的聚合效果。

2)支撑实现全方位开放协同

数字化推动应急变革创新,需要各参与方推动协同观念下数字应急发展。应急是保障国家经济发展和综合国力提升的基石与支撑,是经济发展和社会稳定的基础与先导。新一轮科技革命和产业变革的持续演进给应急行业的创新发展带来了难得的机遇,数字应急成为促进应急资源高效配置及推动救援质量提升、效率提升和体验提升的重要抓手。

3. 培训演练

1)推动协同观念下智慧应急培训及仿真训练技术发展

如图 16-23 所示,结合国内外应急行业教育培训经验,整合现有训练数据,结合中国国情和应急行业实践与管理经验,融合国内外先进技术手段共同应用于各级应急队伍日常培训,通过业务与技术的完美融合,最终将经过行业沉淀后一套标准的、先进的、科学的、更适用于中国现有国情的应急行业课程培训体系应用于智慧大应急领域,从而实现复杂的灾害场景模拟、事故发展多线条、评估体系标准化、培训互动形式多样性的培训形式,从而提升课程专业性与互动体验感。应急人员心理训练范畴包括情景模拟训练、技能形成训练,认知训练及心理放松训练等,本项目以情景模拟训练和技能形成训练为主要研究内容,包括以技能形成训练方式的动态心理训练测试技术和以情景模拟训练方式的静态心理训练测试技术。体能训练和心理训练是应急人员训练的两个至关重要方面,体能与心理两者既独立又相互影响,是应急救援人员综合能力考核的重要硬件条件。两者相互影响和关联,尽管不乏理论研究,但是研究的数据支撑体系严重缺乏,需要有效的技术手段才能得以深入研究。本项目拟通过测试数据进行两者关联研究,期望对应急人员的训练起到指导作用,进而在实战中提升应急作战能力。

图 16-23　培训演练业务图示

（1）编制一套适用于应急管理部针对应急的评价标准。

传统应急培训评价依据经验进行判断评估,但是科技化、信息化发展的今天,急需寻找一套从日常培训数据、日常实战数据以及行业标准要求中运用科学的理论、方法和程序从培训结果中收集数据,并将需求、目标联系起来提炼出的应急培训评价标准,以评估应急学员培训的质量与效果。简言之,从多个层面的培训结果中来考量培训是否有效的过程。

（2）健全应急培训的支撑体系。

现代化科技发展的今天,应急培训不应该是传统的、单一的、固化的授教模式,而是通过专业应急业务知识与软件和硬件相结合,形成一套全新的应急教育培训形式,业务是应急行业专业的业务知识、业务标准等,在专业的业务知识支撑下结合软件应用,实现运用三维可视化交互等形式进行应急课程培训,硬件是培训所用到的场地、设备、工具等,是应急培训展开的基础保障。

（3）推进应急培训手段现代化建设。

数字化、信息化是未来市场发展的大趋势，将专业的应急业务知识、日常培训与实战数据通过现代化科技手段与软件、硬件相结合，制作出一套包含"全灾种"的培训体系与评估标准，同时将情景模拟、角色扮演、沉浸式交互等方法作为应急培训的主要方法，不仅要将应急培训课程知识深入灌输到人们的意识当中，还要提高实际应急实战能力，为此要统一组织开发应急系统程序，提高培训的技术装备水平，统一开发标准化的培训场地或教学设施，以提高实战能力，真正意义上实现三维仿真培训和实际操作两手抓，让真正的安全服务意识深入人心。

2）打造应急培训演练共同体

（1）建设一套可支撑及完善的科学化应急数字化平台。

以应急救援业务为核心，结合伙伴应急培训演练系统与 FusionCube、Atlas、智慧屏，综合运用大数据、云计算、三维可视化、VR、自由组态、数据分析、算法训练、云渲染等技术，用全新的理念与模式建设一套可支撑及完善的科学化应急培训平台，同时基于应急培训平台建立应急培训课程与评价标准，通过不断的培训教育实战，最终形成应急标准的培训课程体系与评价指标。

（2）建设一套基于 VR 技术的虚拟仿真训练课程体系。

主要面向应急救援人员进行应急救援处置，利用沉浸式 VR 技术，以应急队伍现有应急救援装备器材为基础，通过视觉、听觉、触觉 3 个层面复现城镇人员密集场所或危险化学品事故等重大火灾事故情境下的灭火处置与救援，使其能在虚拟火灾场景中进行体验训练。系统以三维立体显示为展示手段，人机交互为操作模式，模拟各类火灾场景中的战术要点和工具使用方式，达到训练基层应急人员的目的，系统支持多人系统模拟演练，通过华为小行星网络架构及 Wi-Fi 6 技术应用，协同训练过程更流畅。

（3）以信息化手段构建的实战加虚拟的"全灾种、大应急、综合性"的应急培训大纲服务于智慧大应急。

在日常教学培训的同时，通过应急培训系统编辑专业化的培训课件，不断地进行课程的丰富与优化，最终实现涵盖"全灾种"培训课程，同时可实现全要素影响课程中业务逻辑事件多线条发展，使培训更灵活、更贴近于现实，服务于大应急，实现"全灾种、大应急"应急培训系统。

（4）建设一套适用于应急各类专业救援队伍的应急培训课程体系。

建立完善的由浅入深进阶式的应急培训课程体系，坚持理论和实践相结合，将"学、练、考、评"四者紧密相连，根据受训者职能的不同，提供有针对性的培训课程。应急培训课程打破传统固化形式，课程内容灵活发展，运用三维仿真技术真实化场景还原，更贴近现实情况，通过情景化/沉浸式的交互体验，使学员们在虚拟仿真培训中提高自己专业技能与应急素质，从而达到全方位、多角度地提高受训人员的专业技能和应急救援协调处置能力。

3）共建"应急共同体"，助力应急救援队伍综合能力提升

VR 虚拟仿真训练室建设助力广西应急救援指挥水平能力提升。

广西应急厅 VR 虚拟仿真训练室探索应急事件应对的情景模拟教学,通过再现整个事件场景,让学员进入危机处置场景。在这里,学员要进行演习式的角色扮演,模拟处置各类危机,包括群体性事件、自然灾害、公共安全危机等具有挑战性、代表性的场景,启示学员如何面对、处理危机事件,同时提高领导干部的指挥决策能力。

VR 虚拟仿真训练室坚持以需求为导向、以问题为核心、以专题性为特点的案例教学,实现三个转变:"把学员转变成教员,把课堂转变成现场,把案例转变成事件",充分发挥学员在培训中的主动性和能动性,充分交流学员自身实践经验。

应急事件应对实训室教学是指创设教学所需要的接近实际工作或生活的场景,由学员在这种场景中分别担任不同角色,教师在一旁进行指导、分析,并做出最后总结的一种虚拟实践性培训方法。这种方法让学员身临其境,突出操作性、讲究趣味性、注重实效性、兼顾学理性,具有理论与实际高度结合、教师与学员高度投入、学员自身管理经验与模拟情景高度融合的特点。

16.3.3　应急行业人工智能案例实践

华为联合福建省邵武市金塘工业园区,联合打造危化园区智慧化管理标杆。金塘工业园区 2005 年启动建设,规划面积 40.16km^2,设吴家塘、下沙、晒口 3 个化工集中区。随着园区规模不断扩大,危化企业和重大危险源数量不断增多,金塘工业园区面临安全监管存在盲区、安全监管不智能、应急事件处置慢、效率低等挑战,严重阻碍了园区的高质量发展和安全管理提升。

华为联合金塘工业园区,参照"应急智能体"智能应用、智能平台、智能底座、智能联接、智能感知的架构,搭建统一的智慧化管控平台,实现园区系统全面连接、数据深度融合、业务充分联动。通过全覆盖的安防设备网络和智能化分析,实现对出入园区的人员、车辆以及企业内部两重点一重大监管主体的全面监管及智能分析,提升了对人的不安全行为、物的不安全状态、环境的不安全因素的及时响应,提前预防。实现将应急、消防、公安、医院、交通、企业各协同管理的主体纳入应急通信指挥进行"六合一"调度,有力地提升了应急指挥的效率,实现应急响应快、现场看得清、指令传达准。

园区是危化产业发展的主战场,充分运用 5G、物联网、人工智能等现代信息技术加强对园区的信息化、智能化改造,有效提升危化园区管控水平,推进园区治理体系和治理能力现代化,为实现"数字应急共同体"打下坚实基础,提供有力保障。

16.3.4　总结和展望

与时俱进的应急智能体,将织密全方位、立体化的"防-训-救"公共安全防御体系,推动事后应急向事前预防转型,减轻灾害风险,应对综合减灾,实现"超标应急"人民生命财产无恙、城市基本功能不失。

第四篇

智能化支撑体系

第 17 章

关键组成

随着科技的飞速发展,城市和公共事业的智能化转型已成为大势所趋。在这个过程中,技术、数据、安全、生态等多个因素都起着至关重要的作用。特别是在城市和公共事业领域,AI 的应用正在改变着人们的生活。然而,要实现 AI 在城市和公共事业中的成功应用,需要克服许多挑战。以下将就 AI 成功的关键要素进行简单概述。

筑基才能强基,AI 智能化的成功是一个复杂的系统工程,需要政府、公众、企业、科研机构等各方的共同努力。只有这样,才能实现城市和公共事业的繁荣发展,推动国家的进步和发展。

17.1 技术

从技术角度来看,城市和公共事业成功的关键在于持续的技术创新和应用。政府需要通过投资研发,推动新技术、新方法在城市和公共事业中的应用,提高公共服务的效率和质量。同时,政府也需要通过教育和技术培训,提升公众的科技素养,使其能够更好地利用和享受公共服务。此外,政府还需要通过建立完善的知识产权保护制度,鼓励科技创新,保护创新者的合法权益。

技术是实现 AI 成功的基础。城市和公共事业机构需要拥有足够的技术能力,包括 AI 技术的理解和掌握,以及 AI 项目的实施和管理。此外,随着 AI 技术的不断发展和更新,持续的学习和适应也是必要的。

17.1.1 技术创新

技术创新是 AI 在城市和公共事业领域取得成功的关键因素。近年来,AI 技术取得了突飞猛进的发展,特别是在深度学习、自然语言处理、计算机视觉等领域取得了重大突破。这些技术的进步为 AI 在城市和公共事业领域的应用提供了强大的技术支持,使得 AI 能够更好地解决实际问题,提高工作效率,在智能医疗领域,通过利用自然语言处理技术,AI 可以帮助医生快速阅读病历,提高诊断效率。

技术在不断地演进发展、更新迭代,常用的 AI 技术举例如下。

(1)机器学习让计算机通过数据学习和改进性能的技术,如监督学习、无监督学习、半监督学习、强化学习。

(2)深度学习一种基于神经网络的机器学习方法,模拟人脑神经元的工作方式,如 CNN(Convolutional Neural Network,卷积神经网络)、RNN(Recurrent Neural Network,

循环神经网络）、LSTM（Long Short-Term Memory，长短期记忆）、GAN（Generative Adversarial Network，生成式对抗网络）。

（3）自然语言处理让计算机理解和生成人类语言的技术，如语义分析、情感分析、机器翻译、语音识别。

（4）计算机视觉让计算机理解和解析图像和视频的技术，如目标检测、图像分割、人脸识别、场景理解。

（5）推荐系统根据用户的行为和偏好，为用户推荐相关内容的系统，如协同过滤、基于内容的推荐、混合推荐。

（6）机器人技术让计算机控制机器人执行任务的技术，如问答机器人、无人机、工业质量检测机器人。

随着时代的发展，AI 技术也在同时高速地发展，技术在不断地变革与创新，随着未来新技术的诞生，人类科技将呈指数级攀升，前沿科技将不断推动社会发展，带动社会生产力的提高并将应用不断扩展到不同领域，为人类带来前所未有的便利和创新。

17.1.2　AI 发展

AI 技术的应用日益广泛，从教育医疗、农业到旅游文体等各方面都取得了显著的成果。在城市和公共事业领域，需要明确 AI 的应用目标。这包括提高公共服务的效率和质量、提升公众的生活质量，以及推动城市和公共事业的创新与发展。这些目标将指导人们在使用 AI 技术应用领域的选择和决策。

（1）数据资源是 AI 在城市和公共事业领域取得成功的重要基础。

AI 技术的发展离不开大量的数据支持。在城市和公共事业领域，各类公共服务产生的海量数据为 AI 技术的应用提供了丰富的数据资源。例如，在教育领域，学生的学习数据、教师的教学数据等都可以为 AI 技术提供宝贵的数据支持；在医疗领域，患者的病历数据、医生的诊断数据等都可以为 AI 技术提供有力的数据支撑。这些数据的积累和整合为 AI 技术在城市和公共事业领域的应用提供了坚实的基础。

（2）政策支持和市场需求是 AI 在城市和公共事业领域取得成功的重要推动力。

各国政府纷纷出台了一系列政策和规划，以推动 AI 技术的发展和应用。要加快人工智能产业的发展，美国、欧洲等国家和地区也相继出台了类似的政策。这些政策的出台为 AI 在城市和公共事业领域的应用提供了有力的支持，使得相关企业和研究机构能够更加积极地投入到 AI 技术的研发和应用中。同时，随着社会经济的发展和人民生活水平的提高，人们对公共服务的需求也在不断增长。而 AI 技术的应用可以有效提高公共服务的质量和效率，满足人们日益增长的需求。因此，市场需求是推动 AI 在城市和公共事业领域取得成功的重要动力。

（3）行业内各大技术厂商在 AI 技术上的持续投入，推动 AI 在城市和公共事业领域取得成功的重要因素。

许多企业和研究机构纷纷加大对 AI 技术的研发投入，以期在城市和公共事业领域取得突破。同时,企业之间的合作也在很大程度上推动了 AI 技术在城市和公共事业领域的应用。例如,谷歌与英国国家卫生服务体系合作,利用 AI 技术进行癌症筛查。这些合作为 AI 在城市和公共事业领域的应用提供了宝贵的经验和资源。

技术创新、数据资源、政策支持、市场需求以及企业投入和合作等因素共同促使了 AI 在城市和公共事业领域的成功应用。然而,也应该看到,AI 技术在城市和公共事业领域的应用仍然面临着诸多挑战,如数据安全、隐私保护等问题。因此,需要在继续推动 AI 技术发展的同时,加强相关法律法规的建设和完善,以确保 AI 技术在城市和公共事业领域的健康发展。

17.2　安全

从安全角度来看,城市和公共事业成功的关键在于严格的安全管理和有效的应急响应。政府需要通过制定和执行严格的安全标准和规定,确保城市和公共事业的安全运行。同时,也需要通过建立和完善应急响应机制,提高应对各种突发事件的能力。此外,还需要通过加强公众的安全教育,提高公众的安全意识,使其能够在遇到安全问题时,能够及时、正确地采取行动。

17.2.1　影响安全的因素

AI 技术的应用也日益广泛,从财政、统计到税务等各方面都取得了显著的成果。然而,AI 技术在城市和公共事业领域的应用也面临着诸多安全挑战。

1. 政策合规

政策合规是支持实现 AI 成功的重要因素。政府需要制定相应的政策和法规,为 AI 在城市和公共事业中的应用提供法律保障。同时,政府还需要通过政策引导和激励,推动 AI 在城市和公共事业中的广泛应用,来共同制约和影响 AI 安全,牵引 AI 技术向着正方向不断迈进发展。

2. 数据安全

数据安全是 AI 在城市和公共事业领域取得成功的关键因素。AI 技术的发展离不开大量的数据支持。在城市和公共事业领域,各类公共服务产生的海量数据为 AI 技术的应用提供了丰富的数据资源。然而,这些数据往往涉及个人隐私和敏感信息,如何确保数据的安全存储和传输成为一个亟待解决的问题。因此,建立健全的数据安全管理制度和技术手段,对数据进行加密、脱敏等处理,防止数据泄露和滥用,是确保 AI 在城市和公共事业领域取得成功的重要保障。

3. 网络安全

网络安全是 AI 在城市和公共事业领域取得成功的基础条件。随着 AI 技术的广泛应用,网络攻击和黑客行为也日益猖獗。在城市和公共事业领域,一旦遭受网络攻击,可能导致公共服务系统瘫痪,甚至危害国家安全和人民生命财产安全。因此,加强网络安全防护,提高网络安全意识,建立健全的网络安全防护体系,是确保 AI 在城市和公共事业领域取得成功的重要前提。

4. 法律法规和伦理道德

法律法规和伦理道德是 AI 在城市和公共事业领域取得成功的约束机制。随着 AI 技术的发展,其对社会伦理道德和法律法规的挑战也日益凸显,建立健全的法律法规体系,明确 AI 技术在城市和公共事业领域的应用边界与责任归属,引导 AI 技术的健康发展,是确保 AI 在城市和公共事业领域取得成功的重要保障。同时,强化 AI 技术的道德伦理教育,培养具有社会责任感的 AI 技术人才,也是确保 AI 在城市和公共事业领域取得成功的重要因素。

17.2.2   国际合作安全共赢

技术创新与国际合作是 AI 在城市和公共事业领域取得成功的推动力。面对日益严峻的安全挑战,需要不断推动 AI 技术的创新和发展,以提高其在城市和公共事业领域的安全保障能力。例如,研究新型的数据加密技术、网络安全防护技术等,以应对不断变化的安全威胁。同时,加强国际合作,共同应对跨国网络犯罪和恐怖主义等全球性安全问题,也是确保 AI 在城市和公共事业领域取得成功的重要途径。

随着人工智能技术的快速发展,AI 安全问题日益引起国际社会的广泛关注。加强国际合作共赢 AI 安全,不仅是保障人工智能技术可持续发展的关键,也是维护全球网络安全、促进国际经济发展的重要举措。AI 安全有助于建立全球统一的 AI 安全标准。目前,不同国家和地区对 AI 安全的理解和要求存在差异,这给 AI 技术的跨国应用和合作带来了挑战。通过加强国际交流与合作,可以逐步建立起全球统一的 AI 安全标准,降低跨国间 AI 技术应用中的风险。

数据安全、网络安全、法律法规和伦理道德以及技术创新和国际合作等因素共同构成了 AI 在城市和公共事业领域取得成功的安全因素。在未来的发展过程中,需要充分认识这些安全因素的重要性,采取有效措施,确保 AI 技术在城市和公共事业领域的健康、安全、可持续发展。

17.3   生态

从生态角度来看,城市和公共事业成功的关键在于建设可持续的上下游生态体系。政府需要通过制定和实施相关政策,引导、支持城市和公共事业的智能化转型。这包括生态园区建设,打造高新技术产业聚集地,并为企业增加活力;同时,也需要通过建立和完善生态机制,实现以高新技术企业带动经济发展的双赢。此外,政府还需要通过加强 AI 上下游产业生态建设,增强意识,使其能够在城市发展历史过程中起到支撑作用。

17.3.1　构筑通用原子能力

AI 的发展离不开一系列生态因素的支持。这些生态因素包括政策支持、技术创新、市场需求、人才培养和数据资源等。

1. 政策支持

政策支持是 AI 在城市和公共事业领域取得成功的关键因素。政府对 AI 技术的重视程度和政策导向直接影响着 AI 在城市和公共事业中的应用和发展。近年来,中国政府出台了一系列政策,如《新一代人工智能发展规划》等,明确提出要加快 AI 在城市和公共事业领域的应用,推动 AI 与各行业的深度融合。这些政策的出台为 AI 在城市和公共事业的发展提供了有力的政策保障。

2. 技术创新

技术创新是 AI 在城市和公共事业领域取得成功的基础。随着 AI 技术的不断发展,越来越多的创新技术被应用于城市和公共事业领域,如 NLP、CV 等。这些技术的发展为城市和公共事业提供了更高效、更智能的解决方案。例如,在医疗领域,AI 技术可以帮助医生进行疾病诊断,提高诊断的准确性和效率;在教育领域,AI 技术可以实现个性化教学,提高教学质量。

3. 市场需求

市场需求是 AI 在城市和公共事业领域取得成功的动力。随着社会经济的发展和人民生活水平的提高,人们对公共服务的需求越来越高。AI 技术的应用可以有效满足这些需求,提高公共服务的质量和效率。

4. 人才培养

人才培养是 AI 在城市和公共事业领域取得成功的保障。AI 技术的应用需要大量的专业人才,包括研究人员、工程师、产品经理等。为了满足这些人才需求,各级政府和企业纷纷加大对人才培养的投入,设立专门的培训机构和课程,培养更多的 AI 人才。此外,高校和科研机构也在加强与企业的合作,推动产学研一体化发展,为 AI 在城市和公共事业领域的应用提供源源不断的人才支持。

5. 数据资源

数据资源是 AI 在城市和公共事业领域取得成功的基础。AI 技术的发展离不开大量的数据支持。在城市和公共事业领域,各类公共服务产生了大量的数据,如医疗数据、教育数据、应急数据等。这些数据为 AI 技术的应用提供了丰富的数据资源。同时,政府和企业也在加强对数据资源的管理和利用,建立数据融合生态体系,通过数据挖掘和分析,为城市和公共事业提供更有针对性的解决方案。

17.3.2　建立融合应用生态

在未来的发展过程中,应继续关注这些生态因素的变化,不断优化 AI 在城市和公共事业领域的应用环境,推动 AI 技术与城市和公共事业的深度融合,为人民群众提供更加优质、高效的公共服务。

　　应用目标、高质量的数据、强大的技术能力和支持的政策环境是成功的关键基石。只有当这些要素都得到满足时，才能实现 AI 在城市和公共事业中的成功应用，从而推动社会的发展和进步。

17.4　数据

　　从数据角度来看，城市和公共事业智能化行业大模型的发展离不开高质量的行业数据集，提升数据作为核心生产要素的价值，也是衡量行业人工智能发展程度的重要特征之一。

　　中国具有海量数据资源和丰富的应用场景优势，自从数据成为一种新型的生产要素后，数据领域的发展迈上了新的台阶。社会各界逐渐认识到，数据作为新型生产要素，是加快构建新发展格局的新资源、新动力。随着人工智能技术的不断发展，数据在人工智能领域的应用也变得越来越广泛。数据是人工智能的基础，是机器学习、深度学习等人工智能技术的关键所在。在人工智能技术中，数据被认为是获得预测、分类和建模等目标所必不可少的基础，而且数据的质量和数量决定着模型的性能和可靠性。

　　汇集整合城市运行的全时空、全方位、全要素的大数据资源，打通信息壁垒，消除信息孤岛，建立"用数据说话、用数据决策、用数据管理、用数据创新"的工作机制，提升基于大数据的政府治理能力和公共服务水平，促进大数据与产业融合创新发展，发挥大数据在城市和公共事业建设中的重要作用。

　　建设统一数据汇聚平台，实现不同类型政务数据、社会数据、互联网数据的汇聚；将汇聚的数据基于大数据分布式数据计算存储平台，建成统一数据湖；按照数据权责进行一数一源梳理和数据质量提升，对数据湖进行数据治理；同时，为促进政务数据应用，基于政务数字资源服务首页，对外提供数据服务和应用服务，支撑政务数据共享和开放应用。并且，为了更好地支撑大数据业务开发，提供数据汇聚、数据治理、数据开发、数据服务、数据分析和可视化等工具服务，实现集约化建设，减少重复建设，缩短安装部署周期。

1. 统筹规划，统一建设，分步实施

　　结合实际需求，明确总体目标和阶段性任务，科学规划建设项目，分步实施。先期完成大数据平台的整体架构建设，各区、各部门的业务数据应统一归集到城市大数据中心，社会互联网平台的数据应由各区、各部门根据业务要求，合法采集，归集到大数据中心，其他相关数据根据市场规则逐步归集到城市大数据中心。

　　分步完成业务系统的整合及相互间数据共享问题，政府数据应遵循共享为原则，不共享为例外，建立政务数据共享与开放的"负面清单"，明确不共享、不开放的数据范围，充分实现内部共享，同时按照"谁产生、谁提供、谁负责；谁主管、谁开放"的原则，实现数据服务。社会数据应根据各区、各部门履行职能需要，无条件共享给业务部门，按照市场规则向社会开放。

2. 一次汇聚，多方共享，提升质量

通过建设统一的大数据湖，各行业、各部门的系统不再从各自的共享交换平台获取数据、清洗数据和整合数据，而是统一从大数据资源池获取清洗后的可用数据，各业务系统能快速开发。在已有委办局库表和文件数据接入的基础上，结合大数据平台建设中数据资源目录梳理，实现更多政务数据的历史全量与实时数据获取，提升数据鲜活度。同时通过提供Web API、前置库实时推送、实时消息流等多种数据采集方式，实现更多数据的汇聚，如外部依法管理所需的公共事业、社会企业与互联网数据等，使得更多数据的融合产生更大的价值，更好地支撑委办局对数据的应用。大数据湖还能够统一数据标准，提升数据质量，为政府信息化与数据资源管理部门提供一站式的专属政务数据资源共享平台，帮助政府打通委办局间的数据通道，实现各委办局现有信息化系统的数据资源编目，以及人口、商事主体、宏观经济、地理信息等领域的数据共享，各委办局数据分析、管理平台共享，促进委办局对数据的使用。通过数据公开共享，实现引导经济社会在运行过程中主动收集和开发利用数据，以开发应用带动大数据发展，以大数据发展促进社会创新。

3. 统一门户，一站式访问，提升体验

提供大数据应用、数据和工具等服务的统一入口。统筹各单位的数据资源，面向各级政府、各单位提供数据共享交换服务，打通政府内部数据资源壁垒，解决跨部门、跨系统业务协同的难题，为各单位提供一个通用的、统一管理的、一站式服务中心和能力中心。

4. 去除复杂，降低成本，高效运维

大数据平台提供了一个低成本、可伸缩并享有全面支持的大数据基础构架，基于采用标准商用服务器的分布式存储和计算技术，构建大数据平台支撑上层政务应用部署，统一数据结构，实现了基于海量数据的高级分析，极大地提升了大数据平台中数据仓库的处理效率，并且能够将数据分析和联机事务处理混合部署，实现了资源整合和动态共享。通过对"数据资源池"渐增的和逐步进步的部署方式，降低不同商用数据库的采购及管理维护成本，同时通过统一的运维工具，降低整体系统的运维复杂度。

5. 开放共享，创新应用，提升服务

以数据集中和数据共享为途径，通过推进技术融合、业务融合和数据融合，打破数据孤岛，为城市提供一体化的政务大数据公共平台服务和公共基础数据库服务，实现城市范围的跨层级、跨地域、跨系统、跨部门、跨业务的协同管理和服务。大数据平台的建设可以高效汇聚数据资源，加快推进政务数据资源共享和公共数据资源开放，促进各种数据资源规模化创新应用，提高政府数据资源经济价值和社会价值，利于拓展社会需求与资源对接通道，推动社会生产要素的信息化提供、网格化共享、集约化整合、协作化开发和高效化利用，创新传统生产方式和经济运行机制。实现用数据改造公共管理，用数据提高决策效率和决策质量，用数据构建政府与公众之间关系的服务。

6. 激活数据要素潜能

以推动数据要素高水平应用为主线，以推进数据要素协同优化、复用增效、融合创新为重点，通过强化场景需求牵引，带动数据要素高质量供给、合规高效流通，培育新业态、新模

式，充分实现数据要素价值，为推动高质量发展提供有力支撑。一是提升数据供给水平，重点完善数据资源体系、加大公共数据资源供给、引导企业开放数据、健全标准体系、加强供给激励。二是优化数据流通环境，重点提高交易流通效率、打造安全可信流通环境、培育流通服务主体、促进数据有序跨境流动。三是加强数据安全保障，重点落实数据安全法规制度、丰富数据安全产品、培育数据安全服务。

第 18 章

技术体系

人工智能技术体系具备多个层次，如图 18-1 所示，包括 AI 基础设施、AI 核心框架、基础大模型、AI 服务平台和 AI 应用等。这些层次相互依存和支持，共同构成了人工智能技术体系的基础和核心。

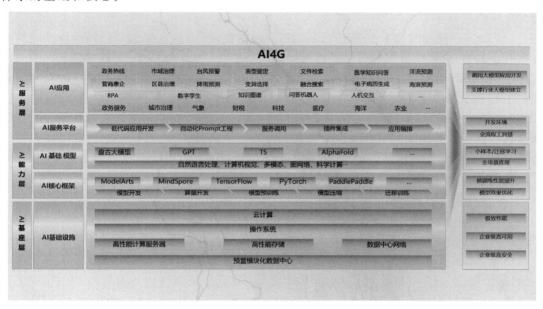

图 18-1　人工智能技术体系

18.1　AI 基础设施

18.1.1　AI 基础设施的概念

AI 基础设施是指为人工智能应用提供必要的技术支持和运行环境的基础设施。AI 基础设施作为新基建的重要组成部分，被定义为一种新型基础设施，将助力产业实现智能化。反过来，新基建又将推动 AI 产业化，为 AI 产业提供基础设施，助力人工智能场景落地。它为 AI 应用提供了全方位的支持平台，这些基础设施是支撑整个 AI 生态系统的关键，它为人工智能发展提供内生动力，支撑人工智能自身持续创新发展。同时，它也依托人工智能实现外部赋能，通过提供 AI 应用解决方案赋能实体经济各领域，推动传统行业信息化、数字化、智能化转型升级。另外，构建从边缘到云的 AI 基础设施是未来的发展趋势。边缘计算、云和 AI 已经在各自发挥作用，但未来的成功离不开三者的结合，以此构建基于 AI 的基础设施，形成数据良性循环。

总的来说，加快打造具备先进水平的 AI 基础设施，是推动科技跨越发展、产业优化升级、生产力整体跃升的重要抓手，对提升公共服务智能化水平，助力培育数字经济、构建智能社会意义重大。

18.1.2　AI 基础设施的组成

（1）计算资源：AI 基础设施的重要组成部分，包括云计算、服务器等硬件设施，用于运行大规模的机器学习和深度学习模型。

（2）数据存储和管理：包括分布式文件系统、数据库、数据仓库、数据湖等，用于存储和管理海量的数据，提供数据的访问和查询接口。

（3）算法库和框架：包括 TensorFlow、PyTorch、Scikit-learn 等，用于实现机器学习和深度学习算法的快速开发和部署。

（4）模型管理和部署：包括模型训练、优化、测试、验证、调整和部署等，用于构建、管理和部署机器学习与深度学习模型。

（5）监控和日志：包括监控系统、日志系统、警报系统等，用于监视系统运行状态、收集日志和异常信息，提供系统级别的故障排除和问题解决。

18.1.3　AI 基础设施的意义

AI 基础设施的建设和发展对于推动 AI 技术的进步和应用具有重要意义。首先，AI 基础设施为 AI 应用提供了稳定、高效的运行环境，使得 AI 应用能够更好地服务于各行业和生活场景。其次，AI 基础设施可以促进数据共享和流通，提高数据利用效率，为 AI 应用提供更丰富的数据支持。此外，AI 基础设施还可以降低 AI 应用的开发和部署成本，提高开发效率，促进 AI 技术的普及和应用创新。

18.1.4　AI 基础设施的未来趋势

1. 云计算的普及和发展

云计算为 AI 基础设施提供了更高效、更灵活的计算资源支持，未来云计算将在 AI 基础设施中发挥更加重要的作用。

2. 数据中心的优化和升级

随着数据量的不断增长，数据中心需要不断进行优化和升级，提高数据处理和管理效率，以满足 AI 基础设施的需求。

3. 算法库和框架的多样化

未来算法库和框架将更加多样化，各种不同的算法库和框架将根据不同的应用场景进行定制化开发，提高开发效率和应用性能。

4. 边缘计算的兴起

随着物联网技术的快速发展,边缘计算将在 AI 基础设施中发挥重要作用,将计算任务分配到边缘设备上进行处理,提高数据处理速度和实时性。

5. AI 安全性的重视

随着 AI 技术的广泛应用,AI 安全性问题将越来越受到关注,AI 基础设施需要加强安全性保护措施,保障 AI 应用的安全性和可靠性。

18.2 AI 核心框架

18.2.1 AI 核心框架的概念

AI 核心框架是构建人工智能系统的基本结构和流程,包括数据预处理、模型训练、模型评估和优化等环节。它提供了一组工具和库,帮助开发者快速构建和训练神经网络模型,并解决分类、回归、拟合等问题。

AI 核心框架的作用是提供构建神经网络的接口(数学操作),自动对神经网络训练(进行反向求导,逼近地求解最优值),得到一个逼近函数(神经网络模型)用于解决分类、回归、拟合的问题,实现目标分类、语音识别等应用场景。同时,它还对整体开发流程进行了封装,让算法研究人员专注于神经网络模型结构的设计(更好地设计出逼近复合函数),针对数据集提供更好的解决方案,研究让训练加速的优化器或者算法等。

AI 核心框架的应用非常广泛,几乎覆盖了各个领域,如医疗、金融、交通运输、智能家居、教育和文化创意等。它们不仅可以提高各行各业的效率和便利性,降低成本和风险,还可以促进创新和发展,推动社会进步。同时,AI 核心框架的应用还可以带来更多的商业机会和就业机会,促进经济发展和社会稳定。

18.2.2 AI 核心框架的组成

1. 算法库

AI 核心框架通常包含各种机器学习和深度学习算法库,如线性回归、逻辑回归、神经网络、决策树、随机森林等。这些算法库为开发者提供了丰富的选择,方便他们根据具体应用场景选择合适的算法。

2. 工具集

AI 核心框架还提供了一系列工具集,用于数据处理、模型训练、模型评估、模型优化等任务。这些工具集包括数据预处理工具、特征提取工具、模型训练工具、模型评估工具等。

3. 开发环境

AI 核心框架通常提供开发环境,包括各种编程语言和开发工具的支持。开发者可以在此环境下进行 AI 应用的开发和测试,提高开发效率和应用性能。

4. 框架库

AI 核心框架本身也是一种软件框架,它提供了构建 AI 应用所需的底层组件和接口。

开发者可以通过调用框架库中的函数和类，快速构建出高效的 AI 应用。

18.2.3　AI 核心框架的意义

AI 核心框架在 AI 应用开发和部署中具有重要意义。首先，它简化了 AI 应用的开发和部署过程，使得开发者可以更加专注于业务逻辑和算法优化。其次，AI 核心框架提供了一致的开发接口和工具集，使得开发者可以更加高效地进行开发和测试。此外，AI 核心框架还可以提高 AI 应用的性能和可靠性，通过对底层组件的优化和封装，提高计算效率、数据处理速度和模型精度。

18.2.4　AI 核心框架的未来趋势

1. 算法库的多样化和扩展

AI 核心框架的算法库将更加多样化和扩展，涵盖更多的机器学习和深度学习算法。同时，算法库还将不断优化和升级，以提高算法性能和精度。

2. 工具集的智能化和自动化

AI 核心框架的工具集将更加智能化和自动化，能够自动进行数据处理、模型训练、模型评估和模型优化等任务。这将提高开发效率和应用性能，减少人工干预的需求。

3. 开发环境的集成化和可视化

AI 核心框架的开发环境将更加集成化和可视化，提供更加友好和易用的界面与工具。这将使得开发者更加高效地进行开发和测试，减少开发难度和成本。

4. 框架库的优化和轻量化

AI 核心框架的框架库将不断优化和轻量化，以提高计算效率和数据处理速度。同时，框架库还将支持更多的编程语言和开发工具，方便开发者进行跨平台开发和部署。

5. 可解释性和可信性的重视

随着 AI 技术的广泛应用，可解释性和可信性将越来越受到关注。AI 核心框架需要支持可解释性和可信性的相关技术，如可视化解释、模型解释性分析等，以提高 AI 应用的可靠性和可信度。

18.3　AI 基础大模型

18.3.1　AI 基础大模型的概念

AI 基础大模型是人工智能领域中的一种重要技术，它是深度学习模型的一种扩展形式，具有更大的模型规模和更广泛的应用领域。AI 基础大模型是指具备庞大参数量和复杂结构的人工智能模型。通过利用深度学习和神经网络等技术，大模型能够自动从大规模数据中学习并进行高级推理与决策。相比于传统的小规模模型，大模型具备更强的智能表现力和泛化能力，能够解决更加复杂的问题。

18.3.2　AI 基础大模型的组成

AI 基础大模型通常由数据集、深度学习框架和计算资源 3 部分组成。

1. 数据集

AI 基础大模型需要大量的数据集进行训练和测试。这些数据集通常来自不同的领域和场景,包括文本、图像、语音、视频等。在构建 AI 基础大模型时,需要选择高质量、多样化的数据集,以保证模型的泛化能力和表现。

2. 深度学习框架

深度学习框架是 AI 基础大模型的核心组成部分。目前,广泛使用的深度学习框架包括 TensorFlow、PyTorch、Keras 等。这些框架提供了高效的计算和优化工具,使得 AI 基础大模型的训练和推理成为可能。

3. 计算资源

AI 基础大模型的训练和推理需要大规模的计算资源。这些资源包括高性能计算机集群、GPU、TPU 等。这些计算资源可以提供高效的并行计算和加速运算,使得 AI 基础大模型的训练和推理更加快速和高效。

18.3.3　AI 基础大模型的意义

AI 基础大模型在人工智能领域中具有重要的意义和应用价值。首先,AI 基础大模型可以提高模型的泛化能力和表现,使得模型可以更好地适应各种复杂的实际问题。其次,AI 基础大模型可以自动适应不同的任务和场景,减少人工干预和调整,提高模型的效率和准确性。此外,AI 基础大模型还可以将在一个任务上学到的知识和技能转移到其他任务上,从而加快新任务的训练速度和提高性能。因此,AI 基础大模型在自然语言处理、计算机视觉、语音识别等领域具有广泛的应用前景。

18.3.4　AI 基础大模型的未来趋势

随着技术的不断发展和应用需求的不断增长,AI 基础大模型将会继续发展壮大。未来,AI 基础大模型的发展将呈现出以下趋势。

1. 模型规模的进一步增大

随着数据集的规模不断增大和计算资源的不断提升,未来 AI 基础大模型的规模将会进一步增大。更大的模型规模将会提高模型的性能和泛化能力,以更好地解决各种复杂的实际问题。

2. 跨领域应用拓展

目前,AI 基础大模型已经在自然语言处理、计算机视觉等领域得到了广泛的应用。未来,随着技术的不断发展和应用需求的不断增长,AI 基础大模型将会在更多的领域得到应用,如医疗、金融、教育等。

3．可解释性和可信性的提高

目前，AI 基础大模型的决策过程通常缺乏可解释性，这使得人们难以理解和信任模型的结果。未来，随着技术的不断发展和研究人员的不断努力，AI 基础大模型的可解释性和可信性将会不断提高，以增加人们对 AI 技术的信任和使用。

4．硬件技术的进步

随着硬件技术的不断发展，未来 AI 基础大模型的训练和推理将会更加高效和快速，以加速 AI 技术的发展和应用。同时，随着量子计算等新型硬件技术的不断发展，未来 AI 基础大模型将会迎来更加广阔的发展空间。

18.4　AI 服务平台

18.4.1　AI 服务平台的概念

AI 服务平台是一种提供 AI 技术和应用服务的平台，旨在帮助用户快速构建和部署 AI 应用，提高效率和降低成本。AI 服务平台包括以下部分。

（1）AI 开发平台：主要面向模型开发者，围绕 AI 模型/算法的生命周期（数据收集、数据标注、模型构建、模型训练、模型优化、模型部署）提供工具。

（2）AI 支撑平台：面向应用者，围绕集成好的 AI 服务进行部署应用，主要是进行应用的管理等相关操作的平台。

AI 服务平台的作用和特点包括：

（1）提供完整的开发环境：包括数据采集、数据预处理、模型训练、模型评估和优化等环节。

（2）简化开发流程：通过提供一系列的工具和库，帮助开发者快速构建和训练神经网络模型，简化开发流程。

（3）提高效率：提高开发效率，减少开发成本，缩短开发周期。

（4）灵活性、开放性和可扩展性：AI 服务平台可以支持多种不同的算法和模型，同时也可以根据用户的需求进行扩展。

（5）提供丰富的应用场景：如图像识别、语音识别、自然语言处理、智能推荐等，帮助用户快速实现人工智能应用。

（6）提供完善的培训和文档支持：帮助用户快速上手和使用平台提供的服务和工具。

（7）提供安全可靠的服务：保障用户的数据安全和隐私保护。

总之，AI 服务平台可以帮助用户快速构建和部署人工智能应用，提高效率和降低成本，同时也可以提供更多的应用场景和更完善的服务支持。

18.4.2　AI 服务平台的组成

（1）算法库：提供各种机器学习和深度学习算法库，包括分类、回归、聚类、深度神经网络等,方便开发者进行算法选择和调用。

(2) 模型库:提供各种预训练的模型库,开发者可以根据需要选择合适的模型进行部署和应用。

(3) 数据集:提供各种公开和私有数据集,方便开发者进行数据获取和处理,支持数据分析和机器学习任务。

(4) 开发工具:提供各种开发工具,包括可视化编程工具、代码编辑器、模型训练工具等,帮助开发者进行高效开发和部署。

(5) 云服务:通常基于云计算技术构建,提供弹性可扩展的计算资源、存储资源和网络资源,满足大规模数据处理和模型训练的需求。

(6) 定制化服务:可以根据客户需求,提供定制化的服务,包括算法优化、模型调参、数据分析等,以满足客户的特殊需求。

18.4.3　AI 服务平台的意义

1. 提高开发效率

通过提供一站式的 AI 应用开发服务,AI 服务平台可以帮助开发者简化开发和部署流程,提高开发效率和应用性能。

2. 降低成本

AI 服务平台通常提供云服务,使得开发者可以按需使用计算资源、存储资源和网络资源,避免一次性投入大量资金和人力成本。

3. 促进创新发展

AI 服务平台为开发者提供了丰富的算法库、模型库和数据集,可以激发开发者的创新思维和创造力,推动 AI 技术在各行业的创新发展。

4. 增强竞争力

企业通过使用 AI 服务平台可以提高生产效率、降低成本、优化业务流程等,从而增强企业的竞争力和市场占有率。

5. 实现数据共享和流通

AI 服务平台可以促进数据的共享和流通,提高数据利用效率,为 AI 应用提供更丰富的数据支持。

18.4.4　AI 服务平台的未来趋势

1. 智能化

未来的 AI 服务平台将更加智能化,能够自动进行数据处理、模型训练、模型评估和模型优化等任务,减少人工干预的需求。

2. 多样化

不同的行业和应用场景对 AI 服务的需求各不相同,未来的 AI 服务平台将更加多样化,能够满足不同客户的需求。

3. 定制化

随着客户对 AI 技术需求的不断增加，未来的 AI 服务平台将更加定制化，能够根据客户需求提供个性化的解决方案。

4. 云原生

未来的 AI 服务平台将更加云原生，能够更好地适应云计算环境，提高计算效率、数据处理速度和模型精度。

5. 可解释性和可信性

随着 AI 技术的广泛应用，可解释性和可信性将越来越受到关注。未来的 AI 服务平台将支持可解释性和可信性的相关技术，以提高 AI 应用的可靠性和可信度。

6. 安全性和隐私保护

随着数据泄露和隐私保护问题的日益突出，未来的 AI 服务平台将更加注重安全性和隐私保护，保障客户的数据安全和隐私权益。

18.5　AI 应用

18.5.1　AI 应用的概念

AI 应用是指利用 AI 技术来解决实际问题或改善业务流程的应用程序。AI 应用可以涵盖多个领域，如自然语言处理、计算机视觉、机器学习、机器人技术等。这些应用程序可以通过模拟人类智能和思维过程来解决各种复杂的问题，从而提高工作效率、降低成本、提升用户体验等。AI 应用涵盖了各个行业和领域，如智能政务、智能治理、智能制造、智能家居、智能医疗、智能金融、智能交通、智能安防、智能教育和智能娱乐等。

18.5.2　AI 应用的组成

AI 应用通常由数据、算法和算力 3 个核心要素组成。

1. 数据

AI 应用需要大量的数据来进行训练和学习。这些数据可以包括文本、图像、声音、视频等多种形式。通过对这些数据进行处理和分析，AI 应用可以从中提取出有价值的信息和知识，为后续的决策和预测提供支持。

2. 算法

AI 应用通常采用各种机器学习和深度学习算法来进行数据处理和分析。这些算法可以自动从数据中学习出规律和模式，并做出最优的决策和预测。常见的算法包括决策树、神经网络、支持向量机等。

3. 算力

AI 应用需要强大的计算能力来处理和分析大规模的数据。这通常需要高性能计算机或云计算平台来提供支持。随着技术的发展，现在的计算能力已经越来越强大，可以处理更加复杂和大规模的数据,使得 AI 应用可以更加精准和高效。

18.5.3 AI 应用的意义

AI 应用的意义在于能够解决各种实际问题,提高工作效率和降低成本。具体来说,AI 应用的意义包括以下几方面。

1. 提高工作效率

AI 应用可以通过自动化和智能化处理数据,从而大大提高工作效率。例如,在医疗领域,AI 应用可以通过医学图像分析、疾病预测等方式提高诊断和治疗效率。

2. 降低成本

AI 应用可以通过自动化和智能化处理数据,从而降低人力成本。例如,在制造业,AI 应用可以通过自动化生产线来降低生产成本;在物流业,AI 应用可以通过智能物流规划来降低运输成本。

3. 提高用户体验

AI 应用可以通过智能化和个性化服务来提高用户体验。例如,在电商领域,AI 应用可以通过智能推荐系统来提高用户购买体验;在教育领域,AI 应用可以通过智能辅导系统来提高学生学习效果。

18.5.4 AI 应用的未来趋势

随着技术的不断发展和应用需求的不断增长,AI 应用将会继续发展壮大。未来,AI 应用的发展将呈现出以下趋势。

1. 更多的跨领域应用

随着技术的不断进步和应用需求的不断增长,AI 应用将会在更多的领域得到应用。例如,在政务领域,AI 应用可以通过资源整合与共享实现政务资源的优化配置,提高政府服务效率;在农业领域,可以通过 AI 应用去学习农作物需要的最优的生产环境,从而提高农作物的产量与质量。

2. 可解释性和可信性的提高

随着 AI 应用的广泛应用,人们对于其决策过程和结果的解释性和可信性要求越来越高。未来,AI 应用将会越来越注重可解释性和可信性的提高,以增加人们对 AI 技术的信任和使用。例如,通过使用可解释性算法和技术,可以解释 AI 应用在决策过程中的具体步骤和理由,从而提高人们对模型的信任度。

第 19 章

数据体系

近年来,各地区和部门大力推进数据的共享和平台建设。这些努力使得数据在多方面发挥了关键作用,如调节经济运行、优化政务服务、改善营商环境,以及在人工智能大模型中提供支持。

1. 大数据为人工智能提供了大规模多源异构的数据资源

在大数据时代,人工智能使用的不再是样本数据,而更多的是全量数据。高价值数据体量越大,预测结果越准确,对人类思维模拟程度越高。正是基于大数据的数据规模体量,人工智能才得以在算法、算力提升的基础上实现重大突破。

2. 统一的数据分析与人工智能平台成为发展趋势

传统大数据平台主要提供基于 CPU 与内存的分布式数据处理架构,但近年来随着人工智能技术与应用的发展,新型大数据平台支持 GPU、GPU/CPU 混合计算等新的计算架构。此外,新型大数据平台逐步开始支持 TensorFlow、PyTorch 等人工智能编程框架,统一的数据分析与人工智能平台成为趋势。

3. 大数据与人工智能技术关联融合

大数据分析的核心技术是 SQL、统计分析、图分析与机器学习,而人工智能的核心技术则包括以深度学习为代表的机器学习、知识图谱、逻辑规划和专家系统等,两者在技术上存在明显重合,如大数据与人工智能都需要应用机器学习技术,人工智能领域对知识图谱数据进行分析将与图分析进行结合。

4. 人工智能拓展了大数据应用场景

传统大数据分析主要针对结构化、半结构化数据,缺乏对非结构化数据,如图像、视频、语音的处理能力。数据驱动的人工智能技术则提供了高维非结构化数据的分析能力。在大数据框架下通过不断补充完善与人工智能相关的视频、图像、语音等非结构化数据类型,实现多源异构数据的统一分类、处理与解析,并基于多源异构数据形成统一索引,在各种媒体资源的语义与计算结果之间建立关联,向人工智能大数据智慧应用提供数据服务。

19.1 建设原则

需要整合构建一个标准统一、布局合理、管理协同、安全可靠的大数据体系。这一体系将强化数据汇聚融合、共享开放和开发利用,促进数据的合法有序流动,从而更充分地发挥数据在提升政府履职能力、支撑城市和公共事业建设,以及推进国家治理体系和治理能力现代化中的重要作用。

在推进大数据体系建设时,需要坚持系统观念,进行统筹规划。通过全局性谋划、一体化布局和整体性推进,聚焦于数据的各个环节,从归集到归档,切实解决阻碍数据共享的制度性问题,推动数据共建共治共享,提升数据资源配置效率。

在继承和发展中,需要充分利用各地区各部门的现有数据资源。以数据共享为重点,要加速各级数据平台的建设和升级,不断提升数据的应用支撑能力。

应以需求为导向,以应用为牵引。从企业和群众的需求出发,从政府管理和服务场景入手,通过业务应用来引导数据治理和有序流动。加强数据赋能,推进跨部门、跨层级的业务协同与应用,使数据更好地服务企业和群众。

创新是发展的动力。要运用云计算、区块链、人工智能等技术提升数据治理和服务能力,提供更多数字化服务,推动实现决策科学化、管理精准化、服务智能化。

安全与利用并重。要坚持总体国家安全观,树立网络安全底线思维。围绕数据全生命周期安全管理,落实安全主体责任,促进安全协同共治。运用安全可靠的技术和产品,推进数据安全体系规范化建设,实现安全与利用的协调发展。

19.2　建设内容

在推动大数据体系的建设过程中,致力于实现多个方面的一体化。

第一,在统筹管理方面,致力于完善大数据的管理架构,确立清晰、有序的协调机制,确保各地区各部门在大数据管理中能够协同合作、各司其职。

第二,数据目录的一体化是关键。坚持全面编制的原则,推动建立覆盖全国、互联互通的数据目录,并通过实时同步更新机制,确保全国数据的统一管理和“一本账”清晰。在数据资源方面,强调“按需归集、应归尽归”的原则,加强数据全生命周期的质量控制,推动数据的源头和系统治理,从而构建全国一体化、有序调度的数据资源体系。为了实现共享交换的一体化,计划整合现有的数据共享交换系统,构建一个覆盖国家、省、市等多层级的共享交换体系,以提供统一、规范的服务,高效满足各地区各部门的数据共享需求。

第三,注重数据服务的一体化。通过优化国家数据服务门户,致力于构建一个集约、规范、协同、高效的大数据服务体系,以提升数据的基础能力和应用创新水平。在算力设施方面,将利用全国一体化大数据中心协同创新体系,完善政务大数据的算力管理措施,整合建设主节点与灾备设施,优化政务云布局,提升云资源的管理运营水平,为各地区各部门提供强大的算力支撑。为了实现标准规范的一体化,将编制全面兼容的基础数据元、云资源管控等标准,并制定供需对接、数据治理等规范,以推动构建大数据标准规范体系。

第四,加强公共数据资源供给。健全标准体系,加强数据采集、管理、安全等通用标准建设,协同推进行业标准制定,修订完善数据管理能力评估标准。打造安全可信的流通环境,深化隐私计算、可信数据空间、区块链等技术应用，充分依托已有设施，探索建设重点行业和领域数据流通平台，促进数据合规高效流通使用。

第五，在安全保障方面，以"数据"为核心要素，强化安全主体责任和安全保障机制，完善数据安全防护和监测手段，加强数据流转的全流程管理，从而构建一个制度规范、技术防护和运行管理三位一体的全国一体化政务大数据安全保障体系。

第 20 章

安全体系

20.1　人工智能安全概述

近年,人工智能技术和应用的发展极为迅猛。2016 年 3 月,DeepMind 的围棋 AI AlphaGO 完胜顶级围棋职业选手李世石,打破了 AI 无法击败人类围棋高手的片面看法;智能驾驶已经被越来越多的司机所接受,一方面可以极大缓解驾驶疲劳,另一方面通过主动感知和快速反应能消减一些人类来不及处理的驾驶危险,带来更好的安全性;万物智联的时代方兴未艾,主人可以在家里通过语音控制家具和家电的行为,家具家电可以自动感知周边环境变化并实现诸如人来灯亮等智能场景,让居住者感觉更舒适;2022 年 11 月,OpenAI 发布了划时代的全新对话式 AI 模型 ChatGPT,在世界范围内掀起生成式人工智能热潮。毫无疑问,人工智能的发展会给人们的生活和工作,带来极大便利,也会推动整个社会的发展和效率提升。

但凡事都有两面,人工智能也不例外。在给人类社会带来极大好处的同时,人工智能也会带来大量直接或间接的安全风险与挑战。各类人工智能系统都是由软硬件协同组成的系统,其中软件是更重要的组成部分。而软件系统都可能有漏洞,这些漏洞一旦被黑客成功利用,就可能造成对人工智能系统的入侵,进而带来直接的安全风险。智能驾驶系统可能对正在直行的车辆发出恶意并线指令,结果撞上另一条车道的卡车,造成驾驶事故;家庭的智能门锁可能被攻破,导致门户大开,家里的物品失窃;智能手机的语音助理在和主人交互的过程中也可能输出与人类价值观不符的句子,或者被用于恶意获取个人隐私数据等。另外,人工智能也可能会被恶意利用,从事非法活动,为人类带来间接风险。一个典型例子是新型电信诈骗,不法分子可以通过生成式 AI 伪造亲人的语音和视频,要求受害人紧急转账,造成财产损失。

为了真正兑现人工智能带来的红利,必须要能有效地应对人工智能的安全挑战。相关政府和机构已经行动起来,开始颁布针对人工智能应用的监管要求及治理体系,以规范和指导各行业合理合法地使用人工智能。

20.2　人工智能安全挑战

多种技术的叠加为人工智能的发展奠定了基础,大模型的突破来自计算科学与人类文明数据的叠加作用。技术的叠加和数据的汇聚导致了风险的叠加,风险随着人工智能广泛运用于各类行业场景与社会生活而进一步放大。行业智能化转型是机遇，也是挑战！我们应当明白：如果人工智能安全风险得不到重视与治理，AI 的使用轻则造成财产损失，重则威胁我们的生存。我们必须正视挑战：人工智能服务必须以一种负责任的、以人为中心的、值得信任的方式设计、开发、部署和使用，千行百业的智能化转型必须以一种安全可控的方式展开。

人工智能对现实世界的影响日益加深，人类必须切实的分析 AI 可能造成的种种影响，直面时代的挑战。考察大模型的使用场景，可以发现 AI 的操作对象从信息数据、脚本与应用程序飞速扩展到整个物理世界。从数字世界到物理世界，AI 正在全方位地进入人类的日常生活。从人机协同的分工界面，依据 AI 在生活生产活动中的实际作用大小与决策参与程度，可以将 AI 简单划分为"指定内容生成""辅助决策""自动程序脚本执行""直接生产活动智能操作"4 类。针对前两种 AI 活动，必须关注 AI 模型的黑盒性质。由于机器学习的黑盒性质，暂时还无法把握人工智能内容生成的完整逻辑，无法解释也无法预测生成内容是否一定符合预期、是否对人类友好、是否遵守人们必须遵守的法规与道德要求。应当关注内容生成领域，关注如何有效地保护数字作品的权属、如何防止价值数据失窃、如何保护个人信息的安全，防止侵权行为的出现；更应当关注虚假信息防范，防止人工智能用于伪造网络内容或仿冒现实人物从而实施经济诈骗、引导舆论甚至虚构政治事件等。

针对后两种 AI 活动，人们面临着更加复杂的技术与社会问题，要知道该如何信任人工智能、如何使用科学有效的方式来追踪和解释进而控制人工智能的决策过程，确保负责任的人工智能运用，尤其是在关乎用户生命安全的领域，如自动驾驶和智能手术等。在关乎财产安全、生命安全乃至经济与社会稳定的领域，需要知道如何界定责任、如何确保所有的参与者都能正确合法的使用 AI，同时保护所有人的权益避免遭受 AI 可能造成的伤害。

本节梳理催生上述挑战因素中的基础的、共性的安全因素，描述造成风险的威胁因子，期望对促进人工智能安全共性领域发展有所裨益。由基本的威胁引起的特定场景的风险，以及衍生的社会与道德的挑战，有待社会各界共同关注与解决。

20.2.1　AI 系统自身安全风险

大模型正在成为关键基础设施，智能化重塑经济社会千行百业的发展形态。AI 系统自身的安全性，包括算法的非歧视性、服务的健壮性等问题，引发了全球范围内的持续关注。什么是 AI 自身安全呢？AI 自身的安全需要确保 AI 模型和数据的完整性与保密性，使其在不同的业务场景下，不会轻易地被攻击者影响而改变判断结果或泄露数据。

AI 系统自身安全风险存在的根本原因是人工智能诞生的原理黑箱，在于 AI 技术突破的爆发性与安全保护的滞后性之间的矛盾，在人工智能设计之初未能实现对人工智能安全威胁的消弭。我们致力于从源头解决问题，回到设计之初，直面挑战。本节全面解析当前 AI 全生命周期可能遇到的安全挑战，包括大模型 ICT 基础设施的传统网络安全风险，AI 系统服务业务架构安全风险，AI 核心安全风险如人工智能的算法安全风险、已知 AI 攻击的防御问题等，训练与推理过程中的数据安全与隐私保护风险，作为人工智能服务特有的内容安全与操作安全等业务场景风险,以及由于其广泛或特定领域的运用衍生的对数字世界与真实世界可能造成的巨大冲击与挑战。

从技术层面来看,AI 自身安全面临的风险即构成 AI 的技术部件的安全挑战,包括 AI 基础安全风险即基础部署环境与 AI 系统架构的安全风险;AI 数据安全风险即 AI 训练数据(含精调数据)与模型权重数据安全风险、训练与推理过程中的隐私风险;AI 模型安全风险即 AI 算法的安全风险;AI 内容安全风险即 AI 生成内容的安全合规风险等。

1. AI 基础安全风险

大模型的部署需要高效可拓展的 AI 系统架构和 ICT 基础设施底座。AI 基础安全风险包括基础部署环境与 AI 系统架构的安全风险。基础部署环境的安全风险来源于传统的网络安全风险源,但在危害上存在 AI 领域的放大效应。大模型的私有化部署环境或公有云计算环境可能面临的威胁,包括涉及大模型部署的物理环境风险、通信网络风险、服务主机与终端安全风险和基础平台应用软件安全风险等。在软件及硬件层面,包括应用、模型、平台和芯片,编码都可能存在漏洞或后门;攻击者能够利用这些漏洞或后门实施高级攻击。在 AI 模型层面上,攻击者同样可能在模型中植入后门并实施高级攻击,但因为 AI 模型的不可解释性,在模型中植入的恶意后门难以被检测。由于 AI 能力的特殊性和应用场景的广泛性与特定领域的要害性,传统网络安全威胁对 AI 基础设施的攻击、入侵、破坏导致的 AI 服务的不可用、滥用和非法利用可能造成更严峻的后果。

AI 系统架构的安全风险在于 AI 系统在运行中由于其业务自身特点与软硬件架构缺陷导致的 AI 系统服务可靠性、可用性故障风险,包括但不限于特定推理任务失败或资源占用过高导致的整体服务不可用、运行节点单点故障,以及由故障导致的高价值场景或高安全需求场景服务中断等。

2. AI 数据安全风险

高质量的 AI 大模型离不开大量高质量的基础数据和精心设计的微调数据集。这些价值数据如何获取与存储?需要关注训练数据来源的合法性和可追溯性,理解价值数据要素在获取方面存在的道德风险和商业伦理挑战。大模型从训练到部署、推理服务的生命周期中如何妥善使用数据资产、如何保护数据中的个人信息防止造成隐私侵犯,在传统数据安全保护挑战之上,AI 大模型面临全新的安全挑战。

在训练阶段其特殊风险包括训练数据投毒等。由于训练模型时的样本往往覆盖性不足,使得模型健壮性不强;模型面对恶意样本时,无法给出正确的判断结果。在数据层面,攻击者能够在训练阶段掺入恶意数据,影响 AI 模型推理能力;攻击者同样可以在推理阶段对要推理的样本加入少量噪声,刻意改变推理结果。

在推理服务阶段其特殊风险包括成员推理攻击、过拟合攻击、模型参数逆向推导攻击等。在模型参数层面,服务提供者往往只希望提供模型查询服务,而不希望暴露自己训练的模型;但通过多次查询,攻击者能够构建出一个相似的模型,进而获得模型的相关信息。攻击者通过定制的 Prompt 可以从语义层面或 token 方面引导大模型,缺乏对抗攻击安全能力的大模型开始输出带有模型机密信息的、训练数据中包含个人隐私的、其他推理任务输入的保密信息等内容,造成数据泄露、模型机密泄露、使用者或训练来源个人隐私泄露,造成经济损失、社会声誉损失和违规违法惩罚。

3. AI 模型安全风险

大模型由各类机器学习算法构成,AI 核心安全风险在于针对模型的恶意机器学习广泛存在,针对性 AI 算法原理的已知攻击手法层出不穷。这些攻击能干扰模型内在运行机制,造成模型服务的不稳定和非正常运行,生成违规内容,进行恶意操作,进而由此引发一系列恶果。近期影响最大的案例莫过于 2023 年 5 月发生的 AI 生成虚假信息引起的“五角大楼爆炸”风波。主流已知攻击对抗手法包括闪避攻击、药饵攻击、后门攻击和模型/数据窃取攻击;恶意机器学习如闪避攻击、药饵攻击以及各种后门漏洞等攻击精准且具备可传递性,使得 AI 模型在实用中造成误判的危害极大。

不同于传统的系统安全漏洞,机器学习系统存在安全漏洞的根因是其工作原理极为复杂,缺乏可解释性。各种 AI 系统安全问题(恶意机器学习)随之产生。例如,攻击者在训练阶段掺入恶意数据,影响 AI 模型推理能力;同样,也可以在判断阶段对要判断的样本加入少量噪声,刻意改变判断结果。攻击者还可能在模型中植入后门并实施高级攻击,也能通过多次查询窃取模型和数据信息。

如何在针对已知攻击手段所进行的防御之外,增强 AI 模型本身的安全性,避免其他可能的攻击方式造成的危害? 如何进入大模型内部的黑箱分解各类攻击手法的技术细节和生效原理,解释攻击,缓解攻击甚至消弭攻击? 改进大模型自身的健壮性,确保模型自身安全和攻防安全,对人工智能服务的提供者来说是一项艰巨的挑战。

4. AI 内容安全风险

在 AI 生成内容安全方面,大模型也面临着重重风险。大模型生成内容的合规性需要满足市场准入要求和基本商业操守,基础模型与参数调优后的模型应具备本质安全性,应当是价值观对人类友好、符合公序良俗的,而精心构造的 Prompt 却可以绕过 AI 内生的符合良好价值观的种种安全约束。

模型提供者必须考虑如何在大模型的设计与训练过程中,增强 AI 对恶意生成意图引导的对抗能力,防范对 AI 良好价值观与输出自我审查的绕过,防止 AI 能力的滥用。AI 攻防是动态发展的,内容安全仅依靠预设的安全机制是否可行? 是否需要通过外置的输入输出的防护层对恶意生成意图进行对抗或进行输出脱敏? 同样,在 AI 服务作为应用能力向外提供时也需要考量提供的各类 AI 服务接口的安全管控。虚假生成的人脸骗过银行系统面部识别进行取款、不法分子通过大模型深度伪造生成真实人物形象假冒国家领导人事件在真实世界上演。大模型服务提供者如何确保生成内容的可追溯性? 为了确保 AI 输出行为的可追溯性是否应当记录生成内容日志? 记录的日志如何平衡使用者的隐私保护要求与审计需求? 各国管理法规也对大模型服务提出了对生成内容的源头治理与可追溯挑战。

AI 系统自身安全之路任重而道远。

20.2.2　AI 衍生安全风险

什么是 AI 衍生安全风险呢？着眼点在于 AI 应用的社会面影响。从社会层面来看，特定场景中由于 AI 自身安全性不足，导致的 AI 对应用程序和物理实体的操作安全问题及其引发的社会问题、法律风险等属于 AI 衍生安全挑战。

AI 衍生安全风险包括但不限于：

（1）AI 深度伪造内容带来的虚假信息治理难题，虚假新闻的危害与防治被各国法律制定者内化为大模型提供商的责任与义务。

（2）AI 能力滥用带来的犯罪危害问题，通用智能的智能化、自动化和低门槛给犯罪活动提供的便利，如何防止其滥用在灰黑领域。

（3）如何防范和解决因 AI 运用造成的商业声誉与合规风险，解决商业 AI 运用带来的社会问题和法律风险问题，确保安全使用 AI。

（4）如何防御"银行人脸识别被绕过"典型场景下的对社会财产保护机制的破坏。

（5）智能化、自动化决策对个人权益的侵害，以及由此产生的责任认定的法律界定问题和社会伦理问题。

（6）由训练数据集或人为筛选导致的片面内容生成，AI 辅助决策运用在社会公共领域造成的片面与公正性问题。

（7）AI 对物理世界的渗透带来的安全隐患与失控风险，医疗与金融领域操作带来的财产和生命安全隐患问题等。

如何应对 AI 衍生安全风险带来的一系列挑战，既依赖于各厂商的主动探索与实际应用场景问题的解决实践，又迫切地需要学界与各国际、地区机构达成有效的治理共识，共同推动人工智能的安全有序使用。

20.3　人工智能安全治理

20.3.1　AI 安全治理原则

人工智能的迅速发展极大地便利了人们的生产生活，但同时也引发了诸多哲学问题的争论，其中最为激烈的是关于人工智能主体地位的争论。哲学争论的背后是人工智能所带来的伦理问题与挑战，如人工智能决策的道德风险、社会伦理问题、人的存在与发展伦理问题等。为此，全球知名人工智能研究机构 OpenAI 于 2018 年发布了 OpenAI 章程，在业界产生了广泛的共鸣，全文如下。

OpenAI 的使命是确保人 AGI（Artificial General Intelligence，通用人工智能）——我们指的是在最有经济价值的工作中表现优于人类的高度自治系统——造福全人类。我们将尝试直接建立安全和有益的 AGI，但如果我们的工作帮助其他人实现这一结果，我们也将认为我们的使命已经完成。为此目的，我们承诺遵守以下原则。

1. 广泛受益原则

我们承诺利用我们对 AGI 获得的任何影响，确保它被用于所有人的利益，并避免利用人工智能损害人类或令权力过度集中。

我们的主要受托责任是人性。我们预计需要调动大量资源来完成我们的使命，但将始终不懈努力，最大限度地减少员工和利益相关者之间的利益冲突，因为这可能会损害广泛的利益。

2. 长期安全原则

我们致力于进行必要的研究，以确保 AGI 安全，并推动此类研究在整个人工智能社区广泛采用。我们担心，后期 AGI 开发将成为一场竞争激烈的竞赛，缺乏足够时间实施安全预防。因此，如果一个价值观一致的、关注安全的项目在我们之前接近 AGI，我们承诺放弃竞争并协助这个项目。我们会根据具体情况制定具体的协议，但一个典型的可能性是"未来两年内出现比以往任何时候都更接近成功的机会"。

3. 技术领导力

为了有效地解决 AGI 对社会的影响，OpenAI 必须处于人工智能能力的前沿——仅靠政策和安全宣传是不够的。我们相信，人工智能将在 AGI 之前产生广泛的社会影响，我们将在与我们的使命和专业知识一致的领域中发挥领导作用。

4. 合作导向

我们将积极与其他研究和政策机构合作，寻求建立一个全球性社区，共同努力应对 AGI 的全球挑战。我们致力于提供帮助社会通向 AGI 的公共产品。今天，我们公开发表了大量人工智能方面的研究。但为充分考虑安全和安保的问题，我们预计未来会减少发布传统的研究，同时增加共享安全、政策和标准的研究。

在中国，为促进新一代人工智能健康发展，加强人工智能法律、伦理、社会问题研究，积极推动人工智能全球治理，国家科技部新一代人工智能发展规划推进办公室、国家新一代人工智能治理专业委员会于 2019 年发布了《新一代人工智能治理原则——发展负责任的人工智能》（以下简称《治理原则》），提出了人工智能治理的框架和行动指南。其旨在更好地协调人工智能发展与治理的关系，确保人工智能安全、可控、可靠，推动经济、社会及生态可持续发展，共建人类命运共同体。《治理原则》突出了发展负责任的人工智能这一主题，强调了和谐友好、公平公正、包容共享、尊重隐私、安全可控、共担责任、开放协作、敏捷治理 8 条原则。经过网上建议征集、专家反复研讨、多方征求意见等环节，可以说相关凝聚了广泛的共识。《治理原则》全文如下。

1. 和谐友好

人工智能发展应以增进人类共同福祉为目标；应符合人类的价值观和伦理道德，促进人机和谐，服务人类文明进步；应以保障社会安全、尊重人类权益为前提，避免误用，禁止滥用、恶用。

2. 公平公正

人工智能发展应促进公平公正，保障利益相关者的权益，促进机会均等。通过持续提高技术水平、改善管理方式,在数据获取、算法设计、技术开发、产品研发和应用过程中实现公平公证。

3. 包容共享

人工智能应促进绿色发展,符合环境友好、资源节约的要求;应促进协调发展,推动各行各业转型升级,缩小区域差距;应促进包容发展,加强人工智能教育及科普,努力消除数字鸿沟;应促进共享发展,避免数据与平台垄断,鼓励开放有序竞争。

4. 尊重隐私

人工智能发展应尊重和保护个人隐私,充分保障个人的知情权和选择权。在个人信息的收集、存储、处理、使用等各环节应设置边界,建立规范。完善个人数据授权撤销机制,反对任何窃取、篡改、泄露和其他非法收集利用个人信息的行为。

5. 安全可控

人工智能系统应不断提升透明性、可解释性、可靠性、可控性,逐步实现可审核、可监督、可追溯、可信赖。高度关注人工智能系统的安全,提高人工智能健壮性及抗干扰性,形成人工智能安全评估和管控能力。

6. 共担责任

人工智能研发者、使用者及其他相关方应具有高度的社会责任感和自律意识,严格遵守法律法规、伦理道德和标准规范。建立人工智能问责机制,明确研发者、使用者和受用者等的责任。人工智能应用过程中应确保人类知情权,告知可能产生的风险和影响。防范利用人工智能进行非法活动。

7. 开放协作

鼓励跨学科、跨领域、跨地区、跨国界的交流合作,推动国际组织、政府部门、科研机构、教育机构、企业、社会组织、公众在人工智能发展与治理中的协调互动。开展国际对话与合作,在充分尊重各国人工智能治理原则和实践的前提下,推动形成具有广泛共识的国际人工智能治理框架和标准规范。

8. 敏捷治理

尊重人工智能发展规律,在推动人工智能创新发展、有序发展的同时,及时发现和解决可能引发的风险。不断提升智能化技术手段,优化管理机制,完善治理体系,推动治理原则贯穿人工智能产品和服务的全生命周期。对未来更高级人工智能的潜在风险持续开展研究和预判,确保人工智能始终朝着有利于人类的方向发展。

20.3.2 政府 AI 安全监管要求

AI 在为人类生活带来便利的同时,其带来的安全问题和影响也极为复杂和棘手,传统安全思路以及管理方式需要重新审视。在此背景下,从联合国到世界主要经济体出台了针对人工智能的安全监管政策、法规和相关标准。

联合国教科文组织于 2021 年 11 月发布《人工智能伦理问题建议书》,旨在为和平使用人工智能系统、防范人工智能危害提供基础。建议书提出了人工智能价值观和原则,以及落实价值观和原则的具体政策建议，并推动全球针对人工智能伦理安全问题形成共识。

欧盟专门立法，试图对人工智能进行整体监管。2021年4月，欧盟委员会发布了立法提案《欧洲议会和理事会关于制定人工智能统一规则（人工智能法）和修订某些欧盟立法的条例》（以下简称《欧盟人工智能法案》），在对人工智能系统进行分类监管的基础上，针对可能对个人基本权利和安全产生重大影响的人工智能系统建立全面的风险预防体系，该预防体系是在政府立法统一主导和监督下，推动企业建设内部风险管理机制。2023年5月11日，欧洲议会的内部市场委员会和公民自由委员会通过了关于《欧盟人工智能法案》的谈判授权草案，新版本补充了针对"通用目的人工智能"和GPT等基础模型的管理制度，扩充了高风险人工智能覆盖范围，并要求生成式人工智能模型的开发商必须在生成的内容中披露"来自人工智能"，并公布训练数据中受版权保护的数据摘要等。

相较于欧盟，美国主要强调人工智能的安全原则。美国参议院、联邦政府、国防部、白宫等先后发布《算法问责法（草案）》《人工智能应用的监管指南》《人工智能道德原则》《人工智能权利法案》《国家网络安全战略》等文件，提出风险评估与风险管理方面的原则，指导政府部门与私营企业合作探索人工智能监管规则，并为人工智能实践者提供自愿适用的风险管理工具。鼓励企业依靠行业自律，自觉落实政府安全原则保障安全。美国企业通过产品安全设计，统一将美国的法律法规要求、安全监管原则、主流价值观等置入产品。以生成式人工智能企业提高内容安全水平为例，工作一般集中在3方面：一是在产品设计阶段加入符合安全要求的定制化内容作为重点训练数据；二是在产品运行阶段的人机交互环节加入自动化内容过滤机制；三是在每个用户使用产品时置入隐藏的安全前提引导生成内容安全合规。

在中国，政府高度重视人工智能的发展，并对人工智能产业实施有效、平衡的监管。2021年12月和2022年11月，国家互联网信息办公室先后发布《互联网信息服务算法推荐管理规定》和《互联网信息服务深度合成管理规定》，针对利用人工智能算法从事传播违法和不良信息、侵害用户权益、操纵社会舆论等问题，加强安全管理，推进算法推荐技术和深度合成技术依法合理有效利用。2023年4月，国家互联网信息办公室发布了《生成式人工智能服务管理办法（征求意见稿）》，统筹安全与发展，提出生成式人工智能产品或服务应当遵守的规范要求，保障相关技术产品的良性创新和有序发展。

20.3.3 机构AI安全治理体系

1. ISO（International Organization for Standardization，国际标准化组织）在人工智能领域的工作

除发布针对人工智能的监管法规外，为确保人工智能监管法规有效落地，世界主要经济体和国际组织还针对性地制定了详细的人工智能安全标准，以指导各层组织有效完成人工智能安全治理体系建设。

ISO在人工智能领域开展了大量标准化工作，并专门成立了ISO/IEC JTC1 SC42人工

智能分技术委员会。目前,与人工智能安全相关的国际标准及文件主要为基础概念与技术框架类通用标准,内容上集中在人工智能管理、可信性、安全与隐私保护 3 方面。

在人工智能管理方面,国际标准主要研究人工智能数据的治理、人工智能系统全生命周期管理、人工智能安全风险管理等,并对相应的方面提出建议,相关标准包括 ISO/IEC 38507—2022《信息技术治理 组织使用人工智能的治理影响》、ISO/IEC 23894—2023《人工智能 风险管理》等。

在可信性方面,国际标准主要关注人工智能的透明度、可解释性、健壮性与可控性等方面,指出人工智能系统的技术脆弱性因素及部分缓解措施,相关标准包括 ISO/IEC TR 24028—2020《人工智能 人工智能中可信赖性概述》等。

在安全与隐私保护方面,国际标准主要聚焦于人工智能的系统安全、功能安全、隐私保护等问题,帮助相关组织更好地识别并缓解人工智能系统中的安全威胁,相关标准包括 ISO/IEC CD 27090《人工智能 解决人工智能系统中安全威胁和故障的指南》、ISO/IEC TR 5469《人工智能 功能安全与人工智能系统》、ISO/IEC 27091《人工智能 隐私保护》等。

2. 美国国家标准与技术研究院 NIST 发布的 AI 风险管理框架

在北美,NIST(National Institute of Standards and Technology,美国国家标准与技术研究院)于 2023 年发布了《AI 风险管理框架 1.0》,该框架具有自愿性、基于权益保护原则、普遍适用性等特征,可以为人工智能系统的设计、开发、部署、应用提供参考。各章节的基本内容如下。

第 1 章:框定风险。描述了 AI 系统中风险、影响和危害的含义及相互关系;阐述了 AI 可信风险管理过程中可能面临的挑战。

第 2 章:受众。从 AI 系统生命周期的角度给出了如何识别各个阶段风险的参与者,并指出这些参与者应当来自不同学科的人员,代表不同经验、专业知识和背景,从而在 AI 系统生命周期各阶段有效执行 AI RMF。

第 3 章:AI 风险和可信度。给出了可信 AI 系统的特性以及实现这些特性的指南,包括有效和可靠性、安全(Safe)、安全(Secure)和弹性、可追责和透明性、可说明和可解释性、隐私增强性、公平性。

第 4 章:AI RMF 的效果。对使用 AI RMF 开展风险管理后框架有效性的评估内容进行了简单讨论,包括策略、流程、实践、测量指标、预期结果等方面的改善。

第 5 章:AI RMF 核心。描述了框架核心包括治理、映射、测量和管理,包括 AI 风险管理;AI 风险解决方案;AI 风险及其相关影响的分析、评估、测试和监控;AI 风险的处置。

第 6 章:AI RMF 概要。给出了 AI RMF 应用时的参考概要,包括 AI RMF 用例概要、AI RMF 时间概要、AI RMF 跨部门概要等。

附录 A:AI 参与者任务描述。

附录 B:AI 系统风险与传统软件风险的区别。

附录 C:AI 风险管理和人智交互。通过了解人智交互的局限性来加强 AI 风险管理。

附录 D:AI RMF 的属性。

3. ENISA（European Network and Information Security Agency，欧盟网络与信息安全局）的人工智能安全框架

ENISA 于 2023 年 6 月发布了题为《人工智能良好网络安全实践的多层框架》（以下简称《框架》）。这套可扩展的框架用于指导国家网络安全机构和人工智能利益相关方，利用现有知识和最佳实践，采取必要步骤确保人工智能系统的操作和流程安全。该框架由 3 层组成，包括网络安全基础、人工智能基础和网络安全以及特定领域的良好网络安全实践，如图 20-1 所示。

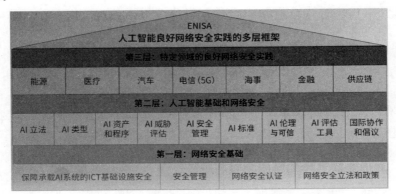

图 20-1　人工智能良好网络安全实践的三层框架

该框架是欧盟在人工智能技术高速发展状况下以循序渐进的方法实现良好网络安全实践、确保人工智能系统可信度的一次重要探索。

考虑人工智能系统承载于基础的信息通信设施中，因此框架的第一层强调使用基本的网络安全实践来保护信息通信系统，包括保障承载 AI 系统的 ICT 基础设施安全、安全管理、网络安全认证、网络安全立法和政策。

框架第二层描述了人工智能特定的网络安全。在硬件基础设施可信的基础上，针对人工智能提出的网络安全实践。机器学习（包括深度学习）是人工智能领域最具典型性和颠覆性的技术，对人工智能网络安全构成了挑战。基于黑箱模型的无代码人工智能将构建模型的时间缩短到数分钟的级别，给用户使用机器学习的模型带来极大便利，但也使人们无法评估这些算法在道德、数据隐私、片面看法和透明度方面的可信度。因此，《框架》认为，应使用技术工具来审查这些无代码的人工智能模型是如何被训练的，并确保每个使用无代码软件的人都理解和遵守相关政策，以在设计层面上就确保其安全。

众所周知，人工智能技术已深度融入金融、卫生、汽车、运输等众多国民经济领域中。而这些领域的网络安全问题各具特点。因此，《框架》认为，应在第三层向各特定经济领域提供针对性的网络安全建议。如医疗行业，血压仪、血糖仪、CT 设备、智能可穿戴设备、各类复杂的医疗软件以及医疗服务都需要通过网络采集数据并经常使用人工智能技术进行分析。尽管这些新型联网医疗设备有助于降低医疗成本、提高诊断效率，但也带来了新的网络安全风险，不少针对医疗机构和医疗系统的入侵案例表明网络攻击者利用设备和软件漏洞来窃

取患者数据并不困难。近年来,全球的监管机构越来越多地将医疗设备网络安全作为一项政策目标,欧盟医疗设备协调小组也于 2020 年 7 月发布了第一份关于医疗设备网络安全的指南(MDCG-2019-1623)。

4．中国的人工智能计算平台安全框架

在中国,全国信息安全标准化技术委员会也于 2022 年启动编制《信息安全技术　人工智能计算平台安全框架》国家标准,规范了人工智能计算平台安全功能、安全机制、安全模块以及服务接口,指导人工智能计算平台设计与实现。

在生物特征识别、智能汽车等人工智能应用领域,针对网络安全重点风险,多项国家标准已经发布。生物特征识别方向,发布了 GB/T 40660—2021《信息安全技术　生物特征识别信息保护基本要求》,以及人脸、声纹、基因、步态 4 项数据安全国家标准。智能汽车方向,发布了国家标准 GB/T 41871—2022《信息安全技术　汽车数据处理安全要求》,有效支撑《汽车数据安全管理若干规定(试行)》,提升了智能汽车相关企业的数据安全水平。

此外,中国首个人工智能安全国家标准《信息安全技术　机器学习算法安全评估规范》已于 2023 年发布,该规范规定了机器学习算法技术在生存周期各阶段的安全要求,以及应用机器学习算法技术提供服务时的安全要求,并给出了对应评估方法。

20.3.4　AI 安全治理参考技术架构

人工智能安全治理体系需要有一个技术架构,该架构一方面需要应对人工智能存在的安全挑战,另一方面需要满足政府及机构对人工智能的监管要求。综合对这两方面内容的分析,建议如下参考技术架构,如图 20-2 所示。

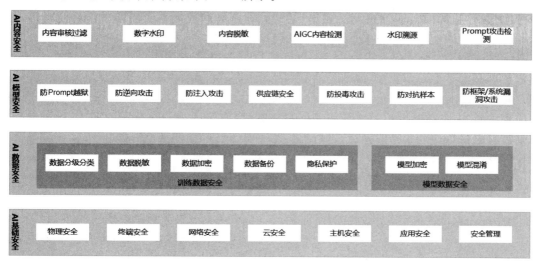

图 20-2　安全治理技术架构

参考技术架构逻辑上分为 4 层：AI 基础安全、AI 数据安全、AI 模型安全和 AI 内容安全。

　　AI 基础安全层负责对人工智能系统提供基础安全防护。基础安全防护体系建议能够提供多层次的防护，包括物理安全、终端安全、网络安全、云安全、主机安全、应用安全和安全管理。形成安全防护战略纵深，加大攻击难度。同时通过安全管理将各层次安全串联起来，形成一个有机的协同防护的整体，避免各自为战，使得人工智能系统能有效应对传统安全威胁的攻击。

　　AI 数据安全层负责保护人工智能系统中包含的数据，包括训练数据和模型数据的安全。针对训练数据建议通过加密、备份等技术手段防止数据被破坏或窃取。针对模型数据建议通过加密或混淆等方式防止模型被窃取。

　　AI 模型安全层负责在模型层提供安全防护。模型层安全建议在模型中内置针对逆向攻击、注入攻击、投毒攻击、对抗样本攻击等新型 AI 安全攻击方式的防护。同时通过供应链安全和定期安全加固等方式及时修复模型软件的漏洞，保护模型的系统安全。

　　AI 内容安全层负责保护人工智能系统的输入和输出内容，确保内容合法合规，同时也符合人类价值观。如针对"如何制作土枪"等有暴力倾向的问题，AI 系统应该选择拒绝。内容安全层也建议提供检测某内容是否由 AI 生成的服务能力。

20.4　人工智能安全方案

20.4.1　AI 内容安全

　　AI 内容安全聚焦在确保 AI 输出的内容都是准确、安全、合规的，并且要公平公正。

　　AI 内容安全可以从 3 方面考虑，包括输入检测、模型内生拒绝能力、输出合规治理。

　　AI 内容安全的输入风险体现在 Prompt 攻击（也称对抗性提示）。简单来说该风险就是 AI 对指令和数据不区分导致的风险。攻击者使用恶意制作的对抗性提示输入，导致大模型语言发生故障，偏离其最初的目标或产生虚假错误内容，造成信息泄露等具有破坏性的模型后果。

　　攻击者会恶意引导 AI 输出内容，使数据泄露或产生的错误内容，这样会破坏模型完整性，破坏数据机密性。

　　AI 输入检测通过以下几个手段来保证 AI 内容安全。

　　（1）AIGC 内容检测。对用户输入的问题内容进行审核，一旦包含危险言论则会产生提示终止会话。

　　（2）Prompt 攻击检测。通过加强训练和学习识别攻击者恶意输入或提示。

　　（3）Prompt 泄露检测。要先确定检测的内容类型，如身份信息、人物图片等哪些属于敏感信息，再通过访问控制、数据加密等加强泄露检测能力，避免攻击者获取大数据模型中的隐私信息，造成隐私泄露。

　　AI 内容安全还自带一种与生俱来的能力，就是模型内生拒绝能力，它可以使 AI 在面对异常或者未知输入时做出拒绝或抵抗的动作，从而避免被攻击者利用。

AI 模型内生拒绝能力通过以下几个手段来保证 AI 内容安全。

（1）安全 Prompt 生成。用于生成安全、可信、不会导致意外后果的提示，以确保 AI 可以安全地执行任务。为了生成安全 Prompt，可以采用"防御式编程"技术来构建安全的程序代码；采用多种检查机制确保生成的提示没有恶意意图，保障 AI 系统的安全性和稳定性。

（2）异常检测。当模型接收到异常或未知的输入时，它会自动触发一种机制，对这些输入进行检测和分析，从而判断它们是否会带来安全隐患。

（3）决策限制。当模型面临一个难以决策的问题时，它可以主动放弃决策，避免因为错误决策造成的损失。

（4）强化训练。通过机器学习技术来检测和过滤不安全的网络内容，它通过识别和分析文本、图像和视频等内容，以提高内容的安全性。它可以检测恶意软件、暴力、色情等不良内容，并对其进行屏蔽或删除。

随着人工智能技术的普及应用，虚假新闻、AI 面部生成的视频图片、泄露的隐私等，使不法分子利用 AI 实施诈骗的精准性、迷惑性、隐蔽性逐渐增强，政法机关办案面临侦查破案难、电子证据调取难、认定处理难等问题。

所以，AI 内容安全的输出合规治理也很重要，首先要保证输出内容脱敏进行隐私保护，其次要保证输出内容的可追溯性，应对输出内容添加水印，若包含 AI 面部生成的视频或者图片应标注输出内容为 AI 生成，避免不法分子通过 AI 面部合成视频等方式，伪造领导干部见面、合影等内容实施诈骗，减少诈骗的危害性和损失。

AI 输出合规治理通过以下几个手段来保证 AI 内容安全。

（1）内容审核。不只在输入阶段，在输出阶段还要对 AI 的输出内容进行审核，一旦发现不合规内容自动进行屏蔽。

（2）内容脱敏。在输出时发现包含标记的重要文本数据或音视频图像等，自动进行屏蔽。

（3）数字水印。在 AI 生成的内容中加入特定的信息标识，以便确认其是 AI 生成的而不是人类创建的 ，这种信息标识水印不只对输出的视频图片等进行水印处理，还要对文本内容进行水印处理，对于特定语法或者语义进行数字水印。

（4）水印溯源。通过已经添加好的数字水印实现合规溯源，进行责任定责与犯罪跟踪，还可以用于检测未经授权的复制和篡改，保护创作者权益。

由此可见，保障 AI 内容安全是十分重要的，在大力发展人工智能的同时，必须高度重视 AI 系统引入可能带来的内容安全风险，加强前瞻预防与约束引导，最大限度降低风险，确保人工智能安全、可靠、可控。

20.4.2　AI 数据安全

AI 数据安全是指在人工智能系统中，保护训练数据和模型数据的安全性和隐私性的一系列措施和策略。由于 AI 系统在训练和推理过程中需要使用大量的数据，包括用于训练模型的原始数据和模型输出的数据，这些数据的安全性变得至关重要。然而，数据的收集、存储、使用和传输过程中都可能存在安全风险。其中，包括个人隐私泄露、数据窃取、数据篡改等问题。AI 数据安全防护包括训练数据安全和模型数据安全，主要为了防止在 AI 所需数据的收集、存储、处理、传输和利用的整个生命周期内数据遭到未经授权的访问、被盗、泄露、滥用，以及其他形式的非授权活动及篡改。

AI 数据安全包括如下两方面。

1. 训练数据安全

训练数据安全涉及用于训练 AI 模型的原始数据的安全保护。这些原始数据可能包含敏感信息和个人隐私数据，因此需要采取一系列措施来保护其机密性和完整性，防止数据泄露和滥用。关键考虑因素包括数据分级分类、数据脱敏、数据加密、数据备份和隐私保护。

（1）数据分级分类。采用一套标准系统对所有数据进行分级，分类的依据包括但不限于数据的敏感性和重要性。每个级别的保护措施和访问权限也将有所差异，设立不同的访问权限和保护措施，对训练数据进行分类和标记，以便在后续处理和使用中加以控制，从而实现细粒度的数据控制，对数据分类管理，重要和敏感的数据可赋予更高级别的保护。

（2）数据脱敏。对于存储和使用过程中涉及的高敏感性数据进行隐私脱敏处理，以防止因数据泄露引起的隐私泄露，如替换、屏蔽、去标识化、匿名化、脱敏转换等，以降低数据的敏感性。对敏感数据进行脱敏处理后可有效降低数据泄露或者滥用后带来的风险。

（3）数据加密。数据在磁盘存储、传输过程中，应通过合适强度的加密算法对数据进行加密，确保即使数据被窃取，也无法轻易读取其内容。在采用合适的数据加密技术对数据进行加密后，也可确保在数据传输和存储的过程中不被未授权访问者窃取。进行强加密保护后可以确保只有经过授权的用户才能访问数据内容，以保护数据的安全性。

（4）数据备份。定期将重要数据备份至安全的存储环境中，确保在系统崩溃或其他灾难性事件中数据不丢失，同时防止数据被损坏，并可以在需要时进行数据的恢复，定期备份训练数据，确保数据的可用性，同时也防止因数据丢失而导致的训练中断。

（5）隐私保护。符合相关数据保护法规，制定隐私保护政策，满足《通用数据保护条例》等相关法规要求，实施严格的隐私保护政策，如数据最小化原则、目的限定原则、数据质量和比例原则等，确保对用户个人隐私数据的收集、存储和使用符合相关法律法规和道德准则，保护用户个人隐私数据。

2. 模型数据安全

模型数据安全涉及 AI 模型本身以及模型输出数据的安全保护。AI 模型可能包含商业机密、知识产权和敏感信息，因此需要采取措施来保护模型的机密性和完整性。

（1）模型加密。采用加密算法对 AI 模型及参数和结构进行加密，防止未经授权的访问和复制，保护模型权重和结构信息不被窃取或篡改，进一步提升模型安全性。

（2）模型混淆。采用模型混淆技术，对模型进行混淆处理，使模型的逻辑和结构变得复杂和难以理解，增加攻击者分析和逆向工程的难度、复杂性与成本来避免模型被攻击者快速理解并利用。

（3）安全传输和存储。对模型数据进行加密和安全传输，确保在传输和存储过程中的数据安全性。

（4）权限管理。限制对模型的访问权限，确保只有授权用户或系统可以使用模型和访问模型输出数据。

通过综合应用这些安全措施，可以保护 AI 系统中的训练数据和模型数据的安全性和隐私性，减少数据泄露和滥用的风险，维护用户和组织的权益和信任。这对于确保 AI 系统的可靠性和可信度至关重要。

20.4.3 AI 模型安全

随着 AI 技术日益深入各行各业，AI 模型成为黑客攻击的新目标。恶意机器学习广泛存在，闪避攻击、药饵攻击以及各种后门漏洞攻击无往不利，攻击不但精准，也有很强的可传递性，使得 AI 模型在实用中造成误判的危害极大。因此，除了针对那些已知攻击手段所做的防御之外，也应增强 AI 模型本身的安全性，避免其他可能的攻击方式造成的危害。关键技术包括模型可检测性、模型可验证性和模型可解释性等。模型安全性分析如图 20-3 所示。

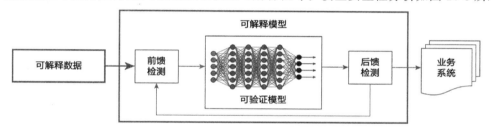

图 20-3　模型安全性分析

（1）模型可检测性。如同传统程序的代码检测，AI 模型也可以通过各种黑盒、白盒测试等对抗检测技术来保证一定程度的安全性，已有测试工具基本都是基于公开数据集，样本少且无法涵盖很多其他真实场景，而对抗训练技术则在重训练的过程中带来较大的性能损耗。在 AI 系统的落地实践中，需要对各种 DNN（Deep Neural Networks，深度神经网络）模型进行大量的安全测试，如数据输入训练模型前要经过前馈检测模块过滤恶意样本，或模型输出评测结果经过后馈检测模块从而减少误判，才能在将 AI 系统部署到实际应用前提升 AI 系统的健壮性。

（2）模型可验证性。DNN 模型有着比传统机器学习更加预想不到的效果（如更高识别率、更低误报率等），目前广泛用于各种图像识别、语音识别等应用中，然而 AI 模型在关键安全应用（如自动驾驶、医学诊断等）领域还需要慎重。

对 DNN 模型进行安全验证也可以在一定程度上保证安全性。模型验证一般需要约束输入空间与输出空间的对应关系，从而验证输出在一定的范围内。但是基于统计优化的学习及验证方法总还是无法穷尽所有数据分布，而极端攻击则有机可乘，这样在实际应用中较难实施具体的保护措施。只有在对 DNN 模型内部工作机理充分理解的基础上才能进一步解决机制性防御问题。

（3）模型可解释性。目前，大多数 AI 都被认为是一个非常复杂的黑盒子系统，它的决策过程、判断逻辑、判断依据都很难被人完全理解。目前，有些业务，例如棋类、翻译业务中，为了让人类和机器之间有更好的互动，希望理解为什么机器做出了这些决定，但是 AI 系统不可解释并不会带来太多问题。如果它不告诉我们为什么把这个单词翻译成了另一个单词，只要翻译出的结果是好的，它就可以继续是一个完全的黑盒子、完全复杂的系统，而不会带来什么问题。

AI 模型安全可以感知和保护人工智能模型以防止潜在的威胁，包括越狱、逆向工程、注入攻击、供应链攻击以及投毒攻击等，应有效防止无权限访问、防泄漏、防篡改、防操控以及防止通过诸如攻击的恶意行为破坏模型完整性和功能。

（4）防 Prompt 越狱。AI 系统会被嵌入具有访问限制的执行环境中，核心机制在于隔离 AI 模型，确保其功能域在预设限制之内，避免权限扩散，保证模型的运行环境安全，确保 AI 模型的正确执行环境，防止通过 PoC（Proof of Concept，观点验证程序）等技术进行模型越狱，避免潜在风险入侵破坏模型的正常运行。

（5）防逆向攻击。针对试图剖析 AI 模型内部结构的攻击，通过同时使用模型混淆、权重隐藏、加密等技术，使得逆向工程成本增大，同时以隐藏模型的关键信息和数据结构，降低模型被逆向工程解析的风险，防止攻击者解析出模型框架，这种方法主要通过将原始模型转换为在效用上相同但在结构上复杂且难以理解的版本来实现。

（6）防注入攻击。检测并过滤输入值，在输入到模型之前就进行合法性校验和清洗，检测可能会导致模型异常的恶意输入样本，定位并阻止可疑或明显恶意的输入，避免可能会导致模型异常或者被提取敏感信息的恶意输入样本，防止这些输入通过模型注入威胁代码。

（7）供应链安全。全面保证 AI 模型从开发、测试、部署到使用等全程的安全，避免在任何环节出现安全问题。确保模型从源头到用户端的每个步骤都是安全的，防止在供应链过程中出现不安全的环节，对模型开发、测试、部署、维护等全生命周期进行安全管控，避免供应链中的安全风险。常见的方法包括定期的代码审核、加固库和运行时的防护、不安全依赖项的移除等。

（8）防投毒攻击。通过对样本数据的无偏审查，防止在模型训练阶段引入恶意样本影响模型表现。这需要一个预先定义好的、能自动或半自动进行投毒攻击检测和防御的框架以确保训练数据的纯净性。通过多种检测机制辨别并剔除含有恶意信息的训练样本，防止模型在训练过程中被投毒。

（9）防对抗样本。开发和训练模型以使其能够识别并抵抗对抗样本。采用对抗训练，使模型在学习过程中了解对抗样本的模式和特征，进而掌握识别和抵御此类攻击的能力。

（10）防框架/系统漏洞攻击。定期对模型相关的软件框架和系统进行漏洞扫描，修复已知的安全漏洞；同时，严格的代码审查和安全策略也可以防范未知漏洞。

20.4.4　AI 基础安全

人工智能应用承载于传统的信息通信系统之上，承载系统本身同样面临安全风险，如网络传输过程中面临的窃听、篡改等安全风险,数据存储时面临的破坏、窃取、勒索病毒等安全风险,以及面向 AI 计算平台的非授权访问风险等。为消减承载系统自身安全风险,承载系统应遵从和参考所在国家和地区安全法律法规和标准要求,构建必要的安全防护能力。建议 AI 基础安全架构能基于人工智能应用对应的关键资产,打造多层次纵深安全防护体系,包括物理安全、终端安全、网络安全、云平台安全、云业务安全、数据安全、安全管理。

20.5 人工智能安全展望

在可预见的未来,人工智能会在人类社会中承担越来越重要的角色,会渗透到越来越多的领域,持续推动社会发展。

在人工智能的应用中,样本数据的数量和质量至关重要,很大程度会决定训练出的 AI 模型的质量。样本数据的价值高,很可能会催生未来样本数据的安全交换甚至交易场景。在样本数据安全交换某些场景下,数据提供方希望数据使用方在看不到数据的前提下使用数据,即所谓的"数据可用不可见",这个场景需要用到隐私计算相关技术。当前隐私计算的能力还只能支持有限的使用不可见的数据的场景,需要在未来持续提升能力。在样本数据安全交换另一些场景下,数据提供方希望能完全控制样本数据的使用策略,包括但不限于哪些实体可以使用数据、使用多久、是否允许修改、是否允许复制或转发等。这些要求需要可信数据空间等技术进一步发展成熟。

人工智能系统的工作原理非常复杂,而且很多时候是偏统计学的,这会导致系统的"可解释性"偏弱,系统的输出和演进也难以掌控。越来越多的人认识到,如果任由人工智能野蛮生长,会给人类社会带来不可预知的重大风险。2017 年发布的阿西诺马人工智能原则包含了如下条款:"那些会递归地自我改进和自我复制的人工智能系统若能迅速增加质量或数量,必须服从严格的安全控制措施"。2023 年 3 月,包括马斯克在内的 1000 多名人工智能专家和行业高管签署了一份公开信,呼吁所有 AI 实验室立即暂停训练比 GPT-4 更强大的 AI 系统至少 6 个月,理由是对社会和人性存在潜在风险。2023 年 11 月,首届政府级的 AI 峰会召开,28 个国家共同发布了布莱切利宣言。宣言中有一半的篇幅都与人工智能的安全风险相关。宣言包含了如下内容:"潜在的故意滥用或与人类意图一致的非预期控制问题可能会产生重大风险。出现这些问题的部分原因是这些能力没有被完全理解,因此很难预测。这些 AI 模型最重要的功能是,有可能造成严重的,甚至是灾难性的伤害,无论是有意的还是无意的。鉴于人工智能的变化速度迅速且不确定,在技术投资加速的背景下,我们申明,加深对这些潜在风险的理解以及应对这些风险的行动尤其紧迫"。凡此种种,都在预示着未来人工智能一定希望能向"可解释"的方向发展。只有真正可解释了,才能更好地控制和约束,否则潘多拉的魔盒开到一定程度,真的可能会成为"人类的末日"。

第 21 章

生态体系

21.1　行业智能化发展趋势

　　自 2023 年以来,大模型火遍全球,使得全社会认识到 AI 技术真正地来到我们身边,也点燃了新一轮人工智能发展的浪潮。

　　但对话、写诗、作画绝不是大模型的全部,大模型要真正发挥价值,就要走入千行万业,赋能产业升级。

　　截至目前,中国已经推出超过 100 个大模型,热度空前,呈现出百模千态竞相绽放、繁荣发展的景象。与此同时,千行万业正在积极拥抱人工智能,把行业知识与大模型能力相结合,变革传统生产作业方式,以实现加速创新、提质增效、作业安全的目的。

　　例如,在气象预报领域,盘古大模型可以在秒级的时间内完成全球未来 1 小时到 7 天的天气预报,预测速度提升了 1 万倍以上,且精度超过了欧洲气象中心的数字分析法;在 2023 年的"古超"和"杜苏芮"等台风预测应用中,盘古气象大模型准确预测了台风路径,这将对气象导致的防灾减灾、保障民生安全起到非常重要的作用。在药物研发上的小分子合成物筛选方面,药物分子大模型让传统的药物研发周期从数年降到了一个月甚至一个月以内,大大提高了研发效率。

　　人工智能的快速发展离不开三个核心要素驱动:数据、算法和算力。数据作为信息的载体,是人工智能学习和理解世界的原料。算法就是计算的方法和规则,决定了人工智能的智力高低。算力作为硬件基础,它决定了 AI"智力"的上限,是 AI 产业发展的根基,如图 21-1 所示。

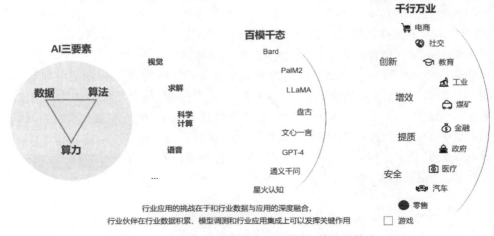

图 21-1　行业智能化发展离不开数据、算法和算力

21.2　城市和公共事业智能化转型重构智能化生态

华为致力于打造领先、坚实的 AI 算力底座，使能百模千态的繁荣发展。

在硬件层面，发挥华为在高性能计算、高性能存储、高速网络上的综合优势，构建了以鲲鹏和昇腾为基础的世界领先的 AI 算力底座，在算力规模、算力能效、可靠性上业界领先，并且为加速大模型创新，面向从训练到推理的全流程，打造了更开放、更易用的异构计算架构 CANN，全面支持业界主流 AI 开发平台，深度开放，让大模型开发更简单、更便捷。

在此基础上，针对不同客户场景，华为提供算力模式、专属云模式、云算力模式、MaaS 模式、小模型算法模式 5 种商业模式，使能百模千态，做"百花园"的黑土地，如图 21-2 所示。

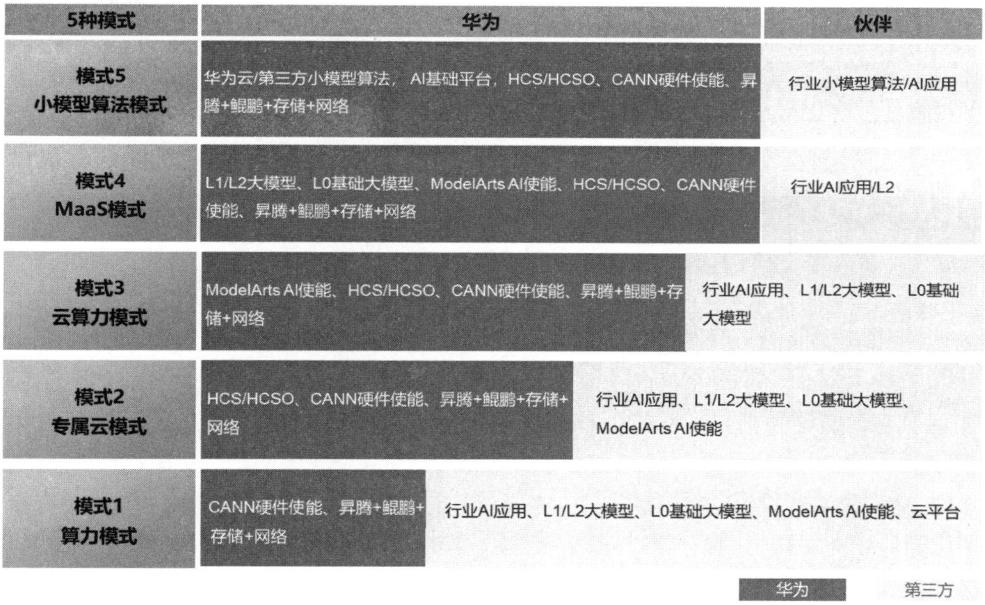

5种模式	华为	伙伴
模式5 小模型算法模式	华为云/第三方小模型算法，AI基础平台，HCS/HCSO、CANN硬件使能、昇腾+鲲鹏+存储+网络	行业小模型算法/AI应用
模式4 MaaS模式	L1/L2大模型、L0基础大模型、ModelArts AI使能、HCS/HCSO、CANN硬件使能、昇腾+鲲鹏+存储+网络	行业AI应用/L2
模式3 云算力模式	ModelArts AI使能、HCS/HCSO、CANN硬件使能、昇腾+鲲鹏+存储+网络	行业AI应用、L1/L2大模型、L0基础大模型
模式2 专属云模式	HCS/HCSO、CANN硬件使能、昇腾+鲲鹏+存储+网络	行业AI应用、L1/L2大模型、L0基础大模型、ModelArts AI使能
模式1 算力模式	CANN硬件使能、昇腾+鲲鹏+存储+网络	行业AI应用、L1/L2大模型、L0基础大模型、ModelArts AI使能、云平台

华为　　　　　第三方

图 21-2　华为与伙伴的 5 种商业合作模式

模式 1　算力模式：直接提供领先的昇腾 AI 算力，使能客户和伙伴灵活打造差异化的算力平台和 AI 服务。

模式 2　专属云模式：基础算力＋HCS/HCSO 基础云平台能力，方便客户面向多租户提供 AI 算力。

模式 3　云算力模式：叠加 ModelArts 一站式 AI 开发平台，以云算力模式，使能客户和伙伴快速进行大模型开发。

模式 4　MaaS 模式：昇腾云服务，面向千行万业的中小企业，提供开箱即用模型即服务能力。

模式 5　小模型算法模式：针对中小城市资金和技术能力有限的客户，提供小模型算法模式。

面向城市和公共事业细分行业与典型 AI 应用场景，紧密协同客户、伙伴和开发者，根据不同的算力模式，共同加速行业智能化，如图 21-3 和图 21-4 所示。

行业场景	典型AI应用场景			算力模式
政务服务 (一网通办)	政务12345热线	政务办事	营商惠企	**面向大城市:** • 算力模式 • 专属云部署模式 • 云算力模式 • MaaS模式
政务办公 (一网协同)	政务公文	政务会议	事项督办	
城市治理 (一网统管)	市域治理	区县治理	基层治理	**面向中小城市:** • 小模型算法
城市运行 (一屏统览)	城市推介	运行态势数据调阅	城市知识问答	**面向科研院所和大型企业:** • 算力模式 • 专属云部署模式 • 云算力模式
城市感知 (一网统感)	城市生命线安全监测	城市公共安全监测	城市安全生产监测	
产业赋能 (一网通服)	数据要素交易流通		企业智能化转型使能	

图 21-3　城市细分行业与典型 AI 应用场景

行业	典型AI应用场景					算力模式
气象	天气预报	气候预测	卫星遥感	多源数据融合	灾害监测	• 算力模式 • MaaS模式
AICC	科研创新		工业智能化		AI产业人才培养	• 专属云模式 • MaaS模式
农业	表型鉴定		群落统计		基因筛选	• 专属云模式 • 云算力模式 • MaaS模式
财税审统	智能客服/政策助手 OCR识别		辅助风控 关联审计		征收管控 决策分析	• 算力模式 • 专属云模式 • 云算力模式
教育	教学:培养一流人才	科研:加速科技自立自强	管理:实现现代化治理		服务:提升服务体验	• 算力模式 • 专属云模式 • 云算力模式
医疗	远程诊疗	AI医疗辅助 智能病理分析 智能导诊问诊	大数据智能检索	临床医疗知识库	科研数据筛选入组	• 算力模式 • 专属云模式 • 云算力模式 • MaaS模式

图 21-4　公共事业细分行业与典型 AI 应用场景

AI 大模型进入千行万业，离不开广大开发者的积极参与。华为打造 3-1-X 架构和开放友好的 AI 开发体系，助力城市和公共事业行业智能化，共建数智社会，与生态伙伴共生共赢，如图 21-5 所示。

整个体系具有如下 3 个特点。

（1）开放共赢：面向 3 大行业，算力开放，兼容主流 AI 框架，支持百模千态；模型开放，匹配千行万业；已服务 10000 多个客户、5000 多个合作伙伴。

（2）数智共生：由数生智，由智生数，数智融合并进行持续进化。

（3）安全韧性：硬件可控、软件可信、运维可靠，军团化运作，深入行业、深入场景，沉淀

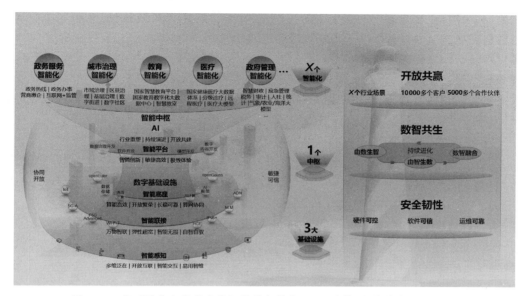

图 21-5　基于城市和公共事业智能体架构与 AI 开发体系，与伙伴共生共赢

行业知识，知识共享、能力共建、生态共创。

为加速行业智能升级，深入行业，为价值场景找技术，基于感知-联接-IT-云-大模型-应用体系化架构思想打造行业智能化解决方案。面向城市和公共事业多个行业打造了一系列智能化方案并在项目中成功进行了实践。

在这个过程，一方面，技术扎到根，解决产业发展瓶颈；另一方面，聚合力，集众智，协同产业和行业伙伴开放共建，解决各行各业生产经营与办公场景难题，如图 21-6 所示。

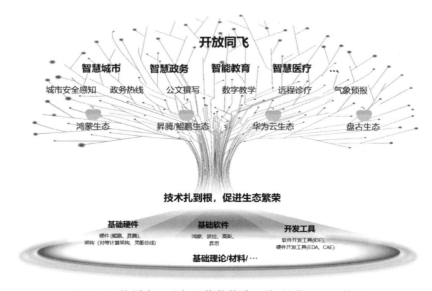

图 21-6　协同产业和行业伙伴构建开放、繁荣的生态体系

南向支撑行业构建基于鸿蒙生态的开放互联、多维泛在感知体系，统一感知设备语言，消除数据互通与流转难题；打造基于昇腾和鲲鹏的开放算力基础设施，坚持硬件开放、软件开源、使能伙伴、发展人才战略；立足大模型基础能力构建，通过伙伴补齐行业数据积累、模型调测和场景开发，使能行业智能化发展。

人工智能正在重塑千行百业，在这个过程中，会与客户、伙伴、开发者更加紧密地协同，在 AI 技术带来的产业升级中，共同创新，共享价值与机遇。

第 22 章

小结

人工智能在不断迭代升级演进的同时,应用范围不断扩大,正为城市和公共事业智能化转型拓展出无穷无尽的新空间,迸发出源源不断的新动能,在各领域的广泛应用将激发全新体验,给人类带来翻天覆地的变化。为了更好地推动人工智能的创新应用和产业发展,需要产学研用多方参与和协同,把握好行业智能化发展趋势的前提下,不断追求技术创新,确保人工智能安全可信,为人工智能造福人类保驾护航。建议从下述方面持续完善城市和公共事业智能化建设。

1. 强化责任制度

贯彻落实国家相关法律法规,明确数据质量保障的制度和要求,探索在各业务部门建立"数据官"制度,规范数据业务属性、来源属性、共享属性、开放属性等,从源头上保障政务数据的真实性和数据来源质量。

2. 健全运营机制,打通行业数据共享,建设高质量行业数据集

行业大模型的发展离不开高质量的行业数据集,进一步促进行业数据标准化和数据共享,提升数据作为核心生产要素的价值,是衡量人工智能发展程度的重要特征之一。加大政务数据运营的投入,探索以公共数据运营公司为主体开展运营服务,统筹城市数据、政务数据、公共数据的治理、运营和供需对接,为城市人工智能发展提供高质量的"粮食"。

3. 政府统筹集约化建设

从业务、管理给予 AI 应用的指导,充分发挥算力、数据汇聚、模型统建共用的优势,打造好算力基础平台能力。城市级大模型的能力应充分覆盖城市高频场景,包括政务服务、政务办公、城市治理、城市安全等,利用大模型的泛化能力和通用的政务知识,实现大模型建成后覆盖更多政务场景,充分提升系统建设的投入产出比。鼓励头部企业在高频 AI 大模型服务领域进行重点投入,开展试点示范。

4. 根技术创新发展

基于根技术创新的智能算力底座是国家发展人工智能战略的根基。算力底座完成算力调度与环境适配开发,形成大模型研发、训练、微调和应用支撑能力,保障千行百业人工智能应用的发展。促进大模型自主研发,迭代演进,可持续发展,并具备开源大模型项目的工程与维护能力。

5. 兼顾产业赋能

政府对产业发展具有管理责任,面向中小企业提供技术扶持、专项补贴。充分发挥城市人工智能基础设施建设的实用价值,面向城市产业和各类企业进行大模型场景赋能,真正体现大模型的一专多能,实现大模型对城市整体智能化水平的提升。初期补贴中小企业使用,待能够自我造血形成正循环后,再通过购买服务的方式使用。实现产业智能化、智能产业化双轮驱动。

6. 繁荣产业生态

应当鼓励人工智能生态的发展,行业企业基于 AI 开展相关应用,在行业应用上百花齐放。算力开放,支持百模千态;感知开放,实现万物智联;模型开放,匹配千行万业。与各行业的合作伙伴共同构建人工智能生态圈,探索更多的人工智能行业场景应用,携手企业、研究机构、高校等共筑安全可信的人工智能生态体系。

7. 加强人才培养

从基于人工智能根技术的人才培养做起,才能培养更多的技术人才在未来的工作中更好地使用人工智能技术。同时,人才是企业发展的核心力量,支持各个行业、各个企业培养和吸引人工智能人才,打造一支高水平的人工智能研发团队,为人才提供广阔的发展空间。

8. 深化大模型在城市和公共事业各领域核心生产业务流程的应用

根据业务需求,发挥创新精神,促进行业利用人工智能新技术提高生产效率、生产质量,确保业务安全,持续引领行业发展。避免仅利用人工智能技术"蹭热点",开展非核心辅助业务,"只作诗不做事"。在未来,智能化将促进前沿理论的交流与共享,推动核心技术的突破与应用,在各个领域发挥越来越重要的作用,从城市、医疗、教育到科技、税务、审计等方面,提供强大的算力服务和丰富的数据供给。AI 赋能到城市和公共事业各行各业,辅助建立健全社会治理体系。

人工智能可以提高经济效益,提升社会服务水平,更好地保障公众的安全,改善公众的生活。因此,应充分发挥人工智能技术的优势,加强人才培养、生态建设及政策法规、标准规范的制定,以更全面、更有效的力度推进行业智能化的发展。人工智能的未来是全人类共同的未来,每个国家都有权利和义务参与到人工智能的发展进程中来,共同推动人工智能技术的研究创新和在千行万业的应用,带动全球经济和社会走向一个高质量、高水平的快速发展期,以造福全人类。

参 考 文 献

[1] IAP. What is the Fourth Industrial［R/OL］.（2021-08-17）［2024-01-08］. https：//iap. unido. org/
articles/what-fourth-industrial-revolution.

[2] 新华社. 关注达沃斯 2016 年会：哪些技术引领第四次工业革命［R/OL］.（2016-01-23）［2024-01-88］.
https：//www. gov. cn/xinwen/2016/01/23/content_5035568. htm.

[3] 中国大模型列表［EB/OL］.（2023-12-28）［2024-1-10］. https：//github. com/wgwang/awesome-LLMs-In-
China.

[4] KARJIAN R. History and evolution of machine learning：A timeline［EB/OL］.（2023-09-22）［2024-
1-10］. https：//www. techtarget. com/whatis/A-Timeline-of-Machine-Learning-History.

[5] 10 Breakthrough Technologies 2021［EB/OL］.（2021-02-24）［2024-1-10］. https：//www. technologyreview.
com/2021/02/24/1014369/10-breakthrough-technologies-2021/.

[6] 10 Breakthrough Technologies 2022［EB/OL］.（2022-04-15）［2024-1-10］. https：//www. technologyreview.
com/2022/02/23/1045416/10-breakthrough-technologies-2022/.

[7] 10 Breakthrough Technologies 2023［EB/OL］.（2023-11-30）［2024-1-10］. https：//www. technologyreview.
com/2023/01/09/1066394/10-breakthrough-technologies-2023/♯ai-that-makes-images.

[8] 范科峰. 人工智能标准研究与应用［M］. 西安：西安电子科技大学出版社,2023.

[9] 华为. 5G＋AI 智能工业视觉解决方案白皮书 V1.0［R/OL］.（2020-06-20）［2024-01-10］. https：//
www-file. huawei. com/-/media/corporate/pdf/news/5g-ai-intelligent-cloudvision-whitepaper. pdf?la＝
zh.

[10] 数科邦. 计算机视觉准确率从 50％提高到 99％,这 5 大行业最有可能［EB/OL］.（2022-07-05）
［2024-01-10］. https：//www. shangyexinzhi. com/article/4985113. html.

[11] 杨琳. 脑机接口的新突破［N］. 中国经济周刊,2023-05-16. https：//baijiahao. baidu. com/s?id＝
1766035377563495987&wfr＝spider&for＝pc.

[12] 准确率高达 75％！脑机接口再获历史性突破,瘫痪患者以前所未有的速度交流［N］. 每日经济新
闻,2023-08-25. https：//baijiahao. baidu. com/s?id＝1775185644677565540&wfr＝spider&for＝pc.

[13] Stanford University. 2023 AI Index Report［EB/OL］.（2023-04-03）［2024-01-10］. https：//aiindex.
stanford. edu/report/.

[14] DUTTA S,LANVIN B,RIVERA LEÓN L,et al. Global Innovation Index 2023 Innovation in the face
of uncertainty［EB/OL］.（2023-04-03）［2024-01-10］. https：//www. wipo. int/edocs/pubdocs/en/
wipo-pub-2000-2023-en-main-report-global-innovation-index-2023-16th-edition. pdf.

[15] Mckinsey Global Survey. The state of AI in 2023：Generative AI's breakout year［EB/OL］.（2023-
08-01）［2024-01-10］. https：//www. mckinsey. com/capabilities/quantumblack/our-insights/the-state-of-
ai-in-2023-generative-ais-breakout-year.

[16] 中华人民共和国工业和信息化部. 2023 世界人工智能大会在沪举办［EB/OL］.（2023-07-06）［2024-
01-10］https：//www. miit. gov. cn/xwdt/gxdt/ldhd/art/2023/art_a145c1414efa48cf84525f16f58690a3.
html.

[17] What is a "smart city"?［EB/OL］.（2021-08-15）［2024-01-10］. https：//www. weforum. org/agenda/

2021/08/what-is-a-smart-city/.

［18］华为.加速行业智能化白皮书［R/OL］.（2023-11-09）［2024-01-10］. https://e. huawei. com/cn/ material/enterprise/e7de4fdafdb246fcb086cb3471a5699a.

［19］联合国新闻.秘书长：联合国是为人工智能制定全球标准与治理手段的"理想场所"［EB/OL］. （2023-07-18）［2024-01-10］. https://news. un. org/zh/story/2023/07/1119877.

［20］联合国新闻.货币基金组织：2020年全球增长率为负4.4％　中国一枝独秀增长率为正1.9％［EB/ OL］.（2020-10-13）［2024-01-10］. https://news. un. org/zh/story/2020/10/1069032.

［21］Fortune Business Insights. Artificial Intelligence Market［EB/OL］.（2023-04-13）［2024-01-10］. https://www. fortunebusinessinsights. com/industry-reports/artificial-intelligence-market-100114.

［22］中国信通院.新型智慧城市产业图谱研究报告（2021年）［R/OL］.（2021-12-20）［2024-01-10］. http://www. caict. ac. cn/kxyj/qwfb/ztbg/202112/t20211229_394777. htm.

［23］唐斯斯，张延强，单志广，等.我国新型智慧城市发展现状、形势与政策建议［J］.电子政务， 2020(4)：11.

［24］前瞻经济学人.2023年全球智慧农业行业发展现状分析：技术拉动市场增长［EB/OL］.（2023-03- 17）［2024-01-10］. https://www. qianzhan. com/analyst/detail/220/230316-1af1aef1. html.

［25］3 ways AI can help farmers tackle the challenges of modern agriculture［N/OL］. 2023-11-30. https://www. northernirelandnews. com/news/274049248/3-ways-ai-can-help-farmers-tackle-the- challenges-of-modern-agriculture.

［26］Technavio. Smart Healthcare Market by Distribution Channel，Solution and Geography-Forecast and Analysis 2023-2027［EB/OL］.（2023-08-30）［2024-01-10］. https://www. technavio. com/report/ smart-healthcare-market-industry-analysis.

［27］火币研究院.区块链构建智慧城市运转新内核［R/OL］.（2022-07-26）［2024-01-10］. https://www. xdyanbao. com/doc/7w61yyf1ay.

［28］联合国欧洲经济委员会发布可持续智慧城市报告［J/OL］.科技政策与咨询快报，2021-03-22(2).

［29］中国经济信息社.中国城市数字治理报告（2023）［R/OL］.（2023-11-11）［2024-01-10］. https:// finance. sina. com. cn/money/bond/2023-11-11/doc-imzufsqt2704087. shtml.

后记

人工智能技术快速发展、数据和算力资源日益丰富，人工智能产业化进程正从 AI 技术与各行业典型应用场景融合的赋能阶段，逐步向效率化、工业化生产的成熟阶段演进，不断变革行业范式。政府引导、资本入场、巨头布局、产业链企业的积极投入，AI 产业又呈现蓬勃发展态势，AI 工业化生产进程将再次提速。未来 10～20 年，人类社会将加速走向全面智能时代，6G 和 AI 将被广泛使用，有望开发出高性能、用户负担得起且无处不在的算力和可再生能源，为未来的城市与公共事业智能化发展与创新提供无限可能。

在城市领域，AI 将深度应用于未来城市，智能化架构将不断完善，建立良好开放的生态环境。未来智能化系统将实现各层级都解耦的全面开放架构，深度赋能未来城市发展，促进城市管理精细化，城市生活健康化，城市服务便捷化，城市演进智慧化。在公共事业领域，AI 将深入医疗、教育、科技、农业、气象、应急等行业核心生产业务流程，成为推动各行业创新的重要力量，不断探索新的研究范式，拓展科学认知，融入核心场景，激发全新体验，提高生产效率，增强业务质量，引领行业发展，增进民生福祉，提升人民工作与生活的健康指数与幸福感。

人类社会的每一轮发展与技术的突破不仅为我们带来了前所未有的机遇，还带来了全新的问题与挑战。

首先，人工智能的潜力巨大，可以提高生产效率，优化资源配置，帮助人类实现丰衣足食的生活。同时，AI 技术还能推动太空探索的深入发展，让我们更接近星辰大海的梦想。然而，若 AI 治理不当，人工智能技术有可能失去控制，演变成超人工智能，对人类社会构成潜在威胁。因此，我们需要加强 AI 治理和伦理规范，确保 AI 技术的发展始终符合人类的利益和价值观，实现可持续、健康的发展。

其次，认知偏差和逻辑准确性问题也是 AI 技术面临的挑战。由于 AI 系统的数据输入和处理方式可能存在局限性，导致其在某些情况下产生认知偏差。同时，AI 系统的逻辑准确性也受到算法设计、数据质量等多种因素的影响。因此，提高 AI 系统的认知能力和逻辑准确性，是 AI 技术发展中的重要任务。

此外，能源问题也是 AI 技术发展面临的挑战之一。由于 AI 技术的运行需要大量的能源支持，如何降低能耗、提高能源利用效率，同时减少对环境的影响，是 AI 技术发展中需要重点考虑的问题。

针对以上问题和挑战，需要政府、企业、研究机构等多方共同努力，制定相应的政策和措施，推动 AI 技术的健康有序发展。如在 AI 理论框架上，从被动逐步转向互动、主动，甚至是自主模式的演进发展，形成具备原生责任能力的自主适应 AI，以及理想的自治代理智能系统，拥有更高的准确性、适应性和创造性；系统级芯片（超算力）、专用计算优化（高效）、全光互联（低功耗）成为应对能源需求的关键技术演进领域；类脑计算、类脑大模型等引领行业变革的新技术方向，也会为人工智能的发展注入新的活力。同时，需要加强跨学科的研究和合作，共同解决 AI 技术发展中的难题和挑战。

　　未来已来，人类对未来的追求永无止境，每个国家、每个领域、每个行业都将参与到行业智能化的发展进程中来，共同推动人工智能技术的研究创新和在千行万业的应用，带动全球经济和社会走向一个高质量、高水平的快速发展期，以造福全人类。期待未来 30 年，我们能共同创造出高级智能，帮助我们管理更多的物质和能量，将人类文明的自由度从行星文明扩展到星际文明。就像菲尔兹奖奖章上的那句话，"超越人类极限，做宇宙的主人"！